普通高等教育土建类系列教材

# 工程地质学

第2版

主编 王贵荣
参编 叶万军 李 辉 段 钊
马建全 崔 莹 卢全中

机 械 工 业 出 版 社

《工程地质学》分4个部分：第1部分为基础地质学，简要介绍了地壳及其物质组成、地质构造等与工程相关的地质基础知识；第2部分为工程岩土学，介绍了土及岩石的物理性质、水理性质、力学性质，岩体结构特征，岩土体的分类及分级，地下水的性质，地下水的补给、排泄与径流，地下水的不良地质现象；第3部分为工程地质分析原理，介绍了不良地质作用的类型、形成条件、影响因素及防治措施，并对不同工程类型常见工程地质问题进行了分析；第4部分为岩土工程勘察，介绍了岩土工程勘察分级、勘察阶段划分、常用勘察方法及勘察成果报告。

《工程地质学》可作为土木工程、城乡规划、测绘工程、环境工程、道路桥梁与渡河工程、资源勘查工程、采矿工程、石油工程、安全工程等专业本科生"工程地质学"课程教材，也可作为工程地质、岩土工程等从业人员的参考用书。

**图书在版编目（CIP）数据**

工程地质学/王贵荣主编. —2版. —北京：机械工业出版社，2017.7（2025.1重印）

普通高等教育土建类系列教材

ISBN 978-7-111-57196-4

Ⅰ.①工… Ⅱ.①王… Ⅲ.①工程地质学-高等学校-教材 Ⅳ.①P642

中国版本图书馆CIP数据核字（2017）第146467号

机械工业出版社（北京市百万庄大街22号 邮政编码100037）

策划编辑：马军平 责任编辑：马军平 责任校对：肖 琳

封面设计：张 静 责任印制：单爱军

北京虎彩文化传播有限公司印刷

2025年1月第2版第7次印刷

184mm×260mm · 16印张 · 390千字

标准书号：ISBN 978-7-111-57196-4

定价：39.80元

电话服务 网络服务

客服电话：010-88361066 机 工 官 网：www.cmpbook.com

010-88379833 机 工 官 博：weibo.com/cmp1952

010-68326294 金 书 网：www.golden-book.com

**封底无防伪标均为盗版** 机工教育服务网：www.cmpedu.com

# 前言

世界上任何建筑物都是修建在地表或地表下一定深度范围的岩土体中的，作为建筑结构、建筑材料和建筑环境的工程岩土体的物理力学性质及其稳定性，会直接影响拟建建（构）筑物的安全、稳定和正常使用。因此，在建筑物设计和施工前，必须查明建筑场地的工程地质条件，分析和论证有关的工程地质问题，对场地的稳定性、适宜性做出正确评价，为岩土体的整治、改造和工程的设计、施工提供详细、具体、可靠的地质资料。

本书是在第 1 版的基础上，根据师生使用后提出的意见和建议修改完成的，融入了工程地质相关新规范、新技术、新成果。在编写和修改过程中，根据编者多年从事工程地质的教学和工作经验，充分吸收和借鉴近年来相关教材的优点，适时反映工程地质学发展新成果，力求做到概念清晰、结构严谨、内容精练，使本书成为“少而精”的精品教材。全书共分 4 部分，第 1 部分为基础地质学，第 2 部分为工程岩土学，第 3 部分为工程地质分析原理，第 4 部分为岩土工程勘察。为便于学生自学和总结，每章后附有小结和习题。由于建筑工程类型繁多，不同院校学科专业不尽相同，各院校在具体教学过程中，可根据各自的学科专业特点及要求对教学内容做适当取舍。

本书由西安科技大学（王贵荣、叶万军、段钊、马建全）、西安建筑科技大学（李辉）、长安大学（卢全中）、西安石油大学（崔莹）合编，王贵荣担任主编。编写分工如下：第 1、3 章由王贵荣编写，第 2 章及附录由叶万军编写，第 4 章由李辉编写，第 5 章由马建全编写，第 6 章由崔莹编写，第 7 章由段钊编写，第 8 章由卢全中编写。全书由王贵荣统编定稿。

在本书编写过程中，参考了已出版的教材、专著和规范的内容，在此对上述资料的作者表示衷心感谢！向所有支持和帮助本书编写与出版的同行、专家表示诚挚的感谢！

由于编者能力和水平有限，加之时间仓促，不妥之处在所难免，欢迎广大师生批评指正。

编　者

# 目录

# 绪　论 第1章

■学习要点

- 了解地质学与工程地质学的研究范畴、相互关系
- 熟悉工程地质学的基本任务、研究内容和研究方法
- 重点掌握工程地质条件的概念、内涵及研究意义
- 重点掌握工程地质问题的概念、本质及研究方法，熟悉不同工程类型常见工程地质问题
- 了解人类工程活动与地质环境之间的相互关系

■重点概要

- 地质学与工程地质学
- 工程地质学的研究内容和研究方法
- 工程地质条件与工程地质问题
- 人类工程活动与地质环境的关系

## 1.1　地质学与工程地质学

### 1. 地质学

地质学是一门关于地球的科学。它的主要研究对象是地球的固体表层——地壳，研究内容主要有以下方面：

1）研究地壳的物质组成，由矿物学、岩石学、地球化学等分支学科承担。

2）研究地壳及地球的结构特征，即研究岩石或岩石组合的空间分布，由构造地质学、区域地质学、地球物理学等分支学科承担。

3）研究地球的历史以及栖居在地质时期的生物及其演变，由古生物学、地史学、岩相古地理学等分支学科承担。

4）地质学的研究方法与手段的研究，如同位素地质学、数学地质及遥感地质学等。

5）研究应用地质学的理论和方法，解决矿产资源勘查、地质灾害防治与地质环境保护等问题。

从应用方面来说，地质学对人类社会担负着重大使命，主要有两方面：一是以地质学的理论和方法为指导，寻找各种矿产资源，这是矿床学、煤炭地质学、石油地质学等研究的主要内容；二是运用地质学的理论和方法研究建筑场地的地质环境条件，查明地质灾害的分布规律及发生发展过程，提出科学合理的地质灾害防治与地质环境保护对策措施，以确保工程建设及建

（构）筑物的安全稳定性、经济合理性和运行正常，这是工程地质学研究的主要内容。

**2. 工程地质学**

工程地质学是地质学的一个分支学科，它研究的是与工程建设有关的地质问题，是为工程建设服务的，属应用地质学范畴。

世界上任何类型的建（构）筑物，如工业民用建筑、铁路、公路、地下工程、机场工程、港口工程、管线工程及水利水电工程，都是修建在地壳表层一定的地质环境之中，工程建筑与地质环境之间存在着相互制约、相互作用的关系，一方面表现为地质环境以一定的作用影响工程建（构）筑物的安全性和正常使用；另一方面，建（构）筑物的兴建又反作用于地质环境，使自然地质条件发生变化，最终影响到建（构）筑物本身的安全稳定性和正常使用。工程地质学的研究对象就是工程建（构）筑物与地质环境之间的相互制约和相互作用，促使二者之间矛盾的转化和解决。

工程地质学为工程建设服务是通过工程地质勘察实现的。通过勘察和分析研究，阐明建筑地区的工程地质条件，指出并评价存在的工程地质问题，为建筑物的设计、施工和使用提供所需的地质资料。工程地质学为工程建设服务，主要体现于服务各类工程建筑的规划、设计、施工和运营的全过程。

工程地质学的基本任务可概括为三方面：一是区域稳定性研究与评价，二是地基稳定性研究与评价，三是地质环境保护与地质灾害防治。其具体任务包括：

1）研究建筑地区工程地质条件，指出有利因素和不利因素，阐明工程地质条件的特征及其变化规律。

2）分析存在的工程地质问题，进行定性和定量评价，预测发生的可能性、发生的规模和发展趋势，得出确切结论。

3）选择地质条件较为优越的建筑场地，并根据场址的工程地质条件合理配置各个建筑物。

4）研究工程建筑物兴建后对地质环境的影响，预测其发展演化趋势，并提出对地质环境合理利用和保护的建议。

5）提出改善、防治或利用有关工程地质条件，加固岩土体和防治地下水的建议方案。

工程地质学把地质学的理论、方法应用于工程实际，通过工程地质调查、勘察，研究建筑场地的地形地貌、地层岩性及其工程地质性质、地质构造、水文地质和物理地质作用等工程地质条件，预测和论证有关工程地质问题发生的可能性，并采取必要的防治措施。

## 1.2 工程地质学的研究内容与研究方法

**1. 工程地质学的研究内容**

工程地质学的任务决定了它的研究内容，并形成了各自的分支学科，归纳起来主要有以下方面。一是岩土工程性质的研究，研究岩土性质的形成及其在自然或人类活动影响下的变化，由工程岩土学承担；二是工程动力地质作用的研究，即研究工程活动的主要工程地质问题、产生这些问题的工程地质条件、力学机制及其发展演化规律，以便正确评价和有效防治它们的不良作用，由工程地质分析原理承担；三是工程地质勘察理论与方法研究，即探讨调查研究方法，以便有效查明有关工程活动的地质因素，由岩土工程勘察承担；四是区域工程地质研究，研究工程地质条件、工程地质问题的区域性分布规律和特点，主要由区域工程地质学承担。除此外，随着生产的发展和研究的深入，一些新的分支学科（如环境工程地质、海洋工程地质等）正在形成。

**2. 工程地质学的研究方法**

工程地质学的研究对象是复杂的地质体，研究方法包括地质分析法、模拟方法、实验和测试方法、计算方法等，即通常所说的定性与定量相结合的研究方法。

（1）地质分析法 即自然历史分析法，是运用地质学的理论，查明工程地质条件和地质现象的空间分布以及它在工程建筑物作用下的发展变化，用自然历史的观点分析研究其产生过程和发展趋势，进行定性的判断。它是工程地质研究的基本方法，也是其他研究方法的基础。

（2）模拟方法 可分为物理模拟（也称工程地质力学模拟）和数值模拟。通过地质研究，深入认识地质原型，查明各种边界条件，在实验研究获得有关参数的基础上，结合建筑物的实际作用，正确地建立工程地质模型，通过模拟，再现和预测地质作用的发生和发展过程。

（3）实验和测试方法 包括对岩土体特性参数的实验测定、对地应力的量级和方向的测试、对地质作用随时间延续而发展的监测等，即通过室内或野外现场试验，获取岩土的物理性质、水理性质、力学性质等数据。

（4）计算方法 包括应用统计数学方法对测试数据进行统计分析，利用理论或经验公式对已测得的有关数据进行验证，从而定量地评价工程地质问题。

计算机在工程地质学领域中的应用，不仅使过去难以完成的复杂计算成为可能，而且能够对数据资料进行自动存储、检索和处理，使计算过程变得简单。

## 1.3 工程地质条件与工程地质问题

### 1.3.1 工程地质条件

工程地质条件是指与工程建筑有关的地质要素的综合，包括地形地貌、岩土类型及其工程地质性质、地质结构、水文地质条件、不良地质作用以及天然建筑材料六个要素。工程地质条件是一个综合概念，在提到工程地质条件一词时，实际上是指上述六个要素的总体，而不是指任何单一要素。单独一两个要素不能称为工程地质条件，而只能按本身应有的术语称之。

工程地质条件是客观存在的，是在自然地质历史发展演化过程中形成的，而不是人为造成的。一个地区的工程地质条件反映了该地区地质发展过程及其后生变化，即内外动力地质作用的性质和强度。工程地质条件的形成受大地构造、地形地貌、气候、水文、植被等自然因素的控制。

由于各地的自然因素和地质发展过程不同，其工程地质条件也不尽相同，表现为其六个要素的组合情况不同，以及要素的性质、主次关系的差异。工程地质条件各要素之间既是相互联系，又是相互制约的，这是因为它们受着同一地质发展历史的控制，形成一定的组合模式。例如，平原区必然是碎屑物质的堆积场所，土层较厚，基岩出露较少，地质结构比较简单，物理地质作用也较弱，地下水以孔隙水为主，天然建筑材料土料丰富，但石料缺乏。不同的模式下建筑的适宜性相差甚远，存在的工程地质问题也不一致。

由上述可知，认识工程地质条件必须从基础地质入手，了解地区的地质发展历史、各要素的特征及其组合规律，这对于解决实际问题是大有助益的。工程地质条件是在自然地质历史发展演化过程中客观形成的，因此必须依据地质学的基本理论采用自然历史分析方法去研究它。

工程地质条件的优劣在于其各个要素是否对工程有利。首先是岩土类型及其性质的好坏。坚硬完整的岩石，如花岗岩、厚层石英砂岩、花岗片麻岩等，强度高，性质良好；页岩、泥岩、泥质胶结的砂砾岩，以及遇水膨胀、易溶解的岩类，软弱易变形，性质不良；断层岩和构造破碎岩更软弱，这类岩石都是不利于地基稳定的，成为岩体研究中的重点。土中的特殊土如黄土、膨胀土、淤泥等也是不利因素，需要特别注意。岩土体性质的优劣对建筑物的安全性和经济性具有重要意义。

地形地貌条件对建筑场地的选择，特别是对线性工程，如铁路公路、运河渠道等的线路方案选择意义最大。如能合理利用地形地貌条件，不但能大量节省挖填方量，节约投资，而且对建筑物群体的合理布局、结构形式、规模及施工条件等有直接影响。例如，施工场地是否足够开阔、材料运输道路是否方便等都取决于地形地貌条件。

地质结构包含了地质构造、岩土体结构及地应力等方面，是一项具有控制性意义的要素，对岩体尤为重要。地质构造确定了一个地区的构造格架、地貌特征和岩土分布。断层，尤其是活断层，对工程建筑的危害最大，在选择建筑物场地时，必须注意断层的规模、产状及其活动情况。土体结构主要是指不同土层的组合关系、厚度及其空间变化。岩体结构除岩层构造外，更主要的是各种结构面的类型、特征和分布规律。不同结构类型的岩体，其力学性质和变形破坏的力学机制是不同的。结构面越发育，特别是含有软弱结构面的岩体，其性质越差。

水文地质条件是影响工程地质条件优劣的重要因素。地下水位过高不利于工程的地基处理及施工。地下水的盲目、过量开采，可能引起地下水漏斗的出现，甚至引发地面沉降，江水、海水倒灌或地表积水等，都会给工程建设带来不利影响。其次，边坡失稳、地下建筑事故、水库渗漏、坝基渗透变形等许多工程地质问题的产生都与地下水有关，甚至是主导作用。

不良地质作用是指对建筑物有影响的自然地质作用。地壳表层受到内力地质作用和外力地质作用的影响，有时会对建筑安全造成很大威胁，其造成的破坏往往是大规模的，甚至是区域性的。例如，地震的破坏性很大；滑坡、泥石流、崩塌等灾害的发生也给工程和环境造成无穷的灾难。在这些不良地质作用面前，只考虑工程本身的坚固性是不行的，必须充分注意其周围不良地质作用的类型、特征对工程的安全有何影响，如何防治。只要注意研究其发生发展的规律，及时采取措施，不良地质作用是可以防治的。

天然建筑材料是指供建筑用的土料和石料。土坝、路堤需用大量土料，海堤、石桥、堆石坝等需用大量石料，拌和混凝土需用砂、砾石作为骨料。为了节省运输费用，应该遵循“就地取材”的原则，用料量大的工程尤其应该如此。所以天然建筑材料的有无，对工程的造价有较大的影响，其类型、质量、数量及开采运输条件，往往成为选择场地、拟定工程结构类型的重要条件。

工程地质条件直接影响工程建筑物的安全性、经济性和正常运行。所以，任何类型的工程建设，在规划、设计和施工前必须进行工程地质勘察，查明建筑场地的工程地质条件。

### 1.3.2　工程地质问题

工程地质问题是指工程地质条件与工程建筑物之间相互作用所产生的矛盾或问题，或对建筑本身的顺利施工和正常运行造成影响，或对周围地质环境产生影响。优良的工程地质条件能够适应建筑物的安全性、经济性和正常使用，其矛盾不会激化到对建筑物造成危害。然而，工程地质条件往往是有一定缺陷的，建筑物的修建常常会打破原有地质环境的平衡，从而对建筑物产生严重的、甚至是灾难性的危害。

工程地质问题是工程地质条件与工程建筑物之间相互作用所产生的问题，因此提到工程地质问题时，必须结合具体的建筑类型、建筑规模来考虑。由于建筑物的类型、结构和规模不同，其工作条件和工程作用力的大小、方向各异，与地质环境相互作用的特点也不同，因此，产生的工程地质问题也不同，这就造成工程地质问题的复杂性和多样性。例如，工业与民用建筑常遇到的工程地质问题主要是地基稳定性问题，包括地基强度和地基变形两个方面；当其建于地下则有围岩（土）稳定性问题，建于山坡上则有斜坡稳定性问题。高层建筑物可能遇到的工程地质问题较多，包括深基开挖和支护、施工降水、坑底回弹隆起及坑外地面位移等问题。道路工程遇到的主要工程地质问题是路基稳定性问题、边坡稳定性问题、道路冻害问题、桥墩台地基稳定性问题等。隧道及地下工程遇到的工程地质问题主要是围岩稳定性问题和涌水问题。水利水电工程可能遇到的工程地质问题有水库渗漏问题、库岸稳定性问题、水库浸没问题、水库淤积问题、水库诱发地震问题、坝基抗滑稳定问题、坝基渗漏问题、坝基渗透稳定性问题、坝肩稳定性问题、船闸高边坡稳定性问题、输水隧洞围岩稳定性问题等，除此之外，还有洞口边坡稳定、地面变形和施工涌水等问题。工程地质问题除与工程类型有关外，还与一定的岩土体类型和工程性质有关，如黄土的湿陷性问题、软土的强度问题、岩石的风化问题、岩溶塌陷问题、构造裂隙的破坏问题等。

工程地质问题分析就是分析工程建筑与工程地质条件之间相互制约、相互作用的机制与过程、影响因素、边界条件等，在此基础上做出定性评价，并利用各种参数和计算公式进行计算，做出定量评价，明确作用强度或工程地质问题严重程度，发生发展进程，预测工程建筑施工过程中和建成以后这种作用会产生的影响，做出评价，以供设计和施工参考，共同制定防治方案，以保证建筑物的安全性，消除对周围环境的危害。

工程地质问题的分析、评价是岩土工程勘察的核心任务和中心环节，每一项工程进行岩土工程勘察时，对主要的工程地质问题必须做出确切的评价。对工程地质问题的分析、研究和论证，关键是对工程地质条件的深入了解和认识，同时又要密切结合工程建筑的自身特点予以论证。工程地质问题分析要“吃透两头”：一头是“工程意图”，即工程设计人员对建筑物的结构和规模的构想，以便了解工程的要求；另一头是工程地质条件，分辨有利与不利因素，深刻认识客观情况。工程地质问题分析还能够起到指导勘察的作用，为合理选用勘察手段、布置勘察工作量提供依据。

## 1.4　工程地质与工程建设

**1. 建筑场地**

建筑场地是指工程建设直接占有并直接使用的有限面积的土地，大体相当于厂区、居民点和自然村的区域范围的建筑物所在地。从工程勘察角度分析，场地的概念不仅代表着所划定的土地范围，还涉及建筑物所处的工程地质环境与岩土体的稳定性问题。

**2. 地基与基础**

任何一种建筑物都是由上部结构和下部结构（基础）组成的，其全部荷载均由下面的地基来承担（图1-1）。

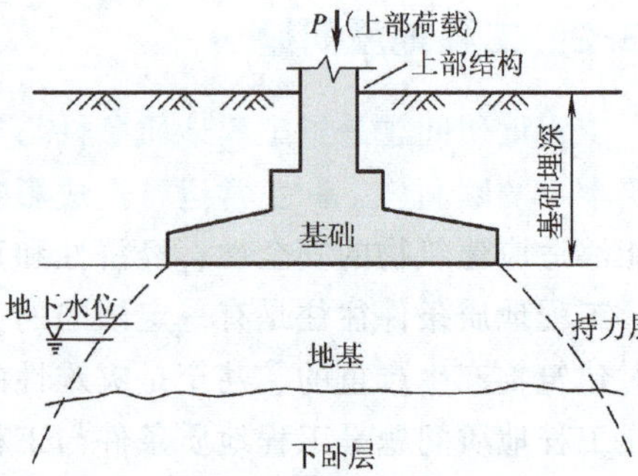


图1-1 地基及基础示意图

基础是建筑物的地下部分，又称为下部结构。基础承受着整个建筑物的重量并将它传递给地基。因此，基础具有“承上传下”的作用。按基础的埋置深度，将基础分为浅基础和深基础。浅基础是指埋置深度小于5m的基础，包括单独基础、条形基础、筏形基础、箱形基础、大块基础和壳体基础等。深基础是指埋置深度等于或大于5m的基础，包括沉井、沉箱、桩基础和地下连续墙等。一般情况下，天然地基上的浅基础是最经济的，是设计时首先考虑的方案，而对于高层建筑来说，深基础更能保证建筑物的稳定性，但造价高、施工复杂。

地基是承受建筑物全部重量的那部分岩土层，因荷载作用这一范围内的岩土体的原始应力状态发生了变化。地基一般包括持力层和下卧层。直接与基础接触的岩土层叫持力层，持力层下部的岩土层叫下卧层。

地基可以分为天然地基和人工地基。天然地基是指基础直接置于未经加固的天然地层上的地基，人工地基则是指事先经人工加固、强化处理的地基。地基的岩土组成、厚度、性质（物理性质及力学性质）、承载能力、产状、分布、均匀程度等情况是保证地基稳定性的基本条件。另一方面，组成地基的岩土体存在于一定的地质环境之中，建筑场地的地形、地质条件及地下水、物理地质作用等往往会影响地基承载力和地基稳定性。

基础和地基共同保证建筑物的坚固、耐久和安全，而地基在其中往往起着主导作用。牢固稳定的地基是建筑物安全与正常运行的保证。

持力层的性质、埋藏条件和承载力大小等对基础类型、基础埋深、地基加固和施工方法的选择与确定有很大影响。在工程勘察中，在对场地地层结构及岩土物理力学性质详细了解的基础上，选择承载力高、变形小的岩土层为持力层。显然，建筑物基础埋置深度取决于持力层的埋藏深度。当持力层位于地下较浅处时选择浅基础；作为持力层的岩土层埋藏于较深处时，常常选择深基础或桩基；当持力层深度过大时，常常对上部软土层加固后作为地基使用。

**3. 地基承载力**

地基是否具有支承建筑物的能力，常用地基承载力来表达。地基承载力是指地基所能承受由建筑物基础传递来的荷载的能力。要确保建筑物地基稳定和满足建筑物使用要求，地基与基础设计必须满足两个基本条件：①具有足够的地基强度，保持地基受负荷后不致因地基失稳而发生破坏；②地基不能产生超过建筑物对地基要求的允许变形值，保证建筑物不因地基变形而损坏或影响其正常使用。良好的地基一般具有较高的强度和较低的压缩性。岩土工程勘察报告中要提供建筑场地岩土层的地基承载力值。

**4. 工程地质在工程建设中的作用**

在进行工程建设时，无论是总体布局阶段，还是个体建筑物设计、施工阶段，都应进行相应的岩土工程勘察工作。总体规划布局阶段应进行区域性工程地质条件和地质环境的评价；场地选择阶段应进行不同建筑场地工程地质条件的对比，选择最佳的工程地质条件场址方案；在选定场地进行个体工程设计和施工阶段，应进行工程地质条件的定量分析和评价，提出适合地质条件和环境协调的建筑物类型、结构和施工方法等方面的建议，拟定改善和防治不良地质作用和环境保护的工程措施等。

为了做好上述各阶段岩土工程勘察工作，必须通过工程地质测绘与调查、勘探与取样、室内实验与原位测试、现场检测与监测、理论分析等手段获得必要的工程地质资料，并结合具体工程的要求进行研究、分析和判断，以查明工程地质条件，分析论证工程地质问题，提出相关建议。鉴于工程地质工作对工程建设的重要作用，我国规定任何工程建设必须在进行相应的工程地质工作，提供必要的地质资料的基础上，才能进行工程设计和施工工作。工程实践经验表明，岩土工程勘察工作做得好，设计和施工就能顺利进行，工程设施的安全使用就有保证。反过来，若忽视场地与地基的岩土工程勘察，就可能对工程产生不同程度的影响，轻则修改设计方案、增加投资、延误工期，重则出现建筑物部分或完全不能使用，甚至突然破坏，酿成事故。

对于每一项工程建设来说，在岩土工程勘察中所掌握的工程地质条件，都是在工程兴建前的初始地质条件。很多情况下，在建筑物的施工和使用过程中，即在人类土木工程建设活动的影响下，初始条件将会发生很大的变化，如地基土的压密、土的结构和性质的改变、地下水位的上升或下降、新的地质作用的产生等。由人类工程活动引起的工程地质和水文地质条件的变化，在工程地质学中用工程地质作用这一专门的术语来表示。反过来讲，工程地质作用也势必对建筑物施加影响，而有些影响是很不利的。因此，预测工程地质作用的发展趋势及可能危害的程度，提出控制和克服其不良影响的有效措施，也是工程地质学的主要任务之一。

## 1.5 人类工程活动与地质环境的关系

人类工程活动都是在一定的地质环境中进行的，两者之间必然产生特定方式的相互关联，表现为人类工程活动与地质环境之间的相互制约、相互作用的关系。

**1. 地质环境影响人类工程活动**

地质环境对人类工程活动的影响是多方面的，主要表现在工程地质条件各个要素的优劣及其是否对工程活动有利。一方面表现为地质环境以一定的作用影响工程建筑物的稳定和正常使用；另一方面表现为地质环境以一定的作用影响工程活动的安全；还表现为由于某些工程地质条件不具备而使得工程造价提高，造成经济上的不合理性。

地质环境影响工程造价可以通过两种方式：一种是由于建筑场地选择不当，为了在复杂条件下保证建筑物的安全，要么对威胁建筑物的地质因素采取某些处理措施，要么采用更复杂的建筑物结构。从当今科学技术发展水平来看，可以说工程上没有什么困难是不能克服的，经过工程技术处理，地质上的缺点和弱点总是可以改善的，建筑物的安全总是可以得到保证的，这里就有个经济效益问题，不能不予考虑。在工程建设上，这就叫作经济合理性。

另一种情况是选择了当地不能提供充分天然建筑材料的建筑物形式。

例如，某地兴建一个工厂，由于前期岩土工程勘察工作不够充分，把厂址放在洪积扇地下水溢出带上。这种地带的工程地质特征是地下水位高，地基土体位于地下水位以下，土体结构表现为层较多，有时甚至夹有淤泥层。在饱和状态下这类土层呈现塑流状态，承载力很低。修建过程中地基排水和处理工作量很大，造价较高。建成后主要建筑物生产厂房地基沉降量过大，超过允许沉降值，以致机器不能正常运转，不得不采用昂贵的电动硅化法加固地基。其他方面也出现了一系列事故，做了一些处理，但仍不能保证持续的生产，损失巨大。

工程地质工作的最大意义就在于既保证建筑物的安全，又能尽可能利用有利的地质因素，避开不利因素，以减少昂贵的处理措施，降低工程的投资，取得最大的效益。

**2. 人类工程活动对地质环境的作用**

人类工程活动与地质环境的相互作用表现为双向效应，即人类工程活动会以各种方式反作用于地质环境，引起自然地质环境的变化。一方面影响到建筑物本身的安全性、稳定性和正常使用；另一方面恶化周围环境，对人类生活与生产活动造成危害。

人类工程活动对地质环境的作用，是通过应力变化和地下水动力特征的变化表现出来的。建筑物自身重量对地基岩土体施加的荷载、坝体受水体的水平推力、开挖边坡和基坑形成的卸荷效应、地下洞室开挖对围岩应力的影响，都会使岩土体内的应力状况发生变化，造成变形甚至破坏。建筑物的施工和运营经常引起地下水的变化，给工程和环境带来危害，诸如岩土的软化泥化、地基砂土液化、道路冻害、水库浸没、坝基渗透变形、隧道涌水等。

人类工程活动可恶化地质环境，诱发地质灾害，对人类生命财产造成危害或潜在威胁。地质灾害类型繁多，主要有滑坡、崩塌、泥石流、地裂缝、地面沉降、地面塌陷、黄土湿陷、溯源侵蚀、水库诱发地震、渗透变形、砂土液化、岩爆、瓦斯突出等。

由此可见，人类工程活动与地质环境二者相互作用、相互制约。建（构）筑物在兴建前必须研究能否适应它所处的地质环境，要分析兴建之后它会如何作用于地质环境，会引起哪些变化，预测这些变化对建（构）筑物自身的稳定性的危害，对此做出评价，并研究消除危害的措施；还要预测这些变化对建（构）筑物周围环境的影响，也要做出评价，并制定保护环境的对策。工程地质研究的目的在于合理开发利用地质环境和治理、保护地质环境。

## 本章小结

（1）地质学是一门关于地球的科学，它的研究对象主要是地球的固体表层地壳。工程地质学是研究与工程建设有关的地质问题的科学，是地质学的重要分支学科，包括工程岩土学、工程地质分析原理、岩土工程勘察三个基本部分。

（2）工程地质研究的主要任务是评价工程地质条件，论证和预测有关工程地质问题，提出改善、防治或利用有关工程地质条件的措施，研究岩土体分类、分区及区域性特点，及研究人类工程活动与地质环境之间的相互作用与影响。工程地质学为工程建设服务是通过岩土工程勘察来实现的。

（3）工程地质学的研究方法是包括地质分析法、实验和测试方法、计算方法和模拟方法等方法的密切结合，即通常所说的定性分析与定量分析相结合的综合研究方法。

（4）工程地质条件是指与工程建筑有关的地质要素的综合，包括地形地貌、岩土类型及其工程地质性质、地质结构与地应力、水文地质条件、物理地质作用以及天然建筑材料六个要素。工程地质问题是指工程建（构）筑物与岩土体之间相互作用所产生的对建（构）筑物本身的顺利施工和正常运行或周围环境的矛盾或问题。

（5）工程地质问题的分析、评价是岩土工程勘察的核心任务和中心环节，每一项工程进行岩土工程勘察时，对主要的工程地质问题必须做出确切的评价结论。对工程地质问题的分析、研究和论证，其关键是对工程地质条件的深入了解和认识，同时又要密切结合工程建筑的自身特点予以论证。

（6）基础是建筑物的地下部分，又称下部结构。地基是承受建筑物全部重量的那部分岩土层。地基一般包括持力层和下卧层，直接与基础接触的岩土层叫作持力层，持力层下部的岩土层叫作下卧层。地基是否具有支承建筑物的能力，常用地基承载力来表达，包括强度和变形两个方面。

（7）人类工程活动与地质环境之间存在着相互作用、相互制约的关系。一方面表现为地质环境以一定的作用影响工程建筑物的稳定和正常使用，影响工程活动的安全，或造成工程造价提高；另一方面，人类工程活动又会以各种方式反作用于地质环境，引起自然地质环境变化，影响建筑物本身的安全性、稳定性和正常使用，或造成地质环境的恶化。

## 习题

1. 简述工程地质学与地质学的相互关系。
2. 工程地质学的主要任务与研究方法包括哪些方面？
3. 什么是工程地质条件？它包括哪些要素？
4. 什么是工程地质问题？常见工程地质问题有哪些？
5. 简述工程地质问题分析论证的基本思路。
6. 简述人类工程活动与地质环境之间的关系。

## 参考文献

[1] 唐辉明. 工程地质学基础 [M]. 北京：化学工业出版社，2008.
[2] 张咸恭，王思敬，张倬元. 中国工程地质学 [M]. 北京：科学出版社，2000.
[3] 王贵荣. 岩土工程勘察 [M]. 西安：西北工业大学出版社，2007.
[4] 杨德智. 工程地质学 [M]. 北京：冶金工业出版社，2014.
[5] 杨志双，秦胜伍，李广杰. 工程地质学 [M]. 北京：地质出版社，2011.

# 地壳及其物质组成 第2章

■学习要点

- 了解地球的圈层结构，了解地质年代划分及地质年代表
- 掌握地质作用、地貌的概念、类别及特征
- 了解矿物的概念、形态、性质及鉴别方法，掌握主要造岩矿物的特征
- 了解岩石的概念、种类，掌握常见岩石的成分、结构、构造、成因等特征

■重点概要

- 地壳及地质年代
- 地质作用
- 地貌
- 主要造岩矿物
- 岩石

■相关知识链接

- GB/T 17412.1—1998 岩石分类和命名方案 火成岩岩石分类和命名方案
- GB/T 17412.2—1998 岩石分类和命名方案 沉积岩岩石分类和命名方案
- GB/T 17412.3—1998 岩石分类和命名方案 变质岩岩石分类和命名方案
- GB/T 14498—1993 工程地质术语

## 2.1 地壳及地质年代

### 2.1.1 地球的圈层结构

地球是一个由不同状态与不同物质的同心圈层组成的球体。这些圈层可以分为内部圈层与外部圈层，即内三圈与外三圈。其中外三圈由大气圈、水圈和生物圈组成，内三圈由地壳、地幔、地核组成，类似于鸡蛋的构成，如图2-1所示。

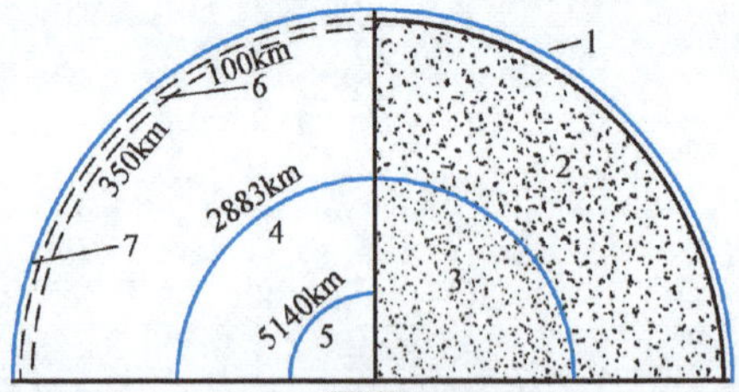


图 2-1 地球内部圈层

1—地壳 2—地幔 3—地核 4—液态外部地核 5—固态内部地核 6—软流圈 7—岩石圈

**1. 地壳**

固体地球的外部圈层称为地壳。它的密度为 $2.7\sim2.9g/cm^3$，由地表所见的各种岩石组成。位于大陆的大陆地壳（陆壳）厚度大，平均为 33~35km，

高山区可达 70~80km；位于大洋底部的大洋地壳（洋壳）厚度较小，平均为 7~8km。

**2. 地幔**

地壳以下至大约 2900km 深处为地幔。它的密度为 3.32~4.64$g/cm^3$，由富含 Fe、Mg 的硅酸盐物质组成。目前，一般以 1000km 为界，把地幔分为上地幔和下地幔。地震纵波和横波都能在地幔中通过，因此一般认为地幔呈固态存在。

**3. 地核**

地幔以下直到地心的部分称为地核。地核的密度为 11~16$g/cm^3$，由含 Fe、Ni 的物质组成。

在地幔顶部（50~250km）存在一个地震波速度减低带，该带约有 5%的物质为熔融状态，容易发生塑性流动，故称为软流圈。软流圈以上的物质均为固态，称为岩石圈。岩石圈具有较强的刚性，分裂成许多块体，称为板块。板块驮在软流圈上随之运动，这就是板块运动，也是构造运动发生的根源。

### 2.1.2 地质作用

在地质历史发展过程中，由自然动力引起的地球和地壳物质组成、内部结构和地表形态不断变化的作用，称为地质作用。

地质作用的能量来源，一是由地球内部放射性元素的蜕变产生的内热；二是来自太阳辐射热以及地球的旋转力和重力。另外，潮汐作用及生物活动也是地质作用的能量来源。只要引起地质作用的动力存在，地质作用就不会停止。地质作用实质上是组成地球的物质以及由其传递的能量发生运动的过程。

地质作用常常引发灾害。按地质灾害成因的不同，工程地质学把地质作用划分为物理地质作用（即自然地质作用）和工程地质作用（即人为地质作用）两大类。物理地质作用按其动力来源，可分为内力地质作用与外力地质作用。

**1. 物理地质作用**（自然地质作用）

（1）内力地质作用　内力地质作用是由地球内部能源，如地球的转动能、重力能和放射性元素衰变产生的热能等引起，主要在地壳或地幔中进行。内力地质作用包括地壳运动、岩浆作用、变质作用和地震作用等。

1）地壳运动。又称为构造运动，是内力地质作用的一种重要形式，也是改变地壳面貌的主导作用。按运动方向，地壳运动分为水平运动和垂直运动。当发生水平方向运动时，常使岩层受到挤压产生褶皱，或是使岩层拉张而破裂；垂直方向的构造运动使地壳发生上升或下降。青藏高原最近数百万年以来的隆升是垂直运动的表现。

发生在新近纪和第四纪的构造运动，称为新构造运动。

2）岩浆作用。岩浆是地壳深处一种黏稠的、富含挥发性物质的高温高压的硅酸盐熔融体。岩浆因巨大压力沿地壳软弱破裂地带上升，造成火山喷发形成火山岩或在地下深处冷凝形成侵入岩的过程称为岩浆作用。岩浆作用形成的岩石叫岩浆岩。岩浆作用有两种方式：喷出作用和侵入作用。

3）变质作用。已经形成地壳的各种岩石，在高温、高压并有化学物质参与下发生成分、结构、构造变化的地质作用称为变质作用。变质作用分为三种类型：接触变质作用、动力变质作用和区域变质作用。由变质作用形成的岩石叫变质岩。

4）地震作用：地震是地下深处的岩层由于突然破裂、塌陷以及火山爆发等产生的地壳快速振动的作用和现象。绝大多数地震是由地壳运动造成的，称为构造地震，还有火山地震、塌陷地震及诱发地震等。

（2）外力地质作用 由地球范围以外的能源引起的地质作用称为外力地质作用。它的能源主要来自太阳辐射能以及太阳和月球的引力等。其作用方式有风化作用、剥蚀作用、搬运作用、沉积作用和成岩作用。外力地质作用的总趋势是削高补低，使地面趋于平坦。

1）风化作用。在常温常压下，暴露于地表的岩石，在温度变化以及水、二氧化碳、氧气及生物等因素的长期作用下，发生化学分解和机械破碎的过程叫风化作用。按风化作用的因素不同，可以分为三类：

① 物理风化作用。岩石在风化过程中，只发生机械破碎，而化学成分不变。引起物理风化的主要因素是温度的变化、水的冻结和结晶胀裂等。

② 化学风化作用。岩石在水、氧、二氧化碳及各种酸类的化学反应影响下，引起岩石和矿物的化学成分发生变化。在化学风化作用过程中，水作为一种天然的溶剂，起着重要作用。由于岩石性质及产生化学风化作用的因素不同，作用方式也不同。化学风化作用主要方式有溶解作用、水化作用、水解作用等。

③ 生物风化作用。生物风化作用是指动植物的影响对岩石产生的破坏作用，既有机械破坏又有化学分解。如生长在岩石裂缝中的植物，其根部挤压岩石，并分泌出酸类破坏岩石中的矿物以吸取养分。岩石孔隙中的细菌和微生物析出各种有机酸、碳酸等，对岩石和矿物产生强烈的破坏作用。

自地表向地下深处，随深度增加，风化作用逐渐减弱，因此在地壳表层形成了一定厚度的风化岩石，称为风化壳。不同风化程度的岩石具有不同的工程地质性质。

2）剥蚀作用。将风化产物从岩石上剥离下来，同时对未风化的岩石进行破坏，不断改变着岩石面貌，这种作用称为剥蚀作用。剥蚀作用可分为风的吹蚀作用、流水的侵蚀作用、地下水的潜蚀作用、冰川的刨蚀作用、海水和湖水的冲蚀作用等。

3）搬运作用。在地质营力作用下，风化剥蚀作用的产物离开母岩区，经过一定距离搬运，到达沉积区的过程叫作搬运作用。其地质营力主要是风和地表流水，其次为冰川、地下水、湖水和海水。搬运方式可分为三种：拖曳搬运、悬浮搬运和溶解搬运。

4）沉积作用。被搬运的物质经过一定距离搬运后，由于搬运介质的动能减弱，或由于搬运介质的物理化学条件发生变化，使被搬运的物质逐渐堆积、沉淀，形成沉积物的过程，叫作沉积作用。沉积作用的方式有机械沉积作用、化学沉积作用和生物沉积作用。

5）成岩作用。使松散沉积物转变为沉积岩的过程，称成岩作用。成岩作用可分为压实作用、胶结作用和重结晶作用。

① 压实作用是指先期沉积的松散碎屑物，在静压力作用下，水分被排出，逐渐被压实的过程。

② 胶结作用是指可溶介质分离出的泥质、钙质、铁质、硅质等充填于碎屑沉积物颗粒之间，经过压实，使碎屑颗粒胶结起来，形成坚硬的碎屑岩。

③ 重结晶作用是指黏土岩和化学岩在成岩过程中，由于温度和压力增高，物质质点发生重新排列组合，颗粒增大的作用。一般成分均一、质点小的真溶液或胶体沉积物，其重结晶现象最明显。

**2. 工程地质作用**（人为地质作用）

工程地质作用或人为地质作用是指由人类活动引起的地质效应。例如，采矿特别是露天开采移动大量岩体所引起的地表变形、崩塌、滑坡；人类在开采石油、天然气和地下水时因岩土层疏干排水所造成的地面沉降；兴建水利工程，所造成的土地淹没、盐渍化、沼泽化或是库岸滑坡、水库地震等。

### 2.1.3 地质年代

地球形成到现在已经有46亿年。在这漫长的岁月里，地球经历了一连串的变化，这些变化在整个地球历史中可分为若干发展阶段。地球发展的时间段落称为地质年代，而把地壳发展演变的历史叫作地质历史，简称为地史。

确定地质年代的方法有两种：一种是相对地质年代，另一种是绝对年龄（同位素年龄）。

**1. 相对地质年代及其确定**

在整个的地质历史时期，地质作用在不停息地进行着。各个地质历史阶段，既有岩石、矿物和生物的形成和发展，也有它们的被破坏和消失。把各个地质历史时期形成的岩石，结合埋藏在岩石中能反映生物演化过程的化石和地质构造，按先后顺序确定下来，展示岩石的新老关系，这就是相对年代。

相对地质年代的确定主要是依据岩层的沉积顺序、生物演化和地质构造关系，所以也可以说是主要依据地层学、古生物学、构造地质学方法。

地层层序律是确定地层相对年代的基本方法。未经过构造运动改造的层状岩层大多是水平岩层，水平岩层的层序为每一层都比它下伏的相邻层新而比它上覆的相邻层老，为下老上新。这就是地层层序律的基本内容。当岩层因构造运动发生倾斜时，仍然是下老上新；当发生颠倒时，则老岩层会覆盖在新岩层之上。

生物层序律也是确定地层相对年代的重要方法。地质历史中各种地质作用在不断地进行着，使地球表面的自然环境不断地变化，生物为了适应这种变化，不断地改变着自身内外器官的功能。生物的演化趋势总是由无到有、由简单向复杂、由低级到高级，而且是不可逆转的。各个地质年代都有适应当时自然环境的特有生物群。所以，不同地质时代的岩层中含有不同类型的化石及其组合，相同地质时期相同地理环境下形成的地层含有相同的化石，这就是生物层序律。因此，老地层中保留简单而低级的化石，新地层中保留复杂而高级的化石。一般来说，不论岩石性质是否相同，只要它们所含化石相同，它们的地质时代就相同。

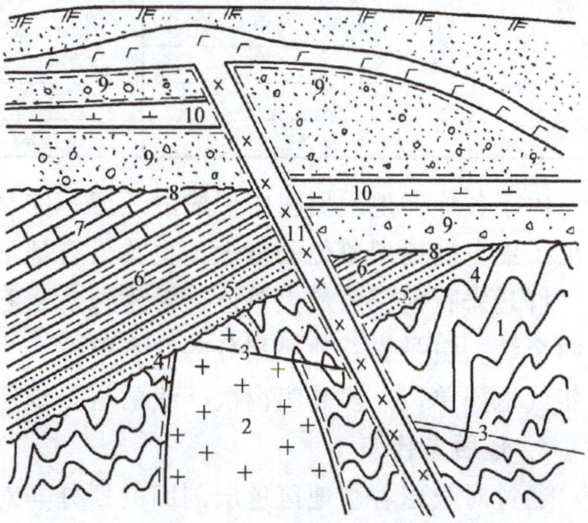

图2-2 岩层、岩体的切割关系

注：图中数字代表岩层形成顺序，2、10、11为岩体。

构造运动和岩浆活动的结果，使不同时代的岩层、岩体之间出现断裂和穿插关系，利用这种关系可以确定这些地层（或岩层）的先后顺序和地质时代，这就是切割律。如

图 2-2 所示，岩体 2 侵入到 1 中，说明 2 比 1 新；岩墙 11 穿插于 1 至 10 的各个岩层、岩体中，说明岩墙 11 的时代最新。

**2. 同位素年龄（绝对年龄）及其测定**

基于放射性元素具有固定的衰变系数（衰变系数 $\lambda$ 代表每年每克母体同位素能产生的子体同位素的克数），而且矿物中放射性同位素蜕变后剩余的母体同位素含量（$N$）与蜕变而成的子体同位素含量（$D$）可以测出，根据下式

$$t=\frac{1}{\lambda}\ln\left(1+\frac{D}{N}\right) \tag{2-1}$$

就可以计算出该矿物从形成到现在的实际年龄，即代表岩石的绝对年代。

放射性同位素很多，大多数蜕变速率很快，但也有一些放射性元素蜕变很慢，具有亿年计的半衰期（表 2-1），可用于测定地质年代。

表 2-1　用于测定地质年代的放射性同位素

| 母同位素 | 子同位素 | 半衰期 | 衰变常数 |
|---|---|---|---|
| 铀($U^{238}$) | 铅($Pb^{206}$) | $4.5\times10^{9}$a | $1.54\times10^{-10}a^{-1}$ |
| 铀($U^{235}$) | 铅($Pb^{207}$) | $7.1\times10^{8}$a | $9.72\times10^{-10}a^{-1}$ |
| 钍($Th^{232}$) | 铅($Pb^{208}$) | $1.4\times10^{10}$a | $0.49\times10^{-10}a^{-1}$ |
| 铷($Rb^{87}$) | 锶($Sr^{87}$) | $5.0\times10^{10}$a | $0.14\times10^{-10}a^{-1}$ |
| 钾($K^{40}$) | 氩($Ar^{40}$) | $1.5\times10^{9}$a | $1.72\times10^{-10}a^{-1}$ |
| 碳($C^{14}$) | 氮($N^{14}$) | $5.7\times10^{3}$a | |

**3. 地质年代单位与年代地层单位**

地质年代单位包括宙、代、纪、世，是国际统一规定的名称和地质年代划分单位。与其对应的年代地层单位分别是宇、界、系、统。年代单位和地层单位的对应关系见表 2-2。

表 2-2　地史单位

<table>
<tr><th colspan="4">国际性</th><th>地方性</th></tr>
<tr><th colspan="2">时间(年代)地层单位</th><th colspan="2">地质(年代)时代单位</th><th>岩石地层单位</th></tr>
<tr><td colspan="2">宇</td><td colspan="2">宙</td><td rowspan="9">群组段层</td></tr>
<tr><td colspan="2">界</td><td colspan="2">代</td></tr>
<tr><td colspan="2">系</td><td colspan="2">纪</td></tr>
<tr><td rowspan="3">统</td><td>上</td><td rowspan="3">世</td><td>晚</td></tr>
<tr><td>中</td><td>中</td></tr>
<tr><td>下</td><td>早</td></tr>
<tr><td colspan="2">阶</td><td colspan="2">期</td></tr>
<tr><td colspan="2">时带</td><td colspan="2">时</td></tr>
</table>

由于各地在地质历史中形成的地层不完全相同，需要对地方岩石地层进行系统划分，故提出了地方性地层单位的概念，也称岩石地层单位，可分为群、组、段等不同级别。

群是岩石地层的最大单位，常常包含岩石性质复杂的一大套岩层，它可以代表一个统或跨两个统。组是岩石地层划分的基本单位，岩石性质比较单一，组可以代表一个统或比统小的年代地层单位。段是组内次一级的岩石地层单位，代表组内具有明显特征的一段地层。

**4. 地质年代表**

通过对全球各个地区地层剖面的划分与对比，以及对各种岩石进行同位素年龄测定积累的资料，结合生物演化和地球构造演化的阶段性，综合得出地质年代表，见表 2-3。同位素年龄和相对年代对比应用，相辅相成，使地质历史演化过程的时间概念更加准确。

**表 2-3 地质年代表**

| 地质时代、地层单位及其代号 | | | | 同位素年龄(百万年 Ma) | | 构造阶段 | | 生物演化阶段 | | 中国主要地质、生物现象 |
|---|---|---|---|---|---|---|---|---|---|---|
| 宙(宇) | 代(界) | 纪(系) | 世(统) | 时间间距 | 距今年龄 | 大阶段 | 阶段 | 动物 | 植物 | |
| 显生宙 | 新生代 | 第四纪(Q) | 全新世($Q_4/Q_h$) | 约 | 0.012 | 联合古陆解体 | 喜马拉雅阶段 | 人类出现 | 被子植物繁盛 | |
| | | | 更新世($Q_1Q_2Q_3/Q_p$) | 2-3 | 2.48 | | | | | 冰川广布,黄土生成 |
| | | 新近纪(N) | 上新世($N_2$) | 2.82 | 5.3 | | | 哺乳动物繁盛 | | 西部造山运动,东部低平,湖泊广布 |
| | | | 中新世($N_1$) | 18 | 23.3 | | | | | |
| | | 古近纪(E) | 渐新世($E_3$) | 13.2 | 36.5 | | | | | 哺乳类分化 |
| | | | 始新世($E_2$) | 16.5 | 53 | | | | | 蔬果繁盛,哺乳类急速发展 |
| | | | 古新世($E_1$) | 12 | 65 | | | | | (我国尚无古新世地层发现) |
| | 中生代 | 白垩纪(K) | 晚白垩世($K_2$) | 70 | 135 | | 燕山阶段 | 爬行动物繁盛;无脊椎动物继续演化发展 | | 造山作用强烈,火成岩活动,矿产生成 |
| | | | 早白垩世($K_1$) | | | | | | | |
| | | 侏罗纪(J) | 晚侏罗世($J_3$) | 73 | 208 | | | | 裸子植物繁盛 | 恐龙极盛,中国南山俱成,大陆煤田生成 |
| | | | 中侏罗世($J_2$) | | | | | | | |
| | | | 早侏罗世($J_1$) | | | | | | | |
| | | 三叠纪(T) | 晚三叠世($T_3$) | 42 | 250 | 联合古陆形成 | 印支—海西阶段;印支阶段 | | | 中国南部最后一次海侵,恐龙哺乳类发育 |
| | | | 中三叠世($T_2$) | | | | | | | |
| | | | 早三叠世($T_1$) | | | | | | | |
| | 古生代 晚古生代 | 二叠纪(P) | 晚二叠世($P_3$) | 40 | 295 | | 海西阶段 | 两栖动物繁盛 | | 世界冰川广布,新南最大海侵,造山作用强烈 |
| | | | 中二叠世($P_2$) | | | | | | | |
| | | | 早二叠世($P_1$) | | | | | | | |
| | | 石炭纪(C) | 晚石炭世($C_2$) | 72 | 355 | | | | 蕨类植物繁盛 | 气候温热,煤田生成,爬行类昆虫发生,地形低平,珊瑚礁发育 |
| | | | 早石炭世($C_1$) | | | | | | | |
| | | 泥盆纪(D) | 晚泥盆世($D_3$) | 47 | 409 | | | 鱼类繁盛 | 裸蕨植物繁盛 | 森林发育,腕足类鱼类极盛,两栖类发育 |
| | | | 中泥盆世($D_2$) | | | | | | | |
| | | | 早泥盆世($D_1$) | | | | | | | |
| | 古生代 早古生代 | 志留纪(S) | 晚志留世($S_3$) | 30 | 439 | | 加里东阶段 | 海生无脊椎动物繁盛 | 藻类及菌类繁盛 | 珊瑚礁发育,气候局部干燥,造山运动强烈 |
| | | | 中志留世($S_2$) | | | | | | | |
| | | | 早志留世($S_1$) | | | | | | | |
| | | 奥陶纪(O) | 晚奥陶世($O_3$) | 71 | 510 | | | | | 地热低平,海水广布,无脊椎动物极繁,末期华北升起 |
| | | | 中奥陶世($O_2$) | | | | | | | |
| | | | 早奥陶世($O_1$) | | | | | | | |
| | | 寒武纪(∈) | 晚寒武世($∈_3$) | 60 | 570 | | | 硬壳动物繁盛 | | 浅海广布,生物开始大量发展 |
| | | | 中寒武世($∈_2$) | | | | | | | |
| | | | 早寒武世($∈_1$) | | | | | | | |
| 元古宙 | 元古代 新元古代($Pt_3$) | 震旦纪($Z/S_n$) | | 230 | 800 | | | 裸露动物繁盛 | | 地形不平,冰川广布,晚期海侵加广 |
| | | 青白口纪 | | 200 | 1000 | 地台形成 | 晋宁阶段 | | 真核生物出现 | |
| | 中元古代($Pt_2$) | 蓟县纪 | | 400 | 1400 | | | | | 沉积深厚造山变质强烈,火成岩活动矿产生成 |
| | | 长城纪 | | 400 | 1800 | | | | | |
| | 古元古代($Pt_1$) | | | 700 | 2500 | | 吕梁阶段 | | (绿藻) | 早期基性喷发,继以造山作用,变质强烈,花岗岩侵入 |
| 太古宙 | 太古代 新太古代($Ar_2$) | | | 500 | 3000 | | | | 原核生物出现 | |
| | 古太古代($Ar_1$) | | | 800 | 3800 | 2800 陆核形成 | | 生命现象开始出现 | | |
| 冥古宙 | | | | | 4600 | | | | | 地壳局部变动,大陆开始形成 |

### 2.1.4 地貌

由于内、外力地质作用，地壳表面形成各种不同成因、不同类型、不同规模的起伏形态，称为地貌。地貌和地形有不同的含义。

**1. 地貌形态**

（1）地貌基本要素　地貌形态是由地貌基本要素所构成。地貌基本要素包括地形面、地形线和地形点，它们是地貌形态最简单几何组分，决定了地貌形态的几何特征。

1）地形面可以是平面，也可以是曲面或波状面。如山坡面、阶地面、山顶面和平原面等。

2）地形线是两个地形面的交线（或一个地形带）。地形线可以是直线，也可以是曲线或折线。如分水线、谷底线、坡折线等。

3）地形点是两条（或多条）地形线的交点，或由孤立的微地形体构成地形点。例如，山脊线相交构成山峰点或山鞍点、山坡转折点等。

（2）地貌基本形态和形态组合　通常把较简单的小地貌形态，如冲沟、沙丘、冲积锥等，称为地貌基本形态。若干地貌基本形态的组合体，称为地貌形态组合。地貌形态组合可以是简单的同一年代同一类型的地貌组合，也可以是复杂的不同年代不同成因的地貌组合。规模较大的地貌一般都是复杂的地貌形态组合体。

（3）地貌形态特征和形态测量特征　任何一种地貌形态的特点，都可以通过描述其地貌形态特征和测量特征反映出来。

1）地貌形态特征。地貌基本形态具有一定的简单几何形状，但是地貌形态组合特征，就不能用简单的几何形状来表示，应考虑这一形态组合的总体起伏特征、地形类别和空间分布形状。例如，山前由若干洪积扇构成的洪积平原，这是一种地貌形态组合，其中每一个洪积扇作为一个基本地貌形态，具有扇形几何特征；但这一形态组合的特征是纵向倾斜、横向平缓起伏、呈条状分布的洪积倾斜平原。

2）地貌形态测量特征。反映地貌形态的数量特征，即地貌形态测量特征。主要的形态测量特征有高度、坡度和地面切割程度等。

① 高度。分绝对高度和相对高度，是最主要的形态测量数值。特别是各种地貌之间的相对高度更为重要，是分析地貌成因和发展的重要依据。这些数值必须在野外实际测定。

② 坡度。指地貌形态某一部分地面的倾斜度，仅次于高度的形态测量数值。如山坡、阶面、夷平面的倾斜度等。坡度对于阐明地形成因、山坡稳定性和地貌发展阶段有重要意义。坡度有陡缓之分，应当实际测量其坡度值。

③ 地形切割程度。常用单位面积水文网长度、地面切割深度和地面破坏百分比描述地面切割程度。使用“强烈”“中等”和“微弱”三级分类，要说明所依据的标准。

地貌形态特征和形态测量特征相结合，可以全面表现一种地貌形态的立体特征。用图片（普通照片、航片和卫片）、等高线图及普通地图编绘法和素描图，结合某些形态测量数值（主要是高度）并加以文字描述，是科学描述地貌形态的方法。

**2. 地貌分级**

地貌规模相差悬殊，按其相对大小，并考虑其地质构造条件和塑造地貌的地质营力进行分级。地貌等级一般划分为下列六级：

1）星体地貌。把地球作为一个整体来研究，其形态、大小、海陆分布等总体特征，构成星体地貌特征。

2）巨型地貌。地球上的大陆和海洋，是高度上具有显著差异的两类地貌，由内力地质作用形成。大陆具有极其复杂多样的形态，并受外力地质作用的改造；海盆则相对单纯，受到水层保护而比较原始。

3）大型地貌。陆地上的山脉、平原、大型盆地；海盆中的海底山脉、海底平原等。大型地貌往往和大地构造单元（陆地）一致，是地壳长期发展的结果。

4）中型地貌。大型地貌内的次一级地貌，如河谷以及河谷之间的分水岭、山间盆地等。其成因不完全取决于内力地质作用，主要由外力地质作用塑造而成。

5）小型地貌。是中型地貌的各个组成部分，如沙丘、冲沟、谷坡等，是一些地貌基本形态和较小地貌形态组合。小型地貌的形态特征，主要取决于外力地质作用，并受岩性的影响。

6）微型地貌。是规模相对比较微小的地貌形态，也是最小的地貌形态单元。如各种海成的波痕（纹）、潮水沟等。通过对微地貌的观测，可以进一步分析宏观地貌的形成过程。

不同级别的地貌，是以比它高一级的地貌为发展基础，并逐级叠加在一起，构成一幅相互联系的整体景观。

**3. 地貌类型**

促使地貌形成和发展变化的动力，是内、外地质作用。内力地质作用形成地壳表面的基本起伏，对地貌的形成和发展起着决定性的作用。如地壳运动不但形成一系列褶皱带和断裂带，而且造成地壳表面大规模的隆起区和沉降区；使地表变得高低不平，隆起区将形成大陆、高原、山岭，沉降区则形成海洋、平原、盆地。外力地质作用则对内力作用所形成的地壳表面的基本起伏，不断进行雕塑、加工，使之复杂化。其总趋势是削高填低，力图把地表夷平。因此，地貌的形成和发展是内、外地质作用不断斗争的结果。现在地壳表面千姿百态的各种地貌，就是地壳表面在内、外力作用下发展到现阶段的形态表现。

地貌类型一般是以地貌的成因和形态进行划分。

（1）地貌的成因分类　目前还没有公认的地貌成因分类方案。以地貌形成的主导因素（地质作用）作为分类基础的方案，较为简明实用。

1）内力地貌，即以内力地质作用为主所形成的地貌，又可分为构造地貌和火山地貌。

2）外力地貌，指以外力地质作用为主所形成的地貌，又可分为水成地貌、风成地貌、岩溶地貌、冰川地貌、重力地貌和冻土地貌等。

（2）地貌的形态分类　地貌的形态分类，是按地貌的绝对高度、相对高度及地面的平均坡度等形态特征进行分类。表 2-4 是山地和平原的一种常见的分类方案。

表 2-4　地貌的形态分类

| 形态类别 | | 绝对高度/m | 相对高度/m | 平均坡度/° | 举例 |
|---|---|---|---|---|---|
| 山地 | 高山 | >3500 | >1000 | >25 | 喜马拉雅山、天山 |
| | 中山 | 3500~1000 | 1000~500 | 10~25 | 大别山、庐山、雪峰山 |
| | 低山 | 1000~500 | 500~200 | 5~10 | 川东平行岭谷，华蓥山 |
| | 丘陵 | <500 | <200 | | 闽东沿海丘陵 |

（续）

| 形态类别 | | 绝对高度/m | 相对高度/m | 平均坡度/° | 举例 |
|---|---|---|---|---|---|
| 平原 | 高原 | >600 | >200 | | 青藏高原、内蒙古高原、黄土高原、云贵高原 |
| | 高平原 | >200 | | | 成都平原 |
| | 低平原 | 0~200 | | | 东北平原、华北平原、长江中下游平原 |
| | 洼地 | 低于海平面高度 | | | 吐鲁番洼地 |

注：1. 山地地貌。山地由许多山、山脉组成。山地地貌形状极其复杂，有的山地是悬崖峭壁、奇峰林立，有的山地则平缓圆滑。常以山地地貌的形态要素描述其形态特征。

2. 平原地貌。平原地貌的形态特点是地势开阔、地形平坦、地面起伏不大。它是在地壳升降运动微弱或长期处于相对稳定的条件下，经外力地质作用的充分夷平或补平形成的。按高程，平原可分为高原、高平原、低平原和洼地。按成因，平原可分为构造平原、剥蚀平原和堆积平原。

## 2.2 矿物

### 2.2.1 矿物的概念

矿物是地质作用形成的天然单质或化合物，是岩石的基本组成单位。矿物具有一定的化学成分、确定的内部结构及物理性质。由一种元素组成的矿物称为单质矿物，如自然金（Au）、自然铜（Cu）、金刚石（C）等；大多数矿物是由两种或两种以上的元素组成的化合物，如岩盐（NaCl）、方解石（$CaCO_3$）、石膏（$CaSO_4 \cdot 2H_2O$）等。矿物绝大多数是无机固态，也有少数为液态（如水、自然汞）、气态（如水蒸气、氦）及有机物。

矿物按其内部构造分为结晶质矿物和非结晶质矿物。结晶质矿物是指矿物不仅具有一定的化学成分，而且组成矿物的质点（原子或离子）按一定方式规则排列，并可反映出固定的几何外形。具有一定的结晶构造和一定几何形状的固体称为晶体。如岩盐是由钠离子和氯离子按立方体格子式排列的，如图2-3所示。非结晶质矿物是指组成矿物的质点不规则排列，因而没有固定形状，如蛋白石（$SiO_2 \cdot nH_2O$）。自然界中的绝大多数矿物是结晶质。非结晶质随时间增长可自发转变为结晶质。

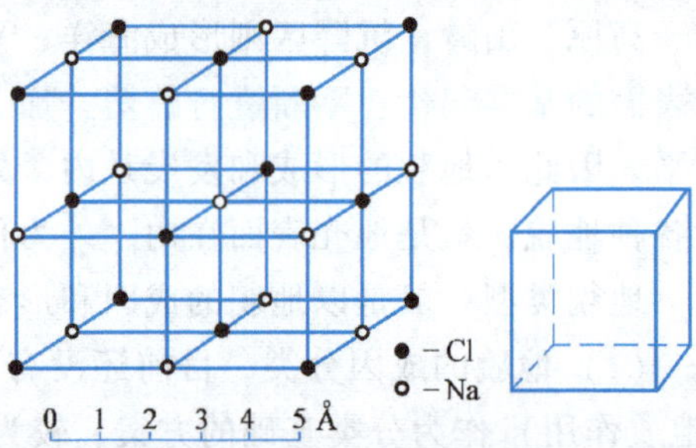


图2-3 岩盐的内部结构和晶体

### 2.2.2 矿物的物理性质

矿物的物理性质，取决于矿物的化学成分和内部构造。矿物的物理性质有形态、颜色、硬度、解理、光泽、断口、条痕、透明度和密度等。矿物的物理性质特征是鉴别矿物的重要依据。

**1. 矿物的形态**

形态是矿物的重要外表特征，它与矿物的化学成分、内部结构及生长环境有关，是鉴定矿物和研究矿物成因的重要标志之一。图2-4所示为矿物的几种外形。

当矿物呈单体出现时，晶体的习性使它常具有一定的外形，有的形态十分规则，如岩盐是立方体，磁铁矿是八面体，石榴子石是菱形十二面体，云母是六方板状或柱状，水晶呈八方锥柱状。

矿物单体的形态虽然多种多样，但归纳起来可分为以下 3 种：

一向延伸：晶体沿一个方向特别发育，呈柱状、针状或纤维状晶形，如石英、辉锑矿、纤维石膏等。

二向延伸：晶体沿两个方向特别发育，呈片状、板状，如云母、石膏等。

三向延伸：晶体沿三个方向发育大致相同，呈粒状，如黄铁矿、磁铁矿等。

矿物集合体是指同种矿物多个单晶聚集生长的整体外观，其形态不固定，常见的有粒状集合体，如磁铁矿；鳞状集合体，如云母；鲕状或肾状集合体，如赤铁矿；放射状集合体，如红柱石（形如菊花又称“菊花石”）；簇状集合体，如石英晶簇。

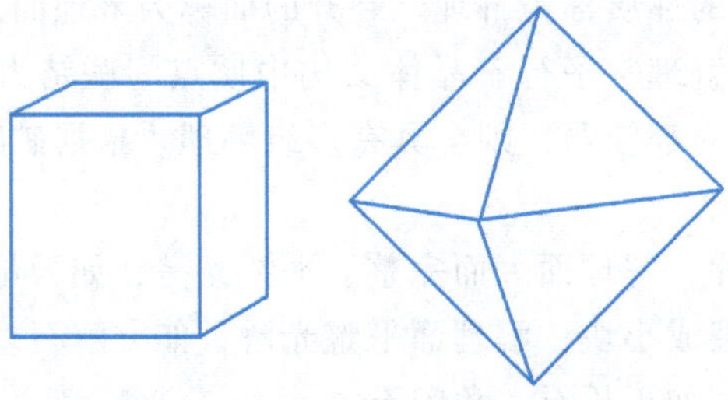

a)　b)　c)

图 2-4　矿物的几种外形

a）立方体　b）八面体　c）菱形十二面体

**2. 矿物的颜色和条痕**

矿物的颜色是矿物对入射可见光中不同波长光线选择吸收后，透射和反射的各种光线的混合色。矿物的颜色自古引人注目，许多矿物就是以其颜色而得名。如黄铁矿（铜黄色）、赤铁矿（红色，又名红铁矿）、孔雀石（翠绿色）、褐铁矿（褐色）等。不透明的金属矿物颜色比较固定，而某些透明矿物常因含有杂质或因风化出现其他颜色。如不含杂质的水晶是无色透明的，含杂质则呈现红色、紫色、黄色、烟色等。新鲜黄铁矿呈铜黄色，风化后呈暗褐色。

矿物粉末的颜色称为矿物的条痕色。一般是看矿物在白色无釉的瓷板上划出的线条的颜色。矿物的条痕色比矿物表面颜色更固定，如赤铁矿块体表面可呈现红、钢灰色，但条痕总是樱桃红色，因而具有鉴定意义。

**3. 矿物的光泽**

矿物表面反射光线的特点称为光泽。根据矿物新鲜平滑面上反射光线的情况将光泽分为：

1）金属光泽，矿物表面反光最强，如同光亮的金属器皿表面，如方铅矿、黄铁矿。

2）半金属光泽，类似金属光泽，但较为暗淡，像没有磨光的铁器，如赤铁矿、磁铁矿。

3）非金属光泽，不具金属感的光泽。可分为金刚光泽——矿物反射光较强，像金刚石那样闪亮耀眼，如金刚石、闪锌矿等；玻璃光泽——反光较弱，像玻璃的光泽，如水晶、萤石等。

上述光泽都是指矿物的光滑表面——晶面或解理面上的光泽。倘若矿物表面不平坦或为集合体的表面或解理发育引起光线折射、反射等，均可出现特殊光泽：

1）珍珠光泽，光线在解理面间发生多次折射和内反射，在解理面上呈现的像珍珠一样的光泽，如云母等。

2）丝绢光泽，纤维状或细鳞片状矿物，由于光的反射相互干扰，形成丝绢般的光泽，如纤维石膏和绢云母等。

3）油脂光泽，矿物表面不平，致使光线散射，如石英断口上呈现的光泽。

4）蜡状光泽，像石蜡表面呈现的光泽，如蛇纹石、滑石等致密块状矿物表面的光泽。

5）土状光泽，矿物表面暗淡如土，如高岭石等松散细粒块体矿物表面呈现的光泽。

**4. 矿物的解理与断口**

矿物受力后沿一定方向规则裂开的性质称为解理。裂开的面称为解理面。矿物解理的产生，是其内部质点规则排列的结果，解理常平行于晶体结构中质点间联结力弱的方向发生。如果矿物晶体内部的几个方向上结合力都较弱，则会具有多组解理。根据矿物产生解理面的完全程度，可将解理分为4级：

1）极完全解理，极易劈开成薄片，解理面大而完整、平滑光亮，如云母。

2）完全解理，常沿解理方向开裂成小块，解理面平整光滑，如方解石。

3）中等解理，解理面不太平滑，如正长石、角闪石。

4）不完全解理，很难出现完整的解理面，如橄榄石、磷灰石。

矿物在外力作用下，沿着任意方向产生不规则断裂，其凹凸不平的断裂面称为断口。常见的断口形态有：

1）贝壳状断口，呈椭圆形的光滑曲面，具同心圆纹，相似于贝壳，如石英。

2）平坦状断口，断面平坦，如蛇纹石。

3）参差状断口，呈参差不齐的形状，大多数矿物均为此断口，如磷灰石。

4）锯齿状断口，呈尖锐锯齿状，如自然铜。

5）纤维状断口，呈纤维丝状，如石棉。

矿物解理的完全程度与断口是相互消长的，解理完全时则不显示断口。反之，解理不完全或无解理时，则断口显著。

**5. 矿物的硬度**

矿物抵抗外力刻划、压入、研磨的能力，称为硬度。通常是指矿物的相对软硬程度。如用两种矿物相互刻划，受伤者硬度小。德国矿物学家德里克·摩斯（Friedrich Mohs）选择10种软硬不同的矿物作为标准，组成1~10度的相对硬度系列，称为“摩氏硬度计”，见表2-5。

**表2-5 摩氏硬度计**

| | | | |
|---|---|---|---|
| 1度 | 滑石 | 6度 | 正长石 |
| 2度 | 石膏 | 7度 | 石英 |
| 3度 | 方解石 | 8度 | 黄玉 |
| 4度 | 萤石 | 9度 | 刚玉 |
| 5度 | 磷灰石 | 10度 | 金刚石 |

把需要鉴定硬度的矿物与表中矿物相互刻划即可确定其硬度，如需要鉴定的矿物能刻划长石但不能刻划石英，而石英可以刻划它，则它的硬度可定为6.5度。

在野外，利用指甲（硬度2.5度）、小刀（硬度5.5度）、玻璃片（硬度6.5度）来粗测矿物硬度，常常可以区分许多外观相似的矿物。

风化会使矿物表面硬度降低，因而在测试矿物硬度时应在矿物单体的新鲜面上进行。

**6. 矿物的透明度**

矿物的透明度即矿物允许可见光透过的能力。矿物对光的吸收率和矿物的厚度等因素影响着矿物的透明度。一般来说，金属矿物的吸收率高而不透明；非金属矿物的吸收率低故大都是透明的。根据透明度可将矿物分成三大类：

1）透明矿物，绝大部分光线可以穿过矿物，隔着矿物的薄片可以清楚看到对面物体，如无色水晶、冰洲石（纯净方解石晶体）等。

2）半透明矿物，光线可以部分穿过矿物，隔着矿物的薄片可以模糊看到对面的物体，如一般石英集合体、辰砂等。

3）不透明矿物，光线几乎不能透过矿物，如磁铁矿、石墨等。

**7. 矿物的密度**

矿物的密度指的是相对密度，是矿物（纯净的单矿物）的质量与4℃时同体积水的质量的比值。大多数矿物密度中等，为2.5~4。

**8. 矿物的弹性、挠性及延展性**

矿物在外力作用下发生弯曲变形，外力解除后能恢复原状的性质称为弹性，如云母的薄片。

矿物在外力作用下发生弯曲变形，外力解除后不能恢复原状的性质称为挠性，如滑石、绿泥石。

矿物在锤击或拉伸作用下，能变成薄片或细丝的性质称为延展性，如自然金、自然铜等。

**9. 矿物的其他性质**

矿物的磁性、放射性等对鉴定某些矿物是很重要的，例如，磁铁矿和赤铁矿用磁铁极易区分；无色透明的冰洲石可以利用其特殊的重折射现象来鉴别。

### 2.2.3 主要造岩矿物及其主要特征

主要造岩矿物及其特征见表2-6。

## 2.3 岩石

经地质作用形成的由矿物或岩屑组成的集合体称为岩石。有的岩石是由一种矿物组成的单矿岩，有的岩石是由岩屑或矿屑组成的碎屑岩，而大多数岩石是由两种以上的矿物组成的复矿岩。

自然界岩石种类繁多，根据其成因可分为岩浆岩（火成岩）、沉积岩和变质岩三大类。

### 2.3.1 岩浆岩

火山喷发时，从地壳深部喷出大量炽热气体和熔融物质，这些熔融物质就是岩浆。岩浆具有很高的温度（800~1300℃）和很大的压力（大约在几百兆帕以上）。它从地壳深部向上侵入过程中，有的在地下即冷凝结晶成岩石，叫作侵入岩；有的喷射或溢出地表后才冷凝成岩石，叫作喷出岩。这些由岩浆冷凝、固结而成的岩石通称为岩浆岩。

**1. 岩浆岩的产状**

岩浆岩产状是指岩体的大小、形状及其与围岩的接触关系。由于岩浆侵入的深度、岩浆的规模与成分以及围岩的产出状态不同，故岩浆岩的产状不一。

（1）喷出岩的产状　最常见的喷出岩有火山锥和熔岩流。火山锥是岩浆沿着一个孔道喷出地面形成的圆锥形岩体，由火山口、火山颈及火山锥状体组成。熔岩流是岩浆流出地表顺山坡和河谷流动冷凝形成的层状或条带状岩体，大面积分布的熔岩流叫作熔岩被。

（2）侵入岩的产状　侵入岩按距地表的深浅程度，又分为浅成岩（成岩深度<3km）和深成岩，它们的产状多种多样（图2-5）。浅成岩一般为小型岩体，产状包括岩脉、岩床和岩盘；深成岩常为大型岩体，产状包括岩株和岩基等。

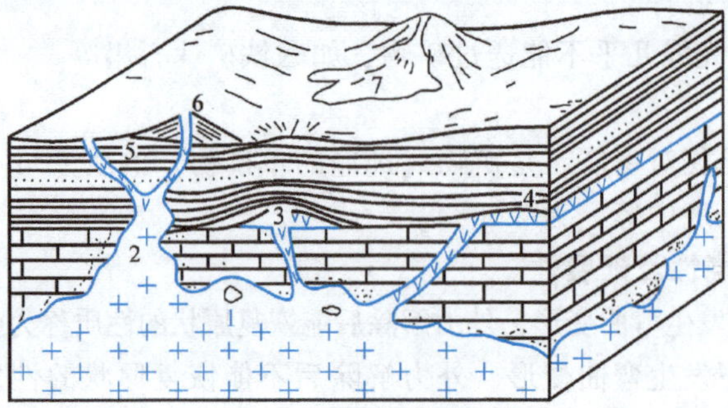


**图2-5　岩浆岩体产状示意**

1—岩基　2—岩柱　3—岩盘　4—岩床　5—岩墙和岩脉　6—火山锥　7—熔岩流

1）岩脉。岩浆沿着岩层裂隙侵入并切断岩层所形成的狭长形岩体。岩脉规模变化较大，宽可由几厘米（或更小）到数十米（或更大），长由数米（或更小）到数千米或数十千米。

2）岩床。流动性较大的岩浆顺着岩层层面侵入形成的板状岩体。形成岩床的岩浆成分常为基性，岩床规模变化也大，厚度常为数米至数百米。

3）岩盘。岩盘又称岩盖，是指黏性较大的岩浆顺岩层侵入，并将上覆岩层拱起而形成的穹隆状岩体。岩盘主要由酸性岩构成，也有由中、基性岩浆构成的岩盘。

4）岩基。规模巨大的侵入体，其面积一般在100km$^2$以上，甚至可超过几万平方千米。岩基的成分是比较稳定的，通常由花岗岩、花岗闪长岩等酸性岩组成。

5）岩株。面积不超过100km$^2$的深层侵入体。其形态不规则，与围岩的接触面不平直。岩株的成分多样，但以酸性和中性较为普遍。

**2. 岩浆岩的结构**

岩浆岩的结构是指岩石中矿物的结晶程度、晶粒大小、晶体形状及矿物间结合关系。由于岩浆的化学成分和冷凝环境不同，冷凝速度不一样，因此岩浆岩的结构也存在差异。

（1）粒状结晶结构（显晶质结构）　岩石全部由肉眼能辨认的矿物晶体组成，一般见于侵入岩。按结晶颗粒大小，可进一步划分为粗粒结构（颗粒直径大于5mm）、中粒结构（颗

表 2-6 主要造岩矿物的基本特征

| 矿物名称 | 成分 | 形态 | 颜色 | 条痕 | 光泽 | 硬度 | 相对密度 | 解理或断口 | 其他特征 |
|---|---|---|---|---|---|---|---|---|---|
| 黄铁矿 | $FeS_2$ | 立方体、粒状、块状 | 浅铜黄色 | 绿黑色 | 金属 | 6~6.5 | 4.9~5.2 | 参差状断口 | 晶面有平行条纹 |
| 石英 | $SiO_2$ | 双锥柱状、块状 | 无色、白色 | 白色 | 玻璃<br>油脂 | 7 | 2.6 | 贝壳状断口 | |
| 赤铁矿 | $Fe_2O_3$ | 块状、肾状、鲕状 | 钢灰、铁黑、红褐色 | 樱红色 | 半金属 | 5.5~6 | 5~5.3 | 无解理 | 性脆 |
| 褐铁矿 | $Fe_2O_3 \cdot nH_2O$ | 块状、土状、豆状、蜂窝状 | 褐色、黑色 | 浅黄褐色 | 半金属 | 1~4 | 3~4 | 无解理 | 是许多氢氧化铁和含水氧化物的总称，成分不纯 |
| 方解石 | $CaCO_3$ | 菱面状、粒状、结核状、钟乳状 | 无色、灰白 | 白色 | 玻璃 | 3 | 2.7 | 三组解理 | 性脆，遇稀盐酸起泡 |
| 白云石 | $CaMg(CO_3)_2$ | 菱面状、粒状、块状 | 白色、浅黄色、红色 | 白色 | 玻璃 | 3.5~4 | 2.9 | 三组解理 | 遇热盐酸起泡，遇镁试剂变蓝 |
| 石膏 | $CaSO_4 \cdot 2H_2O$ | 板状、块状、纤维状 | 白色、浅灰色 | 白色 | 玻璃<br>珍珠 | 1.5~2 | 2.3 | 纤维状石膏断口为锯齿状，板状石膏具一组解理 | 微具挠度 |
| 橄榄石 | $(Mg,Fe)_2[SiO_4]$ | 粒状 | 橄榄绿色 | 白色 | 玻璃 | 6.5~7 | 3.3 | 贝壳状断口 | 透明 |
| 辉石 | $Ca(Mg,Fe,Al)[(SiAl)_2O_6]$<br>$Ca_2Na(Mg,Fe)_4$ | 短柱状，横切面为八边形 | 黑绿色 | 灰绿色 | 玻璃 | 5~6 | 3.2~3.6 | 二组解理 | 性脆 |
| 角闪石 | $(FeAl)[(Si,Al)_4O_{11}][OH]_2$ | 长柱状，横切面为六边形 | 暗绿至黑色 | 浅绿色 | 玻璃 | 5.5~6 | 3.3~3.4 | 二组解理 | 性脆 |
| 正长石 | $K[AlSi_3O_8]$ | 柱状、板状 | 肉红、玫瑰、褐黄色 | 白色 | 玻璃 | 6~6.5 | 2.6 | 二组解理 | |

（续）

| 矿物名称 | 成分 | 形态 | 颜色 | 条痕 | 光泽 | 硬度 | 相对密度 | 解理或断口 | 其他特征 |
|---|---|---|---|---|---|---|---|---|---|
| 斜长石 | $Na[AlSi_3O_8]$-$Ca[Al_2Si_2O_8]$ | 板状、粒状 | 白色、浅黄色 | 白色 | 玻璃 | 6~6.5 | 2.7 | 二组解理 | 解理面上显条纹 |
| 白云母 | $KAl_2[AlSi_3O_{10}][OH]_2$ | 板状、鳞片状集合体 | 无色 | 白色 | 玻璃<br>珍珠 | 2~3 | 2.7~3.1 | 一组解理 | 绝缘性能极好 |
| 黑云母 | $K(Mg,Fe)_3[AlSi_3O_{10}][OH]_2$ | 短柱状、板状、片状集合体 | 黑色、褐色、棕色 | 浅绿色 | 玻璃<br>珍珠 | 2~3 | 3~3.1 | 一组解理 | 薄片具弹性 |
| 石榴子石 | $(Ca,Mg)_3(Al,Fe)_2[SiO_4]_3$ | 菱形十二面体、粒状 | 多种 | 白色 | 玻璃<br>油脂 | 6.5~7.5 | 3~4 | 无解理 | 半透明、性脆 |
| 绿泥石 | $(Mg,Al,Fe)_6[(Si,Al)_4O_{10}][OH]_8$ | 鳞片状 | 绿色 |  | 珍珠 | 2~3 | 2.6~3.3 | 平行片状方向的解理 | 薄片具挠性 |
| 蛇纹石 | $Mg_6[Si_4O_{10}][OH]_8$ | 细鳞片状、显微鳞片状、致密块状 | 黄绿色 |  | 油脂<br>丝绢 | 2.5~3.5 | 2.83 |  |  |
| 滑石 | $Mg_3[Si_4O_{10}][OH]_2$ | 板状、片状、块状 | 白色、浅绿、浅红色 | 白色 | 玻璃<br>蜡状 | 1~1.5 | 2.7~2.8 | 一组解理 | 具滑感 |
| 高岭石 | $Al_4[Si_4O_{10}][OH]_2$ | 土状、块状 | 白色 |  |  | 2 | 2.61~2.68 |  | 具可塑性 |
| 蒙脱石 | $(Al_2Mg_3)[Si_4O_{10}][OH]_2$ | 土状、显微鳞片状 | 白色、灰白色 |  |  | 1~2 | 2~3 |  | 具可塑性，遇水剧烈膨胀 |
| 红柱石 | $Al_2[SiO_4]O$ | 柱状、放射状 | 浅绿、浅红色 | 白色 | 玻璃 | 7~7.5 | 3.1~3.2 | 二组解理 | 放射状集合体，像菊花，故又名“菊花石” |

粒直径为2~5mm）和细粒结构（颗粒直径为0.2~2mm）。颗粒越粗，反映岩浆冷却速度越慢，结晶的时间越充裕。

（2）隐晶质结构　岩石由肉眼不能辨认的细小晶粒组成，颗粒一般小于0.2 mm。岩石外观呈致密状，反映岩浆冷却速度较快，主要见于喷出岩。

（3）玻璃质结构　岩石由没有结晶的物质组成，常具贝壳状断口，较脆。它反映当时岩浆的急剧冷凝，来不及结晶，主要见于喷出岩。

（4）斑状结构　一些较大的晶体分布在较细的物质（主要为隐晶质和玻璃质）当中的一种结构。大的晶体称斑晶，较细的物质称基质。这种结构反映岩浆在经由地壳的不同深浅部位和喷出地表过程中，小部分先结晶形成斑晶，剩余部分较快冷凝形成基质，主要见于小型侵入体和喷出岩中。

**3. 岩浆岩的构造**

岩浆岩的构造是指岩石中矿物集合体的形态、大小及其相互关系，它是岩浆岩形成条件的反映。常见的构造有如下几种：

（1）块状构造　岩石各组成部分均匀分布，无定向排列，是侵入岩特别是深成岩所具有的构造。

（2）流纹构造　岩浆岩中由不同成分和颜色的条带以及拉长气孔等定向排列所形成的构造，它反映了岩浆在流动冷凝过程中的物质分异和流动的痕迹。流纹构造常见于酸性和中性熔岩，尤以流纹岩为典型。

（3）气孔构造与杏仁构造　喷出地表的岩浆迅速冷凝，其中所含气体和挥发成分因压力减小而逸出，因而在岩石中留下许多气孔，这种构造称为气孔构造。这些气孔被后期外来物质（方解石、蛋白石等）充填后，似杏仁状，称为杏仁构造。这种构造为某些喷出岩（如玄武岩）的特点。

**4. 岩浆岩的分类**

自然界的岩浆岩是多种多样的，就目前所知的就有1000余种，它们之间存在着矿物成分、结构、构造、产状及成因等方面的差异，而且在各种岩浆岩之间又有一系列过渡类型。为了掌握各种岩石之间的共性、特性以及彼此之间的共生和成因关系，就必须对岩浆岩进行分类。表2-7为根据化学成分、矿物成分、结构、构造和产状对岩浆岩进行综合分类的简表，表中列出了各种岩石类型和侵入深成岩、浅成岩及喷出岩的代表性岩石种类。

**5. 常见岩浆岩**

自然界的岩浆岩有1000多种，较常见的只是基性、中性和酸性岩类的10多种。碱性、超基性岩分布稀少，各种脉岩往往较为复杂。常见岩浆岩的特征见表2-8。

## 2.3.2　沉积岩

沉积岩一般是指地壳上原有的岩石遭风化、剥蚀作用破坏所形成的各种松散物质和溶解于水的化合物质经搬运、沉积和成岩作用而形成的层状岩石。此外，还有一些是由火山喷出的碎屑物质和生物遗体组成的特殊沉积岩。

沉积岩分布很广，占大陆面积的3/4左右。沉积岩是在地壳表面常温常压条件下形成的，故在物质成分、结构构造、产状等方面都不同于岩浆岩，而具有自己的特征。

**1. 沉积岩的物质组成**

沉积岩的物质成分来源有三个方面，主要是母岩风化的产物，其次是火山喷发的物质和生物及其作用的产物。

(1) 母岩风化产物　母岩是指早已形成的岩浆岩、变质岩和沉积岩。当这些母岩出露地表后，风化作用使母岩遭到破坏，形成新的物质，这就是母岩风化产物。这些物质主要是碎屑物质、新生成的矿物和溶于水的物质。碎屑物质是母岩破碎后的岩屑和比较稳定的矿物碎屑，如石英、长石等；新生成的矿物有黏土矿物、褐铁矿、蛋白石等；溶于水的物质有K、Na、Mg、P、S、I、B、Br等。

(2) 火山喷发物质　火山喷发物质主要是由于火山喷发作用而形成的火山碎屑物质，如火山弹、熔岩、矿物碎屑及火山灰等。

(3) 生物及其作用产物　生物及其作用产物为生物的作用直接或间接形成的产物，如贝壳、煤、石油等。

**2. 沉积岩的结构**

沉积岩的结构是指构成沉积岩颗粒的性质、大小、形态及其相互关系。常见的沉积岩结构有以下几种：

(1) 碎屑结构　是由胶结物将碎屑胶结起来而形成的一种结构，是碎屑岩的主要结构。碎屑物成分可以是岩石碎屑、矿物碎屑、石化的生物有机体或碎片以及火山碎屑等。按粒径大小碎屑可分为砾（粒径大于2mm）、砂（粒径2~0.075mm）和粉砂（粒径0.075~0.005mm）等。胶结物常见的有硅质、黏土质、钙质和火山灰等。

(2) 泥质结构　主要由极细的黏土矿物颗粒（粒径小于0.005 mm）组成，外表呈致密状，是黏土岩的主要结构。

(3) 结晶粒状结构　主要由结晶的矿物组成，是化学岩的主要结构。

(4) 生物结构　是由未经搬运的生物遗体或原生生物活动遗迹组成的结构，是生物化学岩的主要结构。

**3. 沉积岩的构造**

沉积岩的构造是指沉积岩各组成部分的空间分布和配置关系，如层理、层面构造、结核等。

(1) 层理构造　层理是沉积岩由于物质成分、结构、颜色不同而在垂直方向上显示出来的成层现象。它是沉积岩最典型、最重要的特征之一。层理按形态分为水平层理、波状层理和斜层理三种（图2-6），它反映了当时的沉积环境和介质运动强度及特征。水平层理的各层层理面平直且互相平行，是在水动力较平稳的海、湖环境中形成的；波状层理的层理面呈波状起伏，显示沉积环境的动荡，在海岸、湖岸地带表现明显；斜层理的层理面倾斜与大层层面斜交，倾斜方向表示介质（水或风）的运动方向。根据层的厚度可划分为巨厚层状（大于1.0m）、厚层状（1.0~0.5m）、中厚层状（0.5~0.1m）和薄层状（小于

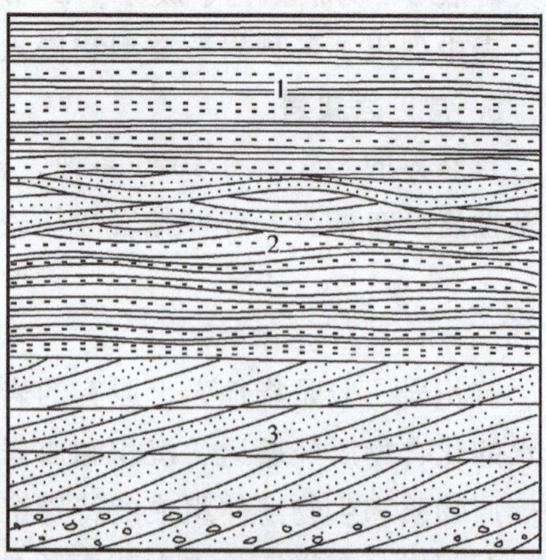

图2-6　沉积岩层理形态示意
1—水平层理　2—波状层理　3—斜层理

表2-7 岩浆岩分类

| 岩石类型 | | | | 超基性岩 | | | 基性岩 | 中性岩 | | 酸性岩 | 碱性岩 |
|---|---|---|---|---|---|---|---|---|---|---|---|
| | | | | 橄榄岩—苦橄玢岩类 | | | 辉长岩—玄武岩类 | 闪长岩—安山岩类 | 正长岩—粗面岩类 | 花岗岩—流纹岩类 | 霞石正长岩—响岩类 |
| 颜色 | | | | 黑、绿黑 | | | 黑、黑灰 | 黑灰、灰 | 灰、肉红 | 肉红、浅灰、灰 | 浅灰、肉红 |
| $SiO_2$的质量分数(%) | | | | <45 | | | 45~52 | 52~65 | | >65 | 52~65 |
| 矿物成分 | 石英的质量分数(%) | | | 无 | | | 无 | 5~10 | 无或含少量 | >15 | 无 |
| | 长石的种类 | | | 无 | | | 基性斜长石为主 | 中性斜长石为主,少量钾长石 | 钾长石为主,少量斜长石 | 钾长石和斜长石含量不等 | 碱性长石和似长石 |
| | 铁、镁暗色矿物的种类及质量分数 | | | 橄榄石大于95% | 橄榄石75%~95%,辉石5%~25% | 辉石大于95% | 辉石、橄榄石、角闪石等总的质量分数为55%~60% | 角闪石为主,黑云母、辉石次之,总的质量分数为20%~40% | 角闪石为主,黑云母、辉石次之,总的质量分数小于20% | 黑云母为主,角闪石和辉石次之,总的质量分数小于20% | 碱性角闪石、黑云母和辉石总的质量分数小于20% |
| 岩石的成因、产状及结构 | 深成岩 | 岩基、岩株及岩盆 | 粗、中、细粒结构块状条带状构造 | 纯橄榄岩石 | 橄榄石 | 辉石岩 | 辉长岩 | 闪长岩 | 正长岩 | 花岗岩(钾长石的质量分数大于斜长石)、花岗闪长岩(钾长石的质量分数小于斜长石) | 霞石、正长石 |
| 岩石的成因、产状及结构 | 浅成岩 | 岩墙、岩脉、岩床、岩盖 | 中、细粒隐晶结构 | 金伯利岩 | | | 微晶灰长岩、灰绿岩 | 微晶闪长岩 | 微晶正长岩 | 微晶花岗岩 | |
| | | | 斑状结构 | | | | 辉绿玢岩 | 闪长玢岩 | 正长斑岩 | 花岗斑岩、花岗闪长斑岩 | 霞石正长斑岩 |
| | | 岩脉 | 斑状结构、微晶、细晶、煌斑、伟晶结构 | | | | 煌斑岩 | | 细晶岩、伟晶岩 | | |
| | 超浅成岩(次火山岩) | 产状同侵入岩 | 结构特征介于喷出岩和浅成岩之间 | | | | 次辉绿岩、次玄武岩 | 次闪长玢岩、次安山岩 | 次正长斑岩、次粗面石 | 次花岗闪长斑岩、次花岗斑岩、次流纹岩、次英安岩 | 次响岩 |
| | 喷出岩 | 熔岩流、熔岩被、熔岩堆 | 斑状结构(基质为隐晶质或玻璃质)气孔状、杏仁状、流纹状构造 | 苦橄玢岩 | | | 玄武岩、辉绿石 | 安山岩 | 粗面岩 | 流纹岩、英安岩 | 响岩 |
| | | | 玻璃—隐晶质结构 | 火山玻璃岩(黑曜岩、松脂岩、珍珠岩、浮岩) | | | | | | | |

**表 2-8　常见岩浆岩的特征**

| 岩石名称 | | 颜色 | 所含矿物 | 结构 | 构造 | 产状 | 其他特征 |
|---|---|---|---|---|---|---|---|
| 超基性岩类 | 橄榄岩 | 黑绿至深绿 | 橄榄石、辉石、角闪石、黑云母 | 全晶质、自形至半自形、中粗粒 | 块状 | 深成 | 易蚀变为蛇纹石 |
| | 金伯利（角砾石母橄榄岩） | 黑至暗绿 | 橄榄石、蛇纹石、金云母、镁铝榴石等 | 斑状 | 角砾 | 喷出脉状 | 偏碱性，含金刚石，岩石名称因矿物成分而异，种类繁多 |
| 基性岩类 | 辉长岩 | 黑至黑灰 | 辉石、基性斜长石、橄榄石、角闪石 | 他形、辉长 | 块状、条带状、眼球状 | 深成 | 常呈小侵入体或岩盘、岩床、岩墙 |
| | 辉绿岩 | 暗绿和黑色 | 辉石、基性斜长石，少量橄榄石和角闪石 | 辉绿 | | 岩床岩墙 | 基性斜长石结晶程度比辉石好，易变为绿石 |
| | 玄武岩 | 黑、黑灰、暗 | 基性斜长石、橄榄石、辉石 | 斑状隐晶、交织、玻璃 | 块状、气孔状、杏仁状 | 喷出岩流、岩被、岩床 | 柱状节理发育 |
| 中性岩类 | 闪长岩 | 浅灰至灰绿 | 中性斜长石、普通角闪石、黑云母 | 中粒、等粒、半自形 | 块状 | 岩株、岩床或岩墙 | 和花岗岩、辉长岩呈过渡关系 |
| | 闪长玢岩 | 灰至灰绿 | 中性斜长石、普通角闪石 | 斑状 | 块状 | 岩床、岩墙 | |
| | 安山岩 | 红褐、浅紫灰、灰绿 | 斜长石、角闪石、黑云母、辉石 | 斑状交织 | 块状、气孔状、杏仁状 | 喷出岩流 | 斑晶为中至基性斜长石，多定向排列 |
| 酸性岩类 | 花岗岩 | 灰白至肉红 | 钾长石、酸性斜长石和石英，少量黑云母、角闪石 | 等粒、半自形、花岗、似片麻状 | 块状 | 岩基、岩株 | 在我国约占所有侵入岩面积的80% |
| | 流纹岩 | 灰白、粉红、浅紫、浅绿 | 石英、正长石斑晶，偶尔夹黑云母或角闪石 | 斑状、霏细 | 流纹状、气孔状 | 熔岩流、岩钟 | |

0.1m)。

(2) 层面构造 在沉积岩的层面上保留的一些外力作用的痕迹，最常见的有波痕和泥裂。波痕是指岩石层面上保存原沉积物受风和水的运动影响形成的波浪痕迹；泥裂是指沉积物露出地表后干燥而裂开的痕迹，这种痕迹一般是上宽下窄，为泥沙所充填。

(3) 结核 岩石中成分与周围物质有显著不同的呈圆球或不规则状的无机物包裹体叫作结核。如石灰岩中含有燧石结核，砂岩中含有铁质结核等。

**4. 沉积岩分类**

沉积岩按成因、物质成分和结构特征分为碎屑岩、黏土岩、化学和生物化学岩三大类(表 2-9)。

**表 2-9 沉积岩分类**

| 岩类 | | 物质来源 | 沉积作用 | 结构特征 | 岩石分类名称 |
|---|---|---|---|---|---|
| 碎屑岩类 | 沉积碎屑岩类 | 母岩机械破坏碎屑 | 机械沉积作用为主 | 沉积碎屑结构 | 1. 砾岩及角砾岩($d$>2mm)<br>2. 砂岩($d$=2~0.075mm)<br>3. 粉砂岩($d$=0.075~0.005mm) |
| | 火山碎屑岩类 | 火山喷发碎屑 | | 火山碎屑结构 | 1. 集块岩($d$>100mm)<br>2. 火山角砾岩($d$=100~2mm)<br>3. 凝灰岩($d$=2~0.005mm) |
| 黏土岩类(泥质灰岩) | | 母岩化学分解过程中形成的新生矿物——黏土矿物 | 机械沉积作用和胶体沉积作用 | 泥质结构 | 1. 泥岩($d$<0.005mm)<br>2. 页岩($d$<0.005mm) |
| 化学和生物化学岩 | | 母岩化学分解过程中形成的可溶解物质和胶体物质，生物作用产生 | 化学沉积作用和生物沉积作用为主 | 结晶结构<br>生物结构 | 1. 铝、铁、锰质岩<br>2. 硅、磷质岩<br>3. 碳酸岩<br>4. 盐类岩<br>5. 可燃有机岩 |

**5. 几种常见的沉积岩**

(1) 碎屑岩 碎屑岩是沉积岩中常见的岩石之一，其中碎屑物质(包括岩石碎屑、矿物碎屑及火山喷发的碎屑)不能少于 50%。按其成因可以分为火山碎屑岩和正常沉积碎屑岩。

1) 火山碎屑岩。火山碎屑岩主要是由火山喷发的碎屑物质在地表经短距离搬运或就地沉积而成。由于它在成因上具有火山喷出和沉积的双重特性，因此是介于喷出岩和沉积岩之间的过渡类型。火山碎屑物质包括熔岩碎屑(岩屑)、矿物碎屑(晶屑)和火山玻璃(玻屑)3 种，一般火山碎屑岩含火山碎屑物在 50%以上。常见的火山碎屑岩有：

① 火山集块岩。粒径大于 100 mm 的火山碎屑物质的质量分数超过 50%，碎屑大部分是带棱角的，但也有经过搬运磨圆的，碎屑成分往往以一种火山岩为主，根据碎屑成分可称安山集块岩、流纹集块岩等。胶结物主要为火山灰及熔岩，有时候被 $CaCO_3$、$SiO_2$ 泥质等所胶结。

② 火山角砾岩。粒径 2~100 mm 的火山碎屑物的质量分数超过 50%，碎屑具棱角或稍经磨圆。根据碎屑成分可分为安山火山角砾岩、流纹火山角砾岩等。胶结物与火山集块岩相同。

③ 火山凝灰岩。粒径小于 2 mm 的火山碎屑物质的质量分数超过 50%，即主要由火山灰

构成的岩石。分选很差，碎屑多具棱角，层理不十分清楚。凝灰岩的碎屑可能是细小的岩屑、玻屑或晶屑，在晶屑中可以发现石英、长石、云母等晶体，但外形多为棱角状。凝灰岩因碎屑成分不同，常有黄、灰、白、棕、紫等各种颜色。

2）正常沉积碎屑岩。正常沉积碎屑岩是母岩风化和剥蚀的碎屑物质，经搬运、沉积、胶结而成的岩石。碎屑物可以是岩屑，也可以是矿物碎屑。由于搬运介质和搬运距离等不同，碎屑形状可以是带棱角的，或是浑圆的。碎屑岩的胶结物主要有铝、铁质物质和黏土。根据碎屑颗粒大小，碎屑岩可分为砾岩、砂岩和粉砂岩等。

① 砾岩及角砾岩。沉积砾石胶结而成的岩石，即粒径大于2mm的砾石的质量分数大于50%，砾石大部由岩石碎屑组成。砾石形状呈次圆状或圆状的叫作砾岩，砾石形状呈棱角状的叫作角砾岩。

② 砂岩。沉积砂粒经胶结而成的岩石，即粒径为2~0.05mm的砂粒的质量分数大于50%的岩石。砂粒成分主要是石英、长石、云母等岩石碎屑。按粒度，砂岩又分为粗砂岩（粒径为2~0.5mm的砂粒的质量分数大于50%）、中粒砂岩（粒径为0.5~0.25mm的砂粒的质量分数大于50%）和细砂岩（粒径为0.25~0.075mm的砂粒的质量分数大于50%）。砂岩按成分进一步分为石英砂岩（石英碎屑占90%以上）、长石砂岩（长石碎屑的质量分数在25%以上）和硬砂岩（岩石碎屑的质量分数在25%以上）。

③ 粉砂岩。粒径为0.075~0.005mm的碎屑的质量分数大于50%的碎屑岩叫作粉砂岩。粉砂岩的成分以矿物碎屑为主，大部分是石英，胶结物以黏土质为主，常发育有水平层理。

（2）黏土岩　黏土岩是指粒径小于0.005mm的颗粒的质量分数大于50%的岩石，主要由黏土矿物组成，其次有少量碎屑矿物、自生的非黏土矿物及有机质。黏土矿物有高岭石、蒙脱石和伊利石等，碎屑矿物有石英、长石、绿泥石等；自生非黏土矿物有铁和铝的氧化物和氢氧化物、碳酸盐（方解石、白云石、菱铁矿等）、硫酸盐、磷酸盐、硫化物等；有机质主要是煤和石油的原始物质。

黏土岩具有典型的泥质结构，质地均匀，有细腻感，断口光滑。常见的黏土岩有页岩和泥岩。页岩是页片构造发育的黏土岩。其特点是能沿层理面分裂成薄片或页片，常具有清晰的层理，风化后是碎片状。泥岩是一种呈厚层状的黏土岩，岩层中层理不清，风化后呈碎块状。

（3）化学岩和生物化学岩　本类岩石大部分是各种母岩在化学、风化和剥蚀作用中形成的溶液和胶体溶液，经化学作用或生物化学作用沉淀而成。按照成分不同可分为铝质岩、铁质岩、锰质岩、硅质岩、磷质岩、碳酸盐岩、盐岩和可燃有机岩。这类岩石除碳酸盐岩外，一般分布较少。但大部分是具有经济价值的有用矿产。

1）碳酸盐岩。碳酸盐岩主要包括石灰岩、白云岩、泥灰岩等。

① 石灰岩。主要由方解石（50%以上）组成。质纯者呈灰白色，含杂质者呈灰色到灰黑色。具结晶结构、生物结构和内碎屑结构，遇冷稀盐酸可产生大量气泡。

② 白云岩。主要由白云石（50%以上）组成。颜色为灰白色、灰色和灰黑色，加冷稀盐酸不起泡，加热稀盐酸起泡。在白云岩和石灰岩之间还有些过渡的岩石，通常把含有白云石25%~50%的灰岩称为白云质灰岩。

③ 泥灰岩。石灰岩中泥质成分增加到25%~50%的称为泥灰岩。它是黏土岩和石

灰岩之间的过渡类型。颜色一般较浅，有灰色、淡黄色、浅灰色、紫红色等，岩石呈致密状。

2）铁质岩。铁质岩是富含铁矿物的沉积岩，其主要铁矿物有赤铁矿、褐铁矿、菱铁矿及铁的硫化物及硅酸盐。铁质岩的结构主要是豆状及鲕状、隐晶质结构。

3）铝质岩。富含 $Al_2O_3$ 的岩石称为铝质岩，因含杂质不同，颜色种类很多，有白、灰、黄、红等。铝土岩的常见结构有鲕状、豆状和致密状结构。

4）锰质岩。锰质岩是富含锰的沉积岩，主要含锰矿物有硬锰矿、软锰矿和菱锰矿等。

5）磷质岩，通常把含有 $P_2O_5$ 在 5%以上的沉积岩称为磷质岩或磷块岩。磷质主要由各种磷灰石及非晶胶磷矿组成。

6）硅质岩。硅质岩是由溶于水中的 $SiO_2$ 在化学及生物化学作用下形成的富含 $SiO_2$（70%~90%）的沉积岩。硅质岩石中的矿物成分有非晶质的蛋白石、隐晶质的玉髓和结晶质的石英。硅质岩按其成因可分为生物成因（硅藻土、海绵岩、放射虫岩）和非生物成因（板状硅藻土、蛋白石、碧玉、燧石、硅华）两大类。

7）盐岩。盐岩是一种纯化学成因的岩石，由蒸发沉淀而形成。盐岩主要由钾、钠、镁的卤化物和硫酸盐组成，如食盐（$NaCl$）、钾盐（$KCl$）、光卤石（$KCl \cdot MgCl_2 \cdot 6H_2O$）、钾盐镁钒［$K_2Mg(SO_4)_2 \cdot 3H_2O$］、芒硝（$Na_2SO_4 \cdot 10H_2O$）、硬石膏（$CaSO_4$）、石膏（$CaSO_4 \cdot 2H_2O$）等。盐岩结构有原生结晶粒状、纤维状、次生的交代结构和变晶结构，构造有层状、透镜状和致密块状。

8）可燃有机岩。可燃有机岩是煤、油页岩和石油及天然气等含有可燃性有机岩石的总称。

① 煤。由高等植物转化而形成腐植煤，由低等植物残体转化而形成腐泥煤。腐泥煤少见。腐植煤又可分为泥炭、褐煤、烟煤和无烟煤。

② 油页岩。多呈薄层状，颜色多为棕黑色、黑色。油页岩质地细致，具弹性，坚韧，不易破碎。

③ 石油。天然石油也称原油，一般是绿色、棕色、黑色或稍带黄色的油脂状液化物。

### 2.3.3 变质岩

已有的岩浆岩或沉积岩在高温、高压及其他因素作用下，矿物成分、结构构造方面发生质的变化而形成新的岩石，这种变了质的岩石称为变质岩。由岩浆岩变质而形成的叫作正变质岩，由沉积岩变质而形成的叫作副变质岩。变质岩的岩性和工程地质性质和原岩既有共同之处，又有很大差别。

**1. 变质岩的矿物成分**

组成变质岩的矿物，除含有岩浆岩和沉积岩中的矿物外，还有一部分为变质岩特有的矿物。表 2-10 是常见造岩矿物在各类岩石中的分布情况。

从表中可以看出：

1）岩浆岩中的主要矿物，如石英、长石、云母、角闪石、辉石等，在变质岩中也是主要矿物。但岩浆岩的一些次要矿物，如绢云母、绿泥石等片状矿物，也经常是一些变质岩的主要矿物。

表 2-10 造岩矿物在各类岩石中的主要分布情况

| 岩浆岩、沉积岩、变质岩中均可出现的主要矿物 | 岩浆岩、变质岩中均可出现的主要矿物 | 沉积岩、变质岩中均可出现的主要矿物 | 变质岩中出现的主要矿物 |
|---|---|---|---|
| 石英、钾长石、白云母、钠长石、部分石榴子石、磁铁矿、赤铁矿、菱铁矿、磷灰石、榍石、锆石、金红石、钛铁矿等 | 石英、尖晶石、斜长石、钾长石、白云母、黑云母、金云母、霞石、铁铝榴石、普通角闪石、碱性角闪石、斜方辉石、霓石、透辉石、普通辉石、橄榄石、榍石 | 石英、高岭石、斜长石、钾长石、白云母、方解石、白云石、重晶石、硬石膏、萤石 | 刚玉、红柱石、蓝晶石、矽线石、叶蜡石、堇青石、十字石、绢云母、帘石类、钙铝榴石、符山石、阳起石、蓝闪石、透闪石、蛇纹石、硅灰石、镁橄榄石、滑石、石墨、方解石、白云石、菱镁矿等 |

2）沉积岩中常见的典型矿物，如方解石、白云母等，在变质岩（主要是大理岩）中也可大量出现。但沉积岩中的高岭石、蒙脱石、伊利石等黏土矿物，仅在变质作用很浅时呈残留矿物保留在变质岩中，变质作用较深时，都变为红柱石、蓝晶石、十字石、方柱石、矿线石、硅灰石、绢云母等特殊的变质矿物。

3）变质岩中广泛分布片状、纤维状、针状、柱状矿物，如云母、阳起石、滑石、蛇纹石、矽线石等，常呈定向排列。同时，这些变质矿物常有共生组合规律。

**2. 变质岩的结构**

变质岩的最主要结构是重结晶作用形成的变晶结构。根据组成矿物的粒度、形态及相互关系，变晶结构又分为等粒变晶结构、斑状变晶结构、鳞片和纤维状变晶结构三种，此外还有变余结构等。

（1）等粒变晶结构　岩石主要由长石、石英及方解石等粒状矿物组成，矿物晶粒大小大致相等，颗粒之间互相镶嵌很紧，不定向排列。

（2）斑状变晶结构　在粒度较小的矿物集合体（也称基质）中分布着一些由重结晶形成的较大斑状晶体（称为变斑晶）。变斑晶通常是石榴子石、十字石、蓝晶石等晶形完好的变质矿物。

（3）鳞片和纤维状变晶结构　鳞片和纤维状变晶结构是由片状、柱状或纤维状矿物定向排列形成的结构。主要由云母、绿泥石等鳞片状矿物组成的岩石具鳞片状变晶结构；主要由角闪石、透闪石等柱状或纤维状矿物组成的岩石具纤维状变晶结构。

（4）变余结构　在变质岩形成后尚保留某些原岩的结构残余。变余结构表明了变质作用的不彻底性。

**3. 变质岩的构造**

变质岩的构造是指矿物排列的特点。除某些岩石外，大部分变质岩具有定向构造，这是变质的最大特点。变质岩的常见构造有：

（1）片麻构造　片麻构造是深变质岩中的常见构造，是岩石中主要由粒状矿物（长石、石英）以及片状矿物、柱状矿物（黑云母、白云母、绢云母、绿泥石、角闪石等）相间排列形成的深浅色泽相间的断续的条带状构造。

（2）片状构造　片状构造是岩石中由大量片状矿物（如云母、绿泥石、滑石、石墨等）平行排列所成的薄层片状构造。

（3）千枚构造　千枚构造是岩石中重结晶形成的绢云母微细鳞片平行排列形成的构造，片理面上具丝绢光泽，有时可见细小的绢云母。

(4) 板状构造 板状构造是岩石中由片状矿物平行排列形成的具有平整板状劈理的构造，沿板理易劈成薄板，板面微具光泽。

(5) 块状构造 块状构造是岩石中的矿物成分和结构都较均匀、没有明显定向排列所表现的构造。

### 4. 变质岩的分类

变质岩的种类繁多，命名又较复杂，一般根据变质作用类型、岩石的构造、结构特点，对变质岩进行分类（表 2-11）。

表 2-11 变质岩的主要岩石类型

<table>
<tr><th>构造</th><th>结构特点</th><th>主要矿物</th><th>岩石名称</th><th>变质作用类型</th></tr>
<tr><td>板状</td><td>致密状</td><td></td><td>板岩</td><td rowspan="4">区域变质</td></tr>
<tr><td>千枚状</td><td>细粒鳞片变晶</td><td>绢云母、绿泥石、石英</td><td>千枚岩</td></tr>
<tr><td>片状</td><td rowspan="2">鳞片状变晶</td><td>云母、绿泥石等</td><td>片岩</td></tr>
<tr><td>片麻状、条带状</td><td>长石、石英、云母</td><td>片麻岩</td></tr>
<tr><td rowspan="4">块状</td><td rowspan="3">粒状变晶</td><td>长石、石英</td><td>变粒岩</td><td rowspan="4">接触变质</td></tr>
<tr><td>石英</td><td>石英岩</td></tr>
<tr><td>方解石、白云母</td><td>大理岩</td></tr>
<tr><td>致密粒状变晶</td><td>云母、石英、长石</td><td>角岩</td></tr>
<tr><td rowspan="2">压碎</td><td>碎裂</td><td></td><td>构造角砾岩</td><td rowspan="2">动力变质</td></tr>
<tr><td>糜棱</td><td></td><td>糜棱岩</td></tr>
</table>

### 5. 常见的变质岩

(1) 板岩类 板岩类为板状构造，一般岩性致密坚硬，敲之发清脆的响声，原岩成分基本没有重结晶。常见的有灰绿色板岩、黑色碳质板岩、硅质板岩、钙质板岩等。板岩一般是黏土岩、页岩等经低级区域变质所形成，也有火山岩变质形成的。

(2) 千枚岩类 千枚岩类为千枚状构造，主要矿物成分是绢云母、绿泥石和石英，有些还含有一定量的斜长石，颗粒很细，片理面上可见绢云母呈绢丝光泽；有些千枚岩中还可见黑云母、石榴子石、硬绿泥石等变斑晶。银灰色及黄绿色千枚岩是最常见的类型。千枚岩的原岩和板岩相同，但变质程度稍高，矿物已基本重结晶。

(3) 片岩类 片岩类一般为鳞片或纤状变晶结构，片状构造，片状或柱状矿物占优势，其次是石英，长石则较少。常见片岩按矿物成分有以下几种：云母片岩，由黑云母、白云母、石英等组成，常含有石榴子石、十字石、蓝晶石、红柱石等变斑晶；角闪石片岩，主要由角闪石、石英及斜长石等组成；绿色片岩，主要由绿泥石、蛇纹石、绿帘石、阳起石及石英、钠长石等组成。此外有些片岩，因含石英更高，叫作石英片岩（如绢云母石英片岩），还有些含若干碳酸盐矿物，叫作钙质片岩。片岩类一般属中级至中低级变质的产物，原岩可以是黏土岩、砂岩及页岩等沉积岩，也可以是火山岩。

(4) 片麻岩类 片麻岩类一般为鳞片粒状变晶结构，粒度较粗，片麻状构造，以长石、石英等粒状矿物为主，且长石含量较高，但也有一定量的云母、角闪石等片状或柱状矿物。常见类型有黑云母片麻岩（可含石榴子石、矽线石等矿物）及角闪斜长片麻岩等。片麻岩一般是中高级变质的产物。

(5) 变粒岩类 变粒岩类一般为细粒至中细粒鳞片粒状变晶结构，矿物分布和粒度都很均匀，为不太明显的片麻状或块状构造，有些风化后成砂粒状，主要由长石和石英组成，并有一些黑云母、角闪石等暗色矿物，有些还含石榴子石等。常见类型有黑云母变粒岩、角闪石变粒岩等，当暗色矿物很少时则叫作浅粒岩。变粒岩和片麻岩的主要区别是上述结构特征，同时含暗包矿物也较少，但两者之间常有过渡类型。变粒岩是砂岩、粉砂岩等沉积岩或中酸性火山岩类经中低级区域变质所形成。

(6) 石英岩类 石英岩类主要由石英组成，一般为粒状变晶结构，块状构造，有时还含少量云母、角闪石等矿物。云母石英岩是常见类型之一，含长石较多的叫作长石石英岩，含磁铁矿的石英岩叫作磁铁石英岩，是一种重要的铁矿石类型。

(7) 大理岩类 大理岩类主要由方解石、白云石等碳酸盐矿物组成，一般为粒状变晶结构，块状构造，有时还可含一定量的蛇纹石、透闪石、金云母、镁橄榄石、透辉石、硅灰石及方柱石等矿物。蛇纹石大理岩、镁橄榄石透辉石大理岩、金云母透辉石大理岩、透闪石大理岩及方柱石大理岩等都是常见类型。若含有白云石则叫作白云质大理岩或白云石大理岩。大理岩都是碳酸盐类沉积岩变质重结晶所形成。

以上7类岩石中，板岩、千枚岩、变粒岩和斜长角闪岩主要为区域变质作用所形成，其余岩石类型则在区域变质作用或接触变质作用过程中均可出现。

(8) 角岩类 角岩类一般为深色致密坚硬、细均粒粒状变晶结构，块状构造，常见的角岩主要由黑云母、白云母、长石及石英组成，有时还含有红柱石、堇青石、矽线石等矿物。黑云母角岩是常见的岩石类型。这类岩石是由泥质沉积岩经中、高级接触变质所形成，见于侵入体附近的围岩中。

(9) 构造角砾岩 构造角砾岩常见于断层带中，角砾为大小不等带棱角的岩石碎块，胶结物为细小的岩石或矿物碎屑，是原岩经动力作用后的产物。

(10) 糜棱岩 糜棱岩是刚性岩石受强烈粉碎后所形成，大部分已成为极细的隐晶质粉末，且具有挤压运动所成的“流纹状”条带，通常还有一些透镜状或棱角状的岩石或矿物碎屑，岩性坚硬，外貌和滚纹岩有些相似，它们的形成往往和强大的挤压应力有关。

构造角砾岩、糜棱岩有时通称为动力变质岩。

### 2.3.4 三大岩类的肉眼鉴别

鉴别岩石有各种方法，但最基本的是根据岩石的外观特征，用肉眼和简单工具（如小刀、放大镜等）进行鉴别。

**1. 岩浆岩的鉴别**

根据岩石的外观特征对岩浆岩进行鉴别时，首先注意岩石的颜色，其次是岩石的结构和构造，最后分析岩石的主要矿物成分。

(1) 先看岩石整体颜色的深浅 岩浆岩颜色的深浅是岩石所含深色矿物多少的反映。一般来说，从酸性到基性（超基性岩分布很少），深色矿物的含量是逐渐增加的，因而岩石的颜色也随之由浅变深。如果岩石是浅色的，那就可能是花岗岩或正长岩等酸性或偏酸性的岩石。但无论是酸性岩或基性岩，因产出部位不同，还有深成岩、浅成岩和喷出岩之分，究竟属于哪一种岩石，需要进一步对岩石的结构和构造特征进行分析。

(2) 分析岩石的结构和构造 岩浆岩的结构和构造特征是岩石生成环境的反映。如果岩石是全晶质粗粒、中粒或似斑状结构，说明很可能是深成岩。如果是细粒、微粒或斑状结构，则可能是浅成岩或喷出岩。如果斑晶细小或为玻璃质结构，则为喷出岩。如果具有气孔、杏仁或流纹状构造，则为喷出岩无疑。

(3) 分析岩石的主要矿物成分，确定岩石的名称　这里可以举例说明。假定需要鉴别的是一块含有大量石英、颜色浅红、具全晶质中粒结构和块状构造的岩石，浅红色属浅色，浅色岩石一般是酸性或偏于酸性的，这就排除了基性或偏于基性的不少深色岩石。但酸性或偏于酸性的岩石中，又有深成的花岗岩和正长岩、浅成的花岗斑岩和正长岩以及喷出的流纹岩和粗面岩，但它们是全晶质中粒结构和块状构造，因此可以肯定是深成岩。这就进一步排除了浅成岩和喷出岩。但究竟是花岗岩还是正长岩，这就需要对岩石的主要矿物成分做仔细分析。在花岗岩和正长岩的矿物组成中都含有正长石，也都含有黑云母和角闪石等深色矿物。但花岗岩属于酸性岩，酸性岩除含有正长石、黑云母和角闪石外，一般都含有大量的石英。而正长岩属于中性岩，除含有大量的正长石和少许的黑云母和角闪石外，一般不含有石英或仅含有少许的石英。矿物成分的这一重要区别，说明被鉴别的这块岩石是花岗岩。

**2. 沉积岩的鉴别**

鉴别沉积岩时，可以先从观察岩石的结构开始，结合岩石的其他特征，先将所属的大类分开，再做进一步分析，确定岩石的名称。

从沉积岩的结构特征来看，如果岩石是由碎屑和胶结物两部分组成的，或者碎屑颗粒很细而不易与胶结物分辨，但触摸有明显含砂感的，一般属于碎屑岩类的岩石。如果岩石颗粒十分细密，用放大镜也看不清楚，但断裂面多呈土状，硬度低，触摸有滑腻感的，一般多是黏土类的岩石。具有结晶结构的可能是化学岩类。

(1) 碎屑岩　鉴别碎屑岩时，可先观察碎屑粒径的大小，再分析胶结物的性质和碎屑物质的主要矿物成分。根据碎屑的粒径，先区分是砾岩、砂岩还是粉砂岩，再根据胶结物的性质和碎屑物质的主要矿物成分，判断所属的岩类，并确定岩石的名称。

例如，一块由碎屑和胶结物质两部分组成的岩石，碎屑粒径为0.5~0.25mm，点稀盐酸起泡强烈，说明这块岩石是钙质胶结的中粒砂岩。进一步分析碎屑的主要矿物成分，发现这块岩石除含有大量的石英外，还含有约30%的长石。最后可以确定，这块岩石是钙质中粒长石砂岩。

(2) 黏土岩　常见的黏土岩，主要有页岩和泥岩两种。它们在外观上都含有黏土岩的共同特征，但页岩层理清晰，一般沿层理能分成薄片，风化后呈碎片状，可以与层理不清晰、风化后呈碎块状的泥岩相区别。

(3) 化学岩　常见的化学岩，主要有石灰岩、白云岩和泥灰岩等。它们的外观特征都很类似，不同的主要是方解石、白云石及黏土矿物的含量。因此，在鉴别化学岩时，要特别注意对盐酸试剂的反应。石灰岩遇盐酸强烈起泡，泥灰岩遇盐酸也起泡，但由于泥灰岩的黏土矿物含量高，因此泡沫混浊，干后往往留有泥点。白云岩遇盐酸不起泡，或者反应微弱，但当粉碎成粉末之后，则发生显著泡沸现象，并常伴有嗞嗞的响声。

**3. 变质岩的鉴别**

鉴别变质岩时，可以先从观察岩石的构造开始，根据构造将变质岩区分为片理构造和块状构造的两类，然后可进一步根据片理特征和主要矿物成分，分析所属的岩类，确定岩石的名称。

例如，有一块具片理构造的岩石，其片理特征既不同于板岩的板状构造，也不同于云母片岩的片状构造，而是一种粒状的浅色矿物与片状深色矿物，断续相间呈条带状分布的片麻构造。因此可以断定，这块岩石属于片麻岩。是什么片麻岩呢？经分析，浅色的粒状矿物主要成分是石英和正长石，片状的深色矿物是黑云母，还含有少许的角闪石和石榴子石。可以肯定，这块岩石是花岗片麻岩。

块状构造的变质岩，其中常见的主要是大理岩和石英岩。两者都是具有变晶结构的单矿岩，颜色一般都比较浅。但大理岩主要由方解石组成，硬度低，遇稀盐酸起泡；而石英岩几乎全部由石英颗粒组成，硬度很高。

## 本章小结

（1）地球的外部圈层有大气圈、水圈、生物圈。固体地球内部层圈包括地核、地幔、地壳。在地质历史发展的过程中，促使地壳的组成物质、构造和地表形态不断变化的作用，统称为地质作用。工程地质学把地质作用划分为物理地质作用（即自然地质作用）和工程地质作用（即人为地质作用）两大类。自然地质作用按其动力来源，可分为内力地质作用与外力地质作用。内力地质作用包括地壳运动、岩浆作用、变质作用、地震。外力地质作用包括风化作用、剥蚀作用、搬运、沉积和成岩作用。地质作用是引起地质灾害的根源。工程地质作用或人为地质作用往往产生强大的地质效应，引发多种灾害。

（2）地球发展的时间段落称为地质年代。而把地壳发展演变的历史叫作地质历史，简称为地史。确定地质年代的方法有两种：一种是相对地质年代，另一种是绝对年龄（同位素年龄）。

（3）由于内、外力地质作用，地壳表面形成各种不同成因、不同类型、不同规模的起伏形态，称为地貌。地貌基本要素包括地形面、地形线和地形点。任何一种地貌形态的特点，都可以通过描述其地貌形态特征和测量特征反映出来。地貌等级一般分为星体地貌、巨型地貌、大型地貌、中型地貌、小型地貌及微型地貌。地貌类型一般按地貌的成因和形态进行划分。

（4）矿物是地质作用形成的天然单质或化合物，它具有一定的化学成分和物理性质。矿物的形态、颜色和条痕、光泽、解理与断口、硬度、透明度、密度、弹性、挠性及延展性等是鉴别矿物的主要标志。

（5）经地质作用形成的由矿物或岩屑组成的集合体称为岩石。岩石中矿物的结晶程度、颗粒大小、形态及彼此间的关系称作结构。岩石中矿物集合体之间或矿物集合体与岩石其他组成部分之间的排列组合特征称作构造。结构与构造反映岩石的外貌特征。矿物成分、结构和构造是鉴别岩石的重要依据。

（6）火成岩是岩浆作用的产物。火成岩中分布最广的矿物有橄榄石、辉石、角闪石、黑云母、斜长石、钾长石和石英。深成侵入岩常呈巨大的岩基或岩株产出，多具中粒或粗粒显晶质结构、块状构造。浅成侵入岩常呈岩墙、岩床、岩盆、岩盖等产状，多具细粒显晶质结构或斑状结构、块状构造。喷出岩常呈熔岩流、熔岩被产出，多具宽状结构、隐晶质结构和玻璃质结构，具气孔构造、杏仁构造和流纹构造。花岗岩和玄武岩是火成岩中分布最广的侵入岩和喷出岩。它们的力学强度高，尤以细粒花岗岩性能最佳，是优良地基和建筑材料。

（7）沉积岩最基本、最显著的特点是具有层理构造。沉积岩按其成因分为碎屑岩、化学或生物化学岩两大类。碎屑沉积岩的矿物成分以石英、黏土矿物为主，其次是长石和云母。按组成岩石的碎屑颗粒大小，以占50%以上的优势粒级为依据，将沉积岩划分为砾岩、砂岩、粉砂岩、页岩、泥岩和黏土等。火山喷发的碎屑主要以就地堆积的方式形成火山碎屑岩，按其碎屑物颗粒大小分成凝灰岩、火山角砾岩和集块岩。非蒸发岩是最常见的化学和生物化学岩，主要有石灰岩、白云岩和硅质岩。蒸发岩则是纯化学成因岩石，主要有岩盐、石膏和硬石膏等。从总体上看，沉积岩的强度低于火成岩，形成时代老、岩层厚度大的沉积岩力学强度大。通常砾岩、砂岩强度都相当高，而黏土岩类强度一般较低且遇水更差。应避免以膨胀土为地基。密度高的石灰岩强度大，但在温暖潮湿地区易发育成岩溶洞穴。蒸发岩易溶于水，流失后引起地面崩塌，应避免作为地基。

（8）变质岩除变质矿物外，常见的矿物为石英、长石和云母。由动力变质作用形成的角砾岩、碎裂岩和糜棱岩发育在断裂带中。由混合岩化作用形成的多种混合岩往往与区域变质岩石相伴生。接触变质作用发生在围岩与侵入体的接触带，岩石具粒状变晶结构、块状构造，其中由接触交代作用生成的岩石（如矽卡岩）发育有大量新生的变质矿物，而接触热变质生成的岩石以原岩矿物重结晶或物质的迁移组合为特征。区域变质岩石则以具有由矿物平行定向排列形成多种构造为其基本特征，如板岩具板状构造，千枚岩具千枚状构造，片岩具片状构造，片麻岩具片麻状构造等。片麻岩、石英岩、大理岩、板岩皆具有较高的力学强度，广泛地用作各种建筑材料。千枚岩和片岩岩性软弱。

## 习 题

1. 地球的圈层结构是如何划分的？各有何特点？
2. 简述矿物的概念？矿物的形态和物理性质有哪些？
3. 主要造岩矿物有哪几种？其主要的鉴别特征是什么？
4. 什么是岩石的结构与构造？三大类岩石常见结构构造类型各有哪些？
5. 什么是岩浆岩的产状？侵入岩的产状都有哪些？
6. 简述常见不同成因类型岩浆岩的特征。
7. 简述沉积岩的概念、类型划分、结构构造特征及其形成机理。
8. 什么是碎屑岩？碎屑岩由哪几部分物质构成？简述常见砾岩、砂岩、粉砂岩的主要特征。
9. 什么是石灰岩和白云岩？其成因有何特点（机械的、化学的、生物的）？举出常见的石灰岩、白云岩岩石类型及特殊结构、构造。
10. 变质岩中的主要变质标志性矿物有哪些？
11. 常见变质岩有哪些？它们在矿物成分、结构、构造上有哪些特点？
12. 试对比沉积岩、岩浆岩、变质岩三大类岩石在成因、产状、矿物成分、结构构造等方面的不同特性。
13. 简述三大岩类的鉴别特征及其相互转化关系。

## 参考文献

[1] 西安地质学校，等. 地质学基础［M］. 北京：地质出版社，1978.
[2] 地质学基础教研组. 地质学基础［M］. 长春：长春地质学院，1975.
[3] 普通地质教研室. 普通地质学［M］. 长春：长春地质学院，1960.
[4] 东北地质学院普通地质教研室. 普通地质学［M］. 长春：东北地质学院，1956.
[5] 马杏垣. 普通地质学［M］. 北京：地质出版社，1955.
[6] 陆延清，陈晓慧，胡明. 地质学基础［M］. 北京：石油工业出版社，2009.
[7] 唐辉明. 工程地质学基础［M］. 北京：化学工业出版社，2010.

# 地质构造 第3章

■学习要点

- 掌握岩层产状的概念、要素及其测定和表示方法，掌握野外测定岩层产状的方法
- 掌握地层接触关系的类型及其特征
- 掌握褶皱的基本概念和基本类型，熟悉褶皱要素和形态类型，熟悉褶皱的野外识别，了解褶皱的工程地质评价
- 掌握断层的基本概念、要素和类型，熟悉断层存在的标志，了解断层的形成时代及工程地质评价
- 掌握节理的基本概念，熟悉节理的类型和节理的观测统计，了解节理对工程地质的影响
- 掌握活断层的基本概念，了解活断层的识别，熟悉活断层的评价
- 熟悉地质图的种类和比例尺，掌握地质条件在地质图上的表示方法

■重点概要

- 岩层的产状及地层接触关系
- 褶皱
- 节理
- 断层及活断层

## 3.1 构造运动与地质构造

由地球内力作用引起的使地壳形状或相对位置发生改变的地质作用称为构造运动，又称为地壳运动。构造运动是一种机械运动，涉及范围包括地壳及上地幔上部（即岩石圈）。按构造运动的方向，可分为水平运动和垂直运动。水平方向的构造运动常使岩层受到挤压产生褶皱，或使岩层拉张而破裂。垂直方向的构造运动则使地壳发生上升或下降。

构造运动使地壳岩层发生变形和变位，形成的产物（构造变动在岩层或岩体中遗留下来的各种形迹）称为地质构造。常见的地质构造有褶皱、断层和节理。断层和节理又统称为断裂构造。

原始沉积物多是水平或近于水平的层状堆积物，后经固结成岩作用形成了层状岩层。当它未受构造运动作用，或在大范围内受到垂直方向构造运动影响，沉积岩层基本上呈水平状态在相当范围内连续分布，这种岩层称为水平岩层（图3-1）。经过水平方向构造运动作用后，岩层由水平状态变为倾斜状态，称为倾斜岩层。倾斜岩层往往是褶皱的一翼，或断层的一盘（图3-2），是不均匀抬升或沉降所致。

图 3-1　水平岩层

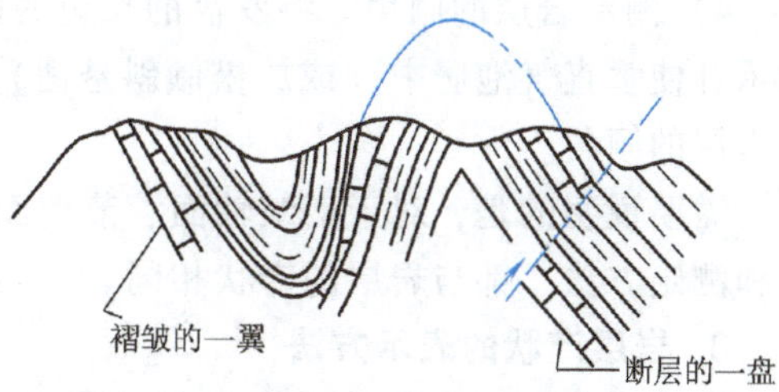

图 3-2　倾斜岩层

## 3.2　岩层的产状及地层接触关系

### 3.2.1　岩层的产状

岩层的产状是岩层在空间中的产出状态与方位的总称，即岩层空间展布状态，它是研究地质构造的基础。岩层的产状常用走向、倾向和倾角来确定，称为产状要素（图 3-3）。

**1. 岩层的产状要素**

1）走向。岩层层面与水平面交线的延伸方向称为岩层的走向，其交线称为走向线（图 3-3 中 *ab* 线）。岩层的走向表示岩层在空间的水平延伸方向。

2）倾向。在岩层层面上垂直岩层走向线并指向下方的射线称岩层的倾斜线（图 3-3 中 *cd* 线），倾斜线在水平面上的投影即倾向线（图 3-3 中 *ce* 线），倾向线所指的方向即为岩层的倾向，岩层的倾向只有一个方向。岩层的倾向表示岩层在空间的倾斜方向。

3）倾角。岩层层面与水平面之间的锐夹角 $\alpha$ 称为岩层的倾角（图 3-3 中的 $\alpha$），岩层倾角表示岩层在空间倾斜角度的大小。当 $\alpha=0°$ 时，为水平岩层；当 $\alpha=90°$ 时，为直立岩层；当 $0°<\alpha<90°$ 时，为倾斜岩层。

可以看出，用岩层产状的三个要素能表达经构造变动后的构造形态在空间的方位。

**2. 岩层产状的测定**

岩层产状测量是地质调查中的一项重要工作，在野外是用地质罗盘直接在岩层的层面上测量的（图 3-4），其测定方法如下：

1）选择岩层层面。测前先要正确选择岩层的层面，不要将节理面误认为岩层层面，还要注意鉴别岩层的真正露头（而不是滚石）。选择的岩层层面要平整，且层面产状具有代表性。

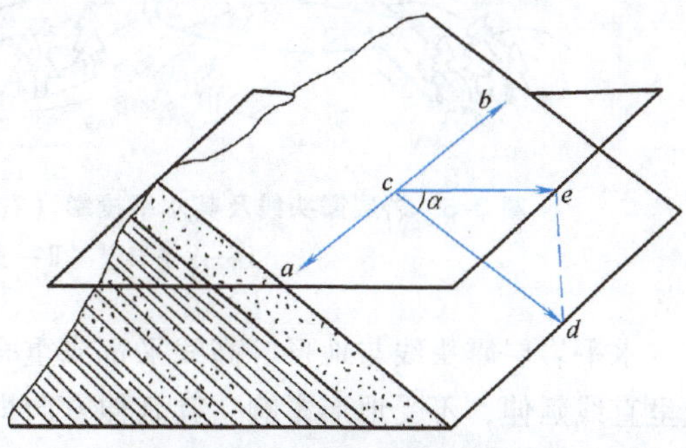

图 3-3　岩层产状要素

*ab*—走向线　*cd*—倾向线　*ce*—倾向　$\alpha$—倾角

2）测定岩层走向。将地质罗盘的长边（即罗盘刻度的南北方向）紧贴岩层层面，并使罗盘水平（圆水准泡居中），读罗盘的南针或北针所指的方位角即为所测的岩层走向。

3）测定岩层倾向。将罗盘的短边紧贴岩层层面，并使罗盘水平（圆水准泡居中），读罗盘北针所指的方位角即为所测的岩层倾向。

4）测定岩层的倾角。将罗盘的长边的面沿着最大倾斜方向紧贴岩层层面，并旋转倾角指示针使垂直气泡居中（或放松倾斜悬锤），此时倾角指示针所指的下刻度盘的度数即为所测岩层的倾角。

需要说明的是，对于褶皱轴面、节理面（裂隙面）、断层面等形态的产状意义、表示方法和测定方法，都与岩层的产状相同。

**3. 岩层产状的表示方法**

在地形图上，岩层的产状常用符号“$\vdash_{30}$”表示，长线表示岩层的走向，与长线垂直的短线表示岩层的倾向，数字表示岩层的倾角。

在文字记录中，岩层产状要素有两种表示方法：①倾向∠倾角，如200°∠30°，“∠”前面的是倾向，后面的是倾角，读作倾向200°、倾角30°；②走向/倾向（象限）∠倾角，如320°/WS∠30°，读作走向320°、倾向南西、倾角30°。

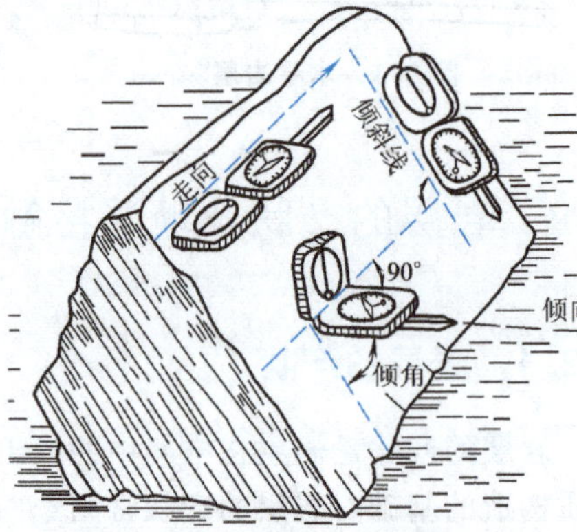


图3-4　岩层产状的测量方法

## 3.2.2　岩层露头线及其特征

露头是一些暴露在地表的岩石。它们通常在山谷、河谷、陡崖以及山腰和山顶这些位置出现。未经过人工作用而自然暴露的露头称为天然露头，经人为作用暴露在路边、采石场和开挖基坑中的露头称为人工露头。

露头线是指岩层层面（或断层面、节理面等）与地面的交线。它的形态取决于岩层的产状和地面起伏（即地形状况）。水平岩层、直立岩层和倾斜岩层露头线分布特征是不相同的（图3-5）。

图3-5　岩层露头线及其水平投影（右图为平面图，图中数字表示等高线高度）

Ⅰ—水平岩层　Ⅱ—直立岩层　Ⅲ—倾斜岩层

水平岩层露头线与地形等高线平行或重合，但不相交（图3-5中的Ⅰ）。直立岩层露头线呈直线延伸，不受地形影响，其延伸方向即为岩层走向（图3-5中的Ⅱ）。倾斜岩层露头线呈“V”字形形态（图3-5中的Ⅲ），但“V”字形的弧顶朝向、两侧张开或闭合程度，皆受岩层倾向与地形坡向、倾角与坡角的制约。倾斜岩层走向与山脊或沟谷延伸方向垂直时，露头线“V”字形有三种分布规律：

1）岩层倾向与地面坡向相反时，在沟谷处“V”字形露头线弧顶尖端指向沟谷上游

（图 3-6a′）；

2）岩层倾向与地面坡向相同，但岩层倾角大于地面坡角时，在沟谷处观察，“V”字形露头线尖端指向河谷下游（图 3-6b′）；

3）岩层倾向与地面坡向相同，但岩层倾角小于地面坡角时，在沟谷处观察，“V”字形露头线尖端指向沟谷上游，其弧形紧闭程度超过地形等高线的弯曲程度（图 3-6c′）。

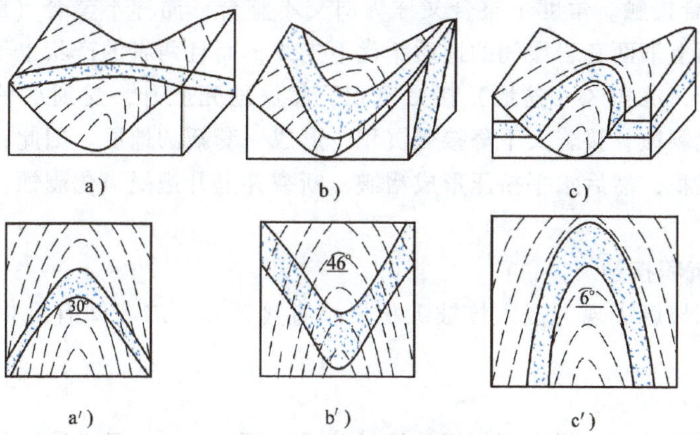


图 3-6　岩层露头线特征

注：分图 a)、b)、c) 为立体图，a′)、b′)、c′) 为平面图。

### 3.2.3　地层接触关系

地壳时时刻刻都在运动着，同一地区在某一时期可能是以上升运动为主，形成高地，遭受风化剥蚀，另一时期可能是以下降运动为主，形成洼地，接受沉积，也可能是在长时期内下降接受沉积。这样就使得早晚形成的地层之间具有不同的相互关系，即地层接触关系。概括起来，地层（或岩石）的接触关系有整合接触、不整合接触、侵入体的沉积接触、侵入接触、断层接触。

**1. 整合接触**

上、下相邻的新、老地层产状一致，且时代连续。它是在构造运动处于持续下降的背景下发生连续沉积形成的。这种上、下地层的接触关系，称为整合接触（如图 3-7a）。地层的整合接触反映了在形成这两套地层的地质时期，该地区地壳处于持续的缓慢下降状态，或虽有短期上升，但是沉积作用从未间断，或者地壳运动与沉积作用处于相对平衡状态，沉积物一层层地连续沉积，这样就形成了两套地层的整合接触关系。

**2. 不整合接触**

上、下相邻地层之间层序有间断，即先后沉积的地层之间缺失了一部分地层，这种地层接触关系称为不整合。这种沉积间断的时期可能代表没有沉积作用时期，也可能代表以前沉积的岩石被侵蚀的时期。上、下相邻地层之间有一个沉积间断面，叫作不整合面，不整合面在地面的出露线叫作不整合线，它是重要的地质界线之一。

根据不整合面上、下地层的产状及其反映的地壳运动特征，不整合可分为两种类型，即平行不整合（也称假整合）和角度不整合。

1）平行不整合接触（假整合接触）。不整合面上下两套岩层之间的地质年代不连续，缺失沉积间断期间的岩层，但上下岩层产状基本一致，看起来貌似整合接触，所以又称为假整合（图3-7b）。其形成原因是地壳缓慢下降，沉积区接受沉积，然后地壳上升，沉积物露出水面遭受风化剥蚀，接着地壳又下降接受沉积，形成一套新的地层。这样，先沉积的和后沉积的地层之间是平行叠置的，但并不连续，而是具有沉积间断。因此，平行不整合接触代表着地壳均匀下降沉积，然后上升剥蚀，再下降沉积的一个总过程。

2）角度不整合接触。角度不整合又称为斜交不整合，简称不整合（图3-7c）。角度不整合不但不整合面上下两套岩层间的地质年代不连续，而且两者的产状也不一致。其形成原因是地壳缓慢下降，沉积区（盆地）接受沉积，然后地壳上升，受到水平挤压形成褶皱或断裂，并遭受风化剥蚀，接着又下降接受沉积，形成一套新的地层。因此，角度不整合代表着地壳均匀下降沉积，然后水平挤压形成褶皱、断裂并上升遭受风化剥蚀，再下降接受沉积的过程。

**3. 侵入体的沉积接触**

侵入体的沉积接触表现为侵入体被沉积岩层直接覆盖，二者间有风化剥蚀面存在（图3-7d）。

**4. 侵入接触**

侵入接触是侵入体与被侵入围岩间的接触关系（图3-7e）。侵入接触的主要标志是，侵入体边缘有捕虏体，侵入体与围岩接触带有接触变质现象，侵入体与其围岩的接触界线多呈不规则状。

**5. 断层接触**

地层与地层之间或地层与岩体之间，其接触面本身为断层面（图3-7f）。

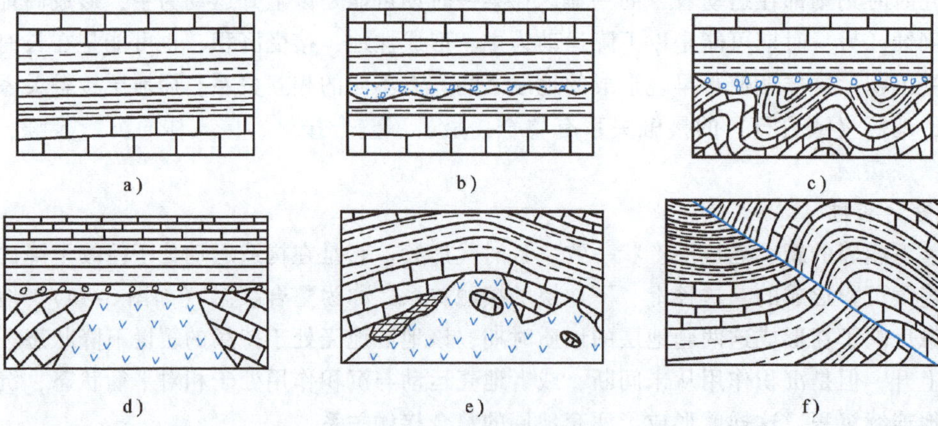

**图3-7　地层接触关系**

a）整合接触　b）假整合接触　c）不整合接触　d）沉积接触　e）侵入接触　f）断层接触

## 3.3　褶皱

### 3.3.1　褶皱的概念

组成地壳的岩层，在构造应力的作用下，形成的一系列波状弯曲称为褶皱构造（图

3-8)。褶皱构造是地壳中广泛发育的最常见的地质构造形态，在沉积岩层中最为明显。

从成因上讲，褶皱主要是由构造运动形成的，绝大多数是在水平挤压作用下形成的波状弯曲，但有的是在垂直作用力下使岩层形成的向上拱起或向下拗曲，还有一些是在力偶作用下形成的。在外力地质作用下，如冰川、滑坡、流水等作用，也可以造成岩层的弯曲变形，但一般不包括在褶皱变动的范畴中。

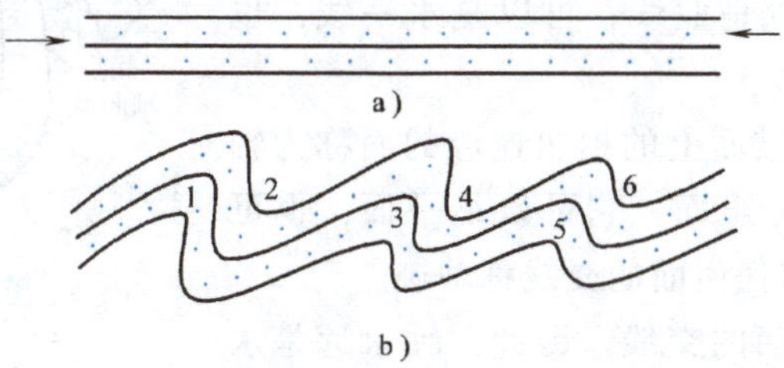


**图 3-8　褶皱构造**

a) 水平岩层受力挤压　b) 岩层的连续弯曲

注：褶皱中背斜 1、3、5 与向斜 2、4、6 共存。

## 3. 3. 2　褶皱的基本类型

褶皱构造中的一个弯曲称为褶曲。褶曲是褶皱构造的组成单位。但褶皱和褶曲有时并无严格的区别，而且在许多外文中也是同一术语。

根据褶皱形态和组成褶皱的地层，可以将褶皱分为两种基本类型，即背斜和向斜（图 3-9）。

1）背斜。岩层以褶曲轴为中心，向两翼倾斜。当地面受到剥蚀露出有不同地质年代的岩层时，褶皱的轴部出现较老的地层，由轴部向两翼依次对称出现较新岩层。岩层凸向指向地层由老变新方向发生弯曲。

2）向斜。岩层的倾斜方向与背斜相反，即两翼岩层都向褶曲的轴部倾斜。如地面遭受剥蚀，较新的岩层出露在褶皱轴部，向两翼依次对称出露的是较老岩层。岩层凸向指向地层由新变老方向发生弯曲。

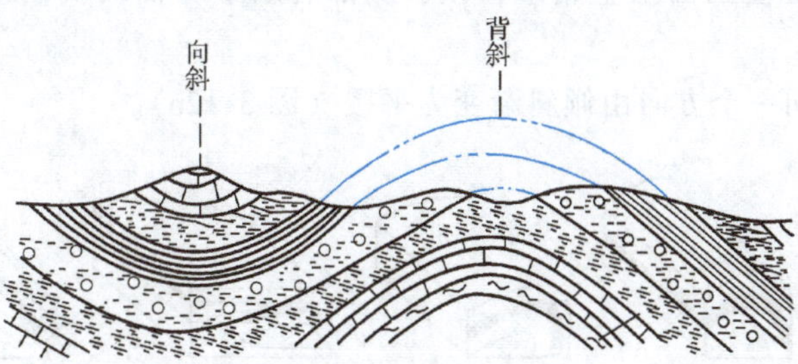


**图 3-9　背斜和向斜**

## 3. 3. 3　褶皱要素

为了便于对褶皱空间展布特征进行描述和研究，需要统一规定褶皱各个组成部分的名称，称为褶皱要素。褶皱要素主要包括核部、翼部、枢纽、轴面、轴。(图 3-10)。

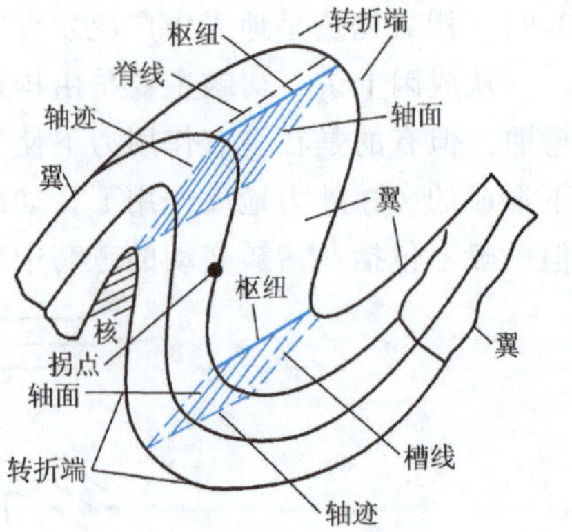


图 3-10 褶皱要素

1）核部 为褶曲中心部位的地层，当剥蚀后，常把出露在地面的褶皱中心部分的地层称为核。

2）翼部 为褶皱核部两侧的地层。一个褶皱具有两个翼。两翼岩层与水平面的夹角叫翼角。

3）同一褶皱层面的最大弯曲点的连线叫作枢纽，枢纽可以是直线，也可以是曲线；可以是水平线，也可以是倾斜线。

4）褶皱内各相邻褶皱面上的枢纽连成的面称为轴面。轴面是一个设想的标志面，它可以是平面，也可以是曲面。轴面与地面或任何面的交线称轴迹。

5）轴是轴面与水平面的交线。因此，轴永远是水平的。它可以是水平的直线或水平的曲线。轴向代表褶皱延伸的方向，轴的长度可以反映褶皱的规模。

## 3.3.4 褶皱的形态类型

褶皱的形态多种多样，种类繁多，可以从下述不同角度分类。

**1. 根据轴面产状和两翼岩层特点分类**

1）直立褶皱，轴面近于直立，两翼倾向相反，倾角大小近于相等（图 3-11a）。

2）斜歪褶皱，轴面倾斜，两翼岩层倾斜方向相反，倾角大小不等（图 3-11b）。

3）倒转褶皱，轴面倾斜，两翼岩层向同一方向倾斜，倾角大小不等。其中一翼岩层为正常层序，另一翼岩层倒转。若两翼岩层向同一方向倾斜，倾角大小又相等，称同斜褶皱（图 3-11c）。

4）平卧褶皱，轴面近于水平，一翼岩层为正常层序，另一翼岩层为倒转层序（图 3-11d）。

5）翻卷褶皱，轴面为一曲面（图 3-11e）。

**2. 根据横剖面形态分类**

1）扇形褶皱，在横剖面上呈扇形展开，两翼岩层产状有可能同时倒转（图 3-12a）。

2）箱形褶皱，在横剖面上呈箱形，顶、底部岩层平缓而两翼岩层产状近于直立（图 3-12b）。

3）单斜，岩层向一个方向由倾斜渐变为平缓（图 3-12c）。

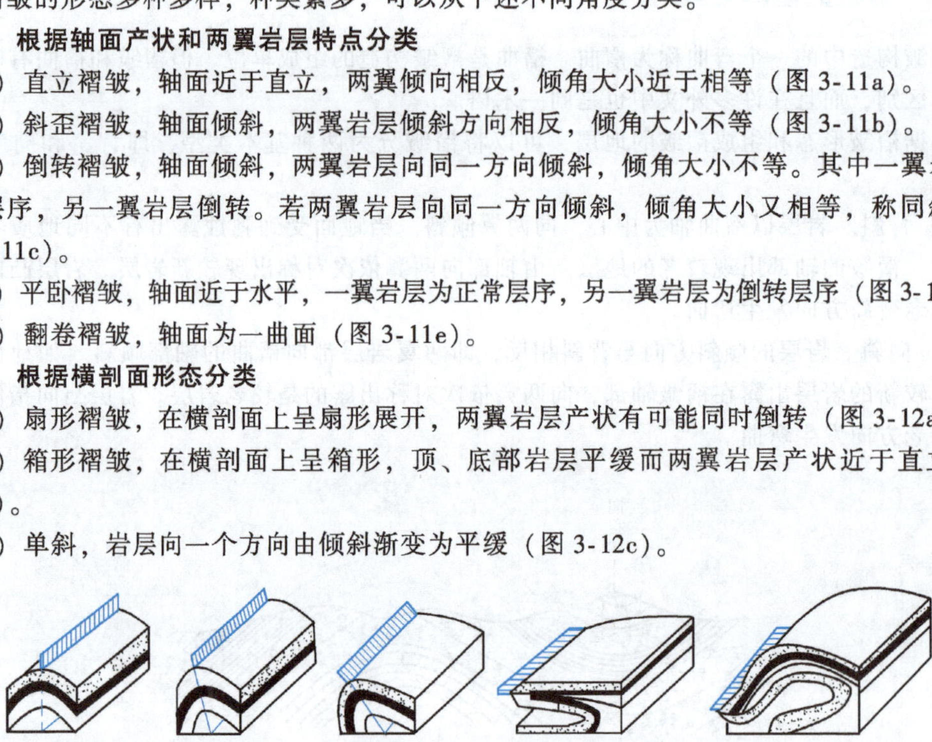

a） b） c） d） e）

图 3-11 根据轴面和两翼产状对褶曲进行的分类

a）直立褶曲 b）倾斜褶曲 c）倒转褶曲 d）平卧褶曲 e）翻卷褶曲

**3. 根据枢纽的产状分类**

1）水平褶皱，枢纽近于水平，两翼岩层走向平行一致（图 3-13a、a′）。

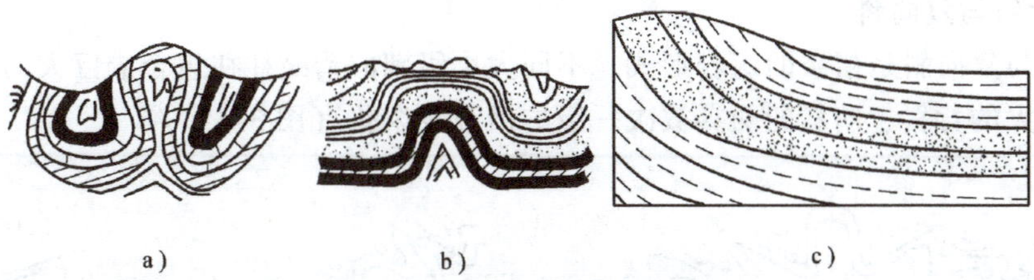


**图 3-12　根据横剖面形态分类**

a）扇形褶皱　b）箱形褶皱　c）单斜

2）倾伏褶皱，枢纽倾伏，两翼岩层走向呈弧形相交，对背斜而言，弧形的尖端指向枢纽倾伏方向；而向斜则不同，弧形的开口方向指向枢纽的倾伏方向（图 3-13b、b′）。

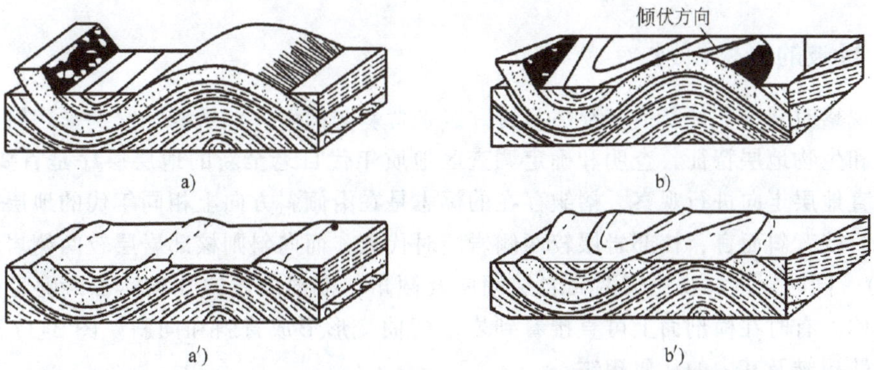


**图 3-13　根据枢纽的产状分类**

a）、a′）水平褶皱　b）、b′）倾伏褶皱

a）、b）地面未受剥蚀的情况　a′）、b′）地面受剥蚀，变平坦后的表现

**4. 根据褶皱的平面形态分类**

1）线状褶皱，褶皱的长宽比大于 10∶1（图 3-14a）。

2）短轴褶皱，褶皱的长宽比为 3∶1 至 10∶1（图 3-14b）。

3）穹隆与构造盆地，长宽比小于 3∶1 的背斜为穹隆，向斜为构造盆地（图 3-14b）。

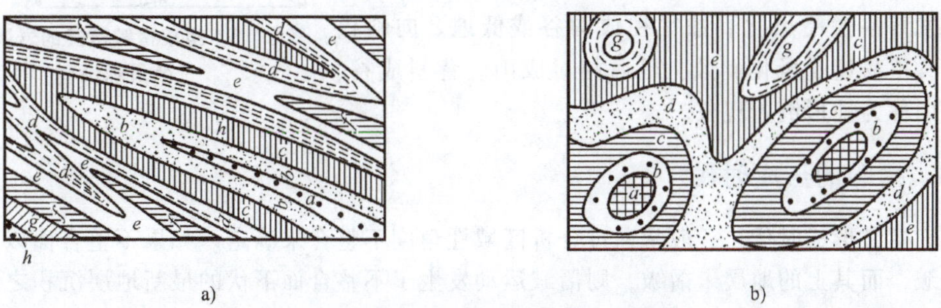


**图 3-14　根据褶皱的平面形态分类**

a）线状褶皱　b）左侧为穹隆与构造盆地，右侧为短轴褶皱

注：*a*、*b*、*c*、*d*、*e*、*f*、*g*、*h* 为自老至新的地层顺序的代号。

5. 复背斜与复向斜

复背斜与复向斜是褶皱的组合形式。不同大小级别的褶皱往往组合成巨大的复背斜和复向斜，规模大的背斜、向斜的两翼被次一级的褶皱复杂化（图3-15）。

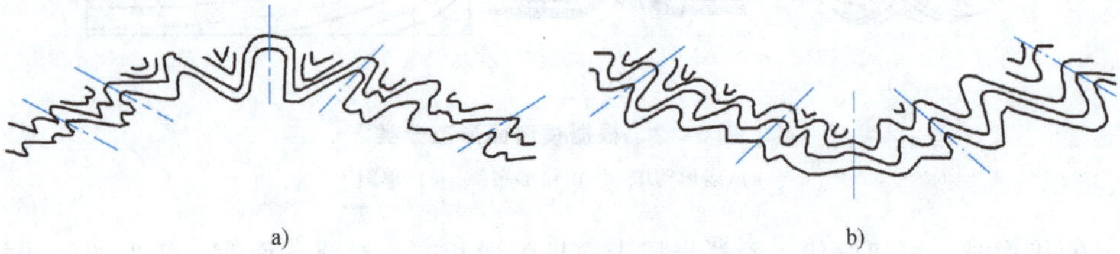

图3-15 复背斜和复向斜在横剖面上的形态

a）复背斜 b）复向斜

## 3.3.5 褶皱的野外识别

野外观察时，首先判断褶皱存在与否并区别背斜与向斜，然后确定它的形态特征。依据岩石地层和生物地层特征，查明和确定调查区地质年代自老至新的地层层序是首要的工作。然后，垂直地层走向进行观察，褶皱存在的标志是在沿倾斜方向上相同年代的地层作对称式重复出现。就背斜而言，核部岩层较两侧岩层时代老，而向斜则核部岩层较两侧岩层时代新（图3-16）。同时，进一步比较两翼岩层倾向及倾角，根据前述的分类标志，确定褶皱的形态分类名称。有时在横剖面上可直接看到岩层弯曲变形形成背斜和向斜。图3-17所示为桂林甲山倒转褶皱及其中的从属褶皱。

除了观察横剖面特点外，还需了解褶皱枢纽是否倾伏，并确定其倾伏方向。沿同一时代岩层走向进行追索，如果两翼岩层走向相互平行，表明枢纽水平。如果两翼岩层走向呈弧形闭合圈，表明其枢纽倾伏。根据弧形尖端指向或弧形开口方向以及转折部位实际测量的方法可确定枢纽倾伏方向。从地形上看，岩石变形之初，背斜相对地势高成山，向斜地势低成谷。这时地形是地质构造的直接反映。然而经过较长时间的剥蚀后，背斜核部因裂隙发育易遭受风化剥蚀往往成沟谷或低地。向斜核部紧闭，不易遭受风化剥蚀，最后相对成山。背斜成谷、向斜成山称为地形倒置现象。

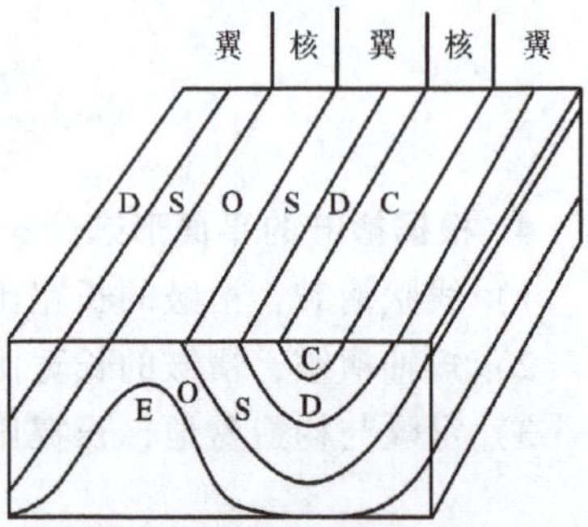


图3-16 组成褶皱两翼的岩层平面上的对称排列

## 3.3.6 褶皱的形成时代

研究褶皱形成时代，一般常通过分析区域性角度不整合来确定。如果不整合面以下的地层均褶皱，而其上的地层未褶皱，则褶皱运动发生于不整合面下伏的最新地层沉积之后和上覆最老地层沉积之前。如果不整合面上、下地层均褶皱，但褶皱方式、形态又都互不相同，则至少发生过两次褶皱运动。从图3-18中看出：该地区有角度不整合面于三套不同形态的褶皱地层之间，说明该地区发生过三次褶皱运动，第一次为元古代（$P_t$）地层形成之后，震旦纪（Z）地层沉积之前；第二次为奥陶纪（O）地层沉积之后，侏罗纪（J）地层沉积

图 3-17 **倒转褶皱及其中的从属褶皱**（据兰琪峰等，1979）

之前；第三次为侏罗纪之后。

## 3.3.7 褶皱的工程地质评价

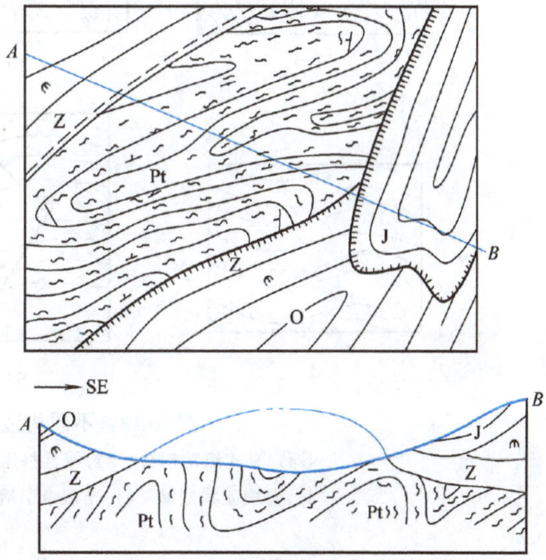


图 3-18 **褶皱运动**

从工程所处的地质构造条件来看，可能是一个大的褶皱构造。但从工程遇到的具体构造问题来说，则往往是一个一个的褶曲或者是大型褶曲构造的一部分。

**1. 褶皱不同部位的工程地质评价**

1）褶皱核部的工程地质性质。褶皱的核部是岩层强烈变形的部位，一般在背斜的顶部和向斜的底部发育有拉张裂隙，这些裂隙把岩层切割成块状。在变形强烈时，沿褶皱核部常有断层发生，造成岩石破碎或形成构造角砾岩带。此外，地下水多聚积在向斜核部，背斜核部的裂隙也往往是地下水富集和流动的通道。由于岩层构造变形和地下水的影响，公路工程、隧道工程或桥梁工程在褶皱核部容易遇到工程地质问题。

2）褶皱翼部的工程地质性质。褶皱的翼部不同于核部，具有另一类工程地质问题。在褶皱两翼形成倾斜岩层容易造成顺层滑动，特别是当岩层倾向与临空面坡向一致，且岩层倾角小于坡角，或当岩层中有软弱夹层，如有云母片岩、滑石片岩等软弱岩层存在时应慎重对待。

**2. 不同构造受力作用下褶皱的工程地质性质评价**

1）复式流动褶皱。出现在变质岩系中，形成于高温、高压条件下，褶皱不协调，流动褶皱在抬升到地表后，温度下降而发生固化和脆化。因其经胶结闭合，所以工程地质特性良好（图 3-19a）。

2）线性挤压紧闭褶皱。在褶皱构造带内岩层受强烈挤压，形变剧烈，褶皱闭拢，岩层陡立，甚至倒转，并伴有断层发生，易造成工程地质问题（图 3-19b）。

3）复式挤压褶皱。在强烈挤压力多次作用下形成复式褶皱，褶皱形态复杂，呈现局部塑性流动，伴随有多种类型的断层，形成米字形断裂组合（图3-19c）。

4）舒缓波状褶皱。褶曲岩层厚度变化小，褶皱平缓。工程地质性质随褶皱不同部位而有所不同，但一般不会出现非常复杂的工程地质问题（图3-19d）。

5）断裂牵引褶皱。这种褶皱的分布比较局限，但在此局部地段有时会发生强烈的构造变形，应变量大，导致岩石破碎，其工程地质条件差（图3-19e）。

6）盖层被牵动引起的褶皱。下部基底断裂活动牵动到上部盖层而引起褶皱。这种褶皱比较平缓，局部可能发育成断层和可能引起顺层滑动（图3-19f）。

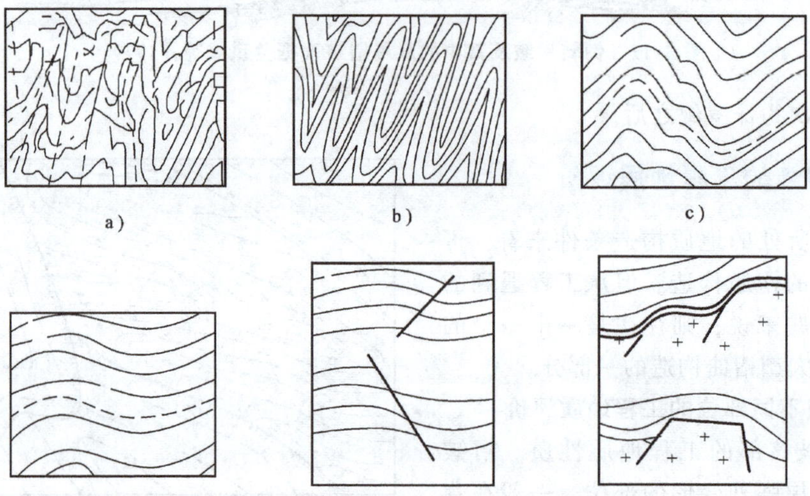


图3-19　不同构造受力作用下褶皱

a）复式流动褶皱　b）线性挤压紧闭褶皱　c）复式挤压褶皱

d）舒缓波状褶皱　e）断裂牵引褶皱　f）盖层被牵动引起的褶皱

### 3. 褶皱对道路工程影响的工程地质评价

褶皱构造对道路工程的工程地质评价主要是倾斜岩层的产状与路线或隧道轴线走向的关系问题。倾斜岩层对一般地基，一般来说，没有特殊不良的影响，但对于深路堑、挖方高边坡及隧道工程等，则需要根据具体情况做具体的分析。

对于深路堑和高边坡来说，存在如下几种情况：

1）有利情况。路线垂直岩层走向，或路线与岩层走向平行但岩层倾向与边坡倾向相反时，只就岩层产状与路线走向的关系而言，对路基边坡的稳定性是有利的。

2）不利情况。路线走向与岩层的走向平行，边坡与岩层的倾向一致，特别在云母片岩、绿泥石片岩、滑石片岩、千枚岩等松软岩石分布地区，坡面容易发生风化剥蚀，产生严重碎落坍塌，对路基边坡及路基排水系统会造成经常性危害。

3）最不利情况。路线与岩层走向平行，岩层倾向与路基边坡一致，而边坡的坡角大于岩层的倾角，特别在石灰岩、砂岩与质页岩互层，且有地下水作用时，如路堑开挖过深，边坡过陡，或者由于开挖使软弱构造面暴露，都容易引起斜坡岩层发生大规模的顺层滑动，破坏路基稳定。

因为背斜顶部岩层受张力作用可能塌落，向斜核部则是储水较丰富的地段，所以对于隧道等深埋地下的工程，从褶皱的翼部通过一般是比较有利的，但如果中间有松软岩层或软弱构造面时，则在顺倾向一侧的洞壁，有时会出现明显的偏压现象，甚至会导致支撑破坏，发生局部坍塌；也可选择在水平岩层地区，因为隧道可以选择在同一较好岩层通过，不仅施工简单，而且易于保证安全。对于倾斜岩层，隧道轴线与岩层走向的交角要大，岩层倾角越大越好；如轴线与岩层走向交角小或平行时，则隧道顶部将产生偏压。

在褶曲构造的轴部，从岩层的产状来说，是岩层倾向发生显著变化的地方；从构造作用对岩层整体性的影响来说，又是岩层受应力作用最集中的地方。因此，在褶曲构造的轴部，不论公路、隧道或桥梁工程，容易遇到工程地质问题，主要是由于岩层破碎而产生的岩体稳定问题和向斜轴部地下水的问题。这些问题在隧道工程中往往显得更为突出，容易产生隧道塌顶和涌水现象，甚至会严重影响正常施工。

## 3.4　节理

岩石受力后发生变形，当作用力超过岩石的强度时，岩石的连续完整性遭到破坏而发生破裂，形成断裂构造。断裂构造包括节理和断层，岩石破裂后，沿破裂面无明显位移者称为节理，而有明显位移滑动者称为断层。相对而言，断层的规模一般比较大。

节理就是岩石中的裂隙（缝）。它比断层更普遍。节理规模大小不一，细微的节理肉眼不能识别，一般常见的为几十厘米至几米，长的可延伸达几百米，甚至上千米。节理张开程度不一，有的是闭合的。节理面可以是平坦光滑的，也可以是十分粗糙的。

岩石中节理的发育是不均匀的。影响节理发育的因素很多，主要取决于构造变形的强度、岩石形成时代、力学性质、岩层的厚度及所处的构造部位。例如，在岩石变形较强的部位，节理发育较为密集。同一个地区，形成时代较老的岩石中节理发育较好，形成时代新的岩石中节理发育较差。当岩石具有较大的脆性而厚度又较小时，节理易发育。在断层带附近以及褶皱轴部，往往节理较发育。

### 3.4.1　节理的类型

**1. 按节理的成因分类**

按照节理成因，将节理分为构造节理与非构造节理两大类。

构造节理是由构造运动产生的节理，它们在地壳中分布极广，且有一定的规律性，经常成群成组出现。凡是在同一时期同一成因条件下形成的彼此平行或近于平行的节理归为一组，称为节理组，在成因上有联系的几个节理组构成节理系。在节理研究中，应将不同时期、不同成因的节理分开。

非构造节理是岩石在形成过程中或者岩石经卸载、风化、爆破等作用形成的。前者称为原生节理，如玄武岩在冷凝过程中形成的柱状节理；后者称为次生节理，如黄土中的垂向节理。非构造节理分布规律不明显，无方向性，常出现在地表浅层或较小范围内。

**2. 按照力学性质分类**

根据节理的力学性质，可以将节理分为剪节理、张节理和劈理三类。

（1）剪节理　岩石受剪（扭）应力作用形成的破裂面称为剪节理，其两组剪切面一般形成X形的节理。剪节理常与褶皱、断层相伴生。主要特征：产状稳定，在平面和剖面上延续均较长；节理面光滑，常具擦痕、镜面等现象，节理两壁之间紧密闭合；发育于碎屑岩中的剪节理，常切割较大的碎屑颗粒或砾石；一般发育较密，且常有等间距分布的特点，特别是软弱薄层岩石中常密集成带；常成对出现，呈两组共轭剪节理，也叫X节理。它将岩石交叉切割成菱形或方形，但常见一组发育较好，另一组发育较差；常呈羽列状，通常一条剪节理由多条互相平行的很小剪裂面组成，微小剪裂面呈羽状排列，故称羽状剪节理（图3-20），沿每条小节理向前观察，下一条节理依次在左侧搭接的称左列，反之称右列。运用这一现象可判断两侧错动方向。由于剪节理交叉互相割切岩层成碎块体，破坏岩体的完整性，故剪节理面常是易于滑动的软弱面。

（2）张节理　岩层受张应力作用而形成的破裂面称为张节理。当岩层受挤压时，初期是在岩层面上沿先发生的剪节理追踪发育形成锯齿状张节理。在褶皱岩层中，多在弯曲顶部产生与褶皱轴走向一致的张节理。主要特征：产状不很稳定，在平面上和剖面上的延展均不远；节理面粗糙不平，擦痕不发育，节理两壁裂开距离较大，且裂缝的宽度变化也较大，节理内常充填有呈脉状的方解石、石英，以及松散或已胶结的黏性土和岩屑等；当张节理发育于碎屑岩中时，常绕过较大的碎屑颗粒或砾石，而不是切穿砾石；张节理一般发育稀疏，节理间的距离较大，分布不均匀，很少密集成带；张节理常沿先期形成的X形节理发育成锯齿状，又叫追踪节理（图3-21a），常呈雁列状（图3-21b），有时一条张节理是由数条小裂隙大致平行错开排列而成（侧列），张节理的末端有时有树枝状分叉现象；张节理往往是地表水和地下水渗漏的良好通道。

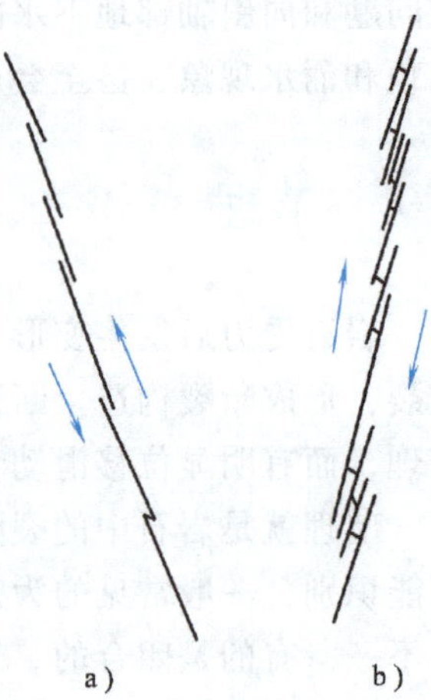

图3-20　羽状剪节理
a）左列　b）右列

剪节理和张节理是地质构造应力作用形成的主要节理类型，故又称为构造节理。在地壳岩体中广泛分布，对岩体的稳定性影响很大。

（3）劈理　劈理是一种由裂面或潜在裂面将岩石按一定方向劈开成为平行密集的薄片或薄板的构造。劈理在几何形态或成因上与褶皱、断层有密切关系。根据劈理的成因与特点，将劈理分为流劈理和破劈理两种类型。流劈理是岩石在强烈构造应力作用下发生塑性流动或矿物重结晶，使矿物呈板状、片状、长条状和针状等形态沿垂直于主压应力的方向平行排列而成。流劈理的特点是劈理面间距较小，常使岩石裂成薄板状，如板岩和片岩的片理，多发育于塑性较大的较软弱岩层中（如页岩、板岩、片岩等）。破劈理是岩石中密集的平行的剪破裂面，沿这些面上一般不产生矿物定向

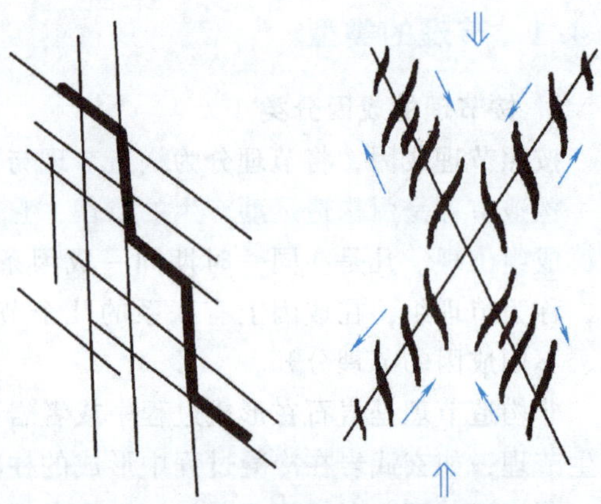

图3-21　两种张节理形态
a）追踪张节理　b）雁列张节理

平行排列。破劈理的特点是劈理间距为数毫米至1cm，发育于未变质或轻变质的岩石中，如脆性岩石内，或者夹于坚韧岩石之间的软弱岩石中。

**3. 按照节理面的张开程度分类**

根据节理面的张开程度，将节理分为宽张节理、张开节理、微张节理和闭合节理。

1）宽张节理，节理缝宽度大于5mm。

2）张开节理，节理缝宽度为3~5mm。

3）微张节理，节理缝宽度为1~3mm。

5）闭合节理，节理缝宽度小于1mm。

**4. 按照几何形态分类**

根据节理与所在岩层产状之间的关系，一般分为走向节理、倾向节理、斜向节理和顺层节理（图3-22）。

1）走向节理，节理走向与所在岩层走向大致平行。

2）倾向节理，节理走向与所在岩层走向大致垂直。

3）斜向节理，节理走向与所在岩层走向斜交。

4）顺层节理，节理面大致平行于岩层面。

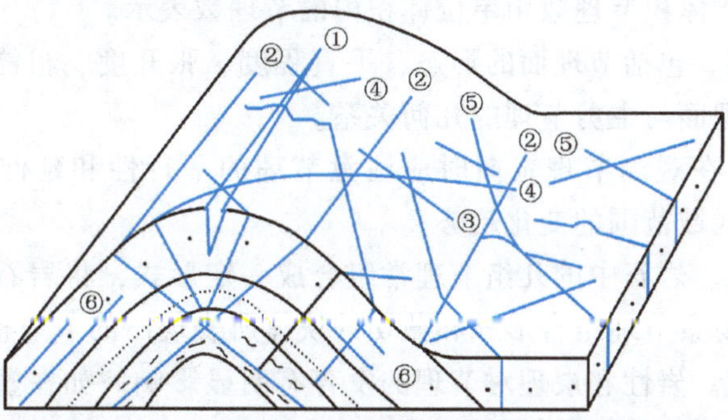


图3-22　节理的形态分类

注：①、②走向节理或纵节理；③倾向节理或横节理；④、⑤斜向节理或斜节理；⑥顺层节理。

节理和褶皱都是岩层在应力作用下发生破裂与弯曲的结果，它们的力学性质具有密切的联系。在褶皱的核部或转折端，岩石中应力集中，极易发生破裂。在褶皱的形成过程的不同阶段，由于应力方向与性质不同，相应的节理性质及其类型也不同。根据节理走向与所在褶皱的枢纽、主要断层走向或线状构造延伸方向的关系，将节理分为纵向节理、横向节理和斜节理。

1）纵节理，二者大致平行。

2）横节理，二者大致垂直。

3）斜节理，二者斜交。

### 3.4.2　节理的观测与统计

节理对工程岩体稳定性和地下水的渗漏产生较大影响，其影响程度取决于节理的成因、形态、数量、大小、连通以及充填等特征。为了反映节理的分布规律及对岩体稳定性的影响，通常需要通过岩土工程勘察查明节理的上述特征，并对节理的密度和产状进行统计分析，以便评价它们对工程的影响。

**1. 观测点的选择**

野外节理观测点密度或数量的布置，视研究任务和地质图的比例尺而定。一般不要求均匀布点，布点应做到疏密适度。

选定观察点时还要考虑以下几点：露头良好、构造特征清楚、岩层产状稳定；节理比较发育，组系及其相互关系比较明确；观测范围视节理的发育状况而定，最好是长宽一致的正方形，一般面积要求在几平方米内；为了照顾到不同方向发育的节理，最好能在三维空间观测；观测点要数量适中，以便统计的节理具有代表性；观测点应选在构造上的重要部位，并且在不同构造层中布点。

**2. 观察内容**

1）地质背景的观测。节理观测前，应了解观察地段的地质背景，包括构造层及其组成岩性与地层及其成层性、褶皱与断层特点、观测点所在的构造部位等内容。

2）节理的分类和组系划分。对节理要进行分类，划分组系，如有主节理发育，应区分主节理和一般节理。

3）节理的组数、密度和产状。节理的密度一般采用线密度或体积节理数表示。线密度以条每米为单位计算。体积节理数用单位体积内的节理数表示。

4）节理面的观察。包括节理面的形态、平直程度、张开度、粗糙度，节理面是否有擦痕和羽状构造等，节理面与主剪节理的几何关系。

5）节理的延伸。在观测节理走向时应注意节理的平行性和延伸长度。对于区域性节理，注意节理走向在区域范围的变化趋势。

6）节理组合形式。岩石中的几组节理常组合成一定形式，将岩石切成形状和大小各不相同的块体。要注意观察节理组合形式和截切的块体所表现出的节理整体特征。

7）节理发育程度。岩性和层理对节理的发育有明显影响。如在塑性岩层中剪节理较张节理发育，而脆性岩层中张节理较剪节理发育。岩层中节理发育程度，主要根据节理组数和间距大小来评价。一般将节理发育程度等级划分为节理不发育（节理1~2组，间距>1m）、节理较发育（节理2~3组，多数间距>0.4m）、节理发育（节理>3组，多数间距<0.4m）和节理很发育（节理>3组，多数间距<0.2m）四级。

8）节理的充填物质及厚度、含水情况。节理中常充填有石英、方解石，或者土、含矿物质等，应观察这些物质的厚度。同时，应查明节理中是否含有地下水。由于节理常常是重要的含矿构造，应注意节理是否含矿以及含矿节理占节理总数的百分数。

**3. 节理的测量和记录**

节理产状的测定方法与测定岩层产状要素一样。当节理面未揭露而不易测量时，可将一硬卡片插入节理内，直接测量卡片的产状。当节理产状不太稳定而数据精度要求很高时，应逐条进行测量。如果节理按方位和产状分组明显，也可分组测量，按照方位测量有代表性的几条节理，然后再统计这组节理的数目。

测量和观察的结果一般填入一定表格或记在专用记录本中。

**4. 节理测量资料的整理**

在野外对节理进行了观测并收集了大量资料后，应及时在室内加以整理，进行统计分析，以查明节理发育的规律和特点及其与该区有关构造的关系。节理的整理和统计一般采用图表形式，主要有节理玫瑰花图、极点图和等密图等。下面重点介绍节理玫瑰花图。

节理玫瑰花图编制简便，反映节理方位趋势比较明显，是统计节理的一种较常用的图式。节理玫瑰花图分为走向玫瑰花图、倾向玫瑰花图和倾角玫瑰花图三类。

（1）节理走向玫瑰花图　节理走向玫瑰花图主要反映节理的走向方位，并在半圆内作图。绘制方法如下：在一任意半径的半圆上，画上刻度网，把所得的节理按走向以每5°或10°分组，统计每一组内的节理条数，并算出其平均走向。自圆心沿半径引射线，射线的方位代表每组节理平均走向的方位，射线的长度代表每组节理的条数。然后用折线把射线的端点连接起来，即得到节理玫瑰花图（图3-23）。

图中的每一个“玫瑰花瓣”越长，反映沿这个方向分布的节理越多。如图3-23明显地显示出有三组最发育的节理，走向分别为N10°/20°E、N40°/50°W和N70°/80°E。走向玫瑰花图不能反映各组节理的倾斜，因此，走向玫瑰花图多用于统计产状近直立的节理。

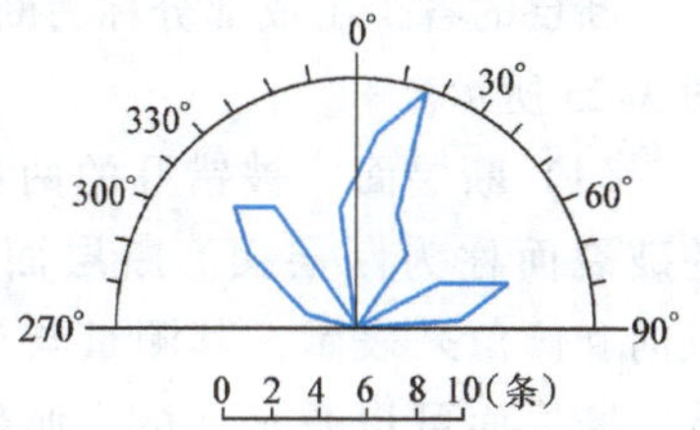

图3-23　节理走向玫瑰花图

为了表示不同性质的节理，可以分别编制不同性质的节理走向玫瑰花图，在一幅图上用不同色调分别表示不同性质的节理。

（2）节理倾向玫瑰花图　倾向玫瑰花图的编制方法与走向玫瑰花图基本相同，只要把平均走向的数据改为平均倾向的数据即可，不过用的是整圆。

（3）节理倾角玫瑰花图　用同样方法可以编制节理倾角玫瑰图。只是半径的长度代表节理的平均倾角。通常把倾角和倾向玫瑰花图作在同一张图上，合称为节理倾向玫瑰花图（图3-24）。比例设定关系是圆心处代表节理平均倾角为0°，圆周上的点代表平均倾角为90°。节理倾向玫瑰花图可以定性而形象地反映节理走向、倾向及倾角的优势分布。

### 3.4.3 节理对工程的影响

岩体中的节理，在工程上除有利于开挖外，对岩体的强度和稳定性均有不利的影响。岩体中存在节理，将岩层切割成块体，破坏了岩体的整体性，促进了岩体风化，增强了岩体的透水性，因而使岩体的强度和稳定性降低。节理间距越小，岩石破碎程度越高，岩体承载力将明显降低。

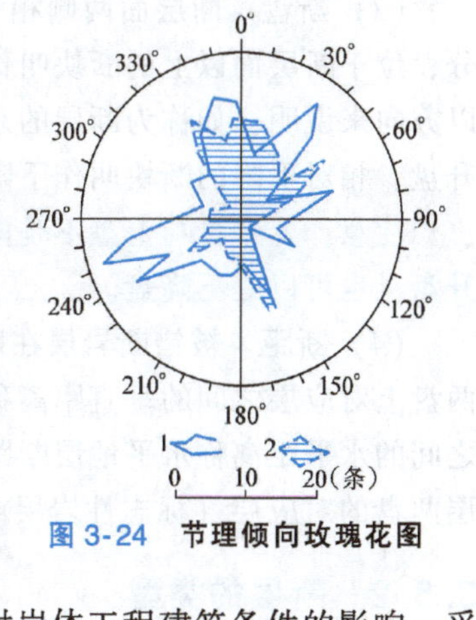

图3-24　节理倾向玫瑰花图

当节理主要发育方向与线形工程路线走向平行，倾向与边坡一致时，不论岩体的产状如何，都容易发生崩塌等不良地质现象。在路基施工中，如果岩体存在节理，还会影响爆破作业的效果。所以，当节理有可能成为影响工程设计的重要因素时，应当对节理进行深入的调查研究，详细论证节理对岩体工程建筑条件的影响，采取相应措施，以保证建筑物的稳定和正常使用。

## 3.5 断层

断层是指岩层或岩体在构造应力作用下破裂后，断裂面两侧岩体有明显相对位移的断裂构造。它往往是由节理进一步发展而成，在力学成因方面两者并无本质的差别。断层在地壳中分布很广，规模相差也很大，大的可延伸数百千米甚至上千千米，小断层可见于岩石手标本。断层的切割深度差别也很大，浅的见于地表，深的可达上地幔。断层破坏了岩体的连续完整性，不仅对工程岩体的稳定性和渗透性有重大影响，还是地下水运动的良好通道和汇聚的场所。断层是一种重要的地质构造，如隧道中大多数的塌方、突涌水等都与断层有关。另外，大多数地震还与活动断层有关。

## 3.5.1 断层要素

断层的各个组成部分称为断层要素。断层要素包括断层面、断层线、断盘及断距等，如图3-25所示。

(1) 断层面　被错开的两部分岩石沿之滑动的破裂面称为断层面。断层面的产状可用走向、倾向和倾角来表示，其测量与记录方法同岩层产状。断层面可以是水平的、倾斜的或直立的，以倾斜的居多。其形状可以是平面，也可以是波状起伏的曲面或台阶状。有时断层两侧的运动并不是沿一个面发生，而是沿由许多破裂面组成的破裂带发生，这个带称为断层破碎带或断裂带。断层带宽度不一，自几米至数百米。一般断层规模越大，形成的断层带越宽。

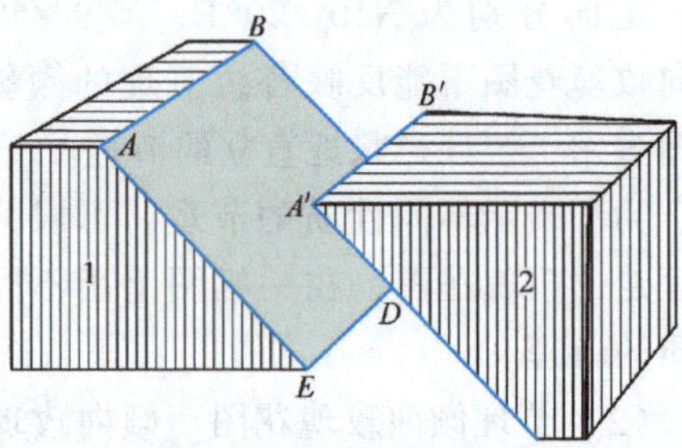

图3-25　断层要素

注：ABDE为断层面；1、2为断层盘，A—A′为滑距。

(2) 断层线　断层面与地面的交线称为断层线。它代表断层面在地面上的延伸方向，其形状取决于断层面的形状和地面起伏形状，可以是直线，也可以是曲线。

(3) 断盘　断层面两侧相对移动的岩块称作断盘。当断层面倾斜时，断盘有上、下之分，位于断层面以上的断块叫作上盘，位于断层面以下的叫作下盘。断层面为直立时，往往以方向来说明，如称为断层的东盘或西盘。如按两盘相对运动来分，相对上升的断块叫作上升盘，相对下降的断块叫作下降盘。

注意：上升盘与上盘不是同一概念，上升盘可以是上盘，也可以是下盘；下盘可以是上升盘，也可以是下降盘。

(4) 断距　被错断岩层在断层两盘上的对应层之间的相对位移称为断距。其中，断层两盘上对应层之间的垂直距离称地层断距；对应层之间的铅直距离称铅直地层断距；对应层之间的水平距离称水平地层断距。由于在断层面上很难找到相互错开的对应点，因此常用断层两盘的对应层（标志性岩层或地层）错动来估算断层位移距离。

## 3.5.2 断层的类型

### 1. 断层的基本类型

根据断层两盘相对位移的情况，将断层分为正断层、逆断层、平移断层及顺层断层四种基本类型。

(1) 正断层　上盘沿断层面相对下降，下盘相对上升的断层（图3-26a）。其断层面倾角较陡，一般大于45°或在60°以上。正断层一般是在水平方向引张力作用或重力作用下，使上盘沿断层面向下错动而形成的。

（2）逆断层　上盘沿断层面相对上升，下盘相对下降的断层（图3-26b）。逆断层一般是在地壳受到近水平方向的挤压力作用下，使上盘沿断层面向上错动而形成的。由于形成的力学条件与褶皱近似，所以多与褶皱伴生。倾角大于45°的称为高角度逆断层，常与正断层发育在一起，被归属为高角度断层一类。倾角小于45°的低角度逆断层，称逆冲断层或逆掩断层。规模巨大，同时上盘沿波状起伏的低角度断层面作远距离推移（数千米至数十千米）的逆掩断层，称为推覆构造。推覆构造多出现在地壳强烈活动的地区。

（3）平移断层　在地壳水平剪切作用或不均匀的侧向挤压作用下，断层两盘沿断层走向方向发生相对水平位移的断层（图3-26c）。平移断层倾角通常很大，断层面常陡立，可见水平的擦痕，断层线比较平直。根据断层两盘相对位移方向，平移断层可分为右行（或右旋）和左行（或左旋）。当垂直断层走向观察断层时，对盘向右手方滑动（顺时针方向）的为右行平移断层；对盘向左手方滑动（逆时针方向滑动）的为左行平移断层。大型平移断层称为走向滑动断层（简称为走滑断层）。

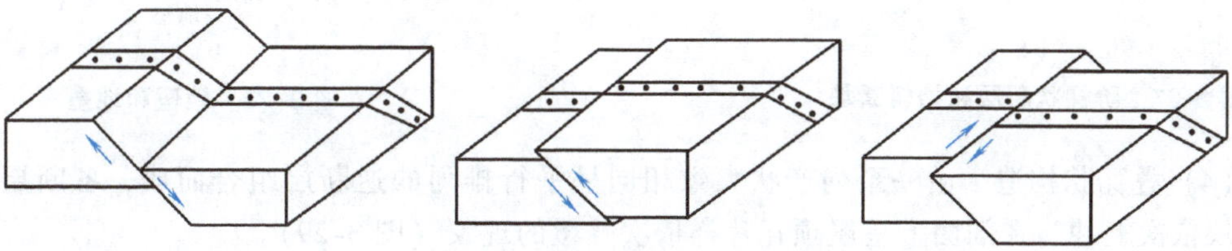

a）　b）　c）

图3-26　断层的基本类型

a）正断层　b）逆断层　c）平移断层

（4）顺层断层　顺着层面、不整合面等先存面滑动的断层。在构造作用中，这些先存面常被构造作用力引起的变形所利用，如纵弯褶皱作用中，总发生不同程度的层间滑动。当层间滑动达到一定规模并具明显的断层特征时则形成顺层断层。顺层断层既可以是逆断层，也可以是正断层。它一般顺软弱层发育，但不一定一直都沿某一个软弱层或原生面滑动。由于顺层断层的断层面与原生面基本一致，很少见到切层现象，因而地层重复和缺失现象易被忽视，断层往往难以查明。

断层两盘相对移动并非是单一地上、下或者沿水平方向进行，经常出现沿断层面做斜向滑动，断层兼具有正（逆）及平移性质。斜向滑动断层根据位移特点分出主次，采取复合命名。如称为左（右）行—正（逆）或平移—正（逆）断层。复合命名中在后面的一种运动方式是主要的。

**2. 断层的组合类型**

断层的形成和分布受到区域性或地区性的构造应力场的控制，因此在一个地区断层往往是成群出现，并且以一定的排列方式有规律地组合在一起，形成不同形式的组合类型。常见的断层组合类型有下列几种：

（1）阶梯状断层　阶梯状断层由若干条产状大致相同的正断层平行排列组合而成，在剖面上各个断层的上盘呈阶梯状相继向同一方向依次下滑（图3-27a）。阶梯状断层在区域性抬斜过程中常发生一定旋转，形成阶梯状抬斜断块（图3-27b）。这种阶梯状抬斜断块在地形上表现为单面山与山谷间列景观。

（2）地堑 由两条走向大致平行、性质相同而倾向相反断层组合成一个中间断块下降，两边断块相对上升的构造（图3-28）。

（3）地垒 由两条走向大致平行而性质相同的断层组合成断块相对下降的构造（图3-28）。

地堑和地垒中的断层一般为正断层，但也可以是逆断层。这些断层一般受地壳水平拉力作用或受重力作用而形成，断层面多陡直，倾角大多在45°以上。在地貌上，地堑常形成狭长的凹陷地带，如汾渭地堑。地垒多形成块状山地，如陕西骊山为地垒山。

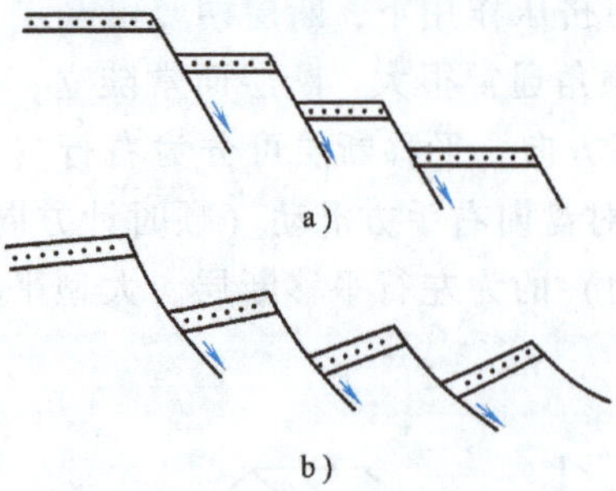


图3-27 阶梯状断层和抬斜断块

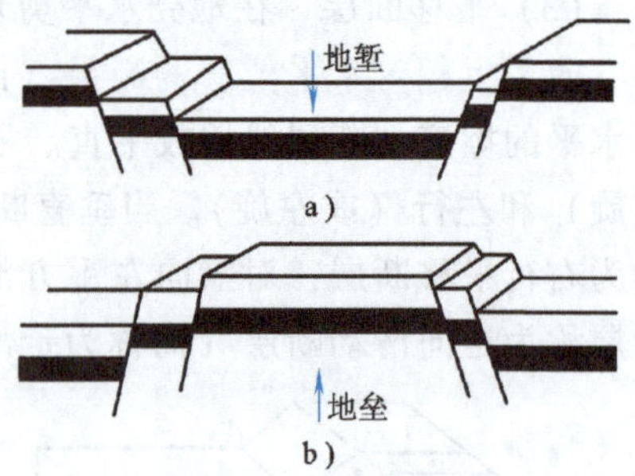


图3-28 地堑和地垒

（4）叠瓦状构造 由一系列产状大致相同呈平行排列的逆断层组合而成，各断层的上盘岩块依次上冲，在剖面上呈屋顶瓦片样依次叠覆的现象（图3-29）。

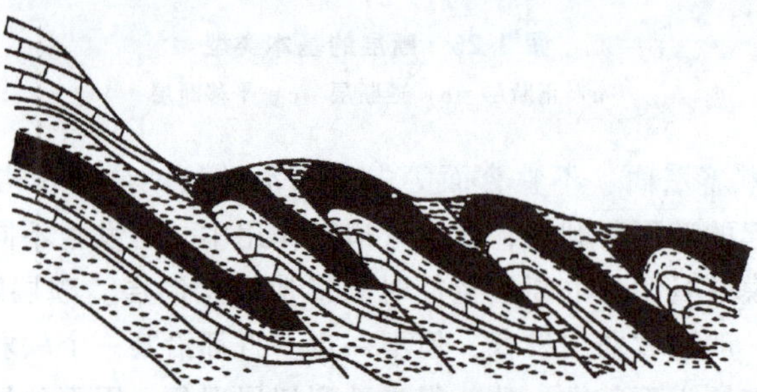

图3-29 叠瓦状构造

**3. 断层的分类**

（1）按断层产状与岩层产状的关系分类

1）走向断层，断层走向与岩层走向基本一致。

2）倾向断层，断层走向与岩层走向基本直交。

3）斜向断层，断层走向与岩层走向斜交。

4）顺层断层，断层面与岩层层理等原生地质界面基本一致。

（2）按断层走向与褶皱轴向之间的关系分类

1）纵断层，断层走向与褶皱轴向平行。

2）横断层，断层走向与褶皱轴向垂直。

3）斜断层，断层走向与褶皱轴向斜交。

（3）按断层力学性质分类 断层产生的根本原因是岩体内部受到了相应压应力、张应力或扭应力（剪应力）。因此，断层按力学性质可分为以下三种类型：

1）压性断层，断层在压应力作用下形成，也称为压性结构面。其走向垂直于压应力方向，在断层面两侧，主要是上盘岩体受挤压相对上升，如逆断层等。此类断层的结构面大多比较舒缓，呈波状，断裂带宽大，常有角砾岩。

2）张性断层，断层在张应力的作用下形成，也称为张性结构面。其走向与张应力的方向垂直，断层面上岩体相对下降，如正断层等。断层结构面一般比较粗糙，且多呈锯齿状。

3）扭性断层，断层在扭（剪）应力的作用下形成，也称为扭性结构面。扭性断层多成对出现，呈 X 形交叉分布，且往往是一组发育，另一组不发育，如平移断层等。此类断层结构面多伴有擦痕。

## 3.5.3　断层存在的标志

断层的存在，在大多数情况下对工程建筑是不利的。大部分断层由于后期遭受剥蚀破坏和覆盖，常常不能直接观察或不易分辨清楚，但断层总会在产出地段有关的地层分布、构造、伴生构造及地貌水文方面反映出来。因此，可以通过这些现象、标志等间接证据来识别断层。

**1. 构造线和地质体的不连续**

岩层、含矿层、岩体、褶皱轴等地质体或地质界线等在平面和剖面上的突然中断、错开现象（图 3-30），说明可能有断层存在。但要注意与不整合界面、岩体侵入接触界面等造成的不连续现象加以区别。

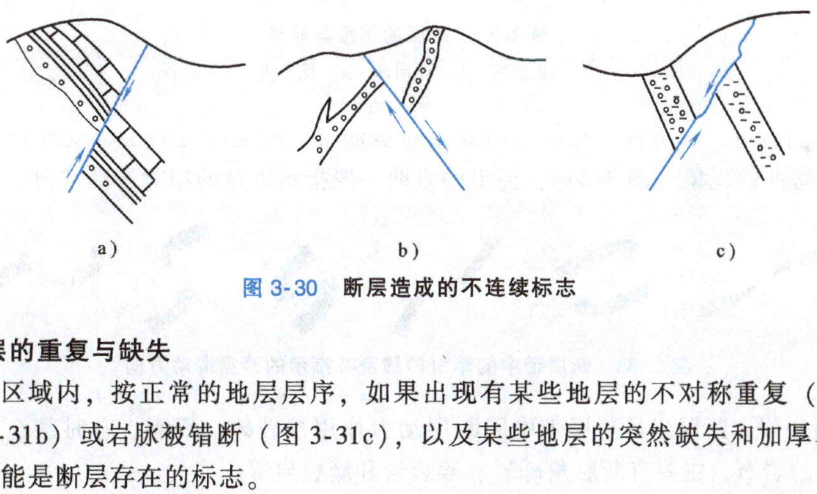


图 3-30　断层造成的不连续标志

**2. 地层的重复与缺失**

在某一区域内，按正常的地层层序，如果出现有某些地层的不对称重复（图 3-31a）、缺失（图 3-31b）或岩脉被错断（图 3-31c），以及某些地层的突然缺失和加厚、变薄等现象，这都可能是断层存在的标志。

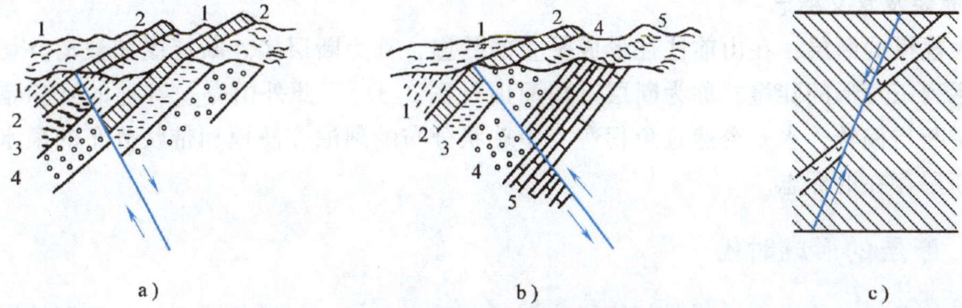


图 3-31　断层造成的岩层重复与缺失

a）岩层重复　b）岩层缺失　c）岩脉错断

**3. 断层的伴生构造**

(1) 镜面、擦痕与阶步 断层面表现为平滑而光亮的表面称为镜面，其上常覆盖数毫米厚的铁质、碳质或钙质薄膜，称为动力膜，其成分与两盘岩石有关。断层面上出现平行且均匀细密排列的沟纹称为擦痕（图3-32a）。镜面和擦痕都是断层两盘岩块相对错动时在断层面上因摩擦和碎屑刻划而留下的痕迹。阶步是指断层面上与擦痕垂直微小陡坎，是由于顺擦痕方向局部阻力的差异或因断层间歇性运动的顿挫而形成的。阶步又分为正阶步（图3-32b）和反阶步（图3-32c），它们可指示断层两盘动向。

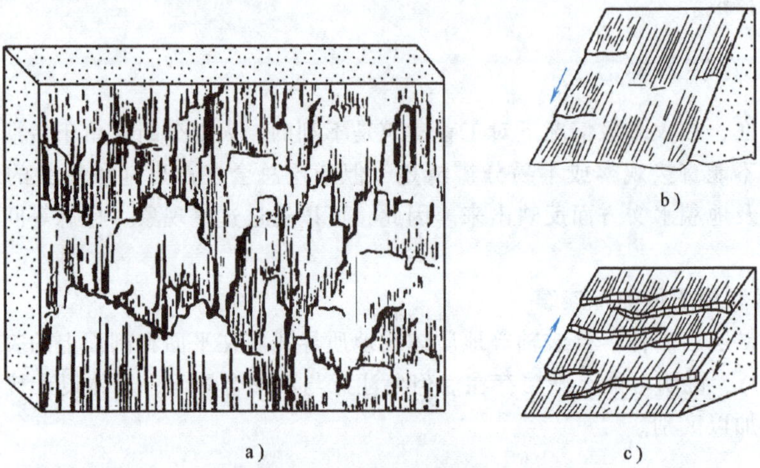


图3-32 断层的擦痕与阶步

a) 擦痕 b) 正阶步 c) 反阶步

(2) 牵引构造 牵引构造是断层两盘相对运动时，断层附近岩层因受断层面摩擦力拖曳发生弧形弯曲的现象（图3-33），突出的方向一般指示本盘的相对运动方向。

图3-33 断层带中的牵引褶皱及其指示的两盘滑动方向

(3) 断层岩 断层岩是断层带中因断层动力作用被破碎、研磨，有时甚至发生重结晶作用而形成的岩石，主要有断层角砾岩、碎裂岩和糜棱岩等。

**4. 地貌及水文标志**

较大规模的断层，在山前往往形成平直的陡崖，称为断层崖。断层崖如被沟谷切割，便形成一系列三角形的陡崖，称为断层三角面山（图3-34）。此外山脊、谷地的互相错开，洪积扇的错断与偏转，水系突然直角拐弯，串珠状分布的湖泊、洼地和带状分布的泉水等都是可能有断层存在的标志。

## 3.5.4 断层的形成时代

断层的形成时代可根据断层与地层的切割关系来确定。如果断层切过了一套地层，则断层的形成时代应晚于这套地层中最新的地层时代；当断层又被另一套地层所覆盖时，则断层

图 3-34　河南偃师五佛山断层形成的断层三角面山
（据马杏垣等，1981）

的形成时代要早于上覆地层中最老的地层时代。图 3-35 所示断层的形成年代应为二叠纪与三叠纪之交。

如果断层切割的一套地层之上，未见区域性不整合覆盖的较新地层时，那么可以利用其他的方法和标志来确定断层的活动时代。比如可以利用断层的相互切割关系及侵入岩体的关系来确定其形成年代。如果岩体、岩脉或矿脉充填在断层中，说明断层的形成年代要比这些充填物要早；若断层切割岩体、岩脉或矿体时，说明断层形成的年代比这些矿体要晚。

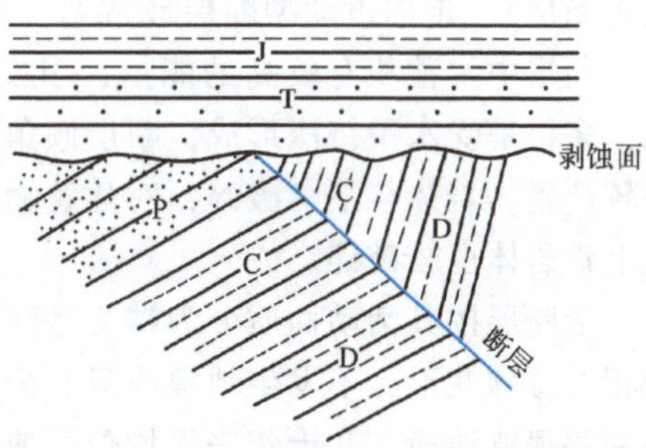


图 3-35　断层形成年代示意剖面图

确定上述的时代形成顺序后，再利用放射性同位素测定岩体的年龄，最终可确定断层的形成时代。

长期活动断层的下降盘一侧，一般厚度较大，且地层沉积连续完整；而在上升盘一侧，往往厚度较小，地层剖面不完整。所以，长期活动断层的发育时代，可根据上述断层两侧地层的差异得出。距今不远的现代断层常常保留了较好的地貌特征，故可以借助地貌学与第四纪地质学有关沉积和构造活动的标志来确定其形成时代。

## 3.5.5　断层的工程地质评价

作为不连续面的断层是影响岩体稳定性的重要因素。一方面，断层的存在破坏了岩体的完整性，特别是断层破碎带岩石强度低、压缩性高，建于其上的建筑物由于地基的较大沉陷而易开裂或倾斜。另一方面，断层对地下水、风化作用等外力地质作用往往起控制作用，可加速风化作用，增强地下水的活动性，促使岩溶发育，在施工过程中可能发生涌水事故。总之，断层对工程建设十分不利，对建筑物的稳定性产生不利影响

断层发育地区修建隧道最为不利。当隧道轴线与断层走向平行时，应尽量避开断层破碎带；而当隧道轴线与断层走向垂直时，为避免和减少危害，应预先考虑支护和加固措施。由于开挖隧道代价较高，为缩短其长度，往往将隧道选择在山体比较狭窄的鞍部通过。从地质角度考虑，这种部位往往是断层破碎带或软弱岩层发育部位，岩体稳定性差，属地质条件不利地段。此外，沿河各地段进行公路选线时也要特别注意与断层构造的关系。当线路与断层走向平行或交角较小时，路基开挖易引起边坡发生坍塌，影响公路施工和使用。

选择桥址时要注意查明桥基部位有无断层存在。一般当临山侧边坡发育有倾向桥基的断层时，易发生严重坍塌，甚至危及邻近工程基础的稳定性。

## 3.6 活断层

### 3.6.1 活断层的概念

活断层也称活动断裂，指现今仍在活动或者近期有过活动、不久的将来还可能活动的断层。其中后一种也叫潜在活断层。活断层可使岩层产生错动位移或发生地震，对工程建筑造成很大的甚至无法抗拒的危害。为了更好地评价活断层对工程建筑的影响，一般将工程使用期或寿命期内（一般为50~100年）可能影响和危害其安全的活断层叫工程活断层。

活断层按两盘错动方向分为走向滑动型断层（平移断层）和倾向滑动型断层（逆断层及正断层）。走向滑动型断层最常见，其特点是断层面陡倾或直立，平直延伸，部分规模很大，断层中常蓄积有较高的能量，引发高震级强烈地震。倾向滑动型断层以逆断层更为常见，多数是受水平挤压形成，断层倾角较缓，错动时由于上盘为主动盘，故上盘地表变形开裂较严重，岩体较下盘破碎，对建筑物危害较大。倾向滑动型的正断层的上盘也为主动盘，故上盘岩体也较破碎。

活断层按其活动性质分为蠕变型活断层和突发型活断层。蠕变型活断层是只有长期缓慢的相对位移变形，不发生地震或只有少数微弱地震的活断层。如美国圣·安德烈斯断层南部加利福尼亚地段，几十年来平均位移速率为10mm/a，没有较强的地震活动。突发型活断层错动位移是突然发生的，并同时伴发较强烈的地震。具体又分为两种情况，一种是断层错动引发地震的发震断层，另一种情况是因地震引起老断层错动或产生新的断层。如1976年唐山地震时，形成一条长8km的地表错断，NE30°的方向穿过市区，最大水平断距达1.63m，垂直断距达0.7m，错开了楼房、道路等一切建筑，如图3-36所示。

### 3.6.2 活断层的特征

#### 1. 活断层的继承性

活断层绝大多数都是继承老断裂活动的历史而继续发展的，而且现今发生地面断裂破坏的地段过去曾多次反复地发生过同样的断裂活动，这就是活断层的继承性。尤其是区域性的深大断裂更为多见。

新活动的部位通常只是沿老断裂的某个段落发生，或是某些段落活动强烈，另一些段落则不强烈。活动方式和方向相同也是继承性的一个显著特点。形成时代越新的断层，其继承性也越强，如晚更新世以来的构造运动引起断裂活动持续至今。

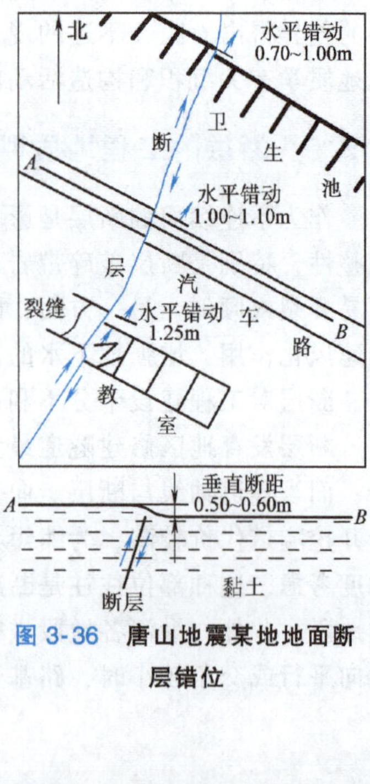


图3-36 唐山地震某地地面断层错位

#### 2. 活断层的活动方式

活断层的活动方式可以分为蠕滑和黏滑两种形式。蠕滑是一种连续的滑动过程，因其只发生较小的应力降，因而不可能有大地震相伴随。这种方式活动的断层仅伴有小震或无地震活动。黏滑活动则是断层发生快速错动，在突发快速错动前断层呈闭锁状态，往往没有明显的位移发生，在同一条断裂带的不同区段可以有不同的活动方式。黏滑运动的断层有时也会伴有小的蠕动，而大部分地段以蠕滑为主的断层，在其端部也会出现黏滑，产生大地震。

同一条活断层，在不同区段有时可见不同的活动方式，如突发型活断层有时会伴有小的蠕动，而有些活断层大部分地段以蠕动为主，在其端部会出现黏滑。

**3. 活断层的规模与活动速率**

断层的规模包括其长度和切割深度，它能反映其能量和破坏力。据邓起东等（1987）统计：我国 $M$（震级）≥8 级大震，有关断裂长度约超过 500km，有些超过 1000km；$M$=7~7.9级地震，有关断裂长度达 100km 以上；$M$=6~6.9 级地震，有关断裂长度>10km。通过地震观测得到的震源深度代表断层错动的位置，所以它小于断层切割深度。根据统计，大多数地震震源深度比沉积盖层厚度大（多数地区沉积盖层厚度为 3~5km）。$M$≥6 级地震震源深度都在地壳下部或震源深度都在 10km 以上，最深达 570km。

活断层的活动速率是断层活动性强弱的重要标志。活断层的活动方式不同，其错动速率有显著差异。蠕变型活断层错动速率大多相当缓慢，通常在年均不足 1mm 至数十 mm，而突发型活断层错动速度相当快，可达 0.5~1m/s。同一条活断层上的错动速率有显著差异，其断层错动速率也不均匀，如地震断层临震前速率可成倍剧增，而震后又趋缓，这一断层变形速率变化特征对地震预测有很大意义。

活断层的错动速率一般是通过精密地形测量（包括精密水准和三角测量）和研究第四纪沉积物年代及其错位量获得的。根据断层滑动速率，可将活断层分为活动强度不同的级别。

**4. 活断层重复活动的周期性**

地震断层两次突然错动之间的时间间隔，称为活断层的错动周期。由于活断层发生大地震的重复周期往往长达百年甚至数千年，已超出了地震记录的时间。因此要准确获得一些活断层上强震的重复时间间隔，必须加强史前古地震的研究。主要方法：一是利用地震时保存在近代沉积物中的地质证据以及地貌记录，来判定断层活动的次数和每次活动的时代；二是根据我国历史上发生的地震记录资料获取一些活断层活动周期。我国科学家利用古地震研究获得一些活动大断裂的强震重复周期，如新疆喀什河断裂为 2000~2500 年，云南红河断裂北段为 150±50 年，宁夏海原南西华山北麓断裂约 1600 年。

### 3.6.3　活断层的识别

**1. 地质标志**

地质标志是鉴别活断层的最可靠依据。主要标志有：

1）第四系（或近代）地层错动、断裂、褶皱、变形。

2）第四系堆积物中常见到小褶皱和小断层或被第四系以前的岩层所冲断。

3）沿断层可见河谷、阶地等地貌单元同时发生水平或垂直位移错断。

4）活断层内由松散的破碎物质所组成，且断层泥与破碎带多未胶结。

5）沿断裂带出现地震断层陡坎和地裂缝，断层面或断层崖壁见有擦痕。

6）第四纪火山锥或熔岩呈线状分布。

**2. 地貌标志**

一般而言，活断层的构造地貌比较清晰，许多方面的标志可作为鉴别依据。主要标志有：

1）地形变化差异大，如在两种截然不同的地貌单元（如山岭和平原之间）直线相接的部位，一侧为断陷区，另一侧为隆起区，二者的接触带往往是一条较大断裂。

2）山前的第四系堆积物厚度大，山前洪积扇特别高或特别低，呈线性排列，与山体不相称。

3）在山前形成陡坎山脚，常有狭长洼地和沼泽；或者显著出现连续的断层崖或断层三角面山。

4）断裂带有植物突然干枯死亡或生长特别罕见植物。

5）建（构）筑物、公路等工程地基发生倾斜和错开现象。

6）沿活动断裂带上滑坡、崩塌和泥石流等工程动力地质现象常呈线形密集分布。

7）山脊、河流阶地等突然发生明显错断或拐弯。

**3. 地震活动标志**

1）在断层带附近有现代地震、地面位移和地形变以及微震发生。

2）沿断层带有历史地震和现代地震震中分布，且震中呈有规律的线状分布。

**4. 水文与水文地质标志**

1）水系呈直线状、格子状展布，河流、河谷等突然发生明显错断或拐弯，呈折线状。

2）泉、地热异常带、湖泊和山间盆地成线状（或串珠状）分布，若为温泉，则水温和矿化度较高，有时植被呈线状发育。

**5. 地壳形变测量、地球物理和地球化学标志**

地壳形变测量就是对比同一地区、同一路线相同点位在不同时期测量结果。用这种方法可以确定断层两盘的相对位移。

地震波法等地球物理方法也是研究活断层的有效手段。特别是地震波法广泛应用于松散层中的隐伏断裂研究。

地球化学方法对了解地下断层带活动与否具有较高的灵敏度和分辨率。常用的方法是测量土壤中汞、氡气或氦气。当断层有新的活动表现时，这些气体便从地壳内部大量释放，这时分析测定它们的含量，即可判别断层带中气体的异常情况。

### 3.6.4 活断层评价

活断层因其未来具有活动的可能性，会以发震、错动或蠕动等方式对工程建设场地稳定性产生影响，所以活断层评价是区域稳定性评价的核心问题。活断层的蠕动及其伴生的地面变形，直接损害断层上及附近的建筑物。

我国学者罗国煜（1992）根据多年实践，认为应从活动性断裂中依据一系列指标划分出优势活动性断裂，并分为两类：一是区域优势活动性断裂，常以发震形式影响工程场地稳定性的断裂；二是场区优势活动性断裂，常以错动和蠕动等方式影响场地稳定性的断裂。

活断层评价一般需了解工程场地及其附近是否存在活断层，以及活断层的规模、产状特征，活断层活动时代（其中最晚一次活动的时代最为重要），活断层活动性质（黏滑、蠕滑）、活动方式（走滑、倾滑）、活动速率等特征；还要了解和评价断层地震危险性，即是否为发震断裂，其最大震级及复发周期。

活断层发震造成工程震害，就其原因和特点来看，主要有两方面：地震振动破坏和地面破坏。

**1. 地震振动破坏**

地震振动破坏程度取决于地震强度、场地条件和建筑物抗震性能。工程地质研究的重点是场地条件对工程的危害性。地震振动破坏取决于工程场地在未来地震造成的地表影响范围和程度。国内外地震灾害统计资料表明，场地地形地质条件会引起地震震害或烈度发生变化。地震震害与震级大小、场地条件和建筑物抗震性能三方面因素有关。工程地质着重研究场地条件对地震烈度的影响，又称为工程场地地震效应研究。主要反映在以下方面：

（1）地质构造条件　就稳定性而言，地块优于褶皱带，老褶皱带优于新褶皱带，隆起区优于凹陷区。非发震活断层往往形成高烈度异常区，而老断裂构造无加重震害趋势。

（2）地基特性　在震中距相同情况下，基岩上的建筑物比较安全。就土而言，土的成因有很大影响，抗震性能顺序是：洪积物>冲积物>海、湖沉积物及人工填土。软硬土层结构不同，烈度影响也不相同。硬土层在上部时，厚度越大震害越轻；软土层在上部时，厚度越大则震害越重。

（3）卓越周期　地震波在地基岩土体中传播，经过不同性质界面的多次反射将出现不同周期的地震波。当地震波的振动周期与场地岩土体的固有周期相近时，由于共振作用而使地震波的振幅得到放大，会使地表振动加强而出现最大峰值，此周期称为卓越周期。建筑物地基受地震冲击而振动，同时也引起建筑物振动。当二者振动周期相同或相近时就会引起共振，使建筑物振幅加大而遭受破坏。例如，地基土为巨厚冲积层时，高层建筑（自振周期较长）在远震时易遭受破坏，其原因就是共振。

（4）砂基液化　疏松的粉细砂土被水饱和后，在受到地震振动作用下，砂体达到液化状态，砂土层完全丧失抗剪强度和承载能力。

（5）孤立突出的地形会加剧震害，低洼沟谷会减弱震害。

（6）地下水埋藏越浅，地震烈度增加越大。

**2. 地面破坏**

地震往往在地面引起地裂缝及沿裂缝发生小错动。地面变形破坏是超过地震振动破坏的主要破坏类型。由于这种破坏位错量大并且是瞬时发生的，工程措施难以抵御它的破坏，所以要避开一段距离。即使是不发震的活断层，工程也应远离，更不能跨越其上，以防断层位移错动或蠕动，对工程造成影响。地裂缝按其成因主要有两类：

（1）构造地裂缝　可以指示深部发震断裂或蠕动断裂方向。构造成因地裂缝不受地形、土体性质和自然条件控制，延伸稳定，活动性强，规模大。在强地震区等现今构造活动带常常出现地裂缝。

（2）非构造地裂缝　与地基液化、抽取地下水等有关。

工程避开活断层和地震危险区，应从烈度衰减规律出发，即顺断层走向烈度衰减缓慢，而垂直时衰减快。所以工程布局应垂直活断层并离开一段距离。以下规定可供参考：地裂缝处每边要离开 100～200m，活断层要离开 1km，核电站 8km 范围内不允许有长 1.5km 的活断层。汤森鑫（1999）提出了重大工程（主要指一线工程）活动断裂安全距离，见表 3-1。

表 3-1 活动断裂安全距离

| 设防烈度 | 覆盖厚度 | 建筑安全距离 |
| --- | --- | --- |
| Ⅷ度~Ⅸ度 | >100~300m | 避开断裂交汇处及断裂破碎带,100~500m |
| | 覆盖薄或基岩出露 | 活动断裂窄,破碎带宽,岩体完整性差,300~800m |
| | | 有多条活动断裂,破碎带宽,岩体完整性差,1000~3000m |
| Ⅶ度 | 覆盖层厚>30m | 可不考虑活动断层在地震时发生断裂对工程的影响 |
| | ≤30m | 应避开活动断裂带进行工程建设 |

### 3.6.5 活断层区的建筑原则

在活断层区进行建筑时，必须在场址选择与建筑形式和结构等方面慎重地加以研究，以保证建筑物的安全可靠。

建筑物场址选择一般应尽可能避开活断层，特别是活动强烈、比较大的活断层。高坝和核电站等重要的永久性建筑物，失事的后果极为严重，更不能建设跨越在活断层上。铁路、桥梁、运河等线性工程必须跨越活断层时，也应尽量避开主断层。有的工程必需在活断层附近布置，建筑物则宜放在断层的下盘。

在活断层区的建筑物应采取与之相适应的建筑形式和结构措施。活断层上修建水坝时，不宜采用混凝土重力坝和拱坝，而应采用土石坝等散体堆填坝，而且坝体结构应是一种有相当厚的粗粒土过渡带的多种土质坝。建于活断层上的桥梁，也应采取相应的结构措施。

## 3.7 地质图

一个地区地质研究的成果，除用文字表达外，还必须用各种图件直观地加以反映。地质图就是其中最基本、最全面和系统地反映一个地区地质条件的一种图件。

地质图是把一个地区的各种地质现象，如地层、地质构造等，按一定比例缩小，用规定的符号、颜色和各种花纹、线条表示在地形图上的一种图件，是工程实践中需要搜集和研究的一项重要地质资料。地质图可以表示一个地区的岩性、地层顺序及时代、地质构造、矿产分布等内容，是指导地质工作的重要图件，同时地质图又是地质勘察工作的重要成果之一。要清楚地了解一个地区的地质情况，需要花费不少的时间和精力。通过对地质图的阅读和分析，可使我们具体了解一个地区的地质情况。这对我们研究路线的布局，指导工程建设的规划与设计，确定野外工程地质工作的重点等，都可以提供很好的帮助。因此，学会阅读和分析地质图的方法是很重要的。

### 3.7.1 地质图的种类

根据服务对象的规模及性质，地质图有基础地质图、经济地质图、勘探（察）工程编录图等三大类。

**1. 基础地质图**

基础地质图有普通地质图、构造地质图、第四纪地质图及基岩地质图等。

(1) 普通地质图　主要表示地层岩性和地质构造条件的地质图，习惯上简称地质图。

它是把出露在地表不同地质时代的地层分界线和主要构造线测绘在地形图上编制而成，并附以地质剖面图和地质柱状图。

（2）构造地质图 指用线条和符号，专门反映褶皱、断层等地质条件的图件。

（3）第四纪地质图 是根据第四纪沉积层的成因类型、岩性和生成时代、地貌成因类型和形态特征综合编制的图件。它主要反映第四纪松散沉积物的成因、年代、成分和分布情况。

（4）基岩地质图 是假想把第四纪松散沉积物“剥掉”，只反映第四纪以前基岩的时代、岩性和分布的图件。

**2. 经济地质图**

经济地质图有水文地质图、工程地质图、矿床地质图等。

（1）水文地质图 主要反映某一地区水文地质资料的图件，可分为岩层含水性图、地下水化学成分图、潜水等水位线图、综合水文地质图等类型。

（2）工程地质图 是在相应比例尺的地形图上综合表现各种工程地质条件的图件，为各种工程建筑专用的地质图。如房屋建筑工程地质图、水库坝址工程地质图、矿山工程地质图、铁路工程地质图、公路工程地质图、港口工程地质图、机场工程地质图等。此外，还可根据具体工程项目细分，如公路工程地质图可以分为路线工程地质图、工点工程地质图。工点工程地质图又可分为桥梁工程地质图、隧道工程地质图、站场工程地质图等。

（3）矿床地质图 又称为矿区地质图、矿床地形地质图，是详细表示矿床或矿区的地形、地层、岩浆岩、构造、矿体、矿化带等基本地质特征及相互关系的图件。其用途是说明矿床的赋存地质条件，作为布置勘探工作、评价矿床、进行矿山建设设计及生产的基本资料依据。同时标有探矿工程位置及物、化探工作成果的矿床地质图，称为矿床综合地质图。

**3. 勘探（察）工程编录图**

如钻孔柱状图及浅井、坑道、探槽等地质素描图等。

### 3.7.2 地质图的比例尺

比例尺是地质图上线段长度和相应地面线段的水平投影长度之比。也就是说，地质图的比例尺代表地质体在图上缩小的程度。大多数地质图是在地形图上绘制的。有地形等高线的地质图称为地形地质图。一般把 1∶10 万及以上比例尺，如 1∶20 万、1∶50 万、1∶100 万等，称为小比例尺地质图。它表现的范围大，所代表的地质现象随比例尺越小越简化。而采用 1∶10 万以下的，如 1∶10000、1∶5000、1∶2000 等比例尺的地质图称作大比例尺地质图。图的比例尺越大，所表现的内容越细致，越接近实际，但表现的地区范围相对越小。工程地质专用图件一般都选择大比例尺。比例尺在地质图上表示的方法有两种：一是用数字表示；另一种是用线段表示。

### 3.7.3 地质条件在地质图上的表示方法

地质图上反映的地质条件，常采用规定的各种符号和方法，综合表示在图幅中。各种地质条件的表示方法如下。

1）不同产状岩层界线的分布特征。岩层分界线在地质图上可表现为多种形状，其在地质图上的特征在 3.2 节已详细介绍过。其中，层状岩层在地质图上出现最多，且分界线规律性强，它的形状由岩层产状和地形之间的关系决定。

2）地质构造。岩层产状、褶皱、断层在地质图上的表示方法见表3-2。地质构造一般根据图表的图例符号识别。若没有图例符号，褶皱构造可根据岩层的新、老对称分布关系确定，断层可根据岩层分布的重复、缺失、中断、宽窄变化或错动等现象识别。

3）岩层接触关系。岩层接触关系在平面图中的反映特征与剖面图基本上是相同的。整合接触中各时代地层连续无缺，在地质图上的表现是上下相邻岩层的产状一致，岩层分界线彼此平行作带状分布。平行不整合接触在地质图上的表现特征除相邻岩层时代不连续外，其余与整合接触相同。角度不整合在地质图上表现为上下两套地层不连续，缺失了地层，而且上下岩层产状呈角度斜交。侵入接触表现为沉积岩层界线在侵入体出露处中断，但在侵入体两侧无错动，沉积接触表现为侵入体界线被沉积岩层覆盖切断。

**表3-2　地质构造的表示方法**

| 地质构造 | 岩层特征 | 表示方法 | 备注 |
|---|---|---|---|
| 褶皱 | 向斜 |  | |
| | 背斜 |  | |
| | 倒转向斜 | 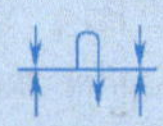 | |
| | 倒转背斜 | 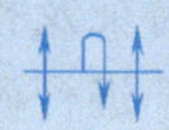 | |
| 断层 | 正断层 |  | 长线表示断层位置和断层面的走向，垂直长线带箭头短线表示岩层的倾向，数字表示倾角，不带箭头的短线表示该盘为下降盘 |
| | 逆断层 |  | |
| | 平移断层 |  | 平行于长线的箭头表示两盘的相对位移方向 |

## 本章小结

（1）使地壳改变形状或相对位置的动力地质作用称为构造运动，又称为地壳运动。构造运动有水平运动和垂直运动。构造运动的结果是使原始水平状态连续产出的岩层发生变形变位，其形成的形迹就是地质构造。褶皱、断层和节理是最基本的地质构造。

（2）岩层的产状要素包括走向、倾向和倾角。岩层层面或其他构造面与地面的交线为露头线（地质界线）。水平岩层露头线与地形等高线平行或重合。直立岩层露头线不受地形影响，呈直线沿走向延伸，倾斜岩层露头线呈“V”字形，其展布形式受地形坡向、坡角与岩层倾向、倾角控制。

（3）岩层之间的接触关系有整合、不整合、假整合三种。侵入体与其围岩间为侵入接触。侵入体形成后，地壳发生隆起上升，使侵入体遭受风化剥蚀并接受随后沉积而被沉积地层覆盖，这种接触关系称为沉积接触。

（4）岩层受力而发生的弯曲变形称为褶皱。褶皱要素有核、翼、轴面、枢纽等。根据褶皱形态和组成褶皱的地层可以将褶皱分为背斜和向斜两种基本类型；根据轴面产状分为直立褶皱、斜歪褶皱（两翼与轴面均向一个方向倾斜，即一翼侧转时为倒转褶皱）、平卧褶皱、翻卷褶皱；根据横剖面形态分为扇形褶皱、箱形褶皱、单斜；根据枢纽产状分为水平褶皱和倾伏褶皱；根据褶皱的平面形态分为线状褶皱、短轴褶皱、穹隆与构造盆地。不同大小级别的褶皱组合成巨大的复背斜和复向斜。

（5）褶皱的识别标志是在沿地层倾斜方向上地层为对称式重复。核部地层老、两翼新者为背斜；核部地层新、两翼老者为向斜。同一岩层沿走向发生转折时表明枢纽倾伏是倾伏褶皱。褶皱形成时代主要依据不整合分析，介于参加褶皱的最新地层与上覆未褶皱的最老地层之间。若有两个不整合接触关系，且两个不整合面均已褶皱，说明该地区至少发生过三次褶皱运动。

（6）褶皱核部是岩层强烈变形部位。断裂构造发育、岩体完整性差且地下水富水地段，易发生工程地质问题。两翼相对有利，但要注意顺层滑动和软弱夹层。褶皱的工程地质评价要考虑区域地质背景，以线状紧闭褶皱发育地区最易造成工程地质问题。

（7）节理是岩石中的裂隙。分布最广的是构造节理。张应力作用下产生张节理，其节理面粗糙、张开并绕砾石而过、间距大、产状不稳定。剪应力作用形成剪节理，其节理面紧闭、平直光滑并切割砾石、发育密集，常以共轭节理成对出现，延伸远、产状稳定。劈理是一种由裂面或潜在裂面将岩石按一定方向劈开成为平行密集的薄片或薄板的构造。

（8）根据节理产状与所在岩层产状或褶皱延伸方向的关系，将褶皱分成走向节理（或纵节理）、倾向节理（或横节理）、斜向节理（或斜节理）。与岩层面平行者称顺层节理。根据节理面的张开程度，将节理分为宽张节理、张开节理、微张节理和闭合节理；根据节理走向与所在褶皱的枢纽、主要断层走向或其他线状构造延伸方向的关系，将节理分为纵向节理、横向节理和斜节理。

（9）节理观测服务于岩体质量评价。观测内容有力学性质、充填物、粗糙度、节理密度、产状。通过制作节理玫瑰图得出数量优势节理。节理间距越小，岩体质量越低。

（10）断层的各个组成部分称为断层要素。断层要素包括断层面、断层线、断层盘及断距等。断层按其两盘相对运动分为正断层、逆断层、平移断层等基本类型。平移断层有左、右行之分。断层组合类型有阶梯状断层、地堑与地垒、叠瓦状构造。按断层走向与被断地层走向关系分为走向断层（纵断层）、倾向断层（横断层）、斜向断层（斜断层）和顺层断层。

（11）断层存在的证据有镜面、擦痕、阶步、反阶步、牵引构造、断层角砾岩、碎裂岩、断层泥、断层糜棱岩、地质体突然中断并错开之不连续现象、断层崖、断层三角面山、断层悬谷、泉水出露等。

（12）断层是影响岩体稳定性最重要的一种不连续面。道路选线、桥和隧道选址应尽量避开。优势断裂评价理论表明新断裂，活断裂，具数量和产状优势及平滑、充填物松软、富水的断裂都可能是对岩体稳定性起控制作用的优势结构面。

（13）活断层是目前正在活动或不远的将来即将活动的断层，因其在未来可能发震、错动或蠕动而对工程造成危害。一条活断层在不同时期或不同区段可能以蠕滑或黏滑的方式活动。地震震级与断层规模成正比。活动速率反映断层活动性。地质地貌、地壳形变测量、地球物理和地球化学标志是活断层判别标志和研究方法。地震效应是指地震引起的各种破坏现象，包括地震振动破坏和地面破坏两方面。

（14）地质图是通过图例和比例尺来反映一个地区地质条件的基本图件。褶皱、断层、地层接触关系、侵入岩等都有不同的表示方法。

## 习 题

1. 何谓地壳运动？地壳运动与地质构造有何关系？
2. 什么是岩层的产状？简述岩层产状三要素的定义及其表示方法。
3. 简述倾斜岩层在地表出露界线的展布规律。

4. 岩层之间有哪些接触关系？各自有什么特点和含义？
5. 简述褶皱的概念、类型及特征。
6. 如何在野外识别褶皱？
7. 列举节理的类型。
8. 节理野外观测的内容都有哪些？
9. 简述断层的概念，断层要素都有哪些？
10. 断层的类型及其特征都包含哪些内容？
11. 野外确定一条断层是否存在，可以通过哪些标志或现象来判别？
12. 简述褶皱构造及断裂构造对工程建设的影响。
13. 简述活断层的概念、特征。
14. 简述活断层对工程建筑有什么影响？
15. 活断层区工程选址的基本原则是什么？

## 参考文献

[1] 苏生瑞. 构造地质学［M］. 北京：地质出版社，2011.
[2] 刘志宏. 构造地质学［M］. 北京：地质出版社，2011.
[3] 徐开礼，朱志澄. 构造地质学［M］. 2版. 北京：地质出版社，1989.
[4] 南京大学地质系区域地质教研组. 构造地质学［M］. 南京：江苏人民出版社，1961.
[5] 郭颖. 构造地质学简明教程［M］. 武汉：中国地质大学出版社，1995.

# 岩土体的工程地质特性 第4章

**■学习要点**

- 掌握土与土体的概念，土的物质组成、结构和构造特征
- 掌握土的物理性质、水理性质、力学性质指标及其获取方法
- 熟悉土的分类体系，掌握不同岩土体野外鉴别与描述方法
- 熟悉一般土和特殊土的工程地质特征
- 了解岩石的物理力学性质，熟悉岩石与岩体、结构体与结构面的概念
- 熟悉岩体的结构特征，了解工程岩体分类及分级

**■重点概要**

- 岩土体的物质组成、结构和构造
- 岩土体的物理力学性质
- 岩土体的分类
- 特殊土的工程地质特征

**■相关知识链接**

- GB 50021—2001（2009 年版）《岩土工程勘察规范》
- GB/T 50218—2014《工程岩体分级标准》
- GB/T 50145—2007《土的工程分类标准》
- GB/T 50123—1999（2007 年版）《土工试验方法标准》
- GB/T 50007—2011《建筑地基基础设计规范》
- GB 50025—2004《湿陷性黄土地区建筑规范》
- GB 50086—2015《岩土锚杆与喷射混凝土支护工程技术规范》

## 4.1 概述

土是由各种不同成因类型的岩石经过风化、搬运、堆积而成的松散堆积物。由于形成土的母岩成分存在差异，以及经受各种不同的地质营力作用，松软土的成因类型、物质组成（粒度成分、矿物成分和化学成分）、结构构造（微观的矿物排列形式和肉眼看到的构造）以及物理—化学状态（干湿程度、密实程度、孔隙溶液成分及浓度以及 pH 值等）也不相同。一般情况下，土具有成层的特征，同一层内的物质组成、物理化学性状基本上是一致的，工程地质性质也大体相仿，即常称的“土层”。

土是土体的组成成分，土体是由一定土体材料组成，具有一定的土体结构，赋存于一定地质环境中的地质体。受沉积环境影响，土体并非是均匀连续的，在形成时伴随有层理的产

生，或在形成后经改造而形成有节理、裂缝等不连续面。它们切割土块，形成一定的结构体，使土体不连续和各向异性。因此，土体的特性除与土的性质有关外，还与不连续结构面在土体中的排列组合方式有关。作为地质体的一部分，土体总是赋存于一定的应力、水和气体环境中，环境中的应力和水或气体的赋存状态及其变化直接影响着土体的特性及其变化，对处于土体中的工程建筑有重大的影响。

与土一样，岩石是具有一定结构构造的矿物集合体，是天然地质作用的产物。然而岩石颗粒间往往具有较牢固的结晶联结或胶结联结，故除少数岩石强度较低、抗变形和抗水性较差外，大多数新鲜岩石都比较密实，空隙少而小，抗水性强，透水性弱，力学强度高。

岩体是在各种地质作用下形成的，具有一定的矿物成分和结构特征，赋存于一定地质环境之中的地质体。在野外岩石中见到的各种不同类型、不同方向的地质界面称为结构面，被结构面分割而成的大小不一、形状各异的岩石块体称为结构体。因此，岩体是结构面和结构体的地质综合体。岩体与岩石的显著区别在于岩体中包含若干个不连续的界面（结构面），结构面既是分割岩体的各种地质界面，也是岩体中力学性质的薄弱面（带），因此，岩体的强度在很大程度上取决于岩体中结构面的强度。一般情况下岩体强度远低于岩石强度，仅在少数情况下岩体强度才接近于岩石强度。此外，岩体中存在复杂的天然应力场，也会对岩体的力学性质造成影响。

世界上任何建筑物都是修建在地表或地表下一定深度范围的岩土体中，并以岩土体作为建筑结构、建筑材料或建筑环境，任何工程地质问题都是在地壳表层的岩土体中产生和演化的，岩土体的性质是决定工程活动与地质环境相互制约的形式和规模的根本条件。因此，研究岩土体的工程地质特性对工程稳定性评价具有十分重要的意义。

## 4.2 土的物质组成与结构构造

土是由固体土颗粒以及充填于土颗粒孔隙中的水和气体组成的，是由固、液、气三相物质组成的多相、分散、多孔的系统。固相部分主要是土粒，有时还有粒间的胶结物和有机质，构成土的骨架，是土的主要组成部分，主要是由大小不等、形状不同、成分不一的矿物颗粒和岩屑组成；液相部分为孔隙中的水及其溶解物；气相部分为空气和其他微量气体。三者相互联系，相互作用，共同影响着土的工程地质性质。

当土骨架之间的孔隙被水充满时，称其为饱和土。当土骨架间的孔隙不含水时，称其为干土。而当土的孔隙中既含有水，又有一定量的气体存在时，称其为非饱和土或湿土。有学者提出，非饱和土是由四相物质构成，第四相物质为气相物质与液相物质的界面，正是由于该相物质的存在，才使非饱和土具有了与饱和土或干土的本质差别。

### 4.2.1 土的固体颗粒

土的固体颗粒即土粒，构成了土的骨架。土颗粒的矿物成分、粒组及其颗粒级配影响土的工程地质性质。

**1. 土颗粒的矿物成分**

土是岩石风化的产物，土粒的矿物组成取决于成土母岩的矿物组成及其后的风化作用。不同矿物的性质是有差别的，所以由不同矿物组成的土的性质也不相同。土粒矿物成分可分为原生矿物、次生矿物和有机质三大类，各自特征见表 4-1。

表 4-1　土中矿物成分的类型

| 类型 | 成因及组成 | 土的工程性质 |
|---|---|---|
| 原生矿物 | 母岩经物理风化作用后残留的化学成分未发生变化的矿物。主要有石英、长石、角闪石、云母等 | 具有较强的抗水性和抗风化能力，亲水性弱 |
| 次生矿物 | 母岩经化学风化作用后形成的新矿物。主要有可溶性矿物（可溶盐）和不可溶性矿物（游离氧化物、矿物） | 不同含量的矿物对土的工程性质影响不同 |
| 有机质 | 动植物残骸在微生物的作用下分解形成。主要为腐殖质 | 高含水，高压缩，低强度 |

### 2. 土的粒径和粒组划分

天然土是由无数大小不一、形状各异的土粒组成。土粒的大小通常以平均直径表示，简称粒径，以“mm”为单位。为了便于研究土中各种大小土粒的相对含量，及其与土的工程地质性质的关系，有必要将工程地质性质相似的土粒归并成组，按其粒径的大小分为若干组别。工程上通常把大小相近、性质相似的土粒划分成若干组，这种组别称为粒组。

粒组划分的原则，首先是在一定的粒度变化范围内，其工程地质性质是相似的，超越了这个变化幅度就要引起质的变化；其次要考虑与目前粒度成分的测定技术相适应。在符合上述两原则的前提下，尚应服从一定的数学规律，便于记忆。根据 GB/T 50145—2007《土的工程分类标准》，将土粒划分为六个粒组：漂石（块石）、卵石（碎石）、砾粒、砂粒、粉粒、黏粒，见表 4-2。

土中各种不同粒径的粒组在土中的相对含量称为粒度成分。

表 4-2　土粒粒组划分

<table>
<tr><th colspan="3">粒组名称</th><th>粒径 d 范围/mm</th><th>一般特征</th></tr>
<tr><td rowspan="2">巨粒</td><td colspan="2">漂石（块石）</td><td>$d>200$</td><td rowspan="2">多为岩石碎块；透水性极强；无联结，无毛细水；压缩性极低，强度高</td></tr>
<tr><td colspan="2">卵石（碎石）</td><td>$60<d\leq 200$</td></tr>
<tr><td rowspan="6">粗粒</td><td rowspan="3">砾粒</td><td>粗砾</td><td>$20<d\leq 60$</td><td rowspan="3">多为岩石碎块；透水性强；无联结，毛细水上升高度微小；压缩性低，强度高</td></tr>
<tr><td>中砾</td><td>$5<d\leq 20$</td></tr>
<tr><td>细砾</td><td>$2<d\leq 5$</td></tr>
<tr><td rowspan="3">砂粒</td><td>粗砂</td><td>$0.5<d\leq 2$</td><td rowspan="3">主要为原生矿物颗粒；透水性较强；湿时粒间具弯液面力，干时无联结，毛细上升高度不大，随粒径减小而增大；压缩性弱，强度较高</td></tr>
<tr><td>中砂</td><td>$0.25<d\leq 0.5$</td></tr>
<tr><td>细砂</td><td>$0.075<d\leq 0.25$</td></tr>
<tr><td rowspan="2">细粒</td><td colspan="2">粉粒</td><td>$0.005<d\leq 0.075$</td><td>为原生矿物和次生矿物的混合体；透水性弱；湿时有黏性，遇水有膨胀，干时有收缩，毛细上升高度较大较快，极易出现冻胀现象；压缩性较高，强度较低</td></tr>
<tr><td colspan="2">黏粒</td><td>$d\leq 0.005$</td><td>主要由次生矿物组成；透水性极弱；具可塑性、胀缩性，毛细上升高度大，但速度较慢；压缩性较高，强度较低</td></tr>
</table>

注：公路系统黏粒的界限尺寸为 0.002mm。

### 3. 土的颗粒级配

以土中各粒组颗粒的相对含量（占颗粒总质量的百分数）表示的土中颗粒大小及组成

分布情况称为土的颗粒级配。对各种类型的土采用不同的方法分析，粗粒土采用筛分法，细粒土采用静水沉降法确定其颗粒级配。

土粒粒组分析试验结果常用土的颗粒级配累积曲线表示，其横坐标表示粒径（由于土粒粒径相差数百、数千倍以上，小颗粒土的含量又对土的性质影响较大，所以横坐标用对数表示）；纵坐标则用小于（或大于）某粒径颗粒的累积百分含量来表示。所得曲线称为颗粒级配曲线或颗粒级配累积曲线，如图 4-1 所示。

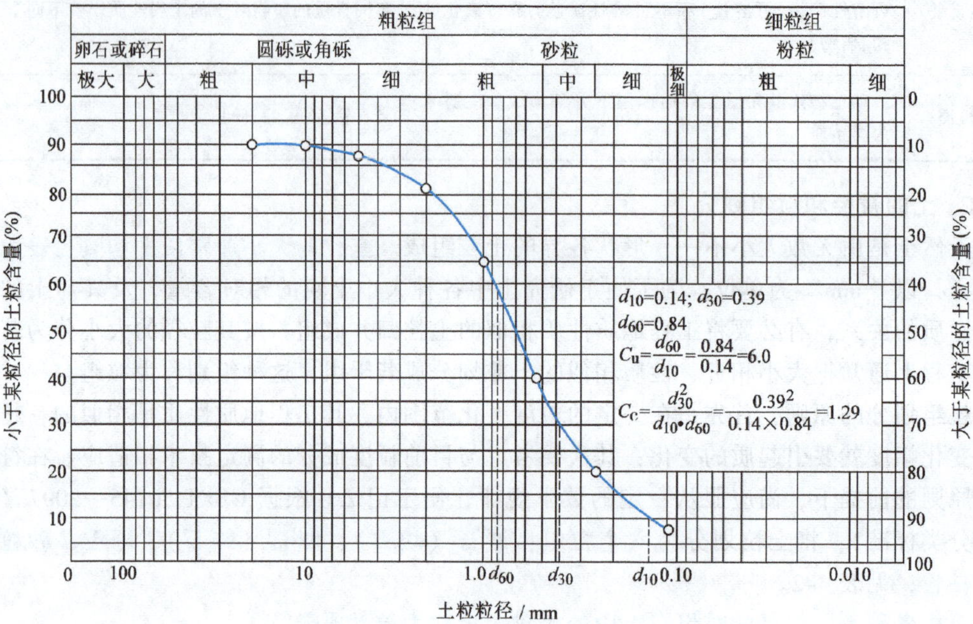


**图 4-1　土的颗粒级配曲线**

由级配曲线可以直观地判断土中各粒组的含量情况，如果曲线较陡，表示土粒集中分布在某一粒组，大小较均匀，该土级配不好；反之则表示土粒不均匀但级配良好。工程上常用土粒的不均匀系数 $C_u$ 来定量判断土的级配好坏。不均匀系数 $C_u$ 可表示如下

$$C_u=\frac{d_{60}}{d_{10}} \tag{4-1}$$

式中，$d_{60}$ 称为限制粒径，当土的颗粒级配曲线上小于某粒径的土粒相对累积含量为 60%时，该粒径即为 $d_{60}$；$d_{10}$ 称为有效粒径，当土的颗粒级配曲线上小于某粒径的土粒相对累积含量为 10%时，该粒径即为 $d_{10}$。

一般 $C_u<5$ 为均粒土，属级配不良土；$C_u>10$ 为级配良好的土；$C_u=5\sim10$ 为级配一般的土。

工程中也有以两个指标来判断土级配的情况，即对于纯净的砂、砾，当 $C_u\geqslant5$，且 $C_c=1\sim3$ 时，它是级配良好的，不能同时满足上述条件时，其级配是不好的。其中 $C_c$ 称为土的曲率系数，可表示为

$$C_c=\frac{d_{30}^2}{d_{10}\cdot d_{60}} \tag{4-2}$$

式中，$d_{30}$ 为土的颗粒级配曲线上小于某粒径的土粒相对累积含量为 30%时的粒径。

### 4.2.2　土中的水

在自然状态下，绝大多数环境中的土总是含水的。土中水的含量多少对土的性质有明显的影响，尤其对黏性土等细粒土的性质影响更大。根据土中水的储存部位将土体中的水分为矿物中的结合水及土空隙中的水。

矿物中的结合水因其存在形式、结合程度的差异，常分为结构水、结晶水和沸石水三种不同的类型。结构水是以 $OH^-$或 $H^+$的形式存于矿物晶格架中的固定位置上，是固体矿物的组成部分；结晶水是以水分子形式存在于土粒矿物结晶格架的固定位置上，具有一定数量；沸石水是以水分子形式存在于矿物晶胞之间，不定量。

在实际工程中，通常所说的水是指常温状态下的液态水即土孔隙中的水。按其所呈现的状态和性质及其对土的影响程度分为结合水和非结合水（自由水）。

**1. 结合水**

一般情况下，土粒的表面带有负电荷，在土粒周围形成电场，吸引水中的氢原子一端使其定向排列，形成围绕土颗粒的结合水膜（图 4-2），这部分水通常称为土粒表面结合水，简称结合水。土中的细小颗粒越多，结合水含量越大；越靠近土粒表面，水分子排列得越整齐，水的活动性也越小。因而常将结合水分为强结合水和弱结合水两种。

受颗粒电场力吸引，紧紧吸附于颗粒周围的结合水称为强结合水，也称为吸着水。强结合水的厚度小，没有溶解力，不能传递静水压力（固相），受外力作用时与土颗粒一起移动，具有很大的黏滞性、弹性和抗剪强度。黏性土中仅含有强结合水时呈坚硬状态；砂土仅含有强结合水时呈散粒状态。

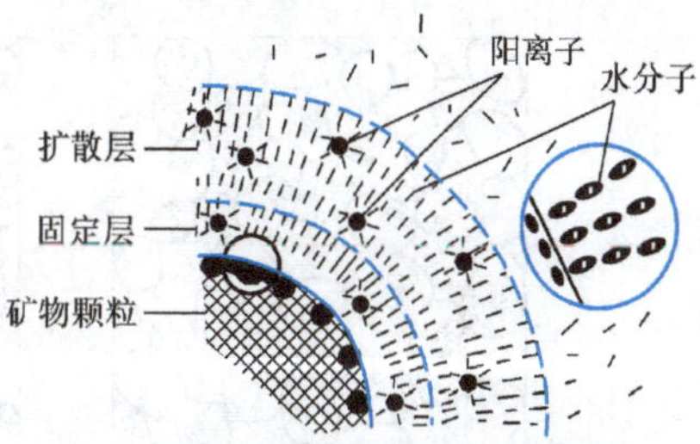

图 4-2　结合水分子定向排列

弱结合水是强结合水外围的结合水膜，也称薄膜水。弱结合水的厚度小，也不能传递静水压力，但能向邻近水膜更薄的土颗粒周围缓慢转移，这种运动和重力无关。黏性土中含有弱结合水时，具有可塑性。

**2. 非结合水**

非结合水指距土粒表面较远的水分子，几乎不受或完全不受土粒表面静电引力的影响，主要受重力控制，保持其自由活动的能力，也称为自由液态水（简称自由水）。典型的代表是重力水。位于重力水和结合水之间的过渡类型水称为毛细水。

重力水是存在于地下水位以下含水层中的土中自由水，也称地下水。重力水在自身重力作用下能在土体中产生渗流，对土粒及置于其中的结构物都有浮力作用。重力水能传递静水压力，主要存在于土中较大的孔隙中。

毛细水是存在于土中细小的孔隙中，因与土颗粒的分子引力和水与空气界面的表面张力共同作用构成的毛细作用而与土颗粒结合，毛细水主要存在于砂土中，对建筑物地下结构的防潮、地基土的浸湿、冻胀等有重要影响。

### 4.2.3　土中的气体

土中的气体主要为空气和水汽，对土体的工程地质性质影响较小，它能影响土体的强度和变形。

土中的气体主要以两种状态存在，即自由气体和封闭气泡。自由气体与大气完全相通，容易逸出，对工程的影响不大；封闭气泡减小土体渗透性，增加弹性，延缓土体变形随时间的发展过程。

### 4.2.4 土的结构和构造

**1. 土的结构**

土的结构一般是指组成土的基本单元体和结构单元体的大小、形状、表面特征、定量比例关系、各结构单元体在空间的排列状况及其结构联结特征和孔隙特征的总称。它是在成土过程中逐渐形成的，与土的矿物成分、颗粒形状和沉积条件等有关，对土的工程性质有重要影响。土的结构一般分为单粒结构和集粒结构两种基本类型，如图4-3所示。

（1）单粒结构　土在沉积过程中，较粗的岩屑和矿物颗粒在自重作用下沉落，每个土粒都为已经下沉稳定的颗粒所支承，各土粒相互依靠重叠，构成单粒结构。其特点是土粒间为点接触，或较密实，或疏松。疏松状态的单粒结构土在外荷载作用下，特别是在振动荷载作用下会使土粒移向更稳定的位置而变得比较密实。密实状态的单粒结构土压缩性小、强度大，是良好的地基地层。

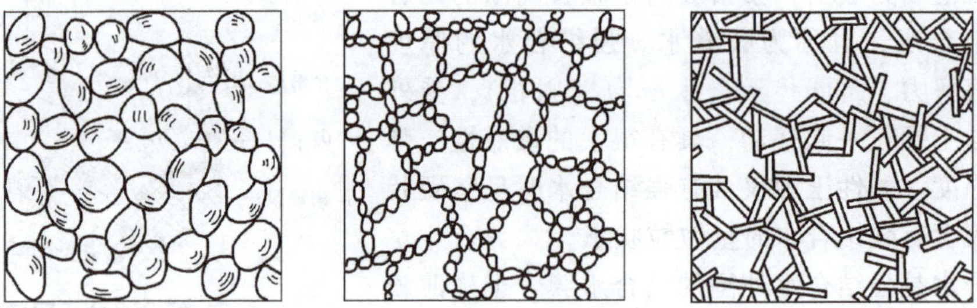

a）　　b）　　c）

图4-3　土的结构

a）单粒结构　b）蜂窝结构　c）絮状结构

（2）集粒结构　组成集粒的颗粒细小，具有胶体特性，比表面能很大，因此在水中沉积时，一般不以单粒的形式沉积，而是凝聚成较复杂的集合体——集粒沉积。这种集合体以多种形式相互联结，形成各具特色的细粒土的微观结构。根据不同成因、不同物质组成和不同的形态特征分为蜂窝状结构、絮凝状结构、骨架状结构、磁畴状结构、海绵状结构等结构类型。

1）蜂窝结构（图4-3b）。主要由粉粒组成的土的典型结构形式。较细的土粒在自重作用下沉落时，碰到别的正在下沉或已经下沉的土粒，由于土粒细而轻，粒间接触点处的引力阻止了土粒的继续下沉，土粒被吸引着不再改变其相对位置，逐渐形成了链环状单元；很多这样的单元联结起来，就形成了孔隙较大的蜂窝状结构。蜂窝结构的土中，单个孔隙的体积一般远大于土粒本身的尺寸，孔隙的总体积也较大，沉积后如果未曾受到较大的上覆土压力作用，做地基时会产生较大的沉降。

2）絮状结构（图4-3c）。微小的黏粒主要由针状或片状的黏土矿物颗粒组成，土粒的尺寸极小，重量也极轻，靠自身重量在水中下沉时，沉降速度极为缓慢，且有些更细小的颗粒已具备了胶粒特性，悬浮于水中做分子热运动；当悬浮液发生电解时（如河流入海时，水离子含量增大），土粒表面的弱结合水厚度减薄，运动着的黏粒相互聚合（两个土颗粒在界面上共用部分结合水），以面对边或面对角接触，并凝聚成絮状物下沉，形成絮状结构。在河流下游的静水环境中，细菌作用时形成的菌胶团也可使水中的悬浮颗粒发生絮凝而沉淀。所以絮状结构又被称为絮凝结构。絮状结构的土中有很大的孔隙，总孔隙体积比蜂窝结构的更大，土体一般十分松软。

**2. 土的构造**

土的构造是指土体中物质成分、颗粒大小、结构形式等都相近的各部分土的集合体之间的相互关系特征。土最重要的构造特征是其层理构造，此外还有结核构造、砂类土的分散构造，以及黏性土的裂隙构造，各种构造特征都造成了土的不均匀性。

## 4.3　土的物理力学性质

作为自然界中多相体系的土，其性质是千变万化的。在工程实践中，有重要意义的是固液气三相的比例关系、相互作用以及在外力作用下表现出来的一系列性质，即土的物理性质和力学性质。

土中的三相物质本来是交错分布的，为了便于解析和阐述，将其三相物质抽象地分别集合在一起，构成一种理想的三相图，如图 4-4 所示。图中符号的意义如下：

$m_s$——土粒质量；

$m_w$——土中水的质量；

$m_a$——空气的质量，$m_a \approx 0$；

$m$——土的总质量，$m = m_s + m_w$；

$V_s$——土粒体积；

$V_w$——土中水的体积；

$V_a$——土中气体的体积；

$V_v$——土中孔隙的体积，$V_v = V_a + V_w$；

$V$——土的总体积，$V = V_v + V_s$。

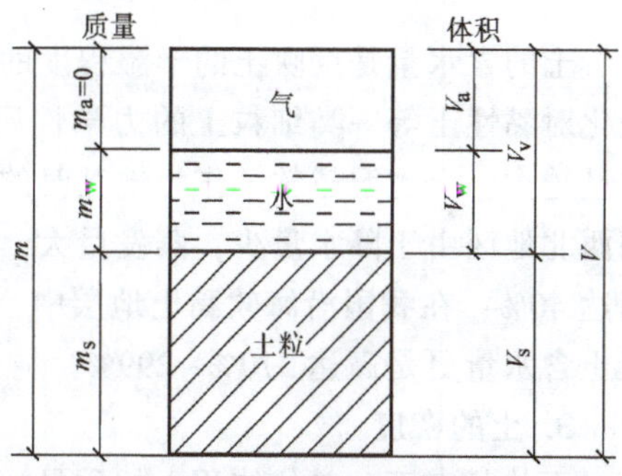


图 4-4　土的三相组成

土的三相比例指标很多，其中 3 个指标是由试验实测得来，称为土的实测物理性质指标，其余各指标皆可由这 3 项实测指标换算求得。

### 4.3.1　土的实测物理性质指标

土的实测物理性质指标有土粒密度 $\rho_s$、土的含水量 $w$ 和土的密度 $\rho$，其中，土粒密度 $\rho_s$，用比重瓶法进行测定；土的含水量 $w$ 一般用烘干法测定，现场可用炒土法测定，当工程急需时，还可用烧土法进行测定；土的密度 $\rho$ 一般用环刀法测定。具体测试方法可参见有关的土工试验规程。

**1. 土粒密度**

土粒密度是指土颗粒质量 $m_s$ 与其体积 $V_s$ 之比，即土粒单位体积的质量，以下式表示

$$\rho_s=\frac{m_s}{V_s} \tag{4-3}$$

土粒密度仅与组成土粒的矿物密度有关，是土中各种矿物密度的加权平均值。它的数值一般为2.60~2.80g/cm³；土中有机质含量增大时，土粒密度明显减小。由于同类土的土粒密度变化幅度很小，加之土粒密度的测试方法要求高，容易出现测试误差，所以工程中常按地区经验来选取土粒密度，表4-3可供参考。

表4-3　土粒密度参考值

| 土的名称 | 砂　土 | 粉　土 | 黏性土 | |
|---|---|---|---|---|
| | | | 粉质黏土 | 黏　土 |
| 土粒密度/(g/cm³) | 2.65~2.69 | 2.70~2.71 | 2.72~2.73 | 2.74~2.76 |

工程中也常使用土粒相对密度概念，它是指土粒的质量与一个标准大气压下(101.325kPa)同体积4℃的纯水质量之比，即

$$d_s=\frac{m_s}{V_s\rho_w}=\frac{\rho_s}{\rho_w} \tag{4-4}$$

**2. 土的含水量**

土中所含水分的质量与固体土颗粒质量之比，称为土的含水量，通常用百分比表示，即

$$w=\frac{m_w}{m_s}\times100\% \tag{4-5}$$

土的含水量是反映土的干湿程度的指标之一，它表明土体中水分的含量多少。含水量的变化对黏性土等一类细粒土的力学性质有很大影响，一般说来，同一类土（细粒土）的含水量越大，土越湿越软，作为地基时的承载能力越低。天然土体的含水量变化范围很大，我国西北地区由于降水量少，蒸发量大，沙漠表面的干砂含水量为零；而饱和的砂土含水量可高达40%；在我国沿海软黏土地层中，土的含水量可高达60%~70%，云南某地的淤泥和泥炭土含水量更是高达270%~299%。

**3. 土的密度**

天然状态下，单位体积土的质量（包含土体颗粒的质量和孔隙水的质量，气体的质量一般忽略不计）称为土的密度，即

$$\rho=\frac{m}{V} \tag{4-6}$$

天然状态下，土的密度变化范围较大，这除与土的紧密程度有关外，还与土中含水量的多少有关。一般情况下，土密度的变化范围为1.6~2.2g/cm³；腐殖土的密度较小，常为1.5~1.7g/cm³甚至更小（前述云南某地的淤泥最小密度为1.1~1.2g/cm³）。

### 4.3.2 土的物理性质换算指标

**1. 土的孔隙比 $e$ 和孔隙率 $n$**

土的孔隙比是土体中的孔隙体积与土粒体积之比，即

$$e=\frac{V_v}{V_s} \tag{4-7}$$

土的孔隙率又称为土的孔隙度，是指土中孔隙体积与土的总体积比值的百分比，即

$$n=\frac{V_v}{V}\times100\% \tag{4-8}$$

土的孔隙比是土体的一个重要物理性质指标，可以用来评价土体的压缩特性，一般 $e<0.6$ 的土是密实的低压缩性土；$e>1.0$ 的土是疏松的高压缩性土。

孔隙率和孔隙比都是用以反映土中孔隙含量多少的物理量，但孔隙率直观也容易被人们接受。但若要进行土的变形分析，土体孔隙的体积会随作用力的变化而发生改变，土的总体积也随之发生变化，用孔隙率 $n$ 进行受力前后的孔隙对比就显得有些困难，而用分母固定的孔隙比 $e$ 就要方便得多，这就是工程变形计算中常用孔隙比而很少用到孔隙率的原因。

**2. 土的饱和度 $S_r$**

土中被水所充填的孔隙体积与孔隙总体积比值的百分比称为土的饱和度，用符号 $S_r$ 表示。其表达式为

$$S_r=\frac{V_w}{V_v}\times100\% \tag{4-9}$$

土的饱和度是反映土体含水情况的物理性质指标，是反映土体中孔隙被水所充填的程度，而含水量反映的是土体中液态水的含量多少。

饱和度主要用来评价砂土的饱水程度。细粒土由于结合水膜厚度的变化，将引起土体积的膨胀或收缩，由此改变了土中孔隙的体积，因此细粒土通常不按饱和度评价其饱水程度。根据饱和度大小，砂性土可分为稍湿（$S_r\leqslant50\%$）、很湿（$50\%<S_r\leqslant80\%$）与饱和（$S_r>80\%$）三种湿度状态。

**3. 土的其他密度指标**

土的干密度是指单位体积土体中固体土颗粒的质量，也可将其理解为单位体积的干土质量，用符号 $\rho_d$ 表示，表达式为

$$\rho_d=\frac{m_s}{V} \tag{4-10}$$

土的饱和密度是指单位体积的饱和土体（$S_r=100\%$）质量，用符号 $\rho_{sat}$ 表示，表达式为

$$\rho_{sat}=\frac{m_s+V_v\rho_w}{V} \tag{4-11}$$

式中，$\rho_w$ 为水的密度，实用上取 $\rho_w=\rho_{w1}=1\text{g/cm}^3$。

土的浮密度也称为土的有效密度，是指单位体积土体中土颗粒质量与同体积的水质量的差值，用符号 $\rho'$ 表示，表达式为

$$\rho'=\frac{m_s-V_s\rho_w}{V} \tag{4-12}$$

同一种土在体积不变的条件下，各密度指标有如下关系

$$\rho'<\rho_d\leqslant\rho\leqslant\rho_{sat} \tag{4-13}$$

当天然土体处于绝对干燥状态时 $\rho=\rho_d$，而当天然土体处于完全饱和状态时 $\rho=\rho_{sat}$。

**4. 土的各重度指标**

在土的自重应力分析中必须涉及土的重力密度（即土的重度）。土的各重度指标为土的

各相应密度指标与重力加速度的乘积，即 $\gamma'=\rho' g$、$\gamma_d=\rho_d g$、$\gamma=\rho g$、$\gamma_{sat}=\rho_{sat} g$，它们分别称为土的浮重度（也称土的有效重度）、干重度、重度（或土的天然重度）、饱和重度，单位都为 $kN/m^3$。工程实用上重力加速度取 $g=10m/s^2$，水的重度取 $10kN/m^3$。

### 4.3.3 土的物理性质指标换算

如上所述，土粒相对密度、土的含水量和土的密度是土的实测物理性质指标，其余各指标均为换算指标，即土的换算指标可以由其实测指标通过数学推演而获得。

**1. 孔隙比 $e$ 和孔隙率 $n$ 的换算**

由定义式（4-3）~式（4-6）可得

$$\rho=\frac{m}{V}=\frac{m_s+m_w}{V}=\frac{m_s(1+w)}{V}=\frac{V_s d_s \rho_w(1+w)}{V_s+V_v}=\frac{d_s(1+w)\rho_w}{1+e} \tag{4-14}$$

取 $\rho_w=\rho_{w1}$，并进行整理可得

$$e=\frac{d_s(1+w)\rho_w}{\rho}-1 \tag{4-15}$$

由式（4-6）、式（4-7）可得

$$n=\frac{V_v}{V}=\frac{e}{1+e} \tag{4-16}$$

**2. 干密度 $\rho_d$ 的换算**

根据土的干密度定义式（4-9）并引入式（4-3）及式（4-6）可得（以下换算中认为 $e$ 已知）

$$\rho_d=\frac{m_s}{V}=\frac{V_s d_s \rho_w}{V_s+V_v}=\frac{d_s\rho_w}{1+e} \tag{4-17}$$

对上式进行变换可得

$$\rho_d=\frac{d_s\rho_w}{1+e}=\frac{d_s(1+w)\rho_w}{1+e}\cdot\frac{1}{(1+w)}=\frac{\rho}{1+w} \tag{4-18}$$

**3. 饱和密度 $\rho_{sat}$ 的换算**

根据土的饱和密度定义式（4-10）并引入式（4-3）及式（4-6）可得

$$\rho_{sat}=\frac{m_s+V_v\rho_w}{V}=\frac{V_s d_s\rho_w+V_v\rho_w}{V_s+V_v}=\frac{(d_s+e)\rho_w}{1+e} \tag{4-19}$$

**4. 浮密度 $\rho'$ 的换算**

$$\rho'=\frac{m_s-V_s\rho_w}{V}=\frac{V_s d_s\rho_w-V_s\rho_w}{V_s+V_v}=\frac{(d_s-1)\rho_w}{1+e} \tag{4-20}$$

将式（4-17）和式（4-18）比较可得

$$\rho_{sat}=\frac{(d_s+e)\rho_w}{1+e}=\frac{(d_s-1)\rho_w}{1+e}+\frac{(1+e)\rho_w}{1+e}=\rho'+\rho_w \tag{4-21}$$

**5. 饱和度 $S_r$ 的换算**

由定义式（4-8）、式（4-3）、式（4-6）可得

$$S_r=\frac{V_w}{V_v}=\frac{m_w}{\rho_w V_v}=\frac{w d_s\rho_w}{e\rho_w}=\frac{d_s w}{e} \tag{4-22}$$

### 6. 孔隙率 $n$ 的换算

土的三相比例指标间的换算公式见表 4-4。

表 4-4　土的三相比例指标换算公式

| 名称 | 符号 | 三相比例表达式 | 常用换算公式 | 单位 | 常见的数值范围 |
|---|---|---|---|---|---|
| 土粒相对密度 | $d_s$ | $d_s=\frac{m_s}{V_s\rho_w}$ | $d_s=\frac{S_r e}{w}$ | | 黏性土:2.72~2.75<br>粉土:2.70~2.71<br>砂类土:2.65~2.69 |
| 含水量 | $w$ | $w=\frac{m_w}{m_s}\times100\%$ | $w=\frac{S_r e}{d_s}, w=\frac{\rho}{\rho_d}-1$ | | 20%~60% |
| 密度 | $\rho$ | $\rho=\frac{m}{V}$ | $\rho=\rho_d(1+w)$<br>$\rho=\frac{d_s(1+w)}{1+e}\rho_w$ | g/cm$^3$ | 1.6~2.0 |
| 干密度 | $\rho_d$ | $\rho_d=\frac{m_s}{V}$ | $\rho_d=\frac{\rho}{1+w}$,<br>$\rho_d=\frac{d_s}{1+e}\rho_w$ | g/cm$^3$ | 1.3~1.8 |
| 饱和密度 | $\rho_{sat}$ | $\rho_{sat}=\frac{m_s+V_v\rho_w}{V}$ | $\rho_{sat}=\frac{d_s+e}{1+e}\rho_w$ | g/cm$^3$ | 1.8~2.3 |
| 浮密度 | $\rho'$ | $\rho'=\frac{m_s-V_v\rho_w}{V}$ | $\rho'=\rho_{sat}-\rho_w$<br>$\rho'=\frac{d_s-1}{1+e}\rho_w$ | g/cm$^3$ | 0.8~1.3 |
| 重度 | $\gamma$ | $\rho=\frac{m}{V}$ | $\gamma=\frac{d_s(1+w)}{1+e}\gamma_w$ | kN/m$^3$ | 16~20 |
| 干重度 | $\gamma_d$ | $\gamma_d=\frac{m_s}{V}\cdot g=\rho\cdot g$ | $\gamma_d=\frac{d_s}{1+e}\gamma_w$ | kN/m$^3$ | 13~18 |
| 饱和重度 | $\gamma_{sat}$ | $\gamma_{sat}=\frac{m_s+V_v\rho_w}{V}g=\rho_{sat}\cdot g$ | $\gamma_{sat}=\frac{d_s+e}{1+e}\gamma_w$ | kN/m$^3$ | 18~23 |
| 浮重度 | $\gamma'$ | $\gamma'=\frac{m_s-V_s\rho_w}{V}g=\rho'\cdot g$ | $\gamma'=\frac{d_s-1}{1+e}\gamma_w$ | kN/m$^3$ | 8~13 |
| 孔隙比 | $e$ | $e=\frac{V_v}{V_s}$ | $e=\frac{d_s\rho_w}{\rho_d}-1$<br>$e=\frac{d_s(1+w)\rho_w}{\rho}-1$ | | 黏性土和粉土:<br>0.40~1.20<br>砂类土:0.30~0.90 |
| 孔隙率 | $n$ | $n=\frac{V_v}{V}\times100\%$ | $n=\frac{e}{1+e}$,<br>$n=1-\frac{\rho_d}{d_s\rho_w}$ | | 黏性土和粉土:<br>30%~60%<br>砂类土:25%~45% |
| 饱和度 | $S_r$ | $S_r=\frac{V_w}{V_v}\times100\%$ | $S_r=\frac{wd_s}{e}=\frac{w\rho_d}{n\rho_w}$ | | 0~100% |

**例 4-1**　某一原状土样，经试验测得的基本指标值如下，密度 $\rho=1.67$ g/cm$^3$，含水量 12.9%，土粒相对密度 2.67。试求孔隙比 $e$、孔隙率 $n$、饱和度 $S_r$、干密度 $\rho_d$、饱和密度 $\rho_{sat}$ 以及浮密度 $\rho'$。

【解】
$$e=\frac{d_s(1+w)\rho_w}{\rho}-1=\frac{2.67(1+0.129)}{1.67}-1=0.805$$

$$n=\frac{e}{1+e}=\frac{0.805}{1+0.805}=44.6\%$$

$$S_r=\frac{wd_s}{e}=\frac{0.129\times2.67}{0.805}=43\%$$

$$\rho_d=\frac{\rho}{1+w}=\frac{1.67}{1+0.129}\mathrm{g/cm^3}=1.48\mathrm{g/cm^3}$$

$$\rho_{sat}=\frac{(d_s+e)\rho_w}{1+e}=\frac{2.67+0.805}{1+0.805}\mathrm{g/cm^3}=1.93\mathrm{g/cm^3}$$

$$\rho'=\rho_{sat}-\rho_w=(1.93-1)\mathrm{g/cm^3}=0.93\mathrm{g/cm^3}$$

**例 4-2** 某场地土的土粒相对密度 $d_s=2.70$，孔隙比 $e=0.9$，饱和度 $S_r=0.35$，若保持土体积不变，将其饱和度提高到 0.85，每 $1\mathrm{m^3}$ 的土应加多少水？

【解】 由 $S_r=\frac{wd_s}{e}$得

加水前土体含水量 $$w_1=\frac{S_{r1}e}{d_s}=\frac{0.35\times0.9}{2.7}=11.7\%$$

加水后土体含水量 $$w_2=\frac{S_{r2}e}{d_s}=\frac{0.85\times0.9}{2.7}=28.3\%$$

根据 $\rho=\frac{d_s(1+w)\ \rho_w}{1+e}$，得

加水前土体密度

$$\rho_1=\frac{d_s(1+w_1)\rho_w}{1+e}=\frac{2.70\times(1+0.117)\times1\times10^3}{1+0.9}\mathrm{kg/m^3}=1.59\times10^3\mathrm{kg/m^3}$$

加水后土体密度

$$\rho_2=\frac{d_s(1+w_2)\rho_w}{1+e}=\frac{2.70\times(1+0.283)\times1\times10^3}{1+0.9}\mathrm{kg/m^3}=1.82\times10^3\mathrm{kg/m^3}$$

加水前后土体密度变化即为加水量，则每 $1\mathrm{m^3}$ 的土应加水量 $m_w$ 为

$$m_w=\rho_2-\rho_1=(1.82\times10^3-1.59\times10^3)\times1\mathrm{kg}=230\mathrm{kg}$$

### 4.3.4 黏性土的水理性质

黏性土是指具有黏聚力的所有细粒土，包括粉土、粉质黏土和黏土。工程实践表明，黏性土的含水量对其工程性质影响极大。当黏性土的含水量小于某一限度时，结合水膜变得很薄，土颗粒靠得很近，土颗粒间黏结力很强，土就处于坚硬的固态；含水量增大到某一限度值时，随着结合水膜的增厚，土颗粒间联结力减弱，颗粒距离变大，土从固态变为半固态；含水量再增大，结合水膜进一步增厚，土就进入了可塑状态；再进一步增加含水量，土中开始出现自由水，自由水的存在进一步减弱了颗粒间的联结能力，当土中自由水含量增大到一定程度后，土颗粒间的联结力丧失，土就进入了流动状态。

前述土的含水状况指标 $w$ 和 $S_r$ 虽能反映土体中含水量的多少和孔隙的饱和程度，却无法很好反映土体随含水量的增加从固态到半固态、从半固态到可塑状态、再从可塑状态最终进入流动状态（或称流塑状态）的物理特征变化过程，因此有必要引入界限含水量的概念以确定土的含水状态特征。

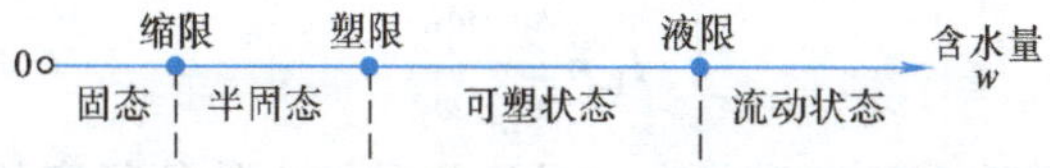


图 4-5　黏性土的界限含水力量及含水状态特征

**1. 土的界限含水量与含水状态特征**

稠度是指细粒土因含水率的变化而表现出的各种不同物理状态（图 4-5）。土的不同稠度状态表明了由于含水量不同，土粒相对活动的难易程度或土粒间的连接强度。

土的界限含水量是指土由一种稠度状态过渡到另一种稠度状态时含水量的界限值，包括液限、塑限和缩限。

液限 $w_L$是指土的流动状态与可塑状态的界限含水量，多用锥式液限仪测定（图 4-6），也可用碟式液限仪测定（图 4-7）。

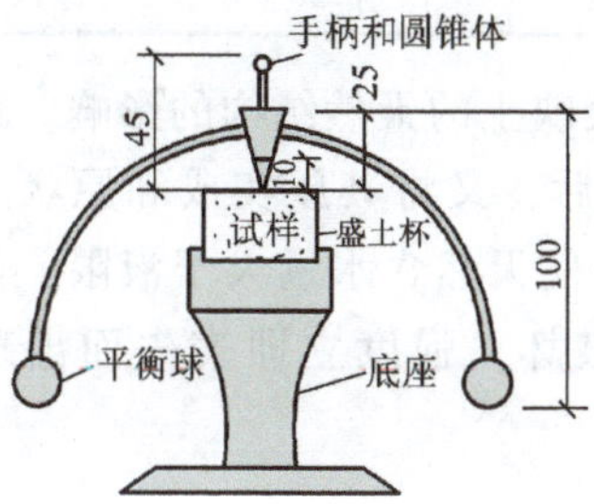


图 4-6　锥式液限仪

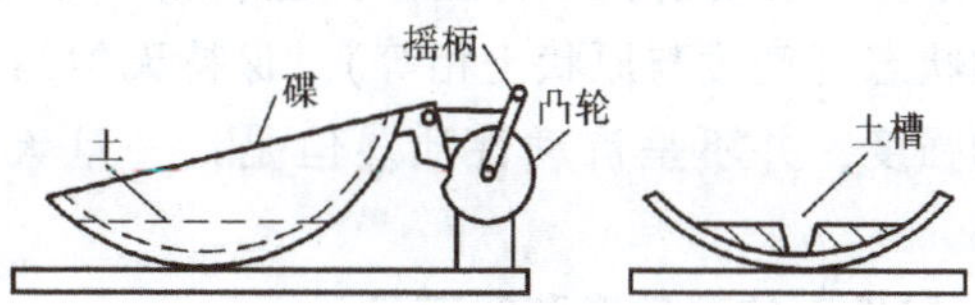


图 4-7　碟式液限仪

塑限 $w_p$ 指土的可塑状态与半固态的界限含水量，常用搓条法测定。

缩限 $w_s$是土体的固态和半固态的界限含水量。

塑限 $w_p$ 和液限 $w_L$是决定土工程性质的两个重要的界限含水量。当土的含水量在塑限和液限范围内时，土处于塑态稠度，具有可塑性。可塑性的高低可以由塑限 $w_p$ 和液限 $w_L$ 这两个界限含水量的差值大小来反映，二者差值越大，意味着细粒土处于塑态的含水量变化范围大，可塑性越高，反之两者差值越小，土的可塑性越低。

细粒土稠度状态的变化，是由土中含水量增减引起的，其实质是由于土颗粒周围结合水厚度或者扩散层厚度发生了变化，使土粒间连接强度发生变化所致。

获知某种黏性土的界限含水量后，可根据其实际含水量的大小确定其所具有的含水状态特征。但对于颗粒组成不同的黏性土，在含水量相同时，其软硬程度却未必相同，因为不同土的可塑状态含水量范围各不相同，为了表述不同土的上述差异，引入了土的塑性指数和液性指数的概念。

**2. 黏性土的塑性指数和液性指数**

塑性指数是液限和塑限的差值，应用时通常去掉百分号，用符号 $I_P$表示，其数学表达式为

$$I_P = w_L - w_P \tag{4-23}$$

塑性指数用以判定黏性土可塑性的强弱。黏性土可塑性的强弱主要取决于土中黏粒含量和黏粒矿物的亲水程度。土中黏粒含量越多，黏粒矿物的亲水性越强时，$I_P$值越大，土的可塑性也越强。工程上以土的塑性指数作为黏性土分类的重要依据。

液性指数是土的天然含水率和塑限含水率之差与塑性指数的比值，用符号 $I_L$来表示，即

$$I_L = \frac{w - w_P}{w_L - w_P} \tag{4-24}$$

液性指数用来判断黏性土的稠度状态，是反映黏性土软硬程度的指标。

当土的天然含水量小于其塑限时，$I_L<0$，天然土处于坚硬状态（固态或半固态）；当土的天然含水量大于其液限时，$I_L>1.0$，天然土处于流动状态；而当 $I_L=0\sim1.0$ 时，天然土处于可塑状态。

GB 50007—2011《建筑地基基础设计规范》规定，黏性土根据其 $I_L$，可划分为 5 种软硬状态，划分标准见表 4-5。

表 4-5 黏性土软硬程度的划分

| $I_L$ | $I_L \leqslant 0$ | $0<I_L \leqslant 0.25$ | $0.25<I_L \leqslant 0.75$ | $0.75<I_L \leqslant 1$ | $I_L>1$ |
|---|---|---|---|---|---|
| 状态 | 坚硬 | 硬塑 | 可塑 | 软塑 | 流塑 |

必须指出，液限和塑限都是用重塑土测定的，它没有反映土的天然结构的影响。重塑是指在含水量不变的前提下将土体完全扰动（搅成粉末状）后，又将其压实成和原状土同等密实的状态（密度与原状土相等）。保持天然结构的土，即使天然含水量大于液限，但仍有一定的强度，并不呈流动性质。但是，一旦天然结构被破坏，强度立即丧失而出现流动性质。

**3. 黏性土的灵敏度和触变性**

天然状态下的黏性土通常具有相对较高的强度，当土体受到扰动时，土的结构破坏，压缩量增大。土的结构性对土体强度的这种影响一般用土的灵敏度来衡量。土的灵敏度是指原状土的无侧限抗压强度与重塑土的无侧限抗压强度之比，用符号 $S_t$表示，用公式可表示为

$$S_t = \frac{q_u}{q_0} \tag{4-25}$$

式中，$q_u$为原状土的无侧限抗压强度；$q_0$为重塑土的无侧限抗压强度。

土的灵敏度越大，表示原状土受扰动以后强度降低越严重。工程实践表明，随着土体含水量增大，土的灵敏度明显增大。因此，在雨期施工时，对于灵敏度高的地基土，一定要尽量减小对地基土的扰动，以免降低地基土的强度（如在基础施工过程中搭设操作平台）。

黏性土受扰动以后强度降低，但静置一段时间以后，随着土粒、离子及水分子之间新的平衡状态建立，土体的强度又会逐渐恢复。被扰动黏性土的这种强度随时间推移而逐渐恢复的胶体化学性质称为土的触变性。采用深层挤密类的方法进行地基处理时，处理以后的地基应静置一段时间再进行上部结构的修建，以便让地基强度得以恢复。

## 4.3.5 土的密实度

土的密实程度与其工程性质有着密切的关系，呈密实状态的土强度较大，可以作为良好的天然地基；而处于疏松状态的土承载能力小、受荷载作用压缩变形大，是不良的地基地

层，在其上修筑建（构）筑物时，应采用合适的方法进行处理。

### 1. 孔隙比 $e$

对同一种土，孔隙比小的相对来说较密实，简便且意义也十分明了。但对不同的无黏性土，特别是定名相同而级配不同的无黏性土，用孔隙比作其密实度判据时，常会产生下述问题：颗粒均匀、级配不良的某无黏性土在一定外力作用下可能已经不能进一步被压缩了（已经达到了其最密实状态），但与其定名相同、级配良好、孔隙比与之相比较小的无黏性土却又有可能在该外力作用下被进一步压实（该土并未达到最密实状态）。显然用孔隙比作密实度判据时无法正确反映此类情况下无黏性土的密实状态，为此引入了无黏性土的相对密度来判断无黏性土的密实程度。

### 2. 相对密实度 $D_r$

无黏性土的相对密实度是指无黏性土的最大孔隙比与其天然孔隙比的差值和最大孔隙比与最小孔隙比的差值之比，用符号 $D_r$表示，表达式如下

$$D_r=\frac{e_{max}-e}{e_{max}-e_{min}} \tag{4-26}$$

$e_{max}$用松砂器法测定，$e_{min}$用振密法测定。$D_r$越大，无黏性土越密实，因此可用其作为无黏性土密实度的判定准则。当 $D_r>0.67$ 时，无黏性土为密实的，$0.33<D_r\leqslant0.67$ 时为中密的；$0.20<D_r\leqslant0.33$ 时为稍密的，$D_r\leqslant0.20$ 时为极松状态。

用相对密实度划分无黏性土的密实程度虽然在概念上非常合理，但由于在实际工程中 $e_{max}$、$e_{min}$ 难以测定且受实验具体操作人员影响较大，因此其应用就受到了一定限制。

### 3. 动力触探

利用动力触探锤击数判定粗粒土的相对密实度时保持了土的天然状态和赋存环境，操作简便，在工程实践中应用广泛。

根据 GB 50021—2001（2009 年版）《岩土工程勘察规范》，平均粒径等于或小于 50mm，且最大粒径小于 100mm 的碎石土的密实度可根据圆锥重型动力触探锤击数确定，见表 4-6。

表 4-6　碎石土密实度按 $N_{63.5}$ 分类

| 密实度 | 密实 | 中密 | 稍密 | 松散 |
|---|---|---|---|---|
| 重型动力触探锤击数 $N_{63.5}$ | $N_{63.5}>20$ | $10<N_{63.5}\leqslant20$ | $5<N_{63.5}\leqslant10$ | $N_{63.5}\leqslant5$ |

对于平均粒径大于 50mm，或最大粒径大于 100mm 的碎石土，可用超重型动力触探或野外观察鉴别，见表 4-7。

表 4-7　碎石土密实度按 $N_{120}$ 分类

| 密实度 | 很密 | 密实 | 中密 | 稍密 | 松散 |
|---|---|---|---|---|---|
| 超重型动力触探锤击数 $N_{120}$ | $N_{120}>14$ | $11<N_{120}\leqslant14$ | $6<N_{120}\leqslant11$ | $3<N_{120}\leqslant6$ | $N_{120}\leqslant3$ |

砂土的密实度根据标准贯入试验锤击数实测值 $N$ 划分，见表 4-8。

表 4-8　砂土密实度分类

| 密实度 | 密实 | 中密 | 稍密 | 松散 |
|---|---|---|---|---|
| 标准贯入锤击数 $N$ | $N>30$ | $15<N\leqslant30$ | $10<N\leqslant15$ | $N\leqslant10$ |

粉土密实度根据孔隙比 $e$ 划分，见表 4-9。其湿度根据含水量 $w$ 划分，见表 4-10。

表 4-9 粉土密实度分类

| 密实度 | 密实 | 中密 | 稍密 |
|---|---|---|---|
| 孔隙比 $e$ | $e<0.75$ | $0.75 \leqslant e \leqslant 0.90$ | $e>0.90$ |

表 4-10 粉土湿度分类

| 湿度 | 稍湿 | 湿 | 很湿 |
|---|---|---|---|
| 含水量 $w$/% | $w<20$ | $20 \leqslant w \leqslant 30$ | $w>30$ |

## 4.3.6 土的力学性质

力学性质即土在外力作用下所表现的性质，主要是用于定量描述土的变形规律、强度规律和渗透规律。

**1. 土的压缩性**

土的压缩性是土体在荷载作用下产生变形的特性，土的压缩是由孔隙体积减小引起的。在荷载作用下，透水性大的饱和无黏性土，其压缩过程在短时间内就可以结束。相反地，黏性土的透水性弱，饱和黏性土中的水分只能慢慢排出，因此其压缩稳定所需的时间要比砂土长得多。在荷载作用下，土体内水、气缓慢排出，体积逐渐减小的过程，称为土的固结。对于饱和黏性土来说，土的固结问题是十分重要的。

计算地基沉降量时，必须取得土的压缩性指标，无论用室内试验或原位试验来测定它，都应该力求试验条件与土的天然状态相匹配。在一般工程中，常用不允许土样产生侧向变形（侧限条件）的室内压缩试验来测定土的压缩性指标，其试验条件虽与地基土的实际工作情况有出入，但仍有其实用价值。

（1）压缩曲线　压缩曲线是室内土的压缩试验成果，它是土的孔隙比与所受压力的关系曲线。压缩试验时，用金属环刀切取保持天然结构的原状土样，并置于圆筒形压缩容器的刚性护环内，土样上下各垫有一块透水石，土样受压后土中水可以自由排出。土样在天然状态下或经人工饱和后，进行逐级加压固结，以便测定各级压力 $p$ 作用下土样压缩至稳定时的孔隙比。由于室内压缩试验中土样受到金属环刀的限制，在压力作用下只能发生竖向压缩，而无侧向变形。

压缩曲线可按两种方式绘制，一种是采用普通直角坐标绘制的 $e$-$p$ 曲线（图 4-8a），在常规试验中，一般按 $p=50\text{kPa}$、100kPa、200kPa、300kPa、400kPa 五级加荷；另一种的横坐标取 $p$ 的常用对数取值，即采用半对数直角坐标纸绘制成 $e$-$\lg p$ 曲线（图 4-8b），试验时以较小的压力开始，采取小增量多级加荷，并加到较大的荷载（如 1000kPa）为止。

压缩性不同的土，其压缩曲线的形状是不一样的。曲线越陡，说明随着压力的增加，土孔隙比的减小越显著，因而土的压缩性越高。

（2）压缩系数　压缩系数是指压缩曲线（图 4-9）上任一点的切线（或割线）斜率 $a$，它表示相应于压力 $p$ 作用下土的压缩性

$$a=-\frac{\mathrm{d}e}{\mathrm{d}p} \tag{4-27}$$

式中，负号表示随着压力 $p$ 的增加，$e$ 逐级减少。

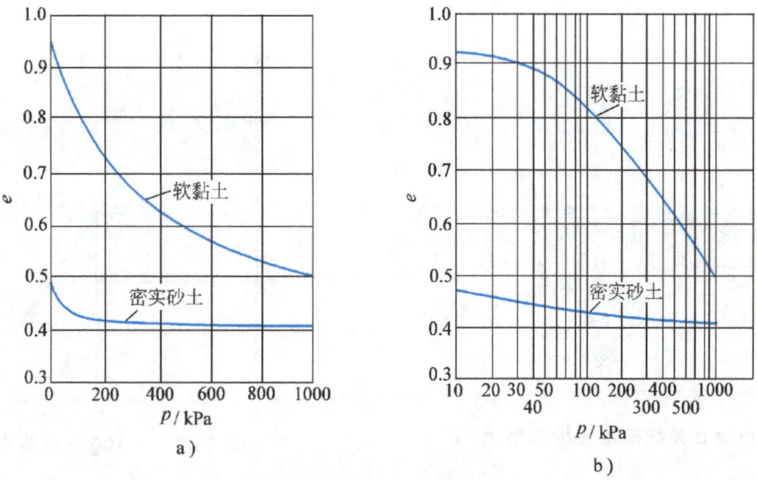


图 4-8　土的压缩曲线

a）e-p 曲线　b）e-logp 曲线

$$a \approx \tan\alpha = \frac{\Delta e}{\Delta p} = \frac{e_1 - e_2}{p_2 - p_1} \tag{4-28}$$

式中，$a$ 表示土的压缩系数（$kPa^{-1}$或 $MPa^{-1}$）；$p_1$指地基某深度处土中竖向自重应力（kPa 或 MPa）；$p_2$指地基某深度处土中自重应力与附加应力之和（kPa 或 MPa）；$e_1$指相应于 $p_1$作用下压缩稳定后的孔隙比；$e_2$指相应于 $p_2$作用下压缩稳定后的孔隙比。

由于 $e$-$p$ 呈曲线关系，即压缩系数是应力的函数，随应力大小、应力变化的区间的变化而变化，并不是常量。通常采用由压力 $p_1$ = 100kPa（0.1MPa）增加到 $p_2$ = 200kPa（0.2MPa）时所得的压缩系数 $a_{1-2}$来评定土的压缩性，压缩系数越大，表明在同一压力变化范围内土的孔隙比减小得越多，则土的压缩性越高。评定标准如下：$a_{1-2}<0.1\text{MPa}^{-1}$，属低压缩性土；$0.1 \leqslant a_{1-2}<0.5\text{MPa}^{-1}$，属中压缩性土；$a_{1-2} \geqslant 0.5\text{MPa}^{-1}$，属高压缩性土。

（3）压缩指数　土的 $e$-$p$ 曲线改绘成半对数压缩曲线 $e$-log$p$ 曲线时，它的后段接近直线（图 4-10），其斜率 $C_c$为

$$C_c = \frac{e_1 - e_2}{\log p_2 - \log p_1} = (e_1 - e_2)/\log\frac{p_2}{p_1} \tag{4-29}$$

式中，$C_c$称为土的压缩指数。

同压缩系数 $a$ 一样，压缩指数 $C_c$值越大，土的压缩性越高。对同一个试样，压缩指数是个定量，不随压力增加而变化。从图 4-10 可见 $C_c$与 $a$ 不同，它在直线段范围内并不随压力而变，试验时要求斜率确定得很仔细，否则出入很大。低压缩性土的 $C_c$值一般小于 0.2，$C_c$值大于 0.4 一般属于高压缩性土。国内外广泛采用 $e$-log$p$ 曲线来分析研究应力历史对土的压缩性的影响。

（4）压缩模量　压缩模量 $E_s$是指土在完全侧限条件下，竖向压应力增量与相应的应变增量之比值，其表达式为

$$E_s = \frac{\Delta\sigma}{\Delta\varepsilon} \tag{4-30}$$

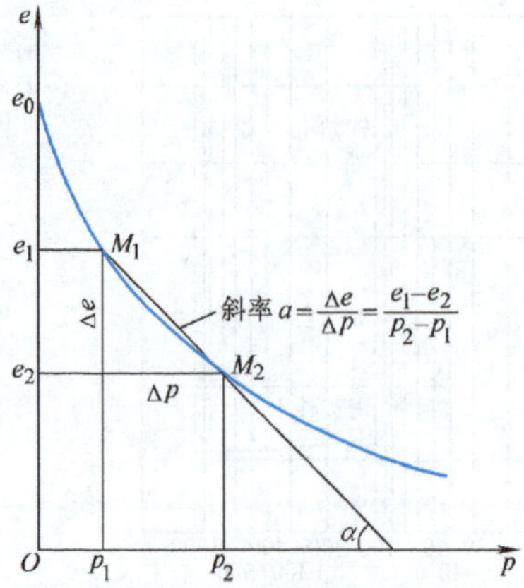


图 4-9　以 $e$-$p$ 曲线确定压缩系数 $a$

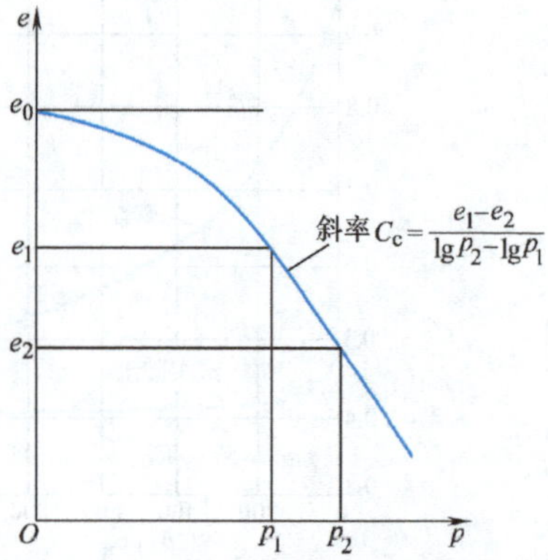


图 4-10　$e$-$\log p$ 曲线中求 $C_c$

压缩模量越大，表明在同一压力变化范围内土的压缩变形越小，则土的压缩性越低；反之，$E_s$越小，表示土的压缩性越高。压缩模量也是变量，它随所取的压力段范围不同而变化，工程上常用压力从 0.1MPa 至 0.2MPa 或至 0.3MPa 范围内的 $E_{s1\text{-}2}$或 $E_{s2\text{-}3}$来判断土的压缩性或计算压缩模量。

（5）变形模量　土的变形模量 $E_0$是指土体在无侧限条件下的应力与应变的比值。工程中通过现场载荷试验获取。

**2. 土的抗剪强度**

土的抗剪强度是指土体抵抗剪切破坏的极限能力，土的抗剪强度由颗粒间的内摩擦力（$\sigma\tan\varphi$）以及由胶结物和水膜的分子引力产生的黏聚力（$c$）共同组成。通常认为粗粒土的黏聚力 $c$ 等于零；细粒土的黏聚力 $c$ 由原始黏结力和固化黏结力两部分组成，原始黏结力来源于颗粒间的静电力和范德华力，固化黏结力来源于颗粒间的胶结物质的胶结作用。摩擦强度：一是颗粒之间因剪切滑动产生的滑动摩擦，另一个是剪切使颗粒之间脱离咬合状态而移动所产生的咬合摩擦。

土体破坏通常表现为剪切破坏。剪切破坏是由土体中的剪应力达到抗剪强度引起的。例如边坡的滑动，就是由滑动面上的剪应力达到抗剪强度产生的。土的抗剪强度是土的主要力学性质之一，工程实际中有关地基承载力、挡土墙土压力、土坡稳定性等方面的问题都与土的抗剪强度有关。

土的抗剪强度取决于土的组成、结构、含水量、密实度以及所受的应力状态等。土的抗剪强度主要通过室内试验和原位测试确定，试验仪器的种类和试验方法对确定强度值有很大的影响。抗剪强度的试验方法主要有直接剪切试验、三轴压缩试验、无侧限抗压试验、十字板剪切试验等。

当土体中的应力组合满足一定关系时，土体即发生破坏，这种应力组合即为破坏准则，也是判定土体是否破坏的标准。土的破坏准则是一个十分复杂的问题，目前已有多个土的破坏准则，但还没有一个被认为能完满适用于土的理想的破坏准则。目前在工程实践中广泛采用的破坏准则是莫尔-库仑破坏准则，这一准则被普遍认为是适合岩土体的。

1776 年库仑总结土的破坏现象，提出土的抗剪强度公式为

$$\tau_f=c+\sigma\tan\varphi \tag{4-31}$$

式中，$\tau_f$ 为土的抗剪强度；$\sigma$ 为剪切面上的法向应力；$c$ 为土的黏聚力；$\varphi$ 为土的内摩擦角。

**3. 无侧限抗压强度**

土在侧向不受限制的条件下，抵抗垂直压力的极限强度（$q_u$）称为土的无侧向抗压强度。无侧限抗压强度可用于确定土的灵敏度。

### 4.3.7　土的透水性和毛细性

**1. 土的透水性**

水在土孔隙中渗透流动的性能称为土的透水性（渗透性）。土的透水性能主要取决于土的孔隙特征，即取决于孔隙的大小、形态、数量及连通性。不同类型的土，由于孔隙特征不同，其透水性有各自的规律。粗粒土，颗粒粒径比较大、孔隙大、连通性好，透水能力强；细粒土，特别是黏粒土，孔隙小而数量多，受结合水的影响，透水能力差。

在大多数情况下，水在天然土层中以层流形式运动，服从达西定律，即 $v=Ki$（$v$ 为水在土中的渗透速度，$K$ 为渗透系数，$i$ 为水力梯度）。通常情况下，用渗透系数 $K$ 来表征土的渗透性。渗透系数 $K$ 是水力梯度 $i$ 为 1 时的渗透速度。按 $K$ 值的大小，土的透水性可按表 4-11进行分级。

表 4-11　土的透水性分级

| 透水性分级 | 极强透水性 | 强透水性 | 中等透水性 | 弱透水性 | 极弱透水性(不透水) |
|---|---|---|---|---|---|
| $K$/(m/d) | >10 | 10~1 | 1~0.01 | 0.01~0.001 | <0.001 |
| 典型土类 | 砾石、粗砂 | 中砂、细砂 | 粉砂、粉土 | 粉质黏土 | 黏土 |

在水文地质学中，常把细粒土看作是不透水的，由细粒土组成的土层称为“隔水层”。

土的透水性是土体的重要工程地质性质，在计算基坑涌水量、水库及渠道的渗漏、地下水回水浸没，以及计算饱和软土地基沉降和时间关系等问题时，都需要研究土的透水性。

**2. 土的毛细性**

土的毛细性是指水通过土的毛细孔隙在弯液面张力的作用下向各个方向运动的性能。水在毛细孔隙中运动的现象称为毛细现象。

评价土的毛细性的指标有毛细上升高度、毛细上升速度和毛细压力，实际应用较多的主要是毛细上升高度。土中毛细水上升达到的最大高度，称为毛细上升高度。在砂土及含黏粒较少的细粒土中，毛细上升高度与土体中的毛细孔隙直径（0.5~0.002mm）成反比，即土体中毛细孔隙越小，毛细上升高度越高；含黏粒较多的细粒土则不一定服从这一规律，主要与结合水的黏滞阻力有关。

对建筑工程而言，当地下水位埋深较浅时，毛细水上升会助长地基土的冰冻现象，致使地下室潮湿甚至危害房屋基础，或破坏公路路面，甚至会促使土的沼泽化及盐渍化从而增强地下水对混凝土等建筑材料的腐蚀性。因此，研究土的毛细性具有重要的现实意义。

## 4.4　土的工程地质分类

土的分类是工程地质学中重要的基础理论课题。对种类繁多、性质各异的土，按一定的原则进行分门别类，以便合理地选择研究内容和方法，针对不同工程建筑的要求，对不同的土给以正确的评价，为合理利用和改造各类土提供客观实际的依据。

国内外各种土的工程地质分类的方案很多，但都是按一定的原则，在充分认识土的不同特殊性的基础上归纳其共性，将客观存在的各种土划分为不同的类或组；不同类型的土有各自的地质特点，工程特性存在一定的差异。同时，要考虑到分类指标能反应土的特性，且测定方法简便。

土是自然历史的产物，其特性与土的成因有密切关系，故常将成因和形成年代作为最粗略的第一级分类标准，即地质成因分类；土的物质成分及其与水相互作用的特点，是决定土的工程地质性质的最本质因素，故将反映土的成分和与水相互作用的有关特征作为第二级分类标准，即土质分类；为提供工程设计施工需要的资料，需考虑土的结构及其所处的状态，故按土的具体特性（饱水程度、密实程度、压缩性）进行第三级分类，即工程建筑分类。

国内外已有的土分类方案很多，归纳起来有三种不同体系：一种是按粒度成分；一种是按塑性指数；一种是综合考虑粒度成分和塑性的影响。下面着重介绍目前我国工程建设中应用最广泛的两种土质分类以及野外鉴别分类。

### 4.4.1 GB/T 50145—2007《土的工程分类标准》

该标准是工程用土的通用分类，土按其不同粒组的相对含量一般可划分为巨粒类土、粗粒类土、细粒类土。

（1）巨粒类土的分类　见表4-12。

表4-12　巨粒类土的分类

| 土类 | 粒组含量 | | 土类代号 | 土类名称 |
|---|---|---|---|---|
| 巨粒土 | 巨粒含量>75% | 漂石含量大于卵石含量 | B | 漂石(块石) |
| | | 漂石粒含量不大于卵石含量 | Cb | 卵石(碎石) |
| 混合巨粒土 | 50%<巨粒含量≤75% | 漂石含量大于卵石含量 | BSI | 混合土漂石(块石) |
| | | 漂石粒含量不大于卵石含量 | CbSI | 混合土卵石(碎石) |
| 巨粒混合土 | 15%<巨粒含量≤50% | 漂石含量大于卵石含量 | SIB | 漂石(块石)混合土 |
| | | 漂石粒含量不大于卵石含量 | SICb | 卵石(碎石)混合土 |

（2）粗粒类土的分类　试样中粗粒组含量大于50%的土称粗粒类，其分类应符合下列规定：

1）砾粒组含量大于砂粒组含量的土称砾类土，砾类土分类见表4-13。

2）砾粒组含量不大于砂粒组含量的土称砂类土，砂类土分类见表4-14。

表4-13　砾类土的分类

| 土类 | 粒组含量 | | 土代号 | 土名称 |
|---|---|---|---|---|
| 砾 | 细粒含量<5% | 级配：$C_u \geq 5, C_c = 1 \sim 3$ | GW | 级配良好砾 |
| | | 级配：不同时满足上述要求 | GP | 级配不良砾 |
| 含细粒土砾 | 5%≤细粒含量<15% | | GF | 含细粒土砾 |
| 细粒土质砾 | 15%≤细粒含量<50% | 细粒组中粉粒含量不大于50% | GC | 黏土质砾 |
| | | 细粒组中粉粒含量大于50% | GM | 粉土质砾 |

表4-14 砂类土的分类

| 土类 | 粒组含量 | | 土代号 | 土名称 |
|---|---|---|---|---|
| 砂 | 细粒含量<5% | 级配：$C_u \geqslant 5, C_c = 1 \sim 3$ | SW | 级配良好砂 |
| | | 级配：不同时满足上述要求 | SP | 级配不良砂 |
| 含细粒土砂 | 5%≤细粒含量<15% | | SF | 含细粒土砂 |
| 细粒土质砂 | 15%≤细粒含量<50% | 细粒组粉粒含量不大于50% | SC | 黏土质砂 |
| | | 细粒组粉粒含量大于50% | SM | 粉土质砂 |

（3）细粒类土的分类 试样中细粒组含量不小于50%的土为细粒类土，细粒类土应按下列规定划分：

1）粗粒组含量不大于25%的土称细粒土，细粒土分类见表4-15。

2）粗粒组含量大于25%且不大于50%的土称含粗粒的细粒土。根据所含细粒土的塑性指标在塑性土中的位置及所含粗粒类别，按下列规定划分：

① 粗粒中砾粒含量大于砂粒含量的称含砾细粒土，应在细粒土代号后加代号G，如CHG、CLG、MHG、MLG等。

② 粗粒中砾粒含量不大于砂粒含量的称含砂细粒土，应在细粒土代号后加代号S，如CHS、CLS、MHS、MLS等。

3）有机质含量小于10%且不小于5%的土称有机质土，按表4-15划分，在各相应土类代号之后应加代号O，如CHO、CLO、MHO、MLO等。

表4-15 细粒土的分类

| 土的塑性指标 | | 土类代号 | 土类名称 |
|---|---|---|---|
| $I_P \geqslant 0.73(w_L-20)$ 和 $I_P \geqslant 7$ | $w_L \geqslant 50\%$ | CH | 高液限黏土 |
| | $w_L < 50\%$ | CL | 低液限黏土 |
| $I_P < 0.73(w_L-20)$ 和 $I_P < 4$ | $w_L \geqslant 50\%$ | MH | 高液限粉土 |
| | $w_L < 50\%$ | ML | 低液限粉土 |

## 4.4.2 GB 50021—2001《岩土工程勘察规范》土的分类

### 1. 根据土的颗粒级配或塑性指数对土体进行分类

根据土的颗粒级配或塑性指数对土体进行分类，是我国各部门最为常用而且分类结果大致相同的一种土的分类方法。GB 50021—2001（2009年版）《岩土工程勘察规范》，将土体划分为碎石土、砂土、粉土和黏性土。

（1）碎石土 碎石土是粒径大于2mm的颗粒质量超过总质量50%的土。碎石土根据各粒组质量含量及颗粒形状分为漂石或块石、卵石或碎石、圆砾或角砾等，见表4-16。

（2）砂土 砂土是指粒径大于2mm的颗粒质量不超过总质量的50%、但粒径大于0.075mm的颗粒质量超过总质量50%的土。根据各粒组质量含量可进一步划分为砾砂、粗砂、中砂、细砂和粉砂，见表4-17。

表 4-16 碎石土的分类

| 土的名称 | 颗粒形状 | 颗粒级配 |
|---|---|---|
| 漂石 | 圆形及亚圆形为主 | 粒径大于 200mm 的颗粒质量超过总质量 50% |
| 块石 | 棱角形为主 | |
| 卵石 | 圆形及亚圆形为主 | 粒径大于 20mm 的颗粒质量超过总质量 50% |
| 碎石 | 棱角形为主 | |
| 圆砾 | 圆形及亚圆形为主 | 粒径大于 2mm 的颗粒质量超过总质量 50% |
| 角砾 | 棱角形为主 | |

注：定名时应根据颗粒级配由大到小以最先符合者确定。

表 4-17 砂土的分类

| 土的名称 | 颗粒级配 |
|---|---|
| 砾砂 | 粒径大于 2mm 的颗粒质量占总质量 25%~50% |
| 粗砂 | 粒径大于 0.5mm 的颗粒质量超过总质量 50% |
| 中砂 | 粒径大于 0.25mm 的颗粒质量超过总质量 50% |
| 细砂 | 粒径大于 0.075mm 的颗粒质量超过总质量 85% |
| 粉砂 | 粒径大于 0.075mm 的颗粒质量超过总质量 50% |

注：定名时应根据颗粒级配由大到小以最先符合者确定。

（3）粉土 粉土是指粒径大于 0.075mm 的颗粒质量不超过总质量的 50%，且塑性指数 $I_P$ 小于或等于 10 的土。粉土的性质介于砂土和黏性土之间，较粗的接近砂土而较细的接近黏性土。将粉土进一步分类，在工程上是需要的，但 GB 50021—2001（2009 年版）《岩土工程勘察规范》考虑到全国范围内采用统一的分类界线，很难适应各种不同的情况。需要对粉土进一步分类的，可根据地方经验，确定相应的亚类划分标准。

（4）黏性土 黏性土是指塑性指数 $I_P$ 大于 10 的土。黏性土按塑性指数分为粉质黏土和黏土。其中 $10<I_P\leqslant17$ 的称为粉质黏土；$I_P>17$ 的称为黏土。塑性指数应由相应于 76g 圆锥仪沉入土中深度 10mm 时测定的液限计算而得。黏性土的工程性质除了会受到含水量的极大影响以外，还与其沉积历史有很大的关系，不同地质时代沉积的黏性土，尽管其某些物理性质指标可能很接近，但其工程力学性质却可能相差悬殊，一般而言，土的沉积历史越久，结构性越强，力学性质越好。

**2. 根据有机质含量对土进行分类**

土根据有机质含量分类见表 4-18。

表 4-18 土根据有机质含量分类

| 分类名称 | 有机质含量 $W_u$(%) | 现场鉴别特征 | 说明 |
|---|---|---|---|
| 无机土 | $W_u<5\%$ | | |
| 有机土 | $5\%\leqslant W_u\leqslant10\%$ | 深灰色，有光泽，味臭，除腐殖质外尚含少量未完全分解的动植物体，浸水后水面出现气泡，干燥后体积收缩 | 1. 如现场能鉴别或有地区经验时，可不做有机质含量测定<br>2. 当 $w>w_L$，$1.0<e\leqslant1.5$ 时，称淤泥质土<br>3. 当 $w>w_L$，$e\geqslant1.5$ 时，称淤泥 |

（续）

| 分类名称 | 有机质含量 $W_u$(%) | 现场鉴别特征 | 说明 |
| --- | --- | --- | --- |
| 泥炭质土 | $10\%<W_u\leq60\%$ | 深灰或黑色，有腥臭味，能看到未完全分解的植物结构，浸水体胀，易崩解，有植物残渣浮于水中，干缩现象明显 | 可根据地区特点和需要按 $W_u$ 细分为：<br>弱泥炭质土($10\%<W_u\leq25\%$)<br>中泥炭质土($25\%<W_u\leq40\%$)<br>强泥炭质土($40\%<W_u\leq60\%$) |
| 泥炭 | $W_u>60\%$ | 除有泥炭质土特征外，结构松散，土质很轻，暗无光泽，干缩现象极为明显 | |

注：有机质含量 $W_u$ 按灼失量试验确定。

## 4.4.3　土的野外鉴别分类

根据 GB/T 50145—2007《土的工程分类标准》，细粒土可根据干强度、手捻、搓条、韧性和摇振反应等进行简易分类，见表 4-19。

**表 4-19　细粒土的简易分类**

| 半固态时的干强度 | 硬塑~可塑态时的手捻感和光滑度 | 土在可塑态时 | | 软塑~流动态时的摇振反应 | 土类代号 |
| --- | --- | --- | --- | --- | --- |
| | | 可搓成土条的最小直径/mm | 韧性 | | |
| 低-中 | 粉粒为主，有砂感，稍有黏性，捻面较粗糙，无光泽 | 3~2 | 低-中 | 快-中 | ML |
| 中-高 | 含砂粒，有黏性，稍有滑腻感，捻面较光滑，稍有光泽 | 2~1 | 中 | 慢-无 | CL |
| 中-高 | 粉粒较多，有黏性，稍有滑腻感，捻面较光滑，稍有光泽 | 2~1 | 中-高 | 慢-无 | MH |
| 高-很高 | 无砂感，黏性大，滑腻感强，捻面光滑，有光泽 | <1 | 高 | 无 | CH |

碎石土密实度程度、砂土、粉土和黏性土、新近沉积土的野外鉴别见表 4-20~表 4-23。

**表 4-20　碎石土密实度的野外鉴别**

| 密实度 | 骨架颗粒含量和排列 | 可挖性 | 可钻性 |
| --- | --- | --- | --- |
| 密实 | 骨架颗粒含量大于总质量的70%，呈交错排列，连续接触 | 锹镐挖掘困难，用撬棍方能松动，井壁较稳定 | 钻进困难，钻杆、吊锤跳动剧烈，孔壁较稳定 |
| 中密 | 骨架颗粒含量等于总质量的60%~70%，呈交错排列，大部分接触 | 锹镐可挖掘，井壁有掉块现象，从井壁取出大颗粒处，能保持凹面形状 | 钻进较困难，钻杆、吊锤跳动不剧烈，孔壁有坍塌现象 |
| 稍密 | 骨架颗粒含量等于总质量的55%~60%，排列混乱，大部分不接触 | 锹镐可以挖掘，井壁易坍塌，从井壁取出大颗粒后，立即塌落 | 钻进较容易，冲击钻探时，钻杆稍有跳动，孔壁易坍塌 |
| 松散 | 骨架颗粒含量小于总质量的60%，排列混乱，大部分不接触 | 锹易挖掘，井壁极易坍塌 | 钻进很容易，冲击钻探时，钻杆无跳动，孔壁极易坍塌 |

注：根据 GB/T 50007—2011《建筑地基基础设计规范》划分标准。

表 4-21 砂土的野外鉴别

| 鉴别特征 | 砾砂 | 粗砂 | 中砂 | 细砂 | 粉砂 |
|---|---|---|---|---|---|
| 颗粒大小 | 约有 1/4 以上的颗粒比荞麦或高粱粒(2mm)大 | 约有一半以上颗粒比小米粒(0.5mm)大 | 约有一半以上颗粒与砂糖或白菜籽(>0.25mm)近似 | 大部分颗粒与粗玉米粉(>0.1mm)近似 | 大部分颗粒与小米粉(<0.1mm)近似 |
| 干燥时状态 | 颗粒完全分散 | 颗粒完全分散，个别胶结 | 颗粒基本分散，部分胶结，胶结部分一碰即散 | 颗粒大部分分散，少量胶结，胶结部分稍加碰撞即散 | 颗粒少部分分散，大部分胶结(稍加压即能分散) |
| 浸润时用手拍后的状态 | 表面无变化 | 表面无变化 | 表面偶有水印 | 表面有水印(翻浆) | 表面有显著翻浆现象 |
| 黏着程度 | 无黏着感 | 无黏着感 | 无黏着感 | 偶有轻微黏着感 | 有轻微黏着感 |

表 4-22 粉土和黏性土的野外鉴别

| 鉴别方法 | 分类 | | |
|---|---|---|---|
| | 黏土 | 粉质黏土 | 粉土 |
| | $I_P>17$ | $10<I_P\leqslant17$ | $I_P\leqslant10$ |
| 浸润时用刀切 | 切面非常光滑，刀刃有黏腻的阻力 | 稍有光滑，切面规则 | 无光滑面，切面较粗糙 |
| 用手捻摸时的感觉 | 湿土用手捻摸有滑腻感，当水分较大时极易黏手 | 仔细捻摸感觉到有少量细颗粒，稍有滑腻感，有黏滞感 | 感觉有细颗粒存在或感觉粗糙，有轻微黏滞感或无黏滞感 |
| 黏着程度 | 湿土极易黏着物体(包括金属与玻璃)，干燥后不易剥去，用水反复洗才能去掉 | 能黏着物体，干燥后较易剥掉 | 一般不黏着物体，干燥后一碰就掉 |
| 湿土搓条情况 | 能搓成小于 0.5mm 的土条(长度不短于手掌)，手持一端不易断裂 | 能搓成 0.5~2mm 的土条 | 能搓成小于 2~3mm 的土条 |
| 干土的性质 | 坚硬，类似陶器碎片，用锤击方可打碎，不易击成粉末 | 用锤易击碎，用手难捏碎 | 用手很易捏碎 |

表 4-23 新近沉积土的野外鉴别

| 沉积环境 | 颜色 | 结构性 | 含有物 |
|---|---|---|---|
| 河漫滩，山前洪、冲积扇的表层，古河道，已填塞的湖、塘、沟、谷和河道泛滥区 | 较深而暗，呈褐、暗黄或灰色，含有机质较多时带灰黑色 | 结构性差，用手扰动原状土时极易变软，塑性较低的土还有振动水析现象 | 在完整的剖面中无粒状结核体，但可能含有圆形及亚圆形钙质结核体(如礓结石)或贝壳等，在城镇 附近可能含有少量碎砖、瓦片、陶瓷、铜币或朽木等人类活动遗迹 |

## 4.5 特殊土的工程地质特征

特殊土是指具有特殊物质成分和结构，而工程地质性质也较特殊的土，包括黄土、红黏土、软土、冻土、膨胀土、盐渍土、填土、污染土等。

### 4.5.1 黄土

黄土在世界范围内的分布面积大约有 1300 万 $km^2$，在我国也有 63 万余 $km^2$，主要分布在我国的黄河流域。除黄河流域外，在新疆天山南北的塔里木盆地和准格尔盆地以及东北的松辽平原也有黄土分布，地方为零星分布。黄土一般具备以下特征：

1）颜色以黄色、褐黄色为主，有时呈灰黄色。

2）颗粒组成以粉粒为主，含量一般在 60%以上，几乎没有粒径大于 0.25mm 的颗粒。

3）富含碳酸钙盐类。

4）垂直节理发育。

5）一般有肉眼可见的大孔隙。

具有上述全部特征的为“典型黄土”；有的特征不明显的土称为“黄土状土”。典型黄土和黄土状土统称为“黄土类土”，习惯上常简称为“黄土”。

我国黄土的形成经历了地质时代中的整个第四纪时期，按形成的年代可分为老黄土和新黄土，各层黄土形成年代见表 4-24。

**表 4-24　黄土地层的划分**

| 年代 | 黄土名称 | | 备　注 |
|---|---|---|---|
| 全新世($Q_4$) | 新黄土 | 黄土状土 | 一般具湿陷性 |
| 晚更新世($Q_3$) | | 马兰黄土 | |
| 中更新世($Q_2$) | 老黄土 | 离石黄土 | 上部部分土层具湿陷性 |
| 早更新世($Q_1$) | | 午城黄土 | 不具湿陷性 |

注：全新世（$Q_4$）黄土包括湿陷性（$Q_4^1$）黄土和新近堆积（$Q_4^2$）黄土。

表 4-24 中的午城黄土其标准剖面首先在山西隰县午城镇发现；离石黄土的标准剖面首先在山西离石县发现；马兰黄土的标准剖面首先在北京西北的马兰山谷阶地上发现。黄土的野外性状见表 4-25。

**表 4-25　黄土的野外性状**

| 名称 | 颜色 | 特征及包含物 | 古土壤 | 沉积环境 | 挖掘情况 |
|---|---|---|---|---|---|
| 新近堆积黄土 $Q_4^2$ | 浅褐至深褐色，或黄至黄褐色 | 土质松散不均，多虫孔和植物根孔，有粉末状或条纹状碳酸盐结晶，含少量小砾石或钙质结核，有时有砖瓦碎块或朽木 | 无 | 河漫滩低阶地，山间洼地表面，黄土塬、峁的坡脚，洪积扇或山前坡积地带，老河道及填塞的沟槽洼地的上部 | 锹挖很容易，进度较快 |
| 黄土状土 $Q_4^1$ | 褐黄至黄褐色 | 具有大孔、虫孔和植物根孔，含少量小的钙质结核或小砾石。有时有人类活动遗迹，土质较均匀 | 底部有深褐色黑垆土 | 河流阶地的上部 | 锹挖容易，但进度稍慢 |
| 马兰黄土 $Q_3$ | 浅黄、褐黄或黄褐色 | 土质均匀，大孔发育，具垂直节理，有虫孔和植物根孔，有少量小的钙质结核，呈零星分布 | 底部有一层古土壤，作为与 $Q_2$ 黄土的分界 | 河流阶地和黄土塬、梁、峁的上部，以及黄土高原与河谷平原的过渡地带 | 锹、镐挖掘不困难 |
| 离石黄土 $Q_2$ | 深黄、棕黄或黄褐色 | 土壤较密实，有少量大孔。古土壤层下部钙质结核增多，粒径可达 5~20cm，常成层分布成为钙质结核层 | 夹有多层古土壤层，称“红三条”或“红五条”甚至更多 | 河流高阶地和黄土塬、梁、峁的黄土主体 | 锹、镐挖掘困难 |
| 午城黄土 $Q_1$ | 淡红或棕红色 | 土壤较密实，无大孔。柱状节理发育，钙质结核含量较 $Q_2$ 黄土少 | 古土壤层不多 | 第四纪早期沉积，底部与新近红黏土或砂砾层接触 | 锹、镐挖掘很困难 |

**1. 黄土的主要工程地质性质**

(1) 孔隙比大 孔隙比是影响黄土湿陷性的主要指标之一，一般变化在 0.85~1.24，大多数在 1.0~1.1。

(2) 天然含水量低 天然含水量一般为 10%~25%，常处于半固态或硬塑状态，饱和度一般为 30%~70%。

(3) 结构性 黄土在沉积过程中的物理化学因素促使颗粒相互接触处产生了固化联结键，这种联结键构成土骨架具有一定的结构强度，使得湿陷性黄土的应力-应变关系和强度特性表现出与土类明显不同的特点，因此，湿陷性黄土在一定条件下具有保持土的原始基本单元结构形式不被破坏的能力。湿陷性黄土在其结构强度未被破坏或软化的压力范围内，表现出压缩性低、强度高等特性。但结构性一旦遭受破坏，其力学性质将呈现屈服、软化、湿陷等性状。

(4) 欠压密性 由于湿陷性黄土在漫长的沉积过程中，其上覆压力增长速率始终比颗粒间固化键强度的增长速率要缓慢得多，使得黄土颗粒间保持着比较疏松的高孔隙度结构，因而在上覆荷重作用下未被固结压密，处于欠压密状态。

(5) 湿陷性 黄土在一定压力下受水浸湿后结构迅速破坏而发生附加下沉的现象称为湿陷性。浸水后发生湿陷的黄土称为湿陷性黄土。湿陷变形是在充分浸水饱和情况下产生的，其大小与土本身密度、结构性、土的初始含水量和浸水饱和时的作用压力有关。

**2. 黄土湿陷性的评价**

(1) 湿陷系数 湿陷系数 $\delta_s$ 是判定黄土湿陷性的定量指标，由室内浸水（饱和）压缩实验测定，按下式计算

$$\delta_s=\frac{h_p-h_p'}{h_0} \tag{4-32}$$

式中，$h_p$ 指保持天然湿度和结构的试样，加至一定压力时，下沉稳定后的高度（mm）；$h_p'$ 指加压稳定后的试样，在浸水（饱和）作用下，附加下沉稳定后的高度（mm）；$h_0$ 指试样的原始高度（mm）。

根据 GB 50025—2004《湿陷性黄土地区建筑规范》规定，测定湿陷系数的试验压力，是自基础底面（如基底标高不确定时，自地面下 1.5m）算起：

1）基底下 10m 以内的土层应用 200kPa；10m 以下至非湿陷性黄土层顶面，应用其上覆土的饱和自重压力（当大于 300kPa 时，仍应用 300kPa）。

2）当基底压力大于 300kPa 时，宜用实际压力。

3）对压缩性较高的新近沉积黄土，基底下 5m 以内的土层用 100~150kPa 压力，5~10m 和 10m 以下至非湿陷性黄土层顶面，应分别用 200kPa 和上覆土的饱和自重压力。

若测定湿陷系数的试验压力为上覆土的饱和自重压力（自地面算起），所测定的湿陷系数即为土的自重湿陷系数 $\delta_{zs}$。

(2) 湿陷性的判定 根据 GB 50025—2004《湿陷性黄土地区建筑规范》，当湿陷系数 $\delta_s$ 小于 0.015 时，为非湿陷性黄土；当湿陷系数 $\delta_s$ 大于或等于 0.015 时，为湿陷性黄土。湿陷性黄土的湿陷程度，可根据湿陷系数 $\delta_s$ 值划分为轻微、中等和强烈三种类型，见表 4-26。

表 4-26　黄土湿陷性程度划分

| 湿陷程度 | 非湿陷性黄土 | 湿陷性黄土 | | |
|---|---|---|---|---|
| | | 湿陷性轻微 | 湿陷性中等 | 湿陷性强烈 |
| 湿陷系数 $\delta_s$ | <0.015 | $0.015 \leqslant \delta_s \leqslant 0.03$ | $0.03 < \delta_s \leqslant 0.07$ | $\delta_s > 0.07$ |

(3) 场地湿陷类型　湿陷性黄土场地的湿陷类型是按自重湿陷量的实测值或计算值确定自重湿陷性黄土和非自重湿陷性黄土。

湿陷性黄土场地自重湿陷量的计算值 $\Delta_{zs}$

$$\Delta_{zs} = \beta_0 \sum_{i=1}^{n} \delta_{zsi} h_i \tag{4-33}$$

式中，$\delta_{zsi}$为第 $i$ 层土的自重湿陷系数；$h_i$为第 $i$ 层土的厚度（mm）；$\beta_0$ 为因地区土质而异的修正系数，在缺乏实测资料时，陕西地区取 1.50，陇东—陕北—晋西地区取 1.20，关中地区取 0.90，其他地区取 0.50。

自重湿陷量的计算值 $\Delta_{zs}$应从天然地面（当挖、填方的厚度和面积较大时，应自设计地面）算起，至其下非湿陷性黄土层的顶面止，其中自重湿陷系数 $\delta_{zs}$值小于 0.015 的土层不累计。

当自重湿陷量的实测值 $\Delta'_{zs}$ 或计算值 $\Delta_{zs} \leqslant 70$mm 时，为非自重湿陷性黄土场地；当自重湿陷量的实测值 $\Delta'_{zs}$ 或计算值 $\Delta_{zs} > 70$mm 时，为自重湿陷性黄土场地；当自重湿陷量的实测值和计算值出现矛盾时，应按自重湿陷量的实测值确定。

(4) 地基湿陷等级　湿陷性黄土地基的湿陷等级，根据湿陷量的计算值和自重湿陷量的计算值等因素确定（表 4-27）。其中湿陷量的计算值 $\Delta_s$

$$\Delta_s = \sum_{i=1}^{n} \beta \delta_{si} \cdot h_i \tag{4-34}$$

式中，$\delta_{si}$为第 $i$ 层土的湿陷系数；$h_i$为第 $i$ 层土的厚度（mm）；$\beta$ 为考虑基底下地基土的受水浸湿可能性和侧向挤出等因素的修正系数，在缺乏实测资料时，基底下 0~5m 深度内，取 $\beta$=1.5，基底下 5~10m 深度内，取 $\beta$=1.0，基底下 10m 以下至非湿陷性黄土层顶面，在自重湿陷性黄土场地，可取工程所在地区的 $\beta_0$ 值。

湿陷量的计算值 $\Delta_s$ 应自基础底面（当基底标高不确定时，自地面下 1.50m）算起；在非自重湿陷性黄土场地，累计至基底下 10m（或地基压缩层）深度止；在自重湿陷性黄土场地，累计至非湿陷性黄土层的顶面止。其中湿陷系数 $\delta_s$（10m 以下为 $\delta_{zs}$）小于 0.015 的土层不累计。

表 4-27　湿陷性黄土地基的湿陷等级

| $\Delta_{zs}$/mm<br>$\Delta_s$(mm) | 非自重湿陷性场地<br>$\Delta_{zs} \leqslant 70$ | 自重湿陷性场地 | |
|---|---|---|---|
| | | $70 < \Delta_{zs} \leqslant 350$ | $\Delta_{zs} > 350$ |
| $\Delta_s \leqslant 300$ | Ⅰ(轻微) | Ⅱ(中等) | — |
| $300 < \Delta_s \leqslant 700$ | Ⅱ(中等) | *Ⅱ(中等)或Ⅲ(严重) | Ⅲ(严重) |
| $\Delta_s > 700$ | Ⅱ(中等) | Ⅲ(严重) | Ⅳ(很严重) |

*注：当湿陷量的计算值 $\Delta_s$>600mm、自重湿陷量的计算值 $\Delta_{zs}$>300mm 时，可判为Ⅲ级，其他情况可判为Ⅱ级。

### 4.5.2　软土

软土泛指天然孔隙比 $e \geqslant 1.0$ 且天然含水量 $w > w_L$，包括淤泥、淤泥质土、泥炭、泥炭质土等。

**1. 地质成因及分布**

软土沉积于缓慢流水或静水环境，并经生物化学作用形成，属滨海相、湖泊相、河滩相和沼泽相沉积。在缓慢流水或静水环境中，随水中离子含量增大，加上水中的微生物胶团作用，使悬浮于水中的细小一维或片状颗粒以面对点、面对边的方式絮凝沉积，形成絮状结构的土。

软土分为淤泥、淤泥质土、泥炭和泥炭质土，见表4-28。

**表4-28 软土的分类**

| 土的名称 | 划分标准 | 备注 |
| --- | --- | --- |
| 淤泥 | $e\geqslant1.5, w>w_L$ 或 $I_L>1$ | |
| 淤泥质土 | $1.0\leqslant e<1.5, w>w_L$ 或 $I_L>1$ | |
| 泥炭 | $W_u>60\%$ | 含有大量未分解的腐殖质 |
| 泥炭质土 | $10\%\leqslant W_u\leqslant60\%$ | 含有大量未分解的腐殖质 |

我国的软土主要分布在沿海地区，如东海、黄海、渤海、南海等沿海地区。在内陆平原、河流两岸河漫滩、湖泊盆地及山间洼地也有分布。我国东南沿海软土的分布厚度，广州湾—兴化湾一带一般为5~20m（汕头除外），兴化湾—温州湾南为10~30m，温州湾北—连云港一般大于40m。

**2. 主要工程地质性质**

软土普遍具有天然含水量大、持水性高、渗透性小、孔隙比大、压缩性高、强度及长期强度低（易产生流变）的共同特点，对公路、铁道工程和建筑工程的勘察设计、施工等都极为不利。

(1) 天然含水量高　软土的天然含水量一般都大于30%，接近或大于液限。

(2) 渗透性小　软土的透水性差，特别是垂直方向透水性更差，属微透水或不透水层。软土的固结需要相当长的时间，使地基变形稳定时间很长，一般达数年以上。

(3) 压缩性高　由于软土主要由粉粒和黏粒组成，含量达60%~70%，且含有机质等亲水性高的物质，使软土的压缩性很强。

(4) 强度低　软土的抗剪强度与加荷速率和排水条件密切相关，软土的不排水抗剪强度一般小于20kPa。

(5) 具触变性　触变性是指当原状土受到振动或扰动后，土体的结构连接受到破坏，强度大幅度降低，土体发生液化。软土地基受振动荷载作用，常导致建筑物地基大面积失效，或产生大范围滑坡，使建筑物产生侧向滑动、沉降或基础下土体挤出等现象，对建筑物破坏很大。

触变性可用灵敏度（$S_t$）表示，根据灵敏度的大小，可将饱和黏性土划分为：低灵敏土（$S_t<2$）；中灵敏土（$2\leqslant S_t<4$）；高灵敏土（$S_t\geqslant4$）；软土的灵敏度一般为3~4，最大可达8~9，因此，软土属于高灵敏度。

(6) 不均匀性　由于沉积环境的变化，土质均匀性差。

### 4.5.3 多年冻土

在寒冷地区，当气温低于0℃时，土中液态水冻结为固态水，冰胶结了土粒形成的一种特殊联结的土称为冻土。

**1. 地质成因及分布**

在我国北方的西北、东北以及青藏高原等广大地区，冬季的气温都会下降到0℃以下，有些地区甚至下降到-30~-40℃。在负温作用下，地层的温度也会随着降低，当地层温度降至0℃以下，土体便会因土中水结冰而变为冻土。某些细粒土会在土中水冻结时发生明显的体积膨胀，也称为土的冻胀现象；地层温度回升时，冻胀土又会因为土中水的消融而产生明显的体积收缩，导致地面产生融陷（即融沉）。

根据冻土随季节气温的变化情况可将其划分为季节冻土和多年冻土两大类，其中季节冻土冬季冻结，夏季全部融化，处于年复一年的冬冻春融周期性变化状态；多年冻土是位于高寒地区的部分含有固态水且冻结状态持续两年或两年以上的土层，这是因为高寒地区地表土层的年散热量大于其吸热量，自地表向下一定深度范围内存在着负温积累。多年冻土在垂直方向自上而下可被划分为季节性冻土层、过渡层及多年冻土层。

**2. 主要工程地质性质**

(1) 冻胀性　土在冻结过程中，体积会增大，从而产生冻胀力。冻土在冻结状态时，具有较高的强度和较低的压缩性或无压缩性。土体发生冻胀的机理除土中水结冰后体积增大是其直接原因以外，更主要的还在于土层冻结过程中非冻结区的水分向冻结区的不断迁移和聚积。

土中的弱结合水外层在约-0.50℃便开始冻结，越靠近土粒表面，水的冰点越低。当大气负温传入土中后，土中的自由水首先开始结冰，成为冰晶体；温度的进一步下降致使部分弱结合水参与冻结，从而使颗粒的电场力增大；颗粒电场力的增强促使非冻结区的水分通过毛细作用向冻结区迁移，以满足颗粒周围的电场平衡；部分弱结合水再次参与冻结使颗粒的电场平衡再次被打破，并导致非冻结区的水分继续向冻结区迁移，如此不断循环，致使冻结区的冰晶体不断扩大，非冻结区的水分大量向冻结区聚积，造成冻结区土体产生明显的冻胀现象。

影响土冻胀性大小的因素共有三个方面。一是土的种类。冻胀常发生在细粒土中，特别是粉土、粉质砂土和粉质黏土等，冻结时水分的迁移聚积最为强烈，冻胀现象严重。这是因为这类土的颗粒表面能大，电场强，能吸附较多的结合水，从而在冻结时发生水分向冻结区的大量迁移和积聚；此外这类土的毛细孔隙通畅，毛细作用显著，毛细水上升高度大、速度快，为水分向冻结区的快速、大量迁移创造了条件。黏性土虽然颗粒表面能更大，电场更强，但由于其毛细孔隙小、封闭气体含量多，对水分迁移的阻力大，水分迁移的通道不通畅，结冰面向下推移速度快，因而其冻胀性较上述粉质土为小。二是土中水的条件。当地下水位高，毛细水为上升毛细水时，土的冻胀性就严重；当没有地下水的不断补给，悬挂毛细水含量有限时，土的冻胀性必然弱一些。三是温度的影响。如果气温骤然降低且冷却强度很大时，土体中的冻结面就会迅速向下推移，毛细通道被冰晶体所堵塞，冻结区积聚的水分量少，土的冻胀性就会明显减弱。反之，若气温下降缓慢，负温持续时间长，冻结区积聚的水分量大、冰夹层厚，则土的冻胀性又会增强。工程中可针对上述影响因素，采取相应的防治冻胀措施。

(2) 融沉性　当土层解冻时，冰晶体融化，多余的水分通过毛细孔隙向非冻结区扩散，或在重力作用下向下部土体渗流，水沿孔隙逐渐排出，在土体自重作用下，孔隙比迅速减小，因而土层出现下沉现象，即融沉性。冻土融沉后，其承载能力大为降低，压缩性急剧增高。根据融化下沉系数的大小，多年冻土可分为不融沉、弱融沉、融沉、强融沉和融陷五级。

土的冻胀性和融沉性除与气温条件有关外，主要与土的粒度成分、冻前土的含水量以及地下水位有着密切关系。同样条件下，粗粒土比细粒土冻胀和融沉性小；冻前土的含水量越小，则土的冻胀和融沉性越小；无地下水补给条件比有地下水补给条件土的冻胀和融沉性小。反之则越大。

在道路工程中，季节冻土在冬季严重的冻胀地段，春融时由于表层冻土首先融化，而土层内部仍处于冻结状态，水分不能下渗，导致表层土内含水量过多，使道路产生强烈的融沉甚至造成路基上翻浆的现象。

在多年冻土地区的不同季节，还常常出现与地下水活动有关的不良地质现象，如冰丘（冻胀引起地表产生隆起的冻胀土丘）、冰锥（冬季地下水沿裂隙冲破地表，并沿地表斜坡流动，在流动过程中逐渐被冻结在斜坡上的锥形冰体），以及与多年冻土层中的藏冰消融活动有关的热融滑塌等，严重威胁建筑物和道路工程的安全和稳定。

### 4.5.4　红黏土

红黏土是覆盖于碳酸岩系之上，在亚热带温湿气候条件下经风化作用形成的风化物与碳酸盐类的风化物混杂在一起，构成的棕红或褐黄色的高塑性黏土。液限大于或等于50%的为原生红黏土，液限大于45%的为次生红黏土。

**1. 地质成因及分布**

红黏土属第四纪残积、坡积型土，一般分布在盆地、洼地、山麓、山坡、谷地或丘陵等地区，形成缓坡、陡坎地形，常与岩溶、土洞关系密切。我国红黏土主要分布在云南、贵州和广西等省区；其次，四川盆地南缘和东部、鄂西、湘西、湘南、粤北、皖南和浙西等地也有分布。我国北方红黏土零星分布在一些较温湿的岩溶盆地，如陕南、鲁南和辽东等。

**2. 主要工程地质性质**

（1）上硬下软　一般情况下，红黏土的表层压缩性低、强度较高、稳定性好，属良好的地基地层。但在接近下伏基岩面的下部，随着含水量的增大，土体成软塑或流塑状态，强度明显变低。

（2）裂隙发育　红黏土天然状态下呈致密状，无层理，表部呈坚硬、硬塑状态，失水后含水量低于缩限时，土中开始出现裂缝，近地表处呈竖向开口状，向深处渐弱，为网状闭合微裂隙。裂隙的产生，破坏了土体的完整性，降低土的总体强度；同时，使失水通道向深部土体延伸，促使深部土体收缩，加深、加宽原有裂隙，严重时甚至形成深长地裂。

红黏土裂隙发育深度一般为2~4m，有些可达7~8m。在该土层中开挖后，受气候影响，裂隙的发生和发展迅速，将开挖面切割得支离破碎，影响边坡的稳定性。

（3）表面收缩　红黏土的主要矿物成分为高岭石、伊利石和绿泥石，具有稳定的结晶格架；天然含水量接近缩限，孔隙呈饱和水状态，因此其胀缩性以收缩为主，在天然状态下膨胀量很小，失水后干硬收缩。

（4）高塑性、高孔隙比　红黏土高分散性，黏粒含量为60%~80%，其中小于0.002mm的胶粒含量占40%~70%，粒间胶体氧化铁具有较强的黏结力，形成团粒。因此，红黏土具有高塑性、高孔隙比特征。

(5) 土层分布不均匀 红黏土的厚度受下伏基岩起伏的影响而变化很大，尤其是水平方向上变化大。红黏土具有垂直方向状态变化大，水平方向厚度变化大的特点。

(6) 具有较高的力学强度和较低的压缩性 由于黏粒间胶结力强且非亲水性，因此，红黏土无湿陷性，压缩性低，力学性能好。

### 4.5.5 膨胀土

膨胀土是指含有大量亲水矿物，湿度变化时有较大体积变化，变形受约束时产生较大内应力的黏性土，一般呈灰白、灰绿、灰黄、棕红、褐黄等色。膨胀土上的房屋受环境诸因素变化的影响，经常承受反复不均匀升降位移的作用，特别是坡地上的房屋还伴随有水平位移，较小的位移幅度往往导致低层砌体结构房屋的破坏，且很难修复。

**1. 地质成因及分布**

膨胀土的成因类型很多，有河流相、残积、坡积、洪积相，还有湖相及滨海相。主要生成于第四纪晚更新世，第四纪中更新世也有生成，更早、更晚的时期几乎没有生成。

我国膨胀土分布广泛，成因类型和矿物组成复杂，应根据土的自由膨胀率、工程地质特征和房屋开裂破坏形态综合判定膨胀土；膨胀土在我国南方分布的较多，北方分布的较少。

**2. 主要工程地质性质**

1）多出露于二级及二级以上的河谷阶地、山前和盆地边缘及丘陵地带，一般地形坡度平缓，无明显的陡坎。

2）多呈坚硬~硬塑状态，液限多为40%~55%，塑性指数多为22~35。土内分布有裂隙，斜交剪切裂隙越发育，其胀缩程度越大。

3）天然含水量接近或略小于塑限，强度高，压缩性一般中等偏低。

4）断口平滑，土层中常含有铁结核，有的富集成层或呈透镜体。

5）膨胀土地区易产生边坡开裂、崩塌和滑动。

在膨胀土地区，进行土方开挖工程时遇雨易发生坑底隆起和坑壁侧胀开裂，地下洞室周围易产生高地压和洞室周边土体大变形现象；地裂缝发育，对道路、渠道等易造成危害；膨胀土反复的吸水膨胀和失水收缩会造成围墙、室内地面以及轻型建（构）筑物的破坏，甚至种植在建筑物周围的阔叶树木生长（吸水）都会对建筑物的安全构成影响。

### 4.5.6 盐渍土

岩土中易溶盐含量大于0.3%，且具有溶陷、盐胀、腐蚀等工程特性的土称为盐渍土。

**1. 地质成因及分布**

含盐量较高的地下水沿土层的毛细管升高至地表或接近地表，通过蒸发作用，又或者区域气候条件干燥，蒸发量大于降雨量，水中盐分析出并聚集于地表或地下土层中形成盐渍土。

我国的盐渍土按其地理分布可划分为滨海盐渍土、内陆盐渍土和冲积平原盐渍土三种类型。其中滨海型盐渍土为滨海的洼地或衰亡的泻湖、溺谷等由于水分的蒸发使盐分浓集而形成，由于滨海地区湿润多雨，所以湿度和降雨对盐渍土的性质影响很大；冲积平原型盐渍土多分布于低阶阶地、河漫滩及旧河道地带，由毛细水上升和水分蒸发形成，含盐量一般较低；内陆型盐渍土多为洪积扇和盆地型，从洪积扇到盆地可分为松胀盐土带、结皮盐土带和结壳盐土带，含盐量依次增高。松胀盐土带土质松软，沉落性很大，结皮盐土带地层多为粉砂、砂黏土或黏土等细粒含盐软土，力学性质差、强度低；结壳盐土带为潜水溢出带或衰亡干涸的古湖盆，土层表面常结成很厚的灰白色硬壳，硬壳下常有一层褐黄色或灰白色的盐类结晶，遇水后工程性质会有极大改变。

盐渍土的厚度一般不大。平原和滨海地区，一般在地表向下2~4m，其厚度与地下水的埋深、土的毛细作用上升高度和蒸发强度有关。内陆盆地盐渍土的厚度有的可达几十米，如柴达木盆地中盐湖区的盐渍土厚度达30m以上。

根据含盐化学成分，盐渍土可分为氯盐渍土、亚氯盐渍土、亚硫酸盐渍土、硫酸盐渍土和碱性盐渍土五种类型。其中氯盐型吸水性极强，含水量高时松软易翻浆；硫酸盐型易吸水膨胀、失水收缩，性质类似膨胀土；碳酸盐型碱性大、土颗粒结合力小、强度低。

按含盐量可分为弱盐渍土、中盐渍土、强盐渍土和超盐渍土四种类型。

**2. 主要工程地质性质**

（1）溶陷性　盐渍土中的可溶盐经水浸泡后溶解、流失，致使土体结构松散，在土的饱和自重压力或在一定压力作用下产生溶陷。

（2）盐胀性　盐胀作用是由昼夜温差大引起的，多出现在地表下不太深的地带，一般约为0.3m。当硫酸盐渍土中$Na_2SO_4$的含量较多时，在32.4℃以上时为无水，体积较小；当温度下降到32.4℃时，吸水成为$Na_2SO_4 \cdot 10H_2O$晶体，体积增大。如此反复不断循环的作用结果，使土体变松。碳酸盐渍土中含有大量吸附性阳离子，遇水时与胶体颗粒作用，在胶体颗粒和黏粒周围形成结合水膜，减小了黏聚力，使其互相分离，从而引起土体盐胀。

（3）腐蚀性　盐渍土均具有腐蚀性，其腐蚀程度与盐类的成分和建筑结构所处的环境条件有关。

（4）吸湿性　氯盐渍土含有较多的钠离子，其水解半径大，水化胀力强，从而在钠离子周围可形成较厚的水化薄膜，因此氯盐渍土具有较强的吸湿性。在潮湿地区，氯盐渍土体极易吸湿软化，强度降低；在干旱地区，氯盐渍土体易压实。氯盐渍土吸湿深度一般只限于地表，深度约0.10m。

（5）物理力学性质　盐渍土的液限、塑限随土中含盐量的增大而降低，当土的含水量等于其液限时，土的抗剪强度近乎等于零，因此高含盐量的盐渍土在含水量增大时极易丧失其强度。反之，当盐渍土的含水量较小、含盐量较高时，土的抗剪强度就较高。

盐渍土具有较高的结构强度，当压力小于结构强度时，盐渍土几乎不产生变形；但浸水后，盐类等胶结物软化或溶解，变形模量显著降低，强度也随之降低。

### 4.5.7 填土

**1. 类型**

填土是指由人类活动堆积而成的土，根据物质组成和堆填方式分为素填土、杂填土、冲填土和压实填土四种类型。

（1）素填土　素填土是指由碎石、砂、粉土和黏性土等一种或几种土组成，不含杂物或含杂物很少。

(2) 杂填土　杂填土是指含有大量建筑垃圾、工业废料或生活垃圾等杂物。其中建筑垃圾和工业废料一般均质性差，尤以建筑垃圾为甚；生活垃圾物质成分复杂，且含有大量的污染物，不能作为地基材料，当建筑场地为生活垃圾所覆盖时，必须予以挖除。由建筑垃圾和工业废料堆成的杂填土常常需要进行人工处理后方可作为地基。

(3) 冲填土　冲填土是借助水力冲填泥砂而形成的土，一般压缩性大、含水量大、强度低。

(4) 压实填土　压实填土是按一定标准控制材料成分、密度、含水量，分层压实或夯实而成。

未经压实处理的称为虚填土，由于其形成的时间极短，所以结构性能一般很差，虚填土俗称“活土”，极其疏松，在工程中必须进行换填压实处理。

**2. 主要工程地质性质**

填土一般具有不均匀性、湿陷性、自重压密性、强度低和压缩性高等工程特性。

(1) 素填土　素填土的工程地质性质主要受其均匀性和密实度影响。在堆积过程中，未经人工压密实，则密实度较差，可能有湿陷性；随着堆积时间的增加，土的自重压密作用，可使土达到一定密实度。

(2) 杂填土　杂填土的堆积条件、堆积时间、堆积物质来源和组成成分的复杂和差异，使杂填土的性质很不均匀，密度变化大，分布范围和厚度的变化均缺乏规律性，具有极大的人为随意性。杂填土一般为欠压密土，堆积时间短、结构疏松，具有较高的压缩性和很低的强度，浸水后往往产生湿陷变形。由于杂填土组成物质的复杂多样性，其孔隙大且渗透性不均匀。

(3) 冲填土　冲填土的颗粒组成有砂粒、黏粒和粉粒，在冲填过程中随泥砂来源的变化，冲填土在纵横方向上具不均匀性，土层多呈透镜体状或薄层状出现。冲填土的含水量一般大于液限，呈软塑或流塑状态，其透水性弱、排水固结差。

(4) 压实填土　压实填土的工程地质性质主要受压实前设计的控制参数（压实土的粒度成分、密度、含水量等）及压实系数的影响。在压实前应测定填料的最优含水量和最大干密度，压实后应测定其干密度，计算压实系数，以确定是否达到设计要求。

### 4.5.8 污染土

随着人们环境保护和生态建设意识的增强，污染对土和地下水造成的环境影响，尤其是对人体健康的影响日益受到重视，国际上环境岩土工程也已成为十分突出的问题。致污物质侵入导致土的成分、结构和性质发生了显著变异的土，称为污染土。

**1. 类型**

污染土主要分布于工业污染、尾矿污染和垃圾填埋场渗滤污染等，根据 GB 50021—2001（2009 年版）《岩土工程勘察规范》，污染土场地可分为已受污染的已建场地、已受污染的拟建场地、可能受污染的已建场地和可能受污染的拟建场地四种类型。

**2. 主要工程地质性质**

污染土性质复杂，化学成分多样，化学性质有极性和非极性，有的还含有机质，在空间分布上不均匀、污染程度变化大，腐蚀性，土层物理力学性质发生改变，工程要求也各不相同，很难用一个指标概括。GB 50021—2001（2009年版）《岩土工程勘察规范》按污染前后土的工程特性指标的变化率判别地基土受污染影响的程度，见表4-29。根据工程具体情况，可采用强度、变形、渗透等工程特性指标进行综合评价。

表4-29　污染对土的工程特性的影响程度

| 影响程度 | 轻微 | 中等 | 大 |
|---|---|---|---|
| 工程特性指标变化率(%) | <10 | 10~30 | >30 |

工程特性指标变化率是指土污染前后工程特性指标的差值与土污染前指标之百分比，具体选用哪种指标应根据工程具体情况确定。强度和变形指标可选用抗剪强度、压缩模量、变形模量等，也可用标贯锤击数、静力触探指标、动力触探指标，或载荷试验的地基承载力等。

土被污染后对工程特性一般产生不利影响，但也有被胶结加固，产生有利影响。尤其应注意同一工程，经受同样程度的污染，当不同工程特性指标判别结果有差异时，宜在分别评价的基础上根据工程要求进行综合评价。

## 4.6　岩石的物理力学性质

### 4.6.1　岩石的基本物理性质

岩石的物理性质是岩石的基本工程地质性质，与工程密切相关的有密度和空隙性，其物理意义与土的物理性质基本相同。

**1. 岩石的密度**

岩石的密度是指单位体积内岩石的质量。它是建筑材料选择、岩石风化研究及岩体稳定性和围岩压力预测等必需的参数。岩石密度又分为岩石颗粒密度和岩石块体密度。

（1）岩石颗粒密度　岩石颗粒密度是指岩石固体相部分的质量与其体积的比值。它不包括空隙质量，因此其大小仅取决于组成岩石的矿物密度及其在岩石中的相对含量。如基性、超基性岩浆岩，含密度大的矿物较多，岩石颗粒密度一般为2.7~3.2g/cm$^3$；酸性岩浆岩含密度小的矿物较多，岩石颗粒密度多为2.5~2.85g/cm$^3$；又如硅质胶结的石英砂岩，其颗粒密度接近于石英密度；石灰岩和大理岩的颗粒密度多接近于方解石密度等。岩石颗粒密度属实测指标，常用比重瓶法进行测定。测试时，将岩石粉碎过筛后，用比重瓶法测定，其试验方法与步骤和土的土粒密度测定方法大致相同。

（2）岩石块体密度　岩石块体密度（或称岩石密度）是指单位体积岩石的质量，根据岩石的含水状况不同可分为天然密度、干密度和饱和密度。岩石的块体密度除与矿物组成有关外，还与岩石的空隙发育程度及其含水状态密切相关，致密而裂隙不发育的岩石，块体密度与颗粒密度很接近；随着孔隙、裂隙的增加，块体密度相应减小。岩石块体密度可采用规则试件的量积法或不规则试件的蜡封法测定，其实验原理和方法与土的密度测定相同。

**2. 岩石的空隙性**

岩石空隙性是岩石孔隙性、裂隙性和岩溶性的统称。岩石空隙性常用空隙率表示。

岩石空隙率是指岩石空隙体积与岩石总体积之比，以百分数表示。岩石中的空隙有的与外界连通，有的不相通，空隙开口也有大小之分。

岩石因形成条件及其后期经受的变化不同，空隙率变化很大，其变化区间可从小于百分之一到百分之几十，一般情况下，新鲜结晶岩类空隙率较低，很少大于 3%，沉积岩空隙率较高，一般小于 10%，但部分砾岩和充填胶结差的砂岩空隙率可达 10%~20%；风化程度加剧，岩石空隙率相应增加，可达 30%左右。

## 4.6.2 岩石的水理性质

岩石水理性质是指岩石在水溶液作用下表现出来的性质，通常包括岩石的吸水性、透水性、软化性和抗冻性等。

### 1. 吸水性

岩石在一定试验条件下的吸水性能称岩石的吸水性。它取决于岩石空隙数量、大小、开闭程度和分布情况，一般用吸水率表示。吸水率是指岩石试件在大气压和室温条件下自由吸入水的质量与岩样干质量之比，以百分数表示。

岩石的吸水率与岩石空隙率的大小、空隙张开程度等因素有关，因此与岩石成因、时代及岩性有关。大部分岩浆岩和变质岩的吸水率多为 0.1%~2%；沉积岩的吸水性较强，多为 0.2%~7%。岩石的吸水率大，则水对岩石颗粒间结合物的浸湿、软化作用就强，岩石强度及其稳定性受水作用的影响也就越显著。

### 2. 透水性

岩石能被水透过的性能称为岩石透水性。水只沿连通的空隙渗透。

岩石透水性大小可用渗透系数来衡量，它主要决定于岩石空隙的大小、数量、方向及其相互连通情况，可在室内根据达西定律测定。

### 3. 软化性

岩石浸水后强度降低的性能称岩石的软化性。岩石软化性与岩石空隙性、矿物成分、胶结物质等有关。岩石软化性的指标是软化系数（$K_R$），在数值上，它等于岩石在饱和状态下的抗压强度（$R_b$）与在干燥状态下抗压强度（$R_c$）的比值，软化系数小于 1，用小数表示。

通常认为，软化系数大于 0.75 时，岩石的软化弱，抗水、抗风化和抗冻性能强；软化系数小于 0.75，则岩石的工程地质性质较差，软化性能强，说明岩石在水作用下的强度和稳定性差。几种岩石的软化系数见表 4-30。

表 4-30 岩石的软化系数

| 岩石名称 | 软化系数 | 岩石名称 | 软化系数 |
| --- | --- | --- | --- |
| 变质片麻岩 | 0.69~0.84 | 侏罗系石英长石砂岩 | 0.68 |
| 石灰岩 | 0.70~0.90 | 微风化白垩系砂岩 | 0.50 |
| 软质变质岩 | 0.40~0.68 | 中等风化白垩系砂岩 | 0.40 |
| 泥质灰岩 | 0.44~0.54 | 中奥陶系砂岩 | 0.54 |
| 软质岩浆岩 | 0.16~0.50 | 新近系红砂岩 | 0.33 |

软化系数是评价岩石力学性质的重要指标，特别是在水工建设中，对评价坝基岩体稳定性具有重要意义。

**4. 抗冻性**

岩石抵抗冻融破坏的性能称岩石的抗冻性。岩石浸水后，当温度降到0℃以下时，其空隙中的水将冻结，体积增大9%，产生较大的膨胀压力，使岩石的结构和联结发生改变，直至破坏。反复冻融后，岩石强度降低。可用强度损失率和质量损失率表示岩石的抗冻性能。

强度损失率是饱和岩石在一定负温度（一般为-25℃）条件下，冻融10~25次（视工程具体要求而定），冻融前后的抗压强度差值与冻融前抗压强度的比值，以百分数表示。

质量损失率是指在上述条件下，冻融前后干质量之差与冻融前干质量之比，以百分数表示。

岩石强度损失率与质量损失率的大小取决于岩石张开型空隙发育程度、亲水性和可溶性矿物的含量以及矿物粒间联结强度，一般认为，强度损失率小于25%或质量损失率小于2%的岩石为抗冻的。此外，吸水率小于0.5%，软化系数大于0.75，饱水系数大于0.6~0.8，均为抗冻的岩石。

## 4.6.3 岩石的力学性质

岩石的力学性质是指岩石在外力作用下所表现的性质，主要包括岩石的变形和强度。

**1. 岩石的变形**

在外力作用下，岩石首先发生变形，这种变形可分为弹性变形和塑性变形。按固体力学定义，弹性变形是物体受力发生的全部变形，在外力解除的同时立即消失，因而是可逆变形；塑性变形是物体受力变形后，在外力解除后，变形也不再恢复，是不可逆变形，又称为永久变形或残余变形。

岩石在刚性试验机单轴加载下的应力-应变曲线，一般分为6个阶段：

第一阶段：非线性压密阶段，在此阶段试件刚度逐渐增加，曲线上弯，岩石内部的天然缺陷（微裂纹、微空隙）在外载作用下逐渐闭合。

第二阶段：线性弹性阶段，应力与应变成正比，试件刚度为常数。

第三阶段：微裂纹稳定扩展阶段，岩石内的原生裂纹端部，岩石内部微缺陷等引起局部应力集中或裂隙面的剪切运动，促使裂纹稳定扩展，此过程延续到临界能量释放点。应力-应变曲线下弯，刚度减小。

第四阶段：非弹性变形破坏阶段，此阶段类似于非线性硬化阶段，随着荷载的增加，变形非线性的增长。微裂纹扩展具有稳定性。

第五阶段：应变软化阶段，岩石达到峰值荷载后，荷载随着变形的增长而减小，岩石内大量新的微裂纹产生，扩展，汇合，导致试件完全破坏。

第六阶段：残余荷载阶段，在单轴加载条件下有些岩石不存在残余强度。

由此可见，岩石在外力作用下由变形发展到破坏的全过程，是一个渐进性发展的过程，具有明显的阶段性，总体可分为峰值前阶段和峰值后阶段，前者反映了岩石破坏前的变形特征。岩石变形特性可用岩石变形模量和泊松比两个基本指标表示，可用来计算岩石变形，并为基础设计提供重要依据。

岩石的变形模量是岩石加荷的最大压（或拉）应力（$\sigma$）与其相应的应变（$\varepsilon$）之比。岩石的变形模量越大，变形越小，说明岩石抵抗变形的能力越高。

泊松比是指岩石在单轴压缩条件下产生的横向膨胀应变与纵向压缩应变之比，用小数表示。泊松比越大，表示岩石受力作用后的横向变形越大。岩石泊松比一般为 0.2~0.4。

**2. 岩石的强度**

岩石抵抗外荷而不破坏的能力称为岩石强度。外荷载作用于岩石，主要由组成岩石的矿物颗粒及矿物颗粒之间的联结来承担。外荷载过大并超过岩石能承担的能力时便发生破坏。岩石在外荷载作用下遭到破坏时的强度，称为极限强度。

按外荷的作用方式不同，岩石强度一般包括单轴和多轴抗压强度、抗剪强度和抗拉强度。

(1) 单轴抗压强度　岩石单向受压时，抵抗压碎破坏的最大轴向压应力，称为岩石的极限抗压强度，简称抗压强度。抗压强度是反映岩石力学性质的主要指标之一。单轴抗压强度主要受两方面因素的影响和控制，一是岩石本身性质方面，如岩石的矿物成分、颗粒大小、胶结程度，特别是岩石层理、片理等，对岩石强度影响很大，岩石风化和裂隙，也会使其强度降低；二是实验条件方面，如加载速率，温度及湿度。

(2) 抗剪强度　岩石抵抗剪切破坏时的最大剪应力称为抗剪强度。它是评价建筑物稳定性的主要指标。抗剪强度通常分为抗剪断强度、抗切强度和摩擦强度等三种剪切强度。

1) 抗剪断强度是指试件在一定法向应力作用下，沿剪切面剪断时的最大剪应力。它反映了岩石黏聚力和摩擦力。

2) 抗切强度是指岩石试件在法向应力为零时沿剪切面剪断时的最大剪应力。岩块的抗切强度通过抗切实验求得。

3) 摩擦强度：是指岩石与岩石或岩石与其他材料之间沿某一摩擦面，在压应力作用下，被剪断时的最大剪应力。与之对应的是摩擦实验。

(3) 抗拉强度、抗弯强度　岩石在单向拉伸破坏（断裂）时的最大拉应力，称为抗拉强度。一般情况下，岩石的抗拉强度远小于其抗压强度，岩石的抗弯强度一般也远小于抗压强度，但大于抗拉强度，平均为抗压强度的 7%~12%。岩石的抗拉强度、抗剪强度、抗弯强度与抗压强度之间的经验关系见表 4-31。

表 4-31　岩石的抗拉强度、抗剪强度和抗弯强度与抗压强度之间的经验关系

| 岩石名称 | 抗拉强度/抗压强度 | 抗剪强度/抗压强度 | 抗弯强度/抗压强度 |
| --- | --- | --- | --- |
| 花岗岩 | 0.028 | 0.068~0.09 | 0.07~0.08 |
| 石灰岩 | 0.059 | 0.06~0.15 | 0.119 |
| 砂岩 | 0.029 | 0.06~0.078 | 0.09~0.095 |
| 斑岩 | 0.033 | 0.06~0.064 | 0.105 |

总之，抗压强度是岩石力学性质中的一个重要指标。岩石的抗压强度最高，抗剪强度居中，抗拉强度最小。岩石越坚硬，其值相差越大，而软弱的岩石差别较小。岩石的抗剪强度和抗压强度，是评价岩石稳定性的指标，是进行岩石（岩体）的稳定性定量分析的依据。由于岩石的抗拉强度很小，仅是抗压强度的 2%~16%，所以当岩层受到挤压形成褶皱时，常在弯曲变形较大的部位受拉破坏，产生张性裂隙。

## 4.7　岩体的结构特征

岩体结构是指岩体中结构体与结构面的排列组合特征。岩体结构应包括结构体与结构面

两个要素或结构单元，不同结构面与结构体以不同方式排列组合，形成了不同的岩体结构类型。

### 4.7.1 结构面类型及其特征

结构面是指岩体中具有一定方向、一定规模、一定形态和特性的面、缝、层和带状的地质界面。结构面是岩体稳定性的控制因素，它导致岩体力学性能的不连续性、不均匀性和各向异性。岩体的变形和破坏主要受各种结构面的性质及其组合形式的控制。

**1. 结构面的成因类型**

不同结构面具有不同的工程地质特征，这与其成因密切相关，按结构面成因，可将其划分为原生结构面、构造结构面和次生结构面三种类型。

原生结构面是在岩体形成过程中产生的。如岩浆岩的流动构造面、冷凝形成的原生裂隙面、侵入体与围岩的接触面；沉积岩体内的层理面、不整合面、软弱夹层等；变质岩体内的片理面、片麻构造面等。沉积结构面在层状岩体中普遍发育，其产状与岩层一致、空间延续性强、表面平整，但在中生代以后的陆相沉积层中分布不稳定、易尖灭；沿着沉积结构面的抗剪强度比垂直于这些面方向上的强度要低，若沿着该面有由地面渗入水带来的黏土物质，抗剪强度就会更低。

构造结构面是岩体中受地壳运动作用产生的一系列破裂面，如节理、断层、劈理以及由于层间错动引起的破碎面等。断层破碎带、层间错动破碎带均易软化、风化，其力学性质较差，属于构造软弱带。

次生结构面是岩体受卸荷、风化、地下水等外力作用而形成的结构面，包括卸荷裂隙、风化裂隙、次生夹泥层和泥化夹层等。风化作用使原有的结构面强度降低、透水性增强，使岩体工程地质条件恶化。

**2. 结构面的特征**

结构面的形成年代及活动性、延展性及穿切性、形态、充填胶结情况、产状及相互组合关系、密集程度等均对结构面的力学性质有很大影响。

1）形成年代及活动性。主要对构造结构面而言。在地质历史时期内形成的年代较老的结构面一般胶结、充填情况较好，对岩体力学性质的影响相对较小；而那些在晚近期仍在活动的结构面如活断层，则直接关系到工程所在区域的稳定性。

2）延展性及穿切性。它控制了工程岩体的强度和完整性，影响岩体的变形；控制工程岩体的破坏形式和滑动边界。一般地，延展长、穿切好的结构面，对岩体的稳定性影响较大。

3）形态。结构面的形态对其强度影响较大，常见的形态有平直的、台阶状、锯齿状、波浪状、不规则状等。平直的与起伏粗糙的结构面相比，后者有较高的强度。

4）充填胶结情况。不同的充填物质成分，其强度是不相同的。以硅质、铁质胶结的强度最高，往往与岩石强度差别不大，甚至超过岩石强度；而泥质和易溶盐类胶结的结构面，强度最低，且抗水性差。

5）产状及组合关系。控制了工程岩体的稳定性及破坏机制，与工程力的方向密切相关。

6）密集程度。它直接控制了岩体的完整性和力学性质，也影响岩体的渗透性，它对岩体的力学性质影响很大。

**3. 软弱夹层**

软弱夹层是具有一定厚度的岩体结构面，是一种特殊结构面，其强度和压缩性明显低于两侧岩体。软弱夹层可引起岩体滑移，在地基中可产生明显压缩、沉降变形。

在软弱夹层中最常见且危害性较大的是泥化夹层。泥化夹层是含泥质的原生软弱夹层经一系列的地质作用演化形成的。多分布在上下相对坚硬而中间相对软弱、刚柔相间的组合条件下，在构造运动作用下，产生层间错动、岩层破碎及结构改组等，在地下水的作用下使岩石处于塑性状态（泥化），强度大幅降低。其力学强度与松软土相似，压缩性较大，属中—高压缩性；抗冲刷能力低，所以在工程上要给予很大的关注。

### 4.7.2 结构体的类型及其特征

结构体是指由不同产状的结构面组合，将岩体分割成相对完整坚硬的岩石块体。结构体的大小很不相同，也是相对的。根据其外形特征，结构体可分为五种基本形式，即锥形、楔形、菱形、方形和聚合形。

不同形式的结构体对岩体稳定性的影响程度，由于它们的大小、形状、埋藏、位置等不同而有极大的差异；同一形式的结构体，因其大小、产状不同，稳定性也不同。一般讲，它们稳定程度由大到小，大体可按下列次序排列：聚合形结构体>方形结构体>菱形结构体>楔形结构体>锥形结构体。同一形式的结构体，它们的稳定程度由大到小，一般可按下列顺序排列：块状>板状>柱状。

### 4.7.3 岩体结构类型划分

岩体的结构类型主要取决于不同岩性及不同形式结构体的组合方式，根据结构面的性质、与结构体形式，充分考虑岩石经受的建造与改造两大作用，GB 50021—2001《岩土工程勘察规范（2009 年版）》中把岩体结构划分为整体状结构、块状结构、层状结构、碎裂状结构、散体状结构 5 种形式，充分反映了岩体的各向异性、不连续性及不均一性。同时，不同结构类型的岩体，其工程地质性质不同。岩体的结构类型及其特征见表 4-32。

表 4-32 岩体结构类型

| 岩体结构类型 | 岩体地质类型 | 结构体形状 | 结构面发育情况 | 岩土工程特征 | 可能发生的岩土工程问题 |
|---|---|---|---|---|---|
| 整体状结构 | 巨块状岩浆岩和变质岩，巨厚层沉积岩 | 巨块状 | 以层面和原生、构造节理为主，多呈闭合型，间距大于 1.5m，一般为 1~2 组，无危险结构 | 岩体稳定，可视为均质弹性各向同性体 | 局部滑动或坍塌，深埋洞室的岩爆 |
| 块状结构 | 厚层状沉积岩，块状岩浆岩和变质岩 | 块状<br>柱状 | 有少量贯穿性节理裂隙，结构面间距 0.7~1.5m。一般为 2~3 组，有少量分离体 | 结构面互相牵制，岩体基本稳定，接近弹性各向同性体 | |
| 层状结构 | 多韵律薄层沉积岩、中厚层状沉积岩，副变质岩 | 层状<br>板状 | 有层理、片理、节理，常有层间错动 | 变形和强度受层面控制，可视为各向异性弹塑性体，稳定性较差 | 可沿结构面滑塌，软岩可产生塑性变形 |

（续）

| 岩体结构类型 | 岩体地质类型 | 结构体形状 | 结构面发育情况 | 岩土工程特征 | 可能发生的岩土工程问题 |
| --- | --- | --- | --- | --- | --- |
| 碎裂状结构 | 构造影响严重的破碎岩层 | 碎块状 | 断层、节理、片理、层理发育，结构面间距0.25~0.50m，一般3组以上，有许多分离体 | 整体强度很低，并受软弱结构面控制，呈弹塑性体，稳定性很差 | 易发生规模较大的岩体失稳，地下水加剧失稳 |
| 散体状结构 | 断层破碎带，强风化及全风化带 | 碎屑状 | 构造和风化裂隙密集，结构面错综复杂，多充填黏性土，形成无序小块和碎屑 | 完整性遭极大破坏，稳定性极差，接近松散体介质 | 易发生规模较大的岩体失稳，地下水加剧失稳 |

## 4.8 岩体的力学性质

岩体的力学性质与岩石有显著的差别，一般情况下，岩体比岩石容易变形。造成这种差别的根本原因是岩体中存在类型不同、规模不等的结构面，并赋存于一定的天然应力与地下水等地质环境中。正因如此，岩体在外力作用下，其力学属性往往表现出非均质、非连续、各向异性和非弹性。人类的工程活动都是在岩体表面或岩体中进行的，因此研究岩体的力学性质比研究岩石更重要，更具有实际意义。

岩体的力学性质，一方面取决于它的受力条件；另一方面则受岩体的地质特征和赋存的环境条件的影响。其影响因素主要包括：组成岩体的岩石变形与强度性质；各种结构面的发育特征及其变形与强度性质；岩体的赋存环境，尤其是天然应力及地下水的影响。其中，结构面的影响是岩体力学性质不同于岩石的本质原因。因此，要研究岩体的力学性质首先要研究岩体结构。

**1. 岩体的变形性质**

由于岩体中包含大量的结构面，结构面中往往有各种充填物存在，因此，岩体在外力作用下的变形是岩石变形、结构面闭合和充填物变形三者的总和，且在一般情况下，结构面和充填物变形起控制作用。故下文主要讨论结构面与岩体的变形性质。

（1）结构面的变形特征

1）法向变形特征：在法向力作用下，结构面产生单位法向变形所需要的法向应力，称为结构面的法向刚度 $K_n$，其大小等于 $\sigma_n$-$\Delta V_j$ 曲线上某点处切线的斜率。它是反映结构面法向变形性质的主要参数。

2）剪切变形特征：在剪应力作用下，结构面产生单位剪位移所需要的剪应力，称为结构面的剪切刚度 $K_s$，数值上等于 $\tau$-$\Delta u_j$ 曲线上任一点的切线斜率。它是反映结构面剪切变形特征的主要参数。

（2）岩体变形参数的测定　岩体变形参数的测定方法有静力法和动力法两类。静力法又可分承压板法、狭缝法、钻孔变形法及水压洞室法等。这类方法都是在岩体表面或槽壁和孔壁上施加一定的荷载，然后测定加荷所引起的岩体变形值，进而求得压力-变形曲线和变形参数。动力法则是通过测定弹性波在岩体中的传播速度，依据一定的公式求取岩体的变形参数，主要有地震法和声波法。有关试验方法与原理，请参考有关文献。

**2. 岩体的强度性质**

岩体是由各种不同形态的岩块和结构面组成的地质体。因此，岩体强度必然受到岩块、结构面及其组合形式的控制。一般情况，岩体的强度既不等于岩块的强度，也不等于结构面的强度，而是两者共同影响表现出来的强度。但在某些情况下，可以近似用岩块或结构面的强度来代替它。如岩体中结构面很不发育，呈整体或完整结构，则其强度可视为与岩块强度相近或相等。又如岩体是沿某一结构面整体滑移破坏，则岩体的强度完全取决于该结构面的抗剪强度。在多数情况下，岩体的强度介于岩块和结构面强度之间。

在岩体的强度性质中，最重要的是抗剪强度。它是影响工程安全和造价的重要因素，在岩基抗滑稳定、边坡岩体稳定和地下洞室围岩稳定性分析与近似中，岩体的抗剪强度参数是必不可少的。

## 4.9　工程岩体分类及分级

工程岩体分类及分级是工程地质学中一个重要的研究课题。它既是工程岩体稳定性分析的基础，也是岩体工程地质条件定量化的一种重要途径。它通过岩体一些简单和易实测的指标，把工程地质条件与岩体力学性质联系起来进行归类的工作方法。

目前，国内外已有的岩体分类及分级方案有数十种之多。各种方案考虑的原则与因素虽不尽相同，但其特征都是考虑影响岩体工程地质性质的主要因素。因此，首先要弄清楚影响岩体工程地质性质的因素都有哪些，抓住主要因素来进行工程岩体分类及分级，对各类岩体质量、工程建筑条件予以定性或定量的评价，预测可能出现的岩体力学问题，给人们以质量好坏的概念，为工程设计和施工提供地质依据。

### 4.9.1　影响岩体工程地质性质的因素

从工程观点来看，对岩体工程地质性质起主导和控制作用的因素主要有岩石强度、岩体完整性、风化作用、地下水等。

**1. 岩石强度和质量**

从工程的观点来看，岩石质量的好坏主要表现在它的强度（软、硬）和变形性（结构上的致密、疏松）方面。目前多用室内单轴饱和抗压强度指标来评价和衡量岩石质量好坏。

**2. 岩体的完整性**

一般来说，岩体工程性质的好坏基本上不取决于或很少取决于组成岩体的岩块的力学性质，而是取决于受到各种地质因素和地质条件影响而形成的软弱面、软弱带和其间充填的原生或次生物质的性质。因此，即使组成岩体的岩质相同，其岩体的完整性却不一定相同，其工程性质也会不同。

岩体被断层、节理、裂隙、层面、岩脉、破碎带等所切割是导致岩体完整性遭到破坏和削弱的根本原因。因此，岩体的完整性可以用被节理切割之岩块的平均尺寸来反映，也可以用节理裂隙出现的频度、性质、闭合程度等来表达，还可以根据灌浆时的耗浆量，施工中选用的掘进工具、开挖方法、日进尺量，钻孔钻进时的岩心获得率，抽水试验中的渗流量，弹性波在地层中的传播速度，甚至变形试验中的变形量、室内外弹模比和现场动静弹模的比值等多种途径去定量地反映岩体的完整性。总之，岩体的完整性可用地质、试验和施工等各种定性、定量指标参数来表达。

**3. 风化作用**

地壳表层岩体在遭受长期不断的风化作用后，其特征和性质均会发生明显的改变，主要表现为：

1）风化作用破坏矿物颗粒间的联结，扩大了岩体的原有裂隙，降低了结构面的粗糙程度，产生新的风化裂隙，使岩体再次被分裂成更小的碎块，进一步破坏了岩体的完整性。

2）岩石在化学风化过程中，矿物成分发生变化，原生矿物经受水解、水化、氧化等作用后，逐渐变为次生矿物，特别是产生黏土矿物，并随着风化强度的加深，这类矿物逐渐增加。

目前常用岩体纵波速度（$v_{mp}$）、波速比（$k_v$）及风化系数来评价、划分岩体的风化程度。

**4. 地下水的影响**

水对岩体质量的影响表现在两个方面：一是使岩石的物理力学性质劣化；二是沿岩体的裂隙形成渗流，影响岩体的稳定性。水对岩石的影响主要还是表现在对其强度的削弱方面，这种削弱的程度受岩石成因的影响。一般来说，水对岩浆岩类和大部分的变质岩类以及少部分的沉积岩类的影响要小些；而对部分变质岩、少数岩浆岩和大多数的沉积岩类的影响较大，尤其对泥质岩类的影响显著。

考虑到水对岩石的影响主要表现在其强度的削弱方面，而理论上和实践中均发现，岩石的强度可用它的抗压强度来表示。因此，水对岩石的影响就有可能用岩石浸水饱和前后的单轴干、湿抗压强度之比来表示。

### 4.9.2 GB/T 50218—2014《工程岩体分级标准》分类

规范中对工程岩体进行详细定级时，一般先进行岩体基本质量分级，然后在此基础上结合不同类型工程的特点，根据地下水状态、初始应力状态、工程轴线或工程走向线的方位与主要结构面产状的组合关系等修正因素，确定各类工程岩体质量指标。

**1. 岩体基本质量分级**

岩体基本质量分级，应根据岩体基本质量的定性特征和岩体基本质量指标 BQ 两者相结合来确定。

（1）岩体基本质量的定性特征　岩体基本质量的定性特征包括岩石坚硬程度和岩体完整程度。

1）岩石坚硬程度的确定

① 定性划分。岩石坚硬程度的定性划分方法见表 4-33。

② 定量确定。定量指标采用岩石单轴饱和抗压强度的实测值。当无条件取得实测值时，也可采用实测的岩石点荷载强度指数（$I_{s(50)}$）的换算值，并按下式换算

$$R_c = 22.82 I_{s(50)}^{0.75} \tag{4-35}$$

岩石饱和单轴抗压强度（$R_c$）与定性划分的岩石坚硬程度的对应关系见表 4-34。

2）岩体完整程度的确定

① 定性划分。岩体完整程度的定性划分见表 4-35。

**表 4-33　岩石坚硬程度的定性划分**

| 坚硬程度等级 | | 定性鉴定 | 代表性岩石 |
|---|---|---|---|
| 硬质岩 | 坚硬岩 | 锤击声清脆，有回弹，震手，难击碎；基本无吸水反应 | 未风化～微风化的：花岗岩、闪长岩、辉绿岩、玄灰岩、安山岩、片麻岩、石英岩、石英砂岩、硅质胶结的砾岩、石英砂岩、硅质石灰岩等 |
| | 较坚硬岩 | 锤击声较清脆，有轻微回弹，稍震手，较难击碎；有轻微吸水反应 | 中等（弱）风化的坚硬岩；<br>未风化～微风化的：熔结凝灰岩、大理岩、板岩、石灰岩、白云岩、钙质砂岩等 |
| 软质岩 | 较软岩 | 锤击声不清脆，无回弹，较易击碎；浸水后指甲可刻出印痕 | 强风化的坚硬岩；<br>中等弱风化的较坚硬岩；<br>未风化～微风化的：凝灰岩、千枚岩、泥灰岩、砂质泥岩等 |
| | 软岩 | 锤击声哑，无回弹，有凹痕，易击碎；浸水后手可掰开 | 强风化的坚硬岩；<br>中等（弱）风化～强风化的较坚硬岩；<br>中等（弱）风化的较软岩；<br>未风化的泥质页岩、泥岩、绿泥石片岩等 |
| 极软岩 | | 锤击声哑，无回弹，有较深凹痕，手可捏碎；浸水后可捏成团 | 全风化的各种岩石；<br>强风化的软岩；<br>各种半成岩 |

**表 4-34　$R_c$ 与岩石坚硬程度的对应关系**

| 坚硬程度 | 硬质岩 | 较硬岩 | 较软岩 | 软岩 | 极软岩 |
|---|---|---|---|---|---|
| $R_c$/MPa | >60 | 60～30 | 30～15 | 15～5 | ≤5 |

**表 4-35　岩体完整程度的定性划分**

| 完整程度 | 结构面发育程度 | | 主要结构面的结合程度 | 主要结构面类型 | 相应结构类型 |
|---|---|---|---|---|---|
| | 组数 | 平均间距 /m | | | |
| 完整 | 1～2 | >1.0 | 结合好或结合一般 | 节理、裂隙、层面 | 整体状或巨厚层状结构 |
| 较完整 | 1～2 | >1.0 | 结合差 | 节理、裂隙、层面 | 块状或厚层状结构 |
| | 2～3 | 1.0～0.4 | 结合好或结合一般 | | 块状结构 |
| 较破碎 | 2～3 | 1.0～0.4 | 结合差 | 裂隙、劈理、层面、小断层 | 裂隙块状或中厚层状结构 |
| | ≥3 | 0.4～0.2 | 结合好 | | 镶嵌碎裂结构 |
| | | | 结合一般 | | 薄层状结构 |
| 破碎 | ≥3 | 0.4～0.2 | 结合差 | 各种类型结构面 | 裂隙块状结构 |
| | | ≤0.2 | 结合一般或结合差 | | 碎裂结构 |
| 极破碎 | 无序 | | 结合很差 | | 散体状结构 |

注：平均间距指主要结构面间距的平均值。

② 定量确定。岩体完整程度的定量指标采用岩体完整性指数（$K_v$）的实测值。通常根据声波试验资料按下式确定

$$K_v=\left(\frac{v_{mp}}{v_{rp}}\right)^2 \tag{4-36}$$

式中，$v_{mp}$为岩体纵波速度；$v_{rp}$为岩块纵波速度。

当无条件取得实测值时，也可根据岩体体积节理数（$J_v$）按表 4-36 确定。岩体完整性指数（$K_v$）与定性划分的岩体完整程度的对应关系按表 4-37 确定。

表 4-36 $J_v$与$K_v$

| $J_v$/(条/m³) | <3 | 3~10 | 10~20 | 20~35 | ≥35 |
|---|---|---|---|---|---|
| $K_v$ | >0.75 | 0.75~0.55 | 0.55~0.35 | 0.35~0.15 | ≤0.15 |

表 4-37 $K_v$与岩体完整程度的对应关系

| 完整程度 | 完整 | 较完整 | 较破碎 | 破碎 | 极破碎 |
|---|---|---|---|---|---|
| $K_v$ | >0.75 | 0.75~0.55 | 0.55~0.35 | 0.35~0.15 | ≤0.15 |

（2）岩体基本质量指标 BQ　岩体基本质量指标（BQ）应根据分级因素的定量指标 $R_c$ 和 $K_v$，按下式计算

$$BQ=100+3R_c+250K_v \tag{4-37}$$

式中，$R_c$的单位为 MPa；当 $R_c>90K_v+30$ 时，应以 $R_c=90K_v+30$ 和 $K_v$代入计算 BQ 值；当 $K_v>0.04R_c+0.4$ 时，应以 $K_v=0.04R_c+0.4$ 和 $R_c$代入计算 BQ 值。

（3）岩体基本质量分级的确定　根据岩体基本质量的定性特征和岩体基本质量指标 BQ 两方面的特征，对岩体基本质量划分为Ⅰ、Ⅱ、Ⅲ、Ⅳ、Ⅴ五个级别，见表 4-38。

表 4-38 岩体基本质量等级分类

| 岩体基本质量级别 | 岩体基本质量的定性特征 | 岩体基本质量指标(BQ) |
|---|---|---|
| Ⅰ | 坚硬岩,岩体完整 | >550 |
| Ⅱ | 坚硬岩,岩体较完整;<br>较坚硬岩,岩体完整 | 550~451 |
| Ⅲ | 坚硬岩,岩体较破碎;<br>较坚硬岩,岩体较完整;<br>较软岩,岩体完整 | 450~351 |
| Ⅳ | 坚硬岩,岩体破碎;<br>较坚硬岩,岩体较破碎~破碎;<br>较软岩,岩体较完整~较破碎;<br>软岩,岩体完整~较完整 | 350~251 |
| Ⅴ | 较软岩,岩体破碎;<br>软岩,岩体较破碎~破碎;<br>全部极软岩及全部极破碎岩 | ≤250 |

**2. 工程岩体级别的确定**

（1）地下工程岩体级别的确定　地下工程岩体详细定级，当遇到下列情况之一时，应对岩体基本质量指标 BQ 进行修正，并以修正后获得的工程岩体质量指标依据表 4-37 确定岩体级别。

1）有地下水。

2）岩体稳定性受结构面影响，且有一组起控制作用。

3）工程岩体存在由强度应力比所表征的初始应力状态。

修正后的地下工程岩体质量指标［BQ］，可按下式计算

$$[BQ]=BQ-100(K_1+K_2+K_3) \tag{4-38}$$

式中，$K_1$、$K_2$、$K_3$为修正系数，可分别按表 4-39、表 4-40、表 4-41 确定。

表 4-39　地下工程地下水影响修正系数 $K_1$

| 地下水出水状态 | BQ | | | | |
|---|---|---|---|---|---|
| | >550 | 550~451 | 450~351 | 350~251 | ≤250 |
| 潮湿或点滴状出水，$p\leqslant0.1$ 或 $Q\leqslant25$ | 0 | 0 | 0~0.1 | 0.2~0.3 | 0.4~0.6 |
| 淋雨状或线流状出水，$0.1<p\leqslant0.5$ 或 $25<Q\leqslant125$ | 0~0.1 | 0.1~0.2 | 0.2~0.3 | 0.4~0.6 | 0.7~0.9 |
| 涌流状出水，$p>0.5$ 或 $Q>125$ | 0.1~0.2 | 0.2~0.3 | 0.4~0.6 | 0.7~0.9 | 1.0 |

注：$p$ 为地下工程围岩裂隙水压（MPa）；$Q$ 为每 10m 洞长出水量（L/min · 10m）。

表 4-40　地下工程主要结构面产状影响修正系数 $K_2$

| 结构面产状及其与洞轴线的组合关系 | 结构面走向与洞轴线夹角<30°<br>结构面倾角 30°~75° | 结构面走向与洞轴线夹角>60°<br>结构面倾角>75° | 其他组合 |
|---|---|---|---|
| $K_2$ | 0.4~0.6 | 0~0.2 | 0.2~0.4 |

表 4-41　初始应力状态影响修正系数 $K_3$

| 围岩强度应力比（$R_c/\sigma_{max}$） | BQ | | | | |
|---|---|---|---|---|---|
| | >550 | 550~451 | 450~351 | 350~251 | ≤250 |
| <4 | 1.0 | 1.0 | 1.0~1.5 | 1.0~1.5 | 1.0 |
| 4~7 | 0.5 | 0.5 | 0.5 | 0.5~1.0 | 0.5~1.0 |

（2）边坡工程岩体级别的确定　岩石边坡工程详细定级时，应根据控制边坡稳定性的主要结构面类型与延伸性、边坡内地下水发育程度及结构面产状与坡面间关系等影响因素，对岩体基本质量指标 BQ 进行修正，并以获得的工程岩体质量指标依据表 4-38 确定岩体级别。

修正后的边坡工程岩体质量指标［BQ］，可按下列公式计算

$$[BQ]=BQ-100(K_4+\lambda K_5) \tag{4-39}$$

$$K_5=F_1\times F_2\times F_3 \tag{4-40}$$

式中，$\lambda$ 为边坡工程主要结构面类型与延伸性修正系数，可按表 4-42 确定；$K_4$ 为边坡工程地下水影响修正系数，可按表 4-43 确定；$K_5$ 为边坡工程主要结构面产状影响修正系数，可按表 4-44 确定；$F_1$ 为反映主要结构面倾向与边坡倾向间关系影响的系数，可按表 4-45 确定；$F_2$ 为反映主要结构面倾角影响的系数，可按表 4-46 确定；$F_3$ 为反映边坡倾角与主要结构面倾角间关系影响的系数，可按表 4-47 确定。

表 4-42　边坡工程主要结构面类型与延伸性修正系数 $\lambda$

| 结构面类型与延伸性 | 修正系数 $\lambda$ |
|---|---|
| 断层、夹泥层 | 1.0 |
| 层面、贯通性较好的节理和裂隙 | 0.9~0.8 |
| 断续节理和裂隙 | 0.7~0.6 |

## 4.9.3　岩石质量指标（RQD）分类

迪尔（1964）根据金刚石钻进的岩芯采取率，提出用 RQD 值来评价岩体质量优劣的方

法。岩石质量指标（RQD）指钻孔中用N型（75mm）二重管金刚石钻头获取的大于10cm的岩芯段长度与该回次钻进深度的比值。岩体按岩石质量指标分为五个级别，见表4-45。

表4-43 边坡工程地下水影响修正系数 $K_4$

| 地下水出水状态 | BQ | | | | |
|---|---|---|---|---|---|
| | >550 | 550~451 | 450~351 | 350~251 | ≤250 |
| 潮湿或点滴状出水，$p_w<0.2H$ | 0 | 0 | 0~0.1 | 0.2~0.3 | 0.4~0.6 |
| 线流状出水，$0.2H<p_w\leqslant0.5H$ | 0~0.1 | 0.1~0.2 | 0.2~0.3 | 0.4~0.6 | 0.7~0.9 |
| 涌流状出水，$p_w>0.5H$ | 0.1~0.2 | 0.2~0.3 | 0.4~0.6 | 0.7~0.9 | 1.0 |

注：$p_w$为边坡工程内潜水或承压水头（m）；$H$为边坡的高度（m）。

表4-44 边坡工程主要结构面产状影响修正

| 序号 | 条件与修正系数 | 影响程度划分 | | | | |
|---|---|---|---|---|---|---|
| | | 轻微 | 较小 | 中等 | 显著 | 很显著 |
| 1 | 结构面倾向与边坡坡面倾向间的夹角/° | >30 | 30~20 | 20~10 | 10~5 | ≤5 |
| | $F_1$ | 0.15 | 0.40 | 0.70 | 0.85 | 1.0 |
| 2 | 结构面倾角/° | <20 | 20~30 | 30~35 | 35~45 | ≥45 |
| | $F_2$ | 0.15 | 0.40 | 0.70 | 0.85 | 1.0 |
| 3 | 结构面倾角与边坡坡面倾角之差/° | >10 | 10~0 | 0 | 0~-10 | ≤-10 |
| | $F_3$ | 0 | 0.2 | 0.8 | 2.0 | 2.5 |

注：表中负值表示结构面倾角小于坡面倾角，在坡面出露。

表4-45 岩体质量指标（RQD）分类

| 岩体分类 | 好 | 较好 | 较差 | 差 | 极差 |
|---|---|---|---|---|---|
| RQD(%) | >90 | 75~90 | 50~75 | 25~50 | <25 |

应该注意到，RQD指标对岩体质量的评价仅仅是考虑了结构面密度对岩体的影响，而诸如结构面产状、形态、胶结度、填充、组合等因素未在指标中反映。因此这一指标并不能全面反映岩体质量的各方面要素。不过由于这一分类法简便易行，因此在实践中受到了广泛的应用。

### 4.9.4 岩体地质力学分类（CSIR）

由比尼维斯基（Bieniawski，1974）提出，该分类系统由岩块强度、RQD值、节理间距、节理条件及地下水五类参数组成。分类时，根据各类指标的数值，按表4-46A的标准评分，求得总分，然后，按表4-46 B和表4-47的规定对总分做适当的修正。最后，用修正后的总分对照表4-46 C，求得待研究岩体的分级类别及相应的不支护地下洞室的自稳时间和岩体强度指标值。

表 4-46　岩体地质力学分类

<table>
<tr><td colspan="10">A. 分类参数及其评价分值</td></tr>
<tr><td colspan="3">分类参数</td><td colspan="7">数值范围</td></tr>
<tr><td rowspan="3">1</td><td rowspan="2">完整岩石强度/MPa</td><td>点荷载强度指标</td><td>>10</td><td>4~10</td><td>2~4</td><td>1~2</td><td colspan="3">对强度较低的岩石宜用单轴抗压强度</td></tr>
<tr><td>单轴抗压强度</td><td>>250</td><td>100~250</td><td>50~100</td><td>25~50</td><td>5~25</td><td>1~5</td><td>1</td></tr>
<tr><td colspan="2">评分值</td><td>15</td><td>12</td><td>7</td><td>4</td><td>2</td><td>1</td><td>0</td></tr>
<tr><td rowspan="2">2</td><td colspan="2">岩石质量指标 RQD(%)</td><td>90~100</td><td>75~90</td><td>50~75</td><td>25~50</td><td colspan="3"><25</td></tr>
<tr><td colspan="2">评分值</td><td>20</td><td>17</td><td>13</td><td>8</td><td colspan="3">3</td></tr>
<tr><td rowspan="2">3</td><td colspan="2">节理间距/cm</td><td>>200</td><td>60~200</td><td>20~60</td><td>6~20</td><td colspan="3"><6</td></tr>
<tr><td colspan="2">评分值</td><td>20</td><td>15</td><td>10</td><td>8</td><td colspan="3">5</td></tr>
<tr><td rowspan="2">4</td><td colspan="2">节理条件</td><td>节理面很粗糙,节理不连续,节理宽度为零,节理面岩石坚硬</td><td>节理面稍粗糙,宽度 < 1mm,节理面岩石坚硬</td><td>节理面稍粗糙,宽度 < 1mm,节理面岩石软弱</td><td>节理面光滑或含厚度 < 5mm 的软弱夹层,张开度为 1~5mm,节理连续</td><td colspan="3">含厚度>5mm 的软弱夹层,张开度>5mm,节理连续</td></tr>
<tr><td colspan="2">评分值</td><td>30</td><td>25</td><td>20</td><td>10</td><td colspan="3">0</td></tr>
<tr><td rowspan="4">5</td><td rowspan="3">地下水条件</td><td>每 10m 长的隧道涌水量/(L/min)</td><td>无</td><td><10</td><td>10~25</td><td>25~125</td><td colspan="3">>125</td></tr>
<tr><td>节理水压力与最大主应力比值</td><td>0</td><td><0.1</td><td>0.1~0.2</td><td>0.2~0.5</td><td colspan="3">>0.5</td></tr>
<tr><td>总条件</td><td>完全干燥</td><td>潮湿</td><td>有裂隙水</td><td>中等水压</td><td colspan="3">水的问题严重</td></tr>
<tr><td colspan="2">评分值<br>(满足任意一条即可评分)</td><td>15</td><td>10</td><td>7</td><td>4</td><td colspan="3">0</td></tr>
<tr><td colspan="10">B. 按节理方向修正评分值</td></tr>
<tr><td colspan="3">节理走向或倾向</td><td>非常有利</td><td>有利</td><td>一般</td><td>不利</td><td colspan="3">非常不利</td></tr>
<tr><td rowspan="3">评分值</td><td colspan="2">隧道</td><td>0</td><td>-2</td><td>-5</td><td>-10</td><td colspan="3">-12</td></tr>
<tr><td colspan="2">地基</td><td>0</td><td>-2</td><td>-7</td><td>-15</td><td colspan="3">-25</td></tr>
<tr><td colspan="2">边坡</td><td>0</td><td>-5</td><td>-25</td><td>-50</td><td colspan="3">-60</td></tr>
<tr><td colspan="10">C. 按总评分值确定的岩体级别及岩体质量评价</td></tr>
<tr><td colspan="3">评分值</td><td>100~81</td><td>80~61</td><td>60~41</td><td>40~21</td><td colspan="3"><20</td></tr>
<tr><td colspan="3">分级</td><td>Ⅰ</td><td>Ⅱ</td><td>Ⅲ</td><td>Ⅳ</td><td colspan="3">Ⅴ</td></tr>
<tr><td colspan="3">质量描述</td><td>非常好岩体</td><td>好岩体</td><td>一般岩体</td><td>差岩体</td><td colspan="3">非常差岩体</td></tr>
<tr><td colspan="3">平均稳定时间</td><td>15m 跨度,20a</td><td>10m 跨度,1a</td><td>5m 跨度,1 周</td><td>2.5m 跨度,10h</td><td colspan="3">1m 跨度,30min</td></tr>
<tr><td colspan="3">岩体黏聚力/kPa</td><td>>400</td><td>300~400</td><td>200~300</td><td>100~200</td><td colspan="3"><100</td></tr>
<tr><td colspan="3">岩体内摩擦角/°</td><td>>45</td><td>35~45</td><td>25~35</td><td>15~25</td><td colspan="3"><15</td></tr>
</table>

表 4-47　节理走向和倾角对隧道开挖的影响

| 走向与隧道轴垂直 | | | | 走向与隧道轴平行 | | 与走向无关 |
|---|---|---|---|---|---|---|
| 沿倾向掘进 | | 反倾向掘进 | | 倾角 20°~45° | 倾角 45°~90° | 倾角 0~20° |
| 倾角 45°~90° | 倾角 20°~45° | 倾角 45°~90° | 倾角 20°~45° | | | |
| 非常有利 | 有利 | 一般 | 不利 | 一般 | 非常不利 | 不利 |

## 4.9.5　巴顿岩体质量分类（Q分类）

由巴顿（Barton，1974）等提出，岩体质量分类指标为

$$Q=\frac{\mathrm{RQD}}{J_n}\cdot\frac{J_r}{J_a}\cdot\frac{J_w}{\mathrm{SRF}} \tag{4-41}$$

式中，RQD为岩石质量指标；$J_n$为节理组数；$J_r$为节理粗糙度系数；$J_a$为节理蚀变系数；$J_w$为节理水折减系数；SRF为应力折减系数。

式（4-37）中6个参数的组合，反映了岩体质量的三个方面，即RQD/$J_n$为岩体的完整性；$J_r/J_a$表示结构面（节理）的形态和填充物特征及其次生变化程度；$J_w$/SRF表示水与其他应力存在时对岩体质量的影响。分类时，根据这6个参数的实测值，查表（此表省略）确定各自的数值，然后代入式（4-37），求得岩体质量指标Q值，按Q值将岩体分为9类，见表4-48。

表 4-48　巴顿岩体质量分类

| Q值 | <0.01 | 0.01~0.1 | 0.1~1.0 | 1~4 | 4~10 | 10~40 | 40~100 | 100~400 | >400 |
|---|---|---|---|---|---|---|---|---|---|
| 分类 | 特坏的 | 极坏的 | 很坏的 | 坏的 | 一般的 | 好的 | 很好的 | 极好的 | 特好的 |

## 4.9.6　岩体质量指标分类（RMQ分类）

岩体质量指标RMQ分类简称M法，于1978年由我国水利水电部提出，其分类指标为

$$M=S\cdot K_y\cdot K_r\cdot K_v \tag{4-42}$$

$$S=\left(\frac{\sigma_{cc}\cdot E_0}{\sigma_{cs}\cdot E_s}\right)^{\frac{1}{2}} \tag{4-43}$$

$$K_y=\sigma_c/\sigma_{cf} \tag{4-44}$$

$$K_r=\sigma_{cw}/\sigma_{cd} \tag{4-45}$$

式中，$S$为岩石质量指标；$K_y$为岩石风化程度系数；$K_r$为岩石的软化系数；$K_v$为岩体完整指数；$\sigma_{cc}$、$E_0$为岩石的抗压强度和弹性模量；$\sigma_{cs}$、$E_s$为规定的软弱岩石的抗压强度和弹性模量；$\sigma_c$为风化岩石的干抗压强度；$\sigma_{cf}$为新鲜岩石的干抗压强度；$\sigma_{cw}$为饱和岩石抗压强度；$\sigma_{cd}$为干抗压强度。

按M法分类时，根据式（4-38）~式（4-41）计算得到岩体质量指标$M$值，以$M$值为依据将岩体分为五类，各类岩体的工程地质特征见表4-49。

## 4.9.7　洞室围岩分类

在隧道洞室等的支护设计时，首先要确定围岩的级别。GB 50086—2015《岩土锚杆与喷射混凝土支护工程技术规范》中提出了围岩五级分类标准，见表4-50。该分类系统考虑了岩体结构、结构面发育特征、岩石强度及岩体声学性质等指标，并给出了毛洞自稳性能的工程地质评价。

表 4-49　按 *M* 值岩体质量分级

| 岩体分类 | *M* | 工程地质评价 |
|---|---|---|
| 好的岩体 | >3 | 新鲜坚硬完整的岩体,无连续的结构面,透水性很小 |
| 较好的岩体 | 1~3 | 裂隙稍发育,岩体较完整,透水性弱 |
| 中等岩体 | 0.12~0.10 | 断裂较发育,有夹层与软弱结构面,包括弱风化岩体 |
| 较差岩体 | 0.01~0.12 | 断裂发育,透水性好,包括强风化岩体或有夹泥不连续面 |
| 差的岩体 | <0.01 | 断裂很发育,水影响显著,包括全风化或连续分布的泥化夹层 |

表 4-50　GB 50086—2015 洞室围岩分类

| 围岩级别 | 工程主要地质特征：岩体结构 | 工程主要地质特征：构造影响程度,结构面发育情况和组合状态 | 岩石强度指标：单轴饱和抗压强度/MPa | 岩石强度指标：点荷载强度/MPa | 岩体声波指标：岩体纵波速度/(km/s) | 岩体声波指标：岩体完整性指标 | 岩体强度应力比 | 毛洞稳定情况 |
|---|---|---|---|---|---|---|---|---|
| Ⅰ | 整体状及层间结合良好的厚层状结构 | 构造影响轻微,偶有小断层。结构面不发育,仅有 2~3 组,平均间距大于 0.8m,以原生和构造节理为主,多数闭合,无泥质填充,不贯通,层间结合良好,一般不出现不稳定块体 | >60 | >2.50 | >5 | >0.75 | >4 | 毛洞跨度 5~10m 时,长期稳定,无碎块掉落 |
| Ⅱ | 同Ⅰ级围岩结构 | 同Ⅰ级围岩特征 | 30~60 | 1.25~2.50 | 3.7~5.2 | >0.75 | >2 | 毛洞跨度 5~10m 时,围岩能较长时间(数月至数年)维持稳定,仅出现局部小块掉落 |
| | 块状结构和层间结合较好的中厚或厚层状结构 | 构造影响较重,有少量断层。结构面较发育,仅有 2~3 组,平均间距大于 0.8m,以原生和构造节理为主,多数闭合,无泥质填充,不贯通,层间结合良好,一般不出现不稳定块体 | >60 | >2.50 | 3.7~5.2 | >0.50 | >2 | |
| Ⅲ | 同Ⅰ级围岩结构 | 同Ⅰ级围岩特征 | 20~30 | 0.85~1.25 | 3.0~4.5 | >0.75 | >2 | 毛洞跨度 5~10m 时,围岩能维持一个月以上的稳定,主要出现局部掉块,塌落 |
| | 同Ⅱ级围岩块状结构和层间结合较好的中厚层或厚层状结构 | 同Ⅱ级围岩块状结构和层间结合较好的中厚层或厚层状结构特征 | 30~60 | 1.25~2.50 | 3.0~4.5 | 0.50~0.75 | >2 | |
| | 层间结合良好的薄层和软硬岩互层结构 | 构造影响较重。结构面发育,一般为 3 组,平均间距 0.2~0.4m,以构造节理为主,节理面多数闭合,少有泥质填充,岩层为薄层或以硬岩为主的软硬岩互层,层间结合良好,少见软弱夹层、层间错动和层面张开现象 | >60(软岩,>20) | >2.50 | 3.0~4.5 | 0.30~0.50 | >2 | |
| | 碎裂镶嵌结构 | 构造影响较重。结构面发育,一般为 3 组以上,平均间距 0.2~0.4m,以构造节理为主,节理面多数闭合,少数有泥质充填,块体间牢固咬合 | >60 | >2.50 | 3.0~4.5 | 0.30~0.50 | >2 | |

（续）

<table>
<tr><th rowspan="3">围岩级别</th><th colspan="7">工程主要地质特征</th><th rowspan="3">毛洞稳定情况</th></tr>
<tr><th rowspan="2">岩体结构</th><th rowspan="2">构造影响程度，结构面发育情况和组合状态</th><th colspan="2">岩石强度指标</th><th colspan="2">岩体声波指标</th><th rowspan="2">岩体强度应力比</th></tr>
<tr><th>单轴饱和抗压强度/MPa</th><th>点荷载强度/MPa</th><th>岩体纵波速度/(km/s)</th><th>岩体完整性指标</th></tr>
<tr><td rowspan="4">Ⅳ</td><td>同Ⅱ级围岩块状结构和层间结合较好的中厚层或厚层状结构</td><td>同Ⅱ级围岩块状结构和层间结合较好的中厚层或厚层状结构特征</td><td>10~30</td><td>0.45~1.25</td><td>2.0~3.5</td><td>0.50~0.75</td><td>>1</td><td rowspan="4">毛洞跨度5m时，围岩能维持数日到一个月的稳定，主要失稳形式为冒落或片帮</td></tr>
<tr><td>散块状结构</td><td>构造影响严重，一般为风化卸荷带。结构面发育，一般为3组，平均间距0.4~0.8m，以构造节理、卸荷、风化裂隙为主，贯通性好，多数张开，夹泥，夹泥厚度一般大于结构面的起伏高度，咬合力弱，构成较多不稳定块体</td><td>>30</td><td>>1.25</td><td>>2</td><td>>0.15</td><td>>1</td></tr>
<tr><td>层间结合不良的薄层、中厚层和软硬岩互层结构</td><td>构造影响较重。结构面发育，一般为3组以上，平均间距0.2~0.4m，以构造、风化节理为主，大部分微张（0.5~1.0mm），部分张开（>1.0mm），有泥质充填，层间结合不良，多数夹泥，层间错动明显</td><td>>30（软岩，>10）</td><td>>1.25</td><td>2.0~3.5</td><td>0.20~0.40</td><td>>1</td></tr>
<tr><td>碎裂状结构</td><td>构造影响严重，多数为断层影响带或强风化带。结构面发育，一般为3组以上，平均间距0.2~0.4m，大部分微张（0.5~1.0mm），部分张开（>1.0mm），有泥质充填，形成许多碎块体</td><td>>30</td><td>>1.25</td><td>2.0~3.5</td><td>0.20~0.40</td><td>>1</td></tr>
<tr><td>Ⅴ</td><td>散体状结构</td><td>构造影响严重，多数为破碎带、全强风化带、破碎带交汇部位。构造及风化节理密集，节理面及其组合杂乱，形成大量碎块体。块体间多数为泥质填充，甚至呈石夹土或土夹石状</td><td>—</td><td>—</td><td><2.0</td><td>—</td><td>—</td><td>毛洞跨度5m时，围岩稳定时间很短，约数小时至数日</td></tr>
</table>

注：1. 围岩按定性分级与定量指标分级有差别时，应以低者为准。
2. 本表声波指标以孔测法测试值为准。当用其他方法测试时，可通过对比试验，进行换算。
3. 层状岩体按单层厚度可划分为厚层（大于0.5m）、中厚层（0.1m~0.5m）、薄层（小于0.1m）。
4. 一般条件下，确定围岩级别时，应以岩石单轴湿饱和抗压强度为准；洞跨小于5m，服务年限小于10年的工程，确定围岩级别时，可采用点荷载强度指标代替岩块单轴饱和抗压强度指标，可不做岩体声波指标测试。
5. 测定岩石强度，做单轴抗压强度测定后，可不做点荷载强度测定。

## 本章小结

(1) 土是由不同成因岩石在风化作用下，经重力、流水、冰川和风力等搬运、沉积而成的松散堆积物。土的工程性质与母岩的成分、风化作用的类型以及搬运沉积的环境条件密切相关，土由土粒、水和气体三部分组成，即土是三相体，组成土的三相比例关系不同，其性质就不同。土的工程性质包括物理性质和力学性质两类。

(2) 土的物理性质是定量描述土的组成、干湿、疏密与软硬程度的指标，即土的三相组成、土的结构构造、黏性土的界限含水量、砂土的密实度以及土的工程分类。

(3) 土力学性质指标主要是用于定量描述土的变形规律、强度规律和渗透规律。土在压力作用下，体积将缩小，这种现象称为压缩。土的压缩是由孔隙体积减小引起的，土的压缩随时间增长的过程，称为土的固结。土的抗剪强度是指土体抵抗剪切破坏的极限能力，土体破坏通常可归于剪切破坏，剪切破坏是由土体中的剪应力达到抗剪强度引起的。土的抗剪强度，主要取决于土的组成、结构、含水量、孔隙比以及所受的应力状态等。

(4) 特殊土是指在特定地理环境或人为条件下形成的具有特殊性质的土，它的分布一般具有明显的区域性。特殊土包括软土、人工填土、湿陷性土、红黏土、膨胀土、多年冻土、混合土、盐渍土、污染土等。

(5) 岩石的工程性质包括物理性质、水理性质和力学性质。岩石的物理性质是岩石的基本工程地质性质，主要是相对密度、密度和空隙率；岩石水理性质是指岩石与水相互作用时所表现的性质，通常包括岩石的吸水性、透水性、软化性和抗冻性等。岩石的力学性质是指岩石在各种静力、动力作用下所表现的性质，主要包括变形和强度。抗压强度是岩石力学性质中的一个重要指标。岩石的抗压强度最高，抗剪强度居中，抗拉强度最小。岩石越坚硬，其值相差越大，而软弱的岩石差别较小。岩石的抗拉强度一般仅是抗压强度的2%~16%，岩石的抗弯强度一般也远小于极限抗压强度，但大于抗拉强度，平均为抗压强度的7%~12%。

(6) 岩体是岩石的地质综合体。岩体中不同形态规模、性质的结构面和结构体相互结合构成了岩体结构。岩体结构的特征，在很大程度上决定了岩体在力的作用下的变形和破坏的机制，决定了岩体的工程地质性质。

## 习 题

1. 简述粒径、粒组、界限粒径的概念。
2. 我国通用的粒组划分方案是什么？
3. 目前常用的粒度分析方法有哪些？细粒土和粗粒土各用什么方法进行分析？
4. 如何在累积曲线上确定有效粒径、平均粒径、限制粒径和各粒组的含量？
5. 不均匀系数和曲率系数的大小说明了什么？
6. 有一完全饱和的原状土样切满于容积为21.7$cm^3$的环刀内，称得总质量为72.49g，经105℃烘干至恒重为61.28g，已知环刀质量为32.54g，土粒相对密度为2.74，试求该土样的密度、含水量、干密度及孔隙比。
7. 已知某干砂样的重度为16.5$kN/m^3$，相对密度为2.70，现向该土样加水，使其饱和度增加至40%，而体积不变。求加水后土样的重度和含水量。
8. 甲、乙两土样的颗粒分析结果见表4-51，试绘制颗粒级配曲线，并确定不均匀系数以及评价级配均匀情况。

表4-51 土样颗粒分析结果

| 粒径/mm | | 2~0.5 | 0.5~0.25 | 0.25~0.1 | 0.1~0.05 | 0.05~0.02 | 0.02~0.01 | 0.01~0.005 | 0.005~0.002 | <0.002 |
|---|---|---|---|---|---|---|---|---|---|---|
| 相对含量(%) | 甲土 | 24.3 | 14.2 | 20.2 | 14.8 | 10.5 | 6.0 | 4.1 | 2.9 | 3.0 |
| | 乙土 | | | 5.0 | 5.0 | 17.1 | 32.9 | 18.6 | 12.4 | 9.0 |

9. 某无黏性土样的颗粒分析结果见表4-52，试定出该土的名称。

表4-52 土样颗粒分析结果

| 粒径/mm | 10~2 | 2~0.5 | 0.5~0.25 | 0.25~0.075 | <0.075 |
|---|---|---|---|---|---|
| 相对含量 | 4.5 | 12.4 | 35.5 | 33.5 | 14.1 |

10. 什么是土的压缩性？土产生压缩的原因是什么？
11. 什么是压缩曲线？压缩性指标说明了什么？

12. 什么是土的抗剪强度？库仑定律说明了什么？
13. 简述土分类的基本原则及其常用的分类方法。
14. 黄土的特征有哪些？何为湿陷性黄土、自重湿陷性黄土和非自重湿陷性黄土？
15. 请简述各种特殊土的基本工程地质特征。
16. 岩石与土相比工程地质性质有何不同？原因是什么？
17. 什么是岩石的力学性质？要研究哪些岩石力学性质？
18. 岩石、岩块、结构面、岩体等名词的含义是什么？
19. 试述岩体结构类型的特征及其在工程上应用的意义。
20. 影响岩体工程地质性质的因素都有哪些？
21. 列举工程岩体分类及分级的方法。
22. GB/T 50218—2014《工程岩体分级标准》规范中进行工程岩体分级的步骤是什么？

## 参考文献

[1] 杨志双，秦胜伍，李广杰．工程地质学 [M]. 北京：地质出版社，2011.
[2] 陆兆溱．工程地质学 [M]. 北京：中国水利水电出版社，2001.
[3] 唐大雄．工程岩土学 [M]. 地质出版社，1987.
[4] 肖树芳．岩体力学 [M]. 地质出版社，1987.
[5] 陈仲颐．土力学 [M]. 清华大学出版社，1994.
[6] 常士骠．工程地质手册 [M]. 北京：中国建筑工业出版社，2007.
[7] 王贵荣．岩土工程勘察 [M]. 西安：西北工业大学出版社，2007.
[8] 张倬元．工程地质分析原理 [M]. 地质出版社，1981.
[9] 建设部综合勘察研究设计院．GB 50021—2001（2009 年版）岩土工程勘察规范 [S]. 北京：中国建筑工业出版社，2009.
[10] 长江水利委员会长江科学院．GB/T 50218—2014 工程岩体分级标准 [S]. 北京：中国计划出版社，2014.
[11] 南京水利科学研究院．GB/T 50145—2007 土的工程分类标准 [S]. 北京：中国计划出版社，2008.
[12] 南京水利科学研究院．GB/T 50123—1999（2007 年版）土工试验方法标准 [S]. 北京：中国计划出版社，1999.
[13] 中国建筑科学研究院．GB/T 50007—2011 建筑地基基础设计规范 [S]. 北京：中国建筑工业出版社，2011.
[14] 陕西省建筑科学研究设计院．GB 50025—2004 湿陷性黄土地区建筑规范 [S]. 北京：中国建筑工业出版社，2004.
[15] 中冶建筑研究总院有限公司．GB 50086—2015 岩土锚杆与喷射混凝土支护工程技术规范 [S]. 北京：中国计划出版社，2015.

# 地下水 第5章

■学习要点

- 掌握潜水和承压水的基本概念、基本特征及表示方法，了解承压水的形成
- 掌握孔隙水、裂隙水和岩溶水的基本概念、分布特征，熟悉裂隙水的类型
- 熟悉地下水的物理性质及化学性质
- 熟悉地下水的补给类型、排泄途径，重点掌握泉的类型及其特征
- 熟悉地下水对建筑工程的影响，了解相对应的防治措施

■重点概要

- 地下水的类型及其特征
- 地下水的性质
- 地下水的补给来源、排泄通道和径流方式
- 地下水对建筑工程的影响

## 5.1 地下水的基本概念

地下水是埋藏在地表以下岩土空隙中各种形式的重力水。岩土中的空隙既是地下水的储存场所，又是地下水的运移通道。空隙的多少、大小、形状、连通情况及其分布规律，决定着地下水的分布与渗透的特点。

### 5.1.1 岩土中的空隙

根据岩土空隙的成因不同，可把空隙分为孔隙、裂隙和溶隙三类。

(1) 孔隙　是指松散岩土（如黏土、砂土、砾石等）之中颗粒或颗粒集合体之间存在的空隙。孔隙发育程度用孔隙率 $n$ 表示。所谓孔隙率是孔隙体积 $V_n$ 与包括孔隙在内的岩石总体积 $V$ 的百分比，即

$$n=\frac{V_n}{V}\times 100\%$$

孔隙率的大小主要取决于岩石的密度及分选性。此外，颗粒形状和胶结程度对孔隙率也有影响。岩石越疏松、分选性越好，孔隙度越大；反之，岩石越紧密或分选性越差，孔隙率越小。

(2) 裂隙　是指坚硬岩石受地壳运动及其他内外地质营力作用的影响产生的空隙。裂隙

发育的程度用裂隙率（$K_t$）表示，所谓裂隙率是裂隙体积（$V_t$）与包括裂隙体积在内的岩石总体积 $V$ 的比值，即

$$K_t = \frac{V_t}{V}$$

野外研究裂隙时，应注意测定裂隙的方向、宽度、延伸长度、充填情况等，因为这些对水的运动具有重要影响。

（3）溶隙　是指可溶岩（如岩盐、石膏、石灰岩和白云岩等）中的裂隙经地下水流长期溶蚀而形成的空隙。溶隙的发育程度用溶隙率（$K_k$）表示。所谓溶隙率是溶隙的体积（$V_k$）与包括溶隙在内的岩石总体积的比值，即

$$K_k = \frac{V_k}{V}$$

岩土中的空隙，必须以一定方式连接起来构成空隙网络，才能成为地下水有效的储存空间和运移通道。松散岩石、坚硬基岩和可溶岩石中的空隙网络具有不同的特点。

松散岩土中的孔隙分布于颗粒之间，连通良好，分布均匀，在不同方向上，孔隙通道的大小和多少都很接近，赋存于其中的地下水分布下流动都比较均匀。

坚硬岩石的裂隙是宽窄不等、长度有限的线状缝隙，往往具有一定的方向性。只有当不同方向的裂隙相互穿切连通时，才能在某一范围内构成彼此连通的裂隙网络。裂隙的连通性远较孔隙差，因此，赋存于裂隙基岩中的地下水相互联系较差，分布与流动往往是不均匀的。

可溶岩石的溶穴是一部分原有裂隙与原生孔缝溶蚀扩大而成的，空隙大小悬殊且分布极不均匀，因此赋存于可溶岩石中的地下水分布与流动通常极不均匀。

根据水在空隙中的物理状态，水与岩土颗粒的相互作用等特征，一般将水在空隙中存在的形式分为气态水、结合水、重力水、毛细水、固态水、矿物结合水。

重力水存在于岩土颗粒之间，结合水层之外，它不受颗粒静电引力的影响，可在重力作用下运动。一般所指的地下水如井水、泉水、基坑水等就是重力水，它具有液态水的一般特征，可传递静水压力。重力水能产生浮托力、孔隙水压力。流动的重力水在运动过程中会产生动水压力。重力水具有溶解能力，对岩石产生化学潜蚀，导致岩石的成分及结构的破坏。重力水是本章研究的主要对象。

### 5.1.2　含水层与隔水层

岩土中含有各种状态的地下水，由于各类岩土的水理性质不同，可将各类岩石层划分为含水层和隔水层。

含水层是能够给出并透过相当数量重力水的岩土层。构成含水层的条件，一是岩土中要有空隙存在，并充满足够数量的重力水；二是这些重力水能够在岩土空隙中自由运动。

隔水层是不能给出并透过水的岩土层。隔水层有的可以含水，但是不具有允许相当数量的水透过自己的性能。例如黏土，它可以储存大量的水，但是不具备给出和透过水的能力，故黏土常被作为隔水层。常态下岩石的透水程度见表5-1。

表 5-1 常态下岩土的透水程度

| 透水程度 | 渗透系数 $K/(m/d)$ | 岩土名称 |
|---|---|---|
| 良透水的 | >10 | 砾石、粗砂、岩溶发育的岩石、裂隙发育且很宽的岩石 |
| 透水的 | 10～1.0 | 粗砂、中砂、细砂、裂隙岩石 |
| 弱透水的 | 1.0～0.01 | 黏质粉土、细裂隙岩石 |
| 微透水的 | 0.01～0.001 | 粉砂、粉质黏土、微裂隙岩石 |
| 不透水的 | <0.001 | 黏土、页岩 |

## 5.2 地下水类型及其特征

地下水的分类方法和分类原则有很多种，但对于工程建设而言，常采用的地下水分类方法是按地下水的埋藏条件和含水介质类型的综合分类方法。因此，按照地下水的埋藏条件可分为三大类：包气带水、潜水、承压水；按照含水介质类型可分为三大类：孔隙水、裂隙水、岩溶水。具体的分类见表 5-2。

表 5-2 地下水的综合分类

| 含水介质类型<br>埋藏条件 | 孔隙水 | 裂隙水 | 岩溶水 |
|---|---|---|---|
| 包气带水 | 一般呈“层状”分布在松散层中的土壤水、局部隔水层上季节性存在的上层滞水。水量不大，但随季节变化较大 | 一般呈“脉状或带状”分布在裂隙黏土、基岩裂隙风化区中的季节性水。水量不大，但随季节变化较大 | 一般呈“脉状或局部含水”分布在裸露岩溶化岩层上不可垂直入渗通道中的季节性水或经常性存在水，水量不大，但随季节变化较大 |
| 潜水 | 一般呈“层状”分布在第四纪各类松散沉积物浅部，如坡积、洪积、冲积、湖积、冰水沉积物中的水。水量受颗粒级配影响较大 | 一般呈“带状或层状”分布在基岩裂隙破碎带中的构造裂隙水。一般水量较小 | 一般呈“脉状或层状”分布在裸露于地表的岩溶化岩层中的水。一般水量较大 |
| 承压水 | 一般呈“层状”分布在松散沉积物构成的向斜和山间盆地深部水，以及松散沉积物构成的单斜和山前平原中的深部水。水量受颗粒级配影响较大 | 一般呈“脉状或带状”分布在基岩构造盆地、向斜岩层、单斜岩层、构造断裂带及不规则裂隙中的深部水。一般水量不大 | 一般呈“脉状或层状”分布在向斜、单斜的岩溶化层或构造盆地岩溶中水。一般水量较大 |

### 5.2.1 地下水按埋藏条件分类及其特征

**1. 包气带水**

地下水面以上至地表面的岩土层称为包气带或非饱和带；地下水面以下岩土层称为饱水带。包气带自上而下可分为土壤水带、中间带和毛细水带（图 5-1）。当包气带存在局部隔水层（弱透水层）时（图 5-1），受大气降水的补给影响，局部隔水层（弱透水层）上部会聚积具有自由水面的重力水，即上层滞水，其水量较小，呈季节性动态变化显著。

包气带水受当地气候因素影响较大，一般为暂时性水，水量不大，呈季节性变化。包气带水主要为渗入成因，局部为凝结成因，水力特征为无压，补给与分布区具有一致性，极易受污染。在缺水地区，包气带水可作为小型供水水源或暂时性供水水源，对农业意义较大，对工程建设有一定的影响，如上层滞水对滑坡稳定性的影响、地下室结构上浮的影响、工程降水的影响等。

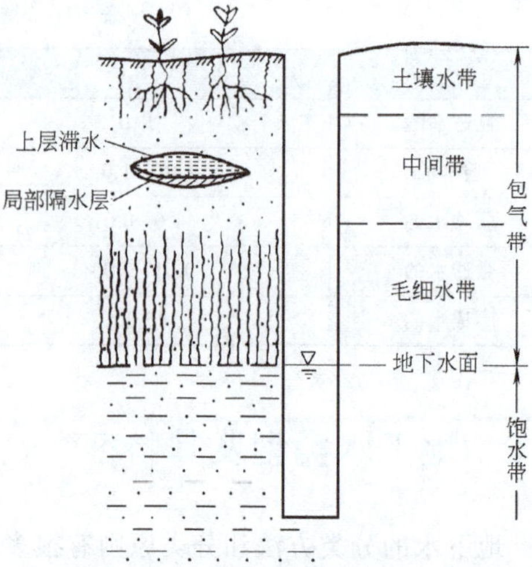


图 5-1　**包气带和饱水带**

（据王大纯等，1995，略修改）

**2. 潜水**

（1）潜水的基本特征　饱水带中第一个较稳定隔水层以上、具有自由水面的含水层中的重力水称为潜水（图 5-2）。潜水没有隔水顶板，或只有部分的隔水顶板。潜水的表面为自由水面，称作潜水面。从潜水面到隔水底板的距离为潜水含水层的厚度 $M$，潜水面到地表面的距离为潜水埋藏深度 $D$。

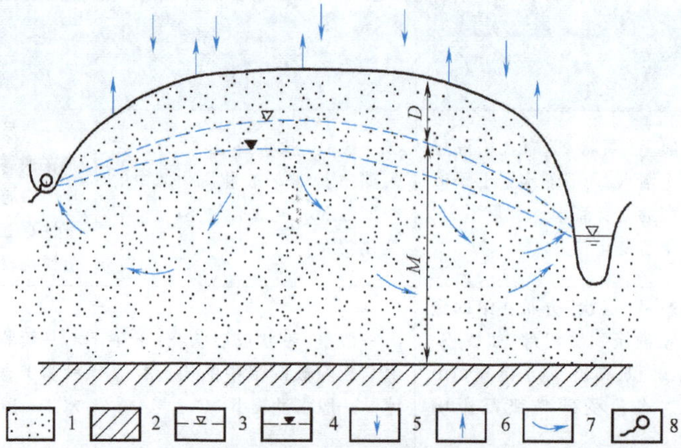


图 5-2　**潜水**（据王大纯等，1995）

1—含水层　2—隔水层　3—高水位期潜水面　4—低水位期潜水面

5—大气降水入渗　6—蒸发　7—潜水流向　8—泉

潜水通常分布在第四纪各类松散沉积物浅部、基岩裂隙破碎带以及裸露于地表的岩溶化岩层等内部。由于潜水含水层上面不存在完整的隔水或弱透水顶板，与包气带直接连通，因而在潜水的全部范围都可通过包气带接受大气降水、地表水的补给。气象、水文因素的变动对潜水的影响显著，造成了潜水面具有明显的季节性变化特点。

（2）潜水面的形态特征　潜水具有自由水面，为无压水，它只能在重力作用下流动。潜水面的平面形态主要受到地形控制，潜水面的起伏与地形接近一致，但潜水面的坡度一般小于地形坡度。此外，潜水面的剖面形态和含水层的透水性、厚度及隔水层底板形状有一定的关系。在潜水流动的方向上，当含水层的透水性由弱增强或含水层厚度由小变大的地方，潜水面就由陡变平缓；反之由缓变陡。

潜水面升高，干旱季节排泄量大于补给量，潜水面下降。河水位高于潜水面时，河水补给潜水，致使河流两岸附近局部地段的潜水面呈反向抛物线形态；反之，河水位低于潜水面时，潜水补给河流，则河流两岸附近局部地段的潜水面呈抛物线形态。人工灌溉、边坡开挖、填沟造地等人类活动对潜水面变化的影响也很明显。

（3）潜水面的表示方法和意义　潜水面的形态和特征通常可以用等水位线图和水文地质剖面图来表示（图 5-3）。

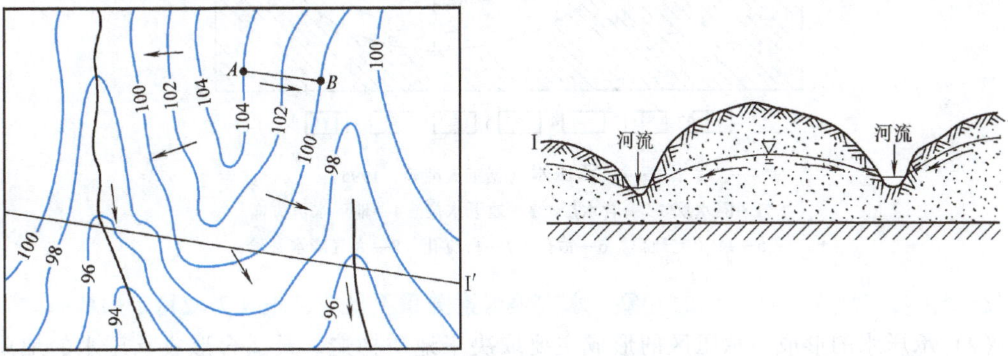


图 5-3　潜水等水位线图及水文地质剖面图

潜水等水位线图是根据潜水位标高相等的各个点连接而成的。垂直于等水位线由高到低为潜水流向，相邻两条等水位线的水位差与其水平距离的比值为潜水水力梯度。利用同一时期同一地方的潜水等水位线与地形图可以求得各处的潜水埋藏深度（等水位线与等高线交点处的高程差），并判断沼泽、泉点的出露与潜水面的关系，以及潜水与地表水之间的补给关系等。

水文地质剖面图是在地形地质剖面图的基础上编绘有关水文地质资料。绘制方法是按照一定比例尺在具有代表性的剖面线上绘制出地形剖面，然后在图上表示出潜水位、含水层和隔水层的岩性、厚度及其变化等地质和水文地质要素，如图 5-3 所示。

由于潜水面是随时间变化的，对于工程建设而言，掌握潜水动态变化规律就能合理地利用地下潜水，防止地下潜水对工程建设的影响及危害，如合理地设置工程排水、工程降水，抗浮设计，地面沉降防治，滑坡挡排水工程等。

**3. 承压水**

（1）承压水的基本特征　承压水是充满于两个隔水层（弱透水层）之间的含水层中的重力水。承压含水层上部的隔水层（弱透水层）称作隔水顶板，下部的隔水层（弱透水层）称作隔水底板。隔水顶底板之间的距离为承压含水层厚度 $M$，如图 5-4 所示。

承压水通常分布在松散沉积物构成的向斜和山间盆地，松散沉积物构成的单斜，山前平原，基岩构造盆地、向斜岩层、单斜岩层、构造断裂带及不规则裂隙，以及向斜、单斜的岩溶化层或构造盆地岩溶中。

由于受上下隔水层（弱透水层）的限制，以及补给区和分布区不一致性，承压水具有承压性。承压水不具有潜水那样的自由水面，所以它的运动方式不是重力作用下的自由流动，而是在静水压力作用下的承压流动。其次，上下隔水层的存在，使得大气降水、地表水等不能在广大分布区进行补给，在承压含水层出露地表的区域接受补给。因此，承压含水层

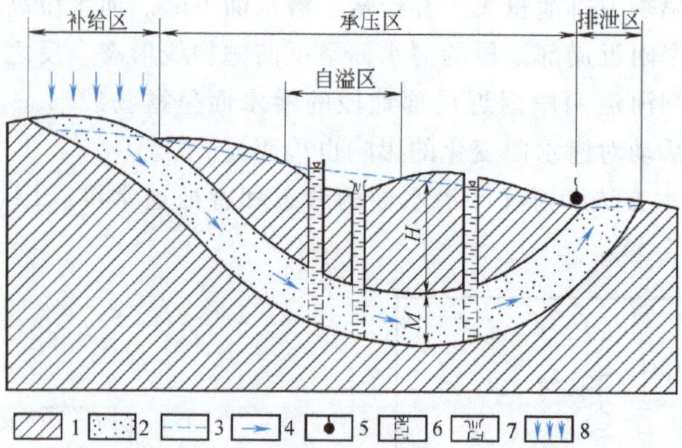


**图 5-4　承压水**（据王大纯等，1995）

1—隔水层　2—含水层　3—地下水位　4—地下水流方向
5—泉（上升）　6—钻孔　7—自流孔　8—大气降水补给

的动态变化与当地季节性变化的气象、水文等因素关系不显著，表现为较稳定的状态。

(2) 承压水的形成　承压区的形成主要取决于地质构造。最适合形成承压水的地质构造是向斜构造（构造盆地）和单斜构造（构造斜地），前者称为承压盆地，后者称为承压斜地。

1) 承压盆地。图 5-4 表示的是一个基岩向斜承压盆地。在一般情况下，承压盆地按其水文地质特征，可划分为补给区、承压区和排泄区三个部分。含水层从出露位置较高的补给区获得补给，向另一侧出露位置较低的排泄区排泄。由于来自出露区地下水的静水压力作用，承压区含水层不但充满水，而且含水层顶面的水承受大气压强以外的附加压强。当钻孔、水井或断裂带揭穿承压含水层的隔水顶板时，承压水便涌入孔内，并继续上升到一定高度后才稳定，此时的水位称为稳定水位或测压水位。从测压水位到承压层隔水顶板之间的距离称为承压水头。测压水位高于地表的范围是承压水的自溢区，在这里的井孔或导水断裂带能够自喷出水，以泉或其他方式排泄。

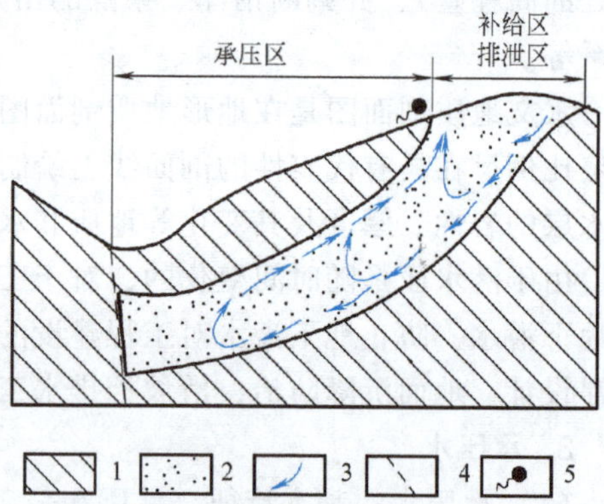


**图 5-5　断块构造形成的承压斜地**

（据章至洁等，1995）

1—隔水层　2—含水层　3—地下水流方向　4—不导水断层　5—泉

2) 承压斜地。图 5-5 表示的是一个断块构造形成的承压斜地。这种承压斜地的含水层上部出露地表，称为补给区，下部为断层所切。如断层不导水，则承压水无独立的排泄通道，当补给水量超过含水层所能容纳的水量时，含水层中的水通过补给区较低部位进行排泄，补给区与排泄区相邻或一致。如断层导水，则含水层中的水可通过断层排泄，承压区仍位于补给区和排泄区之间。

(3) 承压水的表示方法和意义　承压水面特征通常用等水压线图来表示。等水压线图是将某一承压含水层的测压水位相等的各个点连线而成的，也称为承压水测压等水位线图（图 5-6）。承压水的测压水面只是一个虚构的面，只有当井孔或导水断裂带穿透上覆隔水层达到含水层顶面时才会见水。

一般在承压水等水压线图上常同时附有地形等高线和隔水顶板的等高线。利用这样的等水压线图可求得：①图幅范围内任一点的承压水位埋藏深度、承压水的水头大小；②确定承压水的流向、水力梯度，判断含水层岩性和厚度的变化规律。

由于承压水等水压线图的编制不像潜水等水位线图的编制那样容易，所以一般只在重要矿区的主要含水层才编制这类图件。其次，对于基坑工程，当基坑底持力层下埋藏有承压水含水层时，应防治坑底土体被承压水冲破，引发基坑失稳。

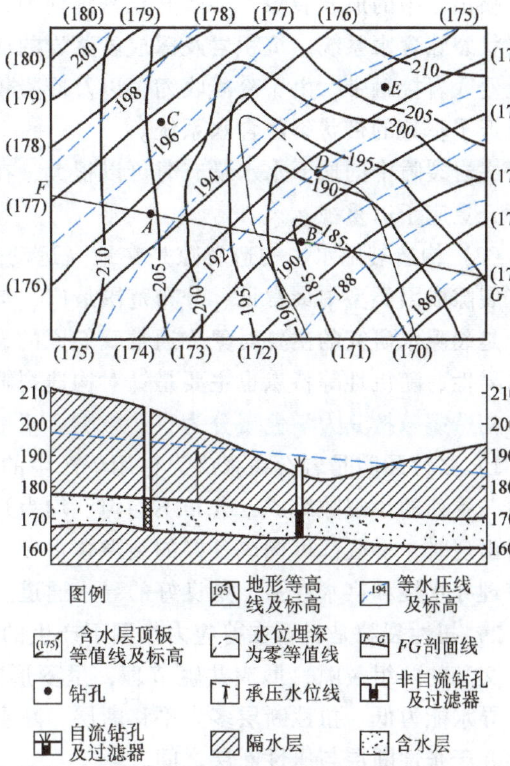


图 5-6 等水压线

### 5.2.2 地下水按含水介质类型分类及其特征

**1. 孔隙水**

在松散岩土层孔隙中存储和运动的地下水称为孔隙水。

孔隙水存在的松散岩土层包括第四系松散沉积物、部分新近系未胶结或半胶结的松散沉积物和坚硬基岩的风化壳。孔隙水的基本特征是分布较均匀、呈层状、含水层内水力联系密切、具有统一的潜水面或测压面等，这是松散岩土层的孔隙相对分布较均匀、连通性较好所致。因此，孔隙水的存在条件和特征主要取决于含水层的孔隙情况，因为孔隙的大小和多少，不仅关系到含水层透水性的好坏，也直接影响含水层中地下水量的多少，以及地下水在松散岩土层中的运动条件和地下水的水质。一般情况下，颗粒大而均匀，则含水层孔隙也大，透水性也好，水量大、运动快、水质好；反之，则含水层孔隙小、透水性差，水量小、运动慢、水质差。

由于松散岩土层的含水层所处的地貌单元、岩性成因类型和水文气象条件不同，赋存于含水层的孔隙水特征有所差异，一般孔隙水可分为山前倾斜平原区的孔隙水、冲积平原的孔隙水、山间河谷区的孔隙水、湖积物中的孔隙水、黄土区的孔隙水、滨海平原区的孔隙水、多年冻土区的孔隙水、冰碛物及冰川沉积物中的孔隙水等。

**2. 裂隙水**

在基岩裂隙中存储和运动的地下水称为裂隙水。裂隙水按其介质中空隙成因可分为成岩裂隙水、构造裂隙水、风化裂隙水。由于其各自所赋存介质的不同，其空间分布、规模及水流特征存在一定的差异性。

（1）成岩裂隙水　成岩裂隙是岩石在成岩过程中，经过冷凝、固结、脱水等过程在岩石内部引起的张应力作用产生的原生裂隙。如火山熔岩中玄武岩的柱状节理、侵入岩接触带冷凝收缩裂隙、某些沉积岩在成岩过程中经脱水收缩产生的张裂隙等。赋存在成岩裂隙中的地下水称为成岩裂隙水。

喷出岩中的成岩裂隙大多张开且密集均匀，连通性良好，常构成贮存水丰富、导水通畅的层状裂隙含水系统。沉积岩及深成岩浆岩的成岩裂隙通常多是闭合的，含水意义不大。岩脉及侵入岩接触带，由于冷凝收缩，以及冷凝较晚的岩浆流动产生应力，张开裂隙发育，常形成近乎垂直的带状裂隙含水系统。

成岩裂隙中的地下水水量有时可以很大，在疏干和利用上都不可忽视，特别是在工程建设时，更应予以重视。

（2）构造裂隙水　构造裂隙是在地壳运动过程中岩石在构造应力作用下产生的，它是所有裂隙成因类型中最常见、分布范围最广、与各种水文地质工程地质问题关系最密切的类型，是裂隙水研究的主要对象。通常我们说的裂隙水区别于孔隙水，具有强烈的非均匀性、各向异性、随机性等特点也主要是针对构造裂隙水而言的。

构造裂隙按其力学性质分为张性裂隙、扭性裂隙和压性裂隙三种类型。

1）张性裂隙是岩石在张应力作用下产生的裂隙，包括张节理和张性断层。张节理一般是由一系列的小裂隙组成，分布不均匀，均为开裂隙，含水空间大，导水能力强，当张节理成组出现时，一般都可构成良好的裂隙含水带。张性断层多为正断层，一般开裂程度大，比张节理导水性和富水性强，是良好的导水通道。

2）扭性裂隙是岩石在剪应力作用下产生的裂隙，包括扭节理和扭性断层。扭节理常成互相交叉的两组裂隙，形成共轭节理，呈菱形网格状分布，开裂程度小，一般含水空间不大，导水能力低。扭性断层多为平移断层，断裂面比较平直光滑，裂隙闭合。扭性断层的富水性介于张性断层与压性断层之间。

3）压性裂隙是在压应力和剪应力作用下产生的裂隙，包括劈理、板理、片理等细微裂隙及压性断层。劈理由一系列相互平行的隐形裂隙组成。板理、片理等形成在变质岩中，也是隐形裂隙。一般不含水和不导水，但受到后期构造作用，成开裂隙。压性断层多为逆断层和逆掩断层，断裂面上受压应力和剪应力较大，裂隙多呈闭合状态，导水能力和含水性较低。压性断层常是阻水断层，但在断层两侧的影响带中常有导水裂隙分布。

（3）风化裂隙水　赋存在风化裂隙中的水为风化裂隙水。风化裂隙是由岩石的风化作用形成的，其特点是广泛地分布于出露基岩的表面，延伸短，无一定方向，发育密集而均匀，构成彼此连通的裂隙体系。风化裂隙水绝大部分为潜水，具有统一的水面，多分布于出露基岩的表层，其下新鲜的基岩为含水层的下限。水平方向透水性均匀，垂直方向随深度而减弱。风化裂隙水的补给来源主要为大气降水，其补给量的大小受气候及地形因素的影响很大，气候潮湿多雨和地形平缓地区，风化裂隙水较丰富，常以泉的形式排泄于河流中。

**3. 岩溶水**

赋存并运移于各种岩溶空隙中的地下水称为岩溶水（喀斯特水）。岩溶水可以是潜水也可以是承压水。一般来说，在裸露的石灰岩分布区的岩溶水主要是潜水；当岩溶化岩层被其他岩层所覆盖时，岩溶潜水可能转变为岩溶承压水。

岩溶含水层是一种极不均匀的含水介质，因此，岩溶水在垂直和水平方向上分布具有不均匀性的特点，有的地段可能无水，而有的地段则可形成水量极为丰富的地下水脉或岩溶地下暗河。由于溶隙较孔隙、裂隙大得多，能迅速接受大气降水补给，水位年变幅有时可达数十米。大量岩溶水以地下径流的形式流向低处，集中排泄，即在谷地或是非岩溶化岩层接触处以成群的泉水出露地表，水量可达每秒数百升，甚至每秒数立方米。

在工程建筑区域内有岩溶水活动时，可能会引发突然涌水事故，对建筑物的稳定性也有很大影响。因此，在建筑场地和地基选择时应进行岩土工程勘察，针对岩溶水的情况，用排除、截源、改道等方法处理，如挖排水沟、筑挡水坝、开凿输水隧洞改道等。

## 5.3　地下水的性质

地下水在岩土层赋存和运移过程中，不断与周围介质进行相互作用，使得不同地点不同类型地下水的物理性质和化学性质有较大的差异性。

研究地下水的物理性质和化学性质具有重要的实际意义。例如，在各种工程建设过程中的岩土工程勘察时，地下水对建筑材料的腐蚀性评价；圈定地下水“热异常”，开发地下水热能；利用地下水的化学异常，确定矿床或污染源的位置；利用地下水作供水水源时，进行水质评价；当地下水使用不当时，对可能引起地下水水质恶化、土壤盐碱化等危害的评价。因此，无论是理论研究，还是实际应用、利用或是防治地下水的危害，都需要研究地下水的物理性质和化学性质。

### 5.3.1　地下水的物理性质

地下水的物理性质包括温度、颜色、透明度、气味、味道、密度、导电性和放射性等。

（1）温度　由于自然地理条件不同，地下水的补给来源和埋藏条件不同，地下水的温度变化较大。浅层地下水的温度一般相当于该区年平均气温，在寒带和多年冻结区某些高矿化度水水温可低于-5℃；而在火山活动区或有深处上升的地下水水温可高于100℃，如西藏羊八井，水温达到150~160℃。

（2）颜色　一般无色，只有当水中含有某些离子成分、悬浮物或胶体成分时，才呈现不同的颜色，如煤矿老窑水含大量 $Fe^{3+}$，呈黄褐色；水中含有暗色矿物及碳质悬浮物，呈浅灰色等。

（3）透明度　通常是透明、无色的，当水中含有某些离子、有机质或悬浮物时，透明度将降低，如煤矿矿井水含有大量炭屑等悬浮物而呈不透明或半透明状。

（4）气味　取决于水中所含的气体成分和有机质含量。一般情况下无气味，若含有硫化氢气体，呈臭鸡蛋味；含 $Fe^{2+}$ 的水有铁锈味；含腐殖质的水有草腥味或淤泥臭味。

（5）味道　取决于水中所含的化学成分和气体成分。一般情况下淡而无味，若含有较多的氯化钠，水具咸味；含较多二氧化碳，水清凉可口；含碳酸钙、碳酸镁的水，味甜，称“甜水”；含氯化镁和硫酸镁较多的水味苦，且可引起呕吐和腹泻等。

（6）密度　取决于水中可溶盐类的含量。一般情况下，水的密度为 $1.0g/cm^3$，水中溶解的可溶盐类越多，密度越大，可达到 $1.2\sim1.3g/cm^3$。

（7）导电性　取决于水中所含电解质的数量和性质，即各种离子的含量和其离子价。离子含量越多，离子价越高，水的导电性越强。地下水的导电性为水源勘探采用电测法创造了条件。

（8）放射性　取决于水中含放射性元素的数量。大多数情况下水都具有极微弱的放射性，但埋藏和运动于放射性矿床及酸性火成岩区的地下水，放射性显著增强。

### 5.3.2 地下水的化学性质

地下水是复杂的溶液，溶解有多种化学成分。组成地壳的87种元素中，已在地下水中发现70余种，它们分别以气体、离子、分子化合物及有机物等形式存在于地下水中。

**1. 地下水的化学成分**

(1) 地下水中的气体成分 地下水中溶解的主要气体成分有$O_2$、$N_2$、$CO_2$、$H_2S$、$CH_4$等，以前三种为主。$O_2$和$N_2$主要来源于大气，它们随着大气降水及地表水补给地下水。$CO_2$主要来源于大气、深部变质作用和有机质分解，其含量对可溶岩的溶蚀能力影响比较大。$H_2S$和$CH_4$在地下水中分布较少，一般出现在封闭地质构造的地下水中，如油田水中$H_2S$含量过高，可作为寻找石油的间接标志。

通常情况下，地下水中的气体含量不高，每公升水中只有几毫克到几十毫克。但它们很好地反映了地下室所处的地球化学环境，同时某些气体的含量还会影响盐类在水中的溶解以及其他化学反应。

(2) 地下水中的离子成分 地下水中，阴离子主要有$OH^-$、$Cl^-$等，阳离子主要有$H^+$、$Na^+$、$K^+$、$Ca^{2+}$、$Mg^{2+}$、$Fe^{3+}$、$Fe^{2+}$等。其中，在地下水中分布最广、含量较多的离子有七种：$Cl^-$、$Na^+$、$K^+$、$Ca^{2+}$及$Mg^{2+}$，这七种离子是人们研究地下水化学成分的主要项目。

(3) 地下水中的其他成分 除了上述常见组分外，地下水中还包括一些微量组分，如Br、I、F、B、Sr等；胶体化合物，如$Fe(OH)_3$、$Al(OH)_3$、$H_2SiO_3$等；以C、H、O为主的高分子化合物（有机质）；各种微生物，如硫细菌、铁细菌、致病细菌等。

**2. 地下水的化学性质**

(1) 地下水的酸碱性 地下水的酸碱性用氢离子浓度或pH值来表示。按照pH值，可将地下水分为强酸性水、弱酸性水、中性水、弱碱性水和强碱性水五类，见表5-3。

表5-3 地下水按pH值分类

| 地下水类型 | 强酸性水 | 弱酸性水 | 中性水 | 弱碱性水 | 强碱性水 |
|---|---|---|---|---|---|
| pH值 | <5 | 5~7 | 7 | 7~9 | >9 |

地下水的酸碱性具有重要的意义，它决定了水与周围岩土层之间的化学作用方向，影响水中元素的迁移和富集。强酸性水对金属有剧烈的腐蚀作用，如矿井中强酸性水对井下排水设备和管道的腐蚀，并污染环境。

(2) 地下水的总矿化度 地下水所含各种离子、分子及化合物的总量称为总矿化度，以g/L表示。它包括所有溶解状态和胶体状态的成分，不包括游离的气体成分。总矿化度表示地下水中含盐量的多少，是表征水矿化度程度的指标。根据总矿化度可将地下水分为淡水、微咸水、咸水、盐水、卤水五类，见表5-4。

表5-4 地下水按总矿化度分类

| 地下水类型 | 淡水 | 微咸水 | 咸水 | 盐水 | 卤水 |
|---|---|---|---|---|---|
| 总矿化度/(g/L) | <1 | 1~3 | 3~10 | 10~50 | >50 |

对于工程建设而言，高矿化度的水能降低混凝土的强度，腐蚀钢筋，长期作用条件下促

使混凝土分解。因此，在高矿化度水中的混凝土建筑应注意采取防护措施。

（3）地下水的硬度　水的硬度取决于水中 $Ca^{2+}$、$Mg^{2+}$ 的含量。根据水中钙镁生成的盐类不同，硬度可分为总硬度、暂时硬度和永久硬度。

1）总硬度：水中所含 $Ca^{2+}$、$Mg^{2+}$ 的总量。

2）暂时硬度：是指水加热沸腾后，脱碳酸作用使水中部分 $Ca^{2+}$、$Mg^{2+}$ 以 $CaCO_3$、$MgCO_3$ 形式沉淀析出的含量。故暂时硬度可以通过加热从水中除去。

3）永久硬度：是指水加热沸腾后，仍留在水中的 $Ca^{2+}$、$Mg^{2+}$ 的含量。主要是 $Ca^{2+}$、$Mg^{2+}$ 的硫酸盐和氯化物。在数值上等于总硬度与暂时硬度之差。

常用的硬度单位有毫克/升（mg/L）、毫克当量/升（mEg/L）和德国度（H°）。目前国际上采用的硬度单位以 $CaCO_3$ 含量（mg/L）表示。

水的硬度大小对生活及工业用水都有不良的影响。它会造成肥皂气泡少；煮饭做菜不易熟；锅炉用硬水容易形成锅垢，甚至会引起爆炸等。

## 5.4　地下水的补给、排泄与径流

地下水的补给、排泄与径流过程是地下水的循环。地下水以大气降水、地表水、人工补给等各种形式获得补给，在含水层中流过一段路程，然后又以泉、蒸发等形式排出地表，如此周而复始的过程便形成了地下水的循环。

### 5.4.1　地下水的补给

补给的研究包括补给来源、补给条件与补给量。地下水的补给来源有大气降水、地表水、凝结水、来自其他含水层或含水系统的水等。与人类活动有关的地下水补给有灌溉水、水库渗漏水、专门性的人工补给等。

**1. 大气降水对地下水的补给**

落到地面的大气降水，归根结底有三个去向：转化为地表径流、蒸发返回大气圈、下渗补给含水层。

地面吸水降水的能力是有限的，强度超过入渗能力的那部分降水便转化为地表径流。渗入地面以下的水，不等于补给含水层的水。其中相当一部分将滞留于包气带中，构成土壤水，通过地表蒸发和植被蒸腾方式从包气带转化为大气水。以土壤水形式滞留于包气带并最终返回大气圈的水量相当大。干旱季节以及雨季间歇期的蒸发与蒸腾作用会造成土壤水的水分亏缺，而降水必须补足全部水分亏缺后，其余部分才能继续下渗，达到含水层时，构成地下水的补给。

**2. 地表水对地下水的补给**

地表水体包括河流、湖泊、水库、海洋等，它们都在一定条件下成为地下水的补给来源。地表水补给地下水的两个必要条件：一是两者之间必须具有水力联系；二是地表水位必须高于地下水位。一般来说，山区河谷深切，河水位常低于地下水，起排泄地下水的作用，供水期则河水补给地下水。山前，由于河流的堆积作用，河床处于高位，河水常年补给地下水。冲积平原与盆地地区，河水位与地下水位的补给关系随季节而变。在岩溶发育地区，地表水与地下水的联系更为密切，有时地表河流与地下暗河交替出现，很难分清两者关系。

大气降水与地表水是地下水的两种主要的补给来源，从空间分布来看，大气降水属于面状补给，范围广且较均匀；地表水可看作是线状补给（河流）和点状补给（湖泊、塘），局限于水体周边。

**3. 凝结水的补给**

大气中的饱和湿度随温度降低，温度降低到一定程度，绝对湿度和饱和湿度相等。当温度继续下降，超过饱和湿度的那部分水汽便凝结成液态水了，这个过程称为凝结作用。一般情况下，凝结水非常有限，对地下水的补给量也不多，但对那些降水稀少、地表径流贫乏而日夜温差较大的高山、沙漠等地区（如新疆塔克拉玛干沙漠昼夜温差达40℃以上），凝结水对地下水的补给作用具有一定的意义了。

**4. 含水层之间的补给**

两个含水层之间存在水头差且有联系的通路，则水头较高的含水层便补给水头较低者，也意味着承压水可以补给潜水，同样潜水也可以补给承压水。除此之外，当隔水层分布不稳定时，在其缺失部位的相邻含水层便通过“天窗”发生水力联系；当隔水层为弱透水层时，相邻含水层之间发生一定的水量交换，称作越流，越流经常发生于松散沉积物中，黏土层构成弱透水层。

**5. 地下水的其他补给来源**

除了上述补给来源，地下水的补给还和人类工程活动密切相关。

建造水库、工业与生活废水排放、农业灌溉入渗、渠道渗漏等都使地下水获得新的补给。除此之外，也可采取有计划的人为措施补充含水层的水量，即人工补给地下水，如控制地面沉降、防止海水倒灌淡水层、地热开发循环利用、补充地下水资源等。

### 5.4.2 地下水的排泄

含水系统或含水层失去水量的过程称为排泄。地下水可通过点状排泄（泉）、线状排泄（河流）、面状排泄（蒸发、蒸腾）等形式向外界排泄，也可通过一个含水层向另一个含水层的内部排泄，还可通过井孔抽水、井巷疏水、工程排水等形式的人工排泄。

**1. 泉**

泉是地下水的天然露头，是地下水的主要排泄方式之一。

根据补给泉的含水层性质，可将泉分为下降泉和上升泉两大类。

（1）下降泉　由潜水或上层滞水补给，流量和水质随季节性变化较明显。下降泉根据出露成因又可分为侵蚀下降泉、接触下降泉和溢流下降泉。沟谷切割揭露潜水含水层时，形成侵蚀下降泉（图5-7a、b）。地形切割达到含水层隔水底板时，地下水被迫从两层接触点出露形成接触下降泉（图5-7c）。潜水流前方透水性急剧变弱，或遇到隔水底板隆起，潜水流动受阻而溢出地表成泉，即溢流下降泉（图5-7d、e、f、g）。

（2）上升泉　由承压水补给，流量相对稳定，水质一般较好。上升泉根据出露成因又可分为侵蚀上升泉、断层上升泉和接触带上升泉。当侵蚀作用切穿承压含水层的隔水顶板时，形成侵蚀上升泉（图5-7h）。当地下水沿着断层导水带上升，在地面高程低于测压水位处出露地表形成断层上升泉（图5-7i）。在岩脉或侵入体与围岩的接触带处，常因冷凝收缩作用而产生收缩裂隙带，地下水沿着该接触裂隙带上升形成接触带上升泉（图5-7j）。

对于野外工程地质调查而言，泉点的调查尤为重要，因为泉的出露位置和特点可以反映

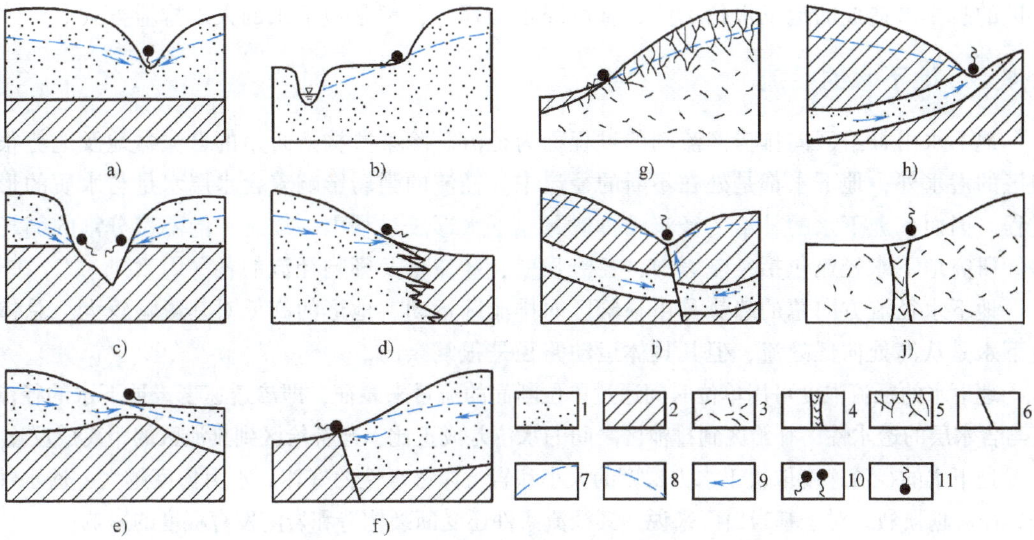


**图 5-7　泉的类型**（据王大纯等，1995）

1—透水层　2—隔水层　3—坚硬基岩　4—岩脉　5—风化裂隙　6—断层　7—潜水位
8—测压水位　9—地下水流向　10—下降泉　11—上升泉

出场地的地下水类型、补给、径流、排泄和动态等方面，从而判断对工程建设的影响。在大的滑坡体前缘位置常常有泉的出露，这是由于滑坡体相对比较破碎、透水性好，而滑坡床相对隔水。

**2. 泄流**

当河流、湖泊、海洋等侵蚀到含水层时，地下水分散地沿着地表水体周界排泄称为泄流。以河流为例，随着河流所处的水文地质条件不同，河水与地下水之间的联系也有所不同。当潜水和河水无直接水力联系时泉以线性分布形式沿着河流向河流排泄；当潜水和河水有直接水力联系，且潜水位高于河流水位时，潜水以地下径流形式向河流排泄；当承压水和河水有直接水力联系时，承压水以地下径流形式向河流排泄。

**3. 蒸发与蒸腾**

在干旱、半干旱地区，尤其是在松散沉积物构成的平原与盆地等地形的地坪处，蒸发与蒸腾往往是地下水主要的排泄方式。

地下水的蒸发排泄实际上可以分为两种，一种是与饱水带无直接联系的土壤水蒸发；另一种是饱水带（潜水）的蒸发。土壤水的蒸发强度取决于气候条件和包气带的岩性。潜水的蒸发强度取决于气候条件、潜水面埋藏深度及包气带的岩性等。

植物在生长过程中，经由根系吸水，并通过叶面蒸发，这便是叶面蒸发，也称为蒸腾。与土壤水蒸发、潜水蒸发不同的是，蒸腾的深度受植物根系分布深度的控制。在潜水位埋深较深的干旱、半干旱地区，某些灌木的根系深达地下数十米，由此可见，蒸腾作用的影响深度是比较大的。

**4. 人工排泄**

除了上述天然排泄形式外，人工排泄也是导致含水层迅速失水的重要途径，也对地质环境造成了一定的影响。如北京、上海、西安等大城市的集中抽水造成的地面沉降问题，大型矿区的疏排水造成的地下水位下降，基坑降水工程等，都是地下水的人工排泄方式。

### 5.4.3　地下水的径流

地下水由补给区向排泄区流动的过程称为径流。除某些构造封闭的自流盆地及地势很平坦区的潜水外，地下水都是处在不断的径流中。径流的强弱影响着含水层水量与水质的形成过程。因而，地下水的补给、径流和排泄是地下水形成过程中一个统一的不可分割的循环过程。研究地下水径流包括径流方向、径流强度、径流量及影响径流的各种因素。

地下水径流方向总的趋势是由补给区向排泄区运动，地形的高低对其影响较大，总体上地下水是从高处向低处流，但其具体运动路径是很复杂的。

地下水的径流强度可用单位时间通过单位断面的流量来表征，即渗透速度。地下水的径流强度与含水层的透水性、补给区到排泄区之间的水位差成正比，与补给区到排泄区的距离成反比。

地下水的径流速度取决于水力梯度的大小和岩土体透水性的好坏。水力梯度越大、透水性越好，径流越强烈。对于基岩山区来说，其径流条件还受断裂构造和岩溶发育程度的影响。

地下水径流量大小取决于含水层厚度和地下水的补给排泄条件。补给量越大，其径流量也越大。

### 5.4.4　地下水运动的基本规律

从广义的角度讲，地下水的运动包括包气带水的运动和饱水带水的运动两大类。尽管包气带与饱水带具有十分密切的联系，但是在工程建设实践中，掌握饱水带重力水的运动规律具有更大的意义。

地下水沿松散沉积物的孔隙或坚硬岩石的裂隙、溶隙流动称为渗流或渗透，发生渗流的区域称为渗流场。由于受到介质的阻滞，地下水的流动远比地表水缓慢。

地下水的运动有层流、紊流和混合流三种。层流是地下水在岩层空隙中渗流时，水的质点有秩序的、互不混杂的流动。紊流是地下水的质点无秩序的、互相混杂的流动，具有涡流的性质。混合流是层流和紊流同时出现。

**1. 线性渗透定律——达西定律**

地下水在土体孔隙中运动（渗透）属于层流，遵循达西线性渗透定律（图5-8），其公式为：

$$Q=KA(h_1-h_2)/L=KAI$$

或

$$V=Q/A=KI$$

式中，$Q$ 为单位时间内的渗透流量（$m^3/d$）；$A$ 为过水断面面积（$m^2$）；$h_1$、$h_2$ 为上下游过水断面的水头（m）；$L$ 为渗透途径（上下游过水断面间距离）（m）；$I$ 为水力坡度（即水头差除以渗透途径）；$V$ 为渗透流速（m/d）；$K$ 为渗透系数（m/d）。

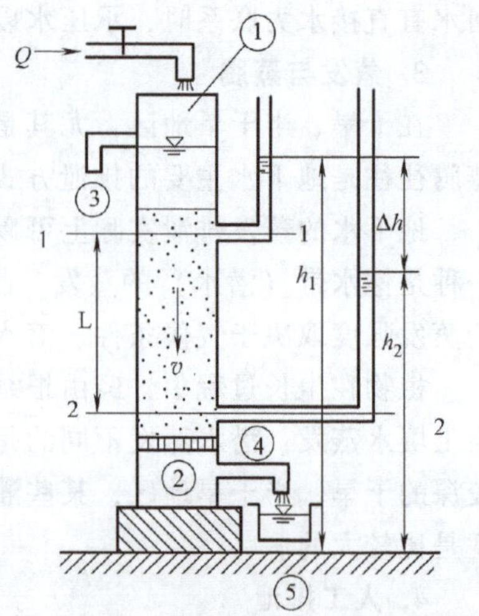

图5-8　达西渗透试验装置图

关系式表明，土中渗透的渗流量 $Q$ 与圆筒断面积 $A$ 及水头损失 $\Delta h=h_1-h_2$ 成正比，与断面间距 $L$ 成反比；或渗透流速等于渗透系数与水力梯度的乘积。$V$ 与 $I$ 的一次方成正比，故达西定律被称为线性渗透定律。

需要说明的是，达西定律只适用于雷诺数 $Re \leqslant 10$ 的地下水层流运动。

雷诺数是流体力学中表征黏性影响的相似准数。雷诺数表示作用于流体微团的惯性力与黏性力之比。雷诺数越小意味着黏性力影响越显著，越大则惯性力影响越显著。

**2. 几个相关概念**

（1）渗流速度　如图5-9所示，水流经过过水断面时，实际流经的是图5-8b中阴影部分之和 $\omega'$，即水流不可能通过固体颗粒；但计算流速的时候，采用的图5-8a中全部断面面积 $\omega$，包括固体颗粒所占据的面积，导致计算流速（即虚拟流速）小于实际流速。

（2）水力坡度 $I$　水力坡度为沿渗透途径水头损失与相应渗透长度的比值。水质点在空隙中运动时，为了克服水质点之间的摩擦阻力，必须消耗机械能，从而出现水头损失。所以，水力坡度可以理解为水流通过单位长度渗透途径为克服摩擦阻力所耗失的机械能。

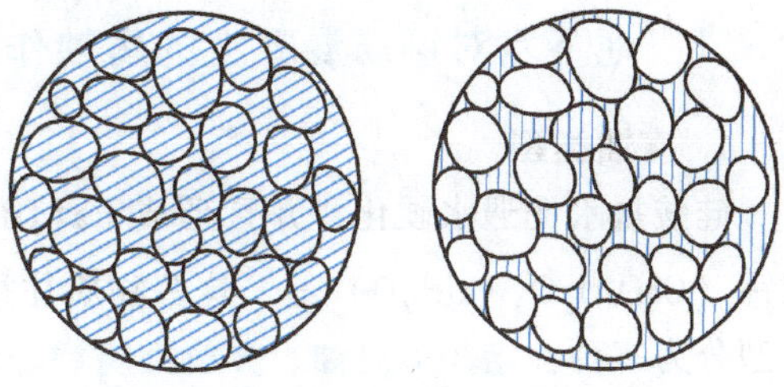

a)　　b)

图5-9　过水断面 $\omega$（斜阴影线部分）与实际过水断面 $\omega'$（直阴影线部分）

注：颗粒边缘涂黑部分为夸大表示的结合水

（3）渗透系数 $K$　渗透系数又称为水力传导系数，是表示土的渗透性强弱的指标。在各向同性介质中，它定义为单位水力梯度下的单位流量，表示流体通过孔隙骨架的难易程度，表达式为：$K=k\rho g/\eta$，式中，$k$ 为孔隙介质的渗透率，它只与固体骨架的性质有关；$\eta$ 为动力黏滞性系数；$\rho$ 为流体密度；$g$ 为重力加速度。在各向异性介质中，渗透系数以张量形式表示。渗透系数越大，岩石透水性越强。渗透系数可以在实验室测定或在现场抽水试验时求得。常见的松散岩土的渗透系数参考值如表5-4。

**表5-4　松散岩土的渗透系数参考值**

| 土　名 | 渗透系数 $K$(cm/s) | 土　名 | 渗透系数 $K$(cm/s) |
|---|---|---|---|
| 砾砂 | $6.0\times10^{-2}\sim1.8\times10^{-1}$ | 黄土 | $3.0\times10^{-4}\sim6.0\times10^{-4}$ |
| 粗砾 | $2.4\times10^{-2}\sim6.0\times10^{-2}$ | 黏质粉土 | $6.0\times10^{-5}\sim6.0\times10^{-4}$ |
| 中砂 | $6.0\times10^{-3}\sim2.4\times10^{-2}$ | 粉质黏土 | $1.2\times10^{-6}\sim6.0\times10^{-5}$ |
| 细砂 | $6.0\times10^{-4}\sim1.2\times10^{-3}$ | 黏土 | $<1.2\times10^{-6}$ |
| 粉砂 | $6.0\times10^{-4}\sim1.2\times10^{-3}$ | | |

从达西定律可以看出，水力坡度 $I$ 是无因次的。故渗透系数 $K$ 的因次与渗流速度相同，一般采用m/d或cm/s为单位。令 $I=1$，则 $V=K$，意即渗透系数为水力坡度等于1时的渗流速度。水力坡度为定值时，渗透系数越大，渗流速度就越大；渗流速度为一定值时，渗透系数越大，水力坡度越小。由此可见，渗透系数可定量说明岩土的渗透性能。渗透系数越大，岩土的透水能力越强。$K$ 值可在室内做渗透试验测定或在野外做抽水试验测定。但是，如果进行石油或卤水等黏滞系数较大的流体计算时，就不符合上述的规律。

**3. 地下水的涌水量计算**

在计算流向集水构筑物的地下水涌水量时，必须区分集水构筑物的类型。集水构筑物按构造形式可分为垂直的井、钻孔和水平的引水渠道、渗渠等。抽取潜水或承压水的垂直集水坑井分别称为潜水井或承压水井。潜水井和承压水井按其完整程度又可分为完整井及不完整井两种类型。完整井是井底达到了含水层下的不透水层，水只能通过井壁进入井内；不完整井是井底未达到含水层下的不透水层，水可从井底或井壁、井底同时进入井内。

工程建设中常遇到做层流运动的地下水在井、坑或渗渠中的涌水量计算问题，其具体公式很多，可参考有关水文地质手册。

## 5.5 地下水的不良地质作用

### 5.5.1 地下水对钢筋混凝土的腐蚀作用

**1. 腐蚀类型**

硅酸盐水泥遇水硬化，并且形成 $Ca(OH)_2$、水化硅酸钙（$CaOSiO_2 \cdot 12H_2O$）、水化铝酸钙（$CaOAl_2O_3 \cdot 6H_2O$）等，这些物质往往会受到地下水的腐蚀。地下水对建筑材料腐蚀类型分为三种：结晶类腐蚀、分解类腐蚀、结晶分解复合类腐蚀。

（1）结晶类腐蚀 如果地下水中 $SO_4^{2-}$ 的含量超过规定值，那么 $SO_4^{2-}$ 将与混凝土中的 $Ca(OH)_2$ 起反应，生成二水石膏结晶体 $CaSO_4 \cdot 2H_2O$，这种石膏再与水化铝酸钙 $CaOAl_2O_3 \cdot 6H_2O$ 发生化学反应，生成水化硫铝酸钙，这是一种铝和钙的复合硫酸盐，习惯上称为水泥杆菌。由于水泥杆菌结合了许多结晶水，因而其体积比化合前增大很多，约为原体积的221.86%，于是在混凝土中产生很大的内应力，使混凝土的结构遭受破坏。因此，要提高水泥的抗结晶腐蚀，主要是控制水泥的矿物成分。

（2）分解类腐蚀 水中的 $H^+$、$CO_2$ 及氯化镁、氯化铵等盐类或水的矿化度，超过或低于一定限度时，使混凝土表面钙化层（$CaCO_3$）或混凝土中固态游离石灰质溶解于水，降低了混凝土中的石灰碱度（水泥在水化时释放出 $Ca(OH)_2$，使混凝土内处于高度碱性条件），导致水泥发生水解。

分解类腐蚀可分为酸性腐蚀、碳酸性腐蚀和微矿化水性腐蚀三种：

1）酸性腐蚀。酸性腐蚀的过程可由下列反应式表达

$$Ca(OH)_2 + 2H^+ \longrightarrow Ca^{2+} + 2H_2O$$

$$2CaCO_3 + 2H^+ \longrightarrow Ca^{2+} + Ca(HCO_3)_2 \rightarrow 2Ca^{2+} + 2HCO^-$$

酸性腐蚀的强弱主要取决于水的 pH 值。pH 值越小，水的酸性越大，对混凝土或钢结构的腐蚀性越强。

2）碳酸性腐蚀。混凝土表面的石灰在空气和水中的 $CO_2$ 作用下，首先生成一层碳酸钙保护膜，进一步的作用形成易溶解于水的重碳酸钙，使混凝土破坏，可由下列反应式表达

$$CaCO_3 + H_2O + CO_2 \rightleftharpoons Ca^{2+} + 2HCO_3^-$$

上述反应是可逆的。当 $CO_2$ 含量增加时，平衡被破坏，反应向右进行，固体 $CaCO_3$ 继续分解；当 $CO_2$ 含量变少时，反应向左进行，$CaCO_3$ 沉淀析出。当 $CO_2$ 和 $HCO_3^-$ 的含量平衡时，反应停止。所以，当地下水中 $CO_2$ 的含量超过平衡时所需的数量时，混凝土中的 $CaCO_3$ 就被溶解而受腐蚀。我们将超过平衡浓度的 $CO_2$ 叫侵蚀性 $CO_2$。水中 $CO_2$ 和 $HCO_3^-$ 含量越高，对混凝土的腐蚀越强烈。

3）微矿化水性腐蚀。矿化度过低的水具有使水泥成分溶解的作用。

（3）结晶分解复合类腐蚀 当地下水中 $NO_3^-$、$Cl^-$ 和 $Mg^{2+}$ 离子的含量超过一定数量时，将与混凝土中的 $Ca(OH)_2$ 发生反应。如

$$MgSO^4+Ca(OH)_2 = Mg(OH)_2+CaSO_4$$

$$MgCl_2+Ca(OH)_2 = Mg(OH)_2+CaC1_2$$

$Ca(OH)_2$ 与镁盐作用的生成物中，除 $Mg(OH)_2$ 不易溶解外，$CaCl_2$ 则易溶于水，并随之流失；硬石膏 $CaSO_4$ 一方面与混凝土中的水化铝酸钙反应生成水泥杆菌；另一方面，硬石膏遇水生成二水石膏。二水石膏在结晶时，体积膨胀，破坏混凝土的结构。

**2. 腐蚀性评价标准**

根据各种化学腐蚀引起的破坏作用，将 $SO_4^{2-}$ 的含量归纳为结晶类腐蚀性的评价指标；将侵蚀性 $CO_2$、$HCO_3^-$ 和 pH 值归纳为分解类腐蚀性的评价指标；而将 $Mg^{2+}$、$NH_4^+$、$C1^-$、$SO_4^{2-}$、$NO_3^-$ 的含量作为结晶分解类腐蚀性的评价指标。同时，在评价地下水对建筑结构材料的腐蚀性时必须结合建筑场地所属的环境类别。腐蚀性分析的项目有：pH 值、游离 $CO_2$、侵蚀性 $CO_2$、$Ca^{2+}$、$Mg^{2+}$、$K^+$、$Na^+$、$NH_4^+$、$Fe^{3+}$、$Fe^{2+}$、$Cl^-$、$SO_4^{2-}$、$HCO_3^-$、$NO_3^-$、总硬度和有机质。根据水样的化学分析结果，对照《岩土工程勘察规范》进行地下水侵蚀性评价，评价时应该考虑建筑物场地的环境类别和含水层的透水性。

综上所述，地下水对混凝土建筑物的腐蚀是一项复杂的物理化学过程，在一定的工程地质与水文地质条件下，对建筑材料的耐久性影响很大。

### 5.5.2 潜水位上升引起的工程地质问题

1）潜水位上升后，毛细水作用可能导致土壤次生沼泽化、盐渍化，改变岩土体物理力学性质，增强岩土和地下水对建筑材料的腐蚀。在寒冷地区，可助长岩土体的冻胀破坏。

2）潜水位上升，原来干燥的岩土被水饱和、软化，降低岩土抗剪强度，可能诱发斜坡、岸边岩土体产生变形、滑移、崩塌失稳等不良地质作用。

3）崩解性岩土、湿陷性黄土、盐渍岩土等遇水后，可能产生崩解、湿陷、软化，其岩土结构破坏，强度降低，压缩性增大。膨胀性岩土遇水后则产生膨胀破坏。

### 5.5.3 地下水位下降引起的工程地质问题

在松散沉积层中进行深基础施工时，往往需要人工降低地下水位。若降水不当，会使周围地基土层产生固结沉降，轻者造成邻近建筑物或地下管线的不均匀沉降；重者使建筑物基础下的土体颗粒流失，甚至掏空，导致建筑物开裂和危及安全作用。

如果抽水井滤网和砂滤层的设计不合理或施工质量差，则抽水时会将软土层中的黏粒、粉粒，甚至细砂等细小土颗粒随同地下水一起带出地面，使周围地面土层很快产生不均匀沉降，造成地面建筑物和地下管线不同程度的损坏。另一方面，井管开始抽水时，井内水位下降，井外含水层中的地下水不断流向滤管，经过一段时间后，在井周围形成漏斗状的弯曲水面——降水漏斗。在这一降水漏斗范围内的软土层会发生渗透固结而造成地基土沉降。而且，由于土层的不均匀性和边界条件的复杂性，降水漏斗往往是不对称的，因而使周围建筑物或地下管线产生不均匀沉降，甚至开裂。

地下水位下降往往会引起地表塌陷、地面沉降、海水入侵、地裂缝的产生和复活以及地下水源枯竭、水质恶化等一系列不良现象。

(1) 地表塌陷 岩溶发育地区，由于地下水位下降时改变了水动力条件，在断裂带、褶皱轴部、溶蚀洼地、河床两侧以及一些土层较薄而土颗粒较粗的地段，产生塌陷。

(2) 地面沉降 地下水位下降诱发地面沉降的现象可以用有效应力原理加以解释。地下水位的下降减小了土中的孔隙水压力，从而增加了土颗粒间的有效应力，有效应力的增加会引起土的压缩。

(3) 海（咸）水入侵 天然状态下，陆地的地下淡水向海洋排泄，含水层保持较高的水头，淡水与海水保持某种动态平衡，因而陆地淡水含水层能阻止海水入侵。如果大量开发陆地地下淡水，会引起大面积地下水位下降，可能导致海水向地下含水层入侵，使淡水水质变差。

(4) 地裂缝的产生与复活 近年来，在我国很多地区发现地裂缝，西安是地裂缝发育最严重的城市。据分析这是地下水位大面积大幅度下降而诱发的。

(5) 地下水源枯竭、水质恶化 盲目开采地下水，当开采量大于补给量时，地下水资源会逐渐减少，以致枯竭，造成泉水断流、井水枯干、地下水中有害离子量增多、矿化度增高。

### 5.5.4 地下水的渗透破坏

**1. 渗透力**

地下水渗流对土单位体积内的骨架产生的作用力，称为渗透力。当此力达到一定值时，岩土中的一些颗粒甚至整体发生移动而被渗流带走，从而引起岩土的结构松散，孔隙率增大，强度降低，形成空洞，甚至导致地面沉降或塌陷，最后影响地基和基坑边坡的稳定。这种工程动力作用或现象，称为渗透变形或渗透破坏。

**2. 渗透变形**

土的渗透变形类型主要有流土和管涌两种基本形式。

(1) 流土（流砂） 流土是指在自下而上的渗流作用下，当渗流力大于土体的重度或地下水的水力梯度大于临界水力梯度时，黏性土或无黏性土体中某一范围内的颗粒或颗粒群同时发生移动的现象。流土发生于渗流逸出处而不发生于土体内部，如深基坑工程的坑底四周和挡土墙的墙趾处。现场施工时流土常常发生于砂层中，因此实际工作中都简称为流砂。流土（砂）在工程施工中能造成大量的土体流动，致使地表塌陷或建筑物的地基破坏，给施工带来很大困难，或直接影响建筑工程及附近建筑物的稳定，因此，必须进行防治。

在可能产生流土的地区，应尽量利用其上面的土层作为天然地基，也可采用桩基穿过流土层。总之，要尽量避免水下大开挖施工，如必需时，可以采用下述方法防治流土：

1）人工降低地下水位。使地下水位降至可产生流土的地层之下，然后开挖。

2）设置板桩。其目的一方面可加固坑壁，另一方面可增长地下水的渗流路径以减小水力梯度。

3）水下挖掘。在基坑中用机械在水下挖掘，避免因排水而造成产生流土的水头差，为了增加砂的稳定性，也可向基坑中注水并同时进行开挖。

4）可以采用冻结法、化学加固法、爆炸法等处理地层，提高其密实度，减小其渗透性。

5）在基坑开挖过程中，如局部地段出现流土时，可采用立即抛入大块石等方法，来克服流土的活动。

（2）管涌（潜蚀） 管涌是指在渗流作用下，地基土体中的细小颗粒通过粗大颗粒的孔隙发生移动或被水流带出的现象。它发生的部位可以在渗流逸出处，也可以在土体内部；故有人称之为渗流引起的潜蚀现象。管涌往往发生在不均匀系数 $C_u>10$ 的砂、砾石和卵石等粗粒土中，且发生时水头梯度较小，也可发生于一些含有较多易溶盐分的分散性黏性土中。管涌的结果是随着细颗粒的流失，岩土的孔隙不断增大，甚至形成洞穴，掏空地基或坝体，使地基或斜坡变形、失稳。

在可能发生管涌的地层中修建水坝、挡土墙及基坑排水工程时，为防止管涌的发生，设计时必须控制地下水的水力梯度，使其小于产生管涌的临界水力梯度。对管涌的处理可以采用堵截地表水流流入土层、阻止地下水在土层中的流动、设置反滤层、改造土的性质、减小地下水的流速及水力梯度等措施。

土的渗透变形对岩土工程危害极大，所以在可能发生土的渗透变形的地区施工时，应尽量利用其上面的土层作为天然地基，也可利用桩基穿透流砂层。工程上为防止渗透变形的发生，通常从两个方面采取措施：一是减小水力坡度，可以通过降低水头或增加渗径的办法来实现；二是在渗流逸出处加盖压重或设反滤层，或在建筑物下游设置减压井、减压沟等，使渗透水流有畅通的出路。

### 5.5.5 地下水的浮托作用

当建筑物地下室位于地下水位以下时，地下水对地下室产生浮力。当建筑物基础底面位于地下水位以下时，地下水对基础底面产生静水压力，即产生浮托力。如果基础位于粉土、砂土、碎石土和节理裂隙发育的岩石地基上，则按地下水位100%计算浮托力；如果基础位于节理裂隙不发育的岩石地基上，则按地下水位50%计算浮托力；如果基础位于黏性土地基上，其浮托力较难确切地确定，应结合地区的实际经验考虑。

### 5.5.6 承压水对基坑的作用

当基坑下伏有承压含水层时，开挖基坑会减小含水层上覆隔水层的厚度，在隔水层厚度减小到一定程度时，承压水的水头压力能顶裂或冲毁基坑底板，造成突涌现象。基坑突涌将会破坏地基强度，并给施工带来很大困难。所以，在进行基坑施工时，必须分析承压水头是否会冲毁基坑底板。

为避免基抗突涌的发生，必须验算基坑底层的安全厚度 $H_1$。基坑底层厚度与承压水头压力的平衡关系式

$$\gamma H_1=\gamma_w H$$

式中，$\gamma$、$\gamma_w$ 分别为黏性土的重度和地下水的重度；$H$ 为含水层顶板之上承压含水层的水头值；$H_1$ 为基坑开挖后黏土层的厚度。

所以，基坑底部黏土层的厚度（图5-10）必须满足下式要求

$$H_1>\frac{\gamma_w}{\gamma}H$$

如果 $H_1 > \frac{\gamma_w}{\gamma} H$，为防止基坑突涌，则必须对承压含水层进行预先排水。使其承压水头下降至基坑底能够承受的水头压力（图5-11），而且，相对于含水层顶板的承压水头 $H_w$ 必须满足下式

$$H_w < \frac{\gamma}{\gamma_w} H_1$$

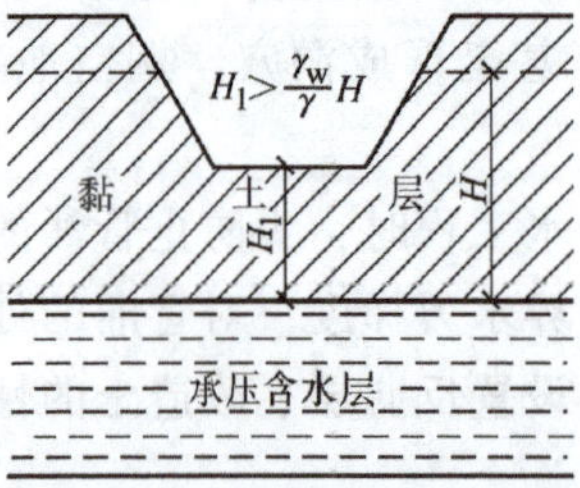


图5-10　基坑底隔水最小厚度

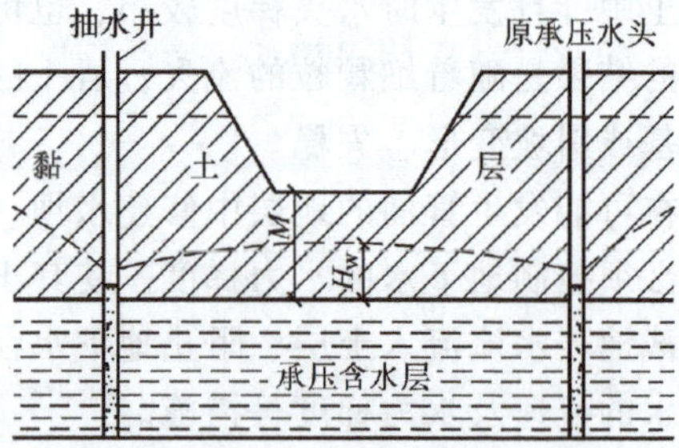


图5-11　防止基坑突涌的排水降压

## 本章小结

（1）地下水是埋藏在地表以下岩土空隙中各种形式的重力水。岩土中的空隙既是地下水的储存场所，又是地下水的运移通道。地下水按埋藏条件可分为包气带水、潜水、承压水；按含水介质类型可分为孔隙水、裂隙水、岩溶水。

（2）含水层是能够给出并透过相当数量重力水的岩土层。构成含水层的条件：一是岩石中要有空隙存在，并充满足够数量的重力水；二是这些重力水能够在岩石空隙中自由运动。隔水层是不能给出并透过水的岩土层。隔水层有的可以含水，但是不具有允许相当数量的水透过自己的性能。

（3）包气带水受当地气候因素影响较大，一般为暂时性水，水量不大，呈季节性变化，主要为渗入成因，局部为凝结成因，水力特征为无压，极易受污染。

（4）潜水是饱水带中第一个较稳定隔水层以上具有自由水面的重力水。为无压水，它只能在重力作用下流动，具有明显的季节性变化特点，潜水面的形态和特征通常可以用等水位线图和水文地质剖面图来表示。

（5）承压水是充满于两个隔水层（弱透水层）之间的重力水。承压性是承压水的一个重要特征，不具有自由水面，是在静水压力作用下的承压流动。承压含水层的动态变化与当地季节性变化的气象、水文等因素关系不显著，表现为较稳定的状态。承压水面特征通常用等水压线图来表示。

（6）孔隙水是松散岩土层孔隙中存储和运动的地下水。其基本特征是分布较均匀、呈层状、含水层内水力联系密切、具有统一的潜水面或测压面等。孔隙水的存在条件和特征主要取决于含水层的孔隙情况。

（7）裂隙水是基岩裂隙中存储和运动的地下水。按其介质中空隙成因可分为成岩裂隙水、构造裂隙水、风化裂隙水。

（8）岩溶水（喀斯特水）是赋存并运移于各种岩溶空隙中的地下水。岩溶水可以是潜水也可以是承压水，是一种极不均匀的含水介质，在垂直和水平方向上分布具有不均匀性特点。

（9）地下水的物理性质包括温度、颜色、透明度、气味、味道、密度、导电性和放射性等，化学性质包括酸碱性、总矿化度、硬度、阴阳离子等。

（10）地下水的补给来源有大气降水、地表水、凝结水、来自其他含水层或含水系统的水等；与人类

活动有关的地下水补给有灌溉水、水库渗漏水、专门性的人工补给等。

(11) 地下水的排泄可以是通过点状排泄（泉）、线状排泄（河流）、面状排泄（蒸发、蒸腾）等形式向外界排泄，也可通过一个含水层向另一个含水层的内部排泄，还可通过井孔抽水、井巷疏水、工程排水等形式的人工排泄。

(12) 根据补给泉的含水层性质，可将泉分为下降泉和上升泉两大类。

(13) 地下水对建筑工程的影响主要表现在对钢筋混凝土的腐蚀性问题、地下水上升或下降引起的工程地质问题、地下水的渗透破坏作用和浮托作用、承压水对基坑坑底的突涌现象等。

## 习题

1. 地下水按埋藏条件和含水介质类型各分为哪几种类型？
2. 什么是潜水？有哪些特征？
3. 潜水面的表示方法和意义是什么？
4. 什么是承压水？有哪些特征？与潜水有何区别？
5. 承压水是如何形成的？
6. 承压水的表示方法和意义是什么？
7. 什么是孔隙水？有何分布特征？
8. 什么是裂隙水？裂隙水的类型都有哪些？
9. 什么是岩溶水？有哪些特征？
10. 地下水的物理性质都有哪些？化学性质都有哪些？
11. 地下水的补给来源都有哪些？
12. 地下水的排泄方式都有哪些？
13. 泉是如何形成的？有哪些类型？
14. 地下水的不良地质现象都有哪些？
15. 地下水对钢筋混凝土的腐蚀类型都有哪些？如何对其进行腐蚀性评价？
16. 地下水位下降引起的不良地质现象都有哪些？
17. 渗透变形的类型及其特征是什么？

## 参考文献

[1] 章至洁. 水文地质学基础［M］. 徐州：中国矿业大学出版社，1995.
[2] 王大纯，张人权，等. 水文地质学基础［M］. 北京：地质出版社，1995.
[3] 陈南祥. 水文地质学［M］. 北京：中国水利水电出版社，2008.
[4] 杨志双，秦胜伍，李广杰. 工程地质学［M］. 北京：地质出版社，2011.
[5] 常士骠. 工程地质手册［M］. 北京：中国建筑工业出版社，2007.
[6] 王贵荣. 岩土工程勘察［M］. 西安：西北工业大学出版社，2007.

# 不良地质作用 第6章

■学习要点

- 掌握不良地质作用的概念、类型等
- 掌握滑坡与崩塌的基本概念；熟悉滑坡的基本要素；熟悉滑坡的发育阶段、崩塌的形成条件及各自防治原则
- 掌握泥石流的分类及形成条件；熟悉泥石流的防治措施
- 熟悉地面沉降的生成因素；掌握地面沉降的防治措施；熟悉地裂缝的形成条件和防治措施
- 掌握采空区的主要工程地质问题及相关防治措施
- 熟悉地震所引发的工程地质问题；掌握建筑工程的震害及防震原则

■重点概要

- 滑坡与崩塌
- 泥石流
- 地面沉降与地裂缝
- 地面塌陷
- 地震

• 相关知识链接

- GB 50021—2001（2009版）《岩土工程勘察规范》
- GB/T 32864—2016《滑坡防治工程勘查规范》
- GB 50011—2010《建筑抗震设计规范》
- DZ/T 0220—2006《泥石流灾害防治工程勘查规范》
- GB 51044—2014《煤矿采空区岩土工程勘察规范》
- DBJ 61—6—2006《西安地裂缝场地勘察与工程设计规程》

不良地质作用是指由地球内力或外力产生的对工程可能造成危害的地质作用。常见不良地质作用包括滑坡、崩塌、泥石流、地面塌陷、地面沉降、地裂缝、地震效应、活动断裂、河流侵蚀、库岸浸没、冻胀、融陷等。

地质灾害是指由不良地质作用引发的，危及人身、财产、工程或环境安全的事件。通常指崩塌、滑坡、泥石流、地面塌陷、地面沉降、地裂缝等。地质灾害是不良地质作用的结果。

对这些不良地质作用应查明其规模范围、活动特征、影响因素、形成机理、对工程的影响以及应采取的防治措施。本章主要讲述不良地质作用中的滑坡、崩塌、泥石流、地面沉

降、地裂缝、地面塌陷及地震效应。

## 6.1 滑坡与崩塌

斜坡是指地壳表部一切具有侧向临空面的地质体，它包括自然斜坡和人工边坡两种。前者是指在各种地质营力作用下形成的斜坡，后者则是人类工程活动形成的斜坡。斜坡具有坡体、坡面、坡肩、坡脚、坡顶面、坡底面、坡高和坡角等要素。斜坡在各种内外地质营力的作用下，不断地改变着坡高和坡角，使坡体内应力分布发生变化。当组成坡体的岩土体强度不能适应此应力分布时，就产生了斜坡的变形破坏作用，给人类和工程建设带来危害。

斜坡的变形和破坏，是斜坡发展演化过程中两个不同阶段，变形属量变阶段，而破坏属质变阶段，它们是一个累进破坏过程。斜坡变形按其机制可分为拉裂、蠕滑和弯折倾倒三种形式。

斜坡破坏的形式主要为滑坡和崩塌。滑坡是指斜坡岩土体在重力作用下失去原有的稳定性，沿斜坡内部贯通的剪切破坏面（或滑动带）整体向下滑移的现象。崩塌是指在陡峻的斜坡上，岩土体在自重作用下脱离母体，突然而猛烈地由高处崩落下来的现象。

### 6.1.1 滑坡

滑坡是斜坡破坏形式中，分布最广、危害最为严重的一种，也是在山区公路、铁路、房屋建筑中经常遇到的一种地质灾害，且常为地震后发生的一类次生灾害。

**1. 滑坡形态要素**

一个发育完全的滑坡，一般都具有下列各要素（图6-1）：

1）滑坡体（简称滑体），指与母体脱离经过滑动的岩土体。岩土体内部相对位置基本不变，能基本保持原来的层序和结构面网络，但在滑动动力作用下产生了新的裂隙，使岩土体明显松动。

2）滑坡床，指滑坡体以下未经滑动的岩（土）体。基本上未发生变形，保持原有结构。

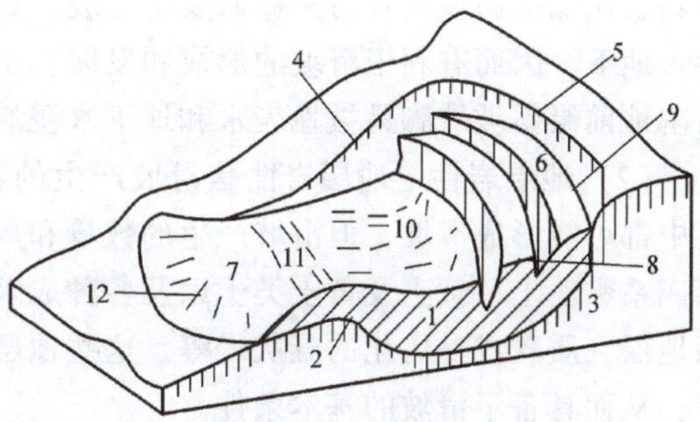


**图6-1 滑坡要素**

1—滑坡体 2—滑动面 3—滑坡床 4—滑坡周界 5—滑坡壁 6—滑坡台阶 7—滑坡舌 8—张裂缝 9—主裂缝 10—剪切裂缝 11—鼓胀裂缝 12—扇形张裂缝

3）滑动面，指滑坡体与滑坡床之间的分界面。由于滑动时的摩擦，滑动面一般是光滑的，有时可看到擦痕。滑动面上的土石破坏比较剧烈，形成一个破碎带，厚几厘米到几米，常称为滑动带。

4）滑坡周界，指滑坡与其周围不动体在平面上的分界线。

5）滑坡壁，指滑坡滑动后，滑坡体后部和母体脱开的分界面暴露在外面的部分，平面上多呈圈椅状外貌，高度视位移与滑坡规模而定，一般数米至数十米，坡度多为35°~80°，形成陡壁。

6）滑坡舌（或滑坡头），指滑坡体的前部向前伸出如舌头状的部分。舌根部隆起部分称为滑坡鼓丘。

7）滑坡台阶，指滑坡体上部由于各段岩（土）体运动速度的不同所形成的台阶状的滑坡错台，常为积水洼地。

8）封闭洼地，指滑坡体与滑坡壁之间拉开成沟槽，成为四面高而中间低的洼地，此处常有地下水出现，或地表水汇集，成为清泉湿地或水塘。

9）主滑线（或滑坡轴），指滑坡体滑动速度最快的纵向线，它代表整个滑坡的滑动方向，一般位于滑坡体上推力最大、滑床凹槽最深（滑坡体最厚）的纵断面上；在平面上可为直线或曲线。

10）滑坡裂隙，指滑坡体在滑动过程中各部位受力性质和移动速度不同，受力不均而产生力学属性不同的裂隙系统。一般可分为拉张裂隙、剪切裂隙、羽状裂隙、鼓张裂隙和扇形张裂隙等。拉张裂隙分布在滑坡体的上部，多呈弧形，与滑坡壁的方向大致吻合或平行，成连续分布，长度和宽度都较大，是产生滑坡发生的前兆；剪切裂隙分布在滑坡体中部，两侧还常伴有羽毛状裂隙；鼓张裂隙分布在滑坡体的下部，因滑坡体下滑受阻，土体隆起而形成张开裂隙，垂直于滑动方向，分布短，深度较浅；扇形张裂隙在滑坡体的中、下部，特别在滑坡舌部较发育，因滑坡体脱离斜坡滑床后，向两侧扩散，形成张开的裂隙，在中部的部分与滑动方向接近平行，在滑舌的部分则成放射状。这些裂隙是滑坡不同部位受力状况和运动差异性的反映，对判别滑坡所处的滑动阶段和状态等很有帮助。

**2. 滑坡形成条件**

滑坡形成的条件主要有地形地貌、地层岩性、地质构造、水文地质条件和人类活动等因素。

（1）地形地貌　斜坡的高度、坡度、形态和成因与斜坡的稳定性有着密切的关系。高陡斜坡比低缓斜坡更容易失稳而发生滑坡。如山地的缓坡地段，由于地表水流动缓慢，易于渗入地下，因而有利于滑坡的形成和发展；山区河流的凹岸易被流水冲刷和掏蚀，黄土地区高阶地前缘斜坡坡脚易被地表水和地下水浸润，这些地段也易发生滑坡。

（2）地层岩性　地层岩性是滑坡产生的物质基础。虽然不同地质年代、不同岩性的地层中都可能形成滑坡，但滑坡产生的数量和规模与岩性有密切关系。容易发生滑动的地层有第四系黏性土、黄土及黄土类土以及各种成因的细粒沉积物，砂岩、页岩、泥岩的互层，煤系地层，质软或易风化的凝灰岩等。这些地层岩性软弱，在水和其他营力作用下易形成滑动带，从而具备了滑坡的基本条件。

（3）地质构造　地质构造与滑坡的形成和发展的关系主要表现在两个方面：一是滑坡沿断裂破碎带往往成群分布；二是各种软弱结构面控制了滑动面的空间位置及滑坡的范围。

（4）水文地质条件　各种软弱层、强风化带因组成物质中细粒成分多容易阻隔、汇聚地下水，如果山坡上方或侧方有丰富的地下水补给，这些软弱层或风化带就可能成为滑动面而诱发滑坡。地下水对滑坡的作用主要表现在以下几个方面：一是地下水进入滑坡体增加了滑体的重量，滑带土在水的浸润下抗剪强度降低；二是地下水位上升产生的静水压力对上覆岩层产生浮托力，降低有效应力和摩擦力；三是地下水运动产生的动水压力对滑坡的形成和发展起促进作用。

（5）人类活动　人工开挖边坡或在斜坡上部加载，改变了斜坡的外形和应力状态，增大了滑体的下滑力，减小了抗滑力，从而引发滑坡。铁路、公路沿线发生的滑坡多与人工开挖边坡有关。

实践表明，在下列地质条件下往往容易发生滑坡：

1）较陡的边坡上堆积有较厚的土层，其中有遇水软化的软弱夹层或结构面；

2）斜坡上有松散的堆积层，而下伏基岩是不透水的，且岩层面的倾角大于 20°；

3）松散堆积层下的基岩易于风化或遇水会软化；

4）地质构造复杂，岩层风化破碎严重，软弱结构面与边坡的倾向一致或交角小于 45°；

5）黏土层中网状裂隙发育，并有亲水性较强的（如蒙脱土）软弱夹层；

6）原古、老滑坡地带可能因工程活动而引起复活等。

此外，振动也是滑坡发生和发展的重要诱发因素，如大地震时往往伴有大滑坡发生，大爆破有时也会触发滑坡。

**3. 滑坡分类及特征**

（1）滑坡分类　对滑坡进行合理的分类对于认识和防治滑坡是非常必要的，GB/T 32864—2016《滑坡防治工程勘查规范》中对滑坡的类型划分如下：

1）按滑坡岩土体和结构因素分类见表 6-1。

**表 6-1　滑坡岩土体和结构因素分类**

| 类型 | 亚　类 | 特 征 描 述 |
|---|---|---|
| 堆积层(土质)滑坡 | 滑坡堆积体滑坡 | 由前期滑坡形成的块碎石堆积体，沿下伏基岩顶面或滑坡体内软弱面滑动 |
| | 崩塌堆积体滑坡 | 由前期崩塌形成的块碎石堆积体，沿下伏基岩或滑坡体内软弱面滑动 |
| | 黄土滑坡 | 由黄土构成，大多发生在黄土体中，或沿下伏基岩面滑动 |
| | 黏土滑坡 | 由具有特殊性质的黏土构成，如昔格达组、成都黏土等 |
| | 残坡积层滑坡 | 由基岩风化壳、残坡积土等构成，通常为浅表层滑动 |
| | 冰水(碛)堆积物滑坡 | 冰川消融沉积的松散堆积物，沿下伏基岩或滑坡体内软弱面滑动 |
| | 人工填土滑坡 | 由人工开挖堆填弃渣构成，沿下伏基岩面或滑坡体内软弱面滑动 |
| 岩质滑坡 | 近水平层状滑坡 | 沿缓倾岩层或裂隙滑动，滑动面倾角≤10° |
| | 顺层滑坡 | 沿顺坡岩层层面滑动 |
| | 切层滑坡 | 沿倾向山外的软弱面滑动，滑动面与岩层层面相切 |
| | 逆层滑坡 | 沿倾向坡外的软弱面滑动，岩层倾向山内，滑动面与岩层层面倾向相反 |
| | 楔体滑坡 | 厚层块状结构岩体中多组弱面切割分离楔形体滑动 |
| 变形体 | 岩质变形体 | 由岩体构成，受多组软弱面控制，存在潜在崩滑面，已发生局部变形破坏，但边界特征不明显 |
| | 堆积层变形体 | 由堆积体构成(包括土体)，以蠕滑变形为主，边界特征和滑动面不明显 |

2）按滑坡体的滑动形式分类。

① 推移式滑坡：上部岩（土）层滑动，挤压下部产生变形，滑动速度较快，滑体表面波状起伏，多见于有堆积物分布的斜坡地段。

② 牵引式滑坡：下部滑动，使上部失去支撑而变形滑动。一般速度较慢，多具上小下大的塔式外貌，横向张性裂隙发育，表面多呈阶梯状或陡坎状。

3）按滑坡体的体积分类。

① 小型滑坡：滑坡体体积小于 10 万 $m^3$。

② 中型滑坡：滑坡体体积为10~100万$m^3$。

③ 大型滑坡：滑坡体体积为100~1000万$m^3$。

④ 特大型滑坡：滑坡体体积为1000~10000万$m^3$。

⑤ 巨型滑坡：滑坡体体积大于10000万$m^3$。

4）按滑坡体的厚度分类

① 浅层滑坡：滑坡体厚度小于10m。

② 中层滑坡：滑坡体厚度为10~25m。

③ 深层滑坡：滑坡体厚度为25~50m。

④ 超深层滑坡：滑坡体厚度超过50m。

（2）滑坡的特征　根据滑坡地表形态的特征，有助于识别新、老滑坡，现把堆积层滑坡和岩质滑坡的一些特征扼要说明如下。

堆积层滑坡常有如下主要特征：

1）其形态多呈扁平的簸箕形。

2）滑坡体上有错距不大的台阶，滑坡壁明显，有封闭洼地，滑坡舌常见隆起。

3）滑坡体上有弧形裂缝，并随滑坡的发展而逐渐增多。

4）滑动面的形状在均质土中常呈圆筒面，而在非均质土中则多呈一个或几个相连的平面。

5）在滑坡体两侧和滑动面上常出现裂缝，其方向与滑动方向一致，在黏性土层中，由于滑动时剧烈的摩擦，并有明显的擦痕，呈一明一暗的条纹。

6）在黏土夹碎石层中，滑动面粗糙不平，擦痕尤为明显。

7）滑坡体上树木歪斜，成为“醉汉林”。

岩质滑坡的主要特征有：

1）在顺层滑坡中，滑坡床的剖面多呈平面或多级台阶状，其形状受地貌和地质构造限制，多呈U形或平板状。

2）滑坡床多为具有一定倾角的软弱夹层。

3）滑动面光滑，有明显的擦痕。

4）滑坡壁多上陡下缓，它与其两侧有互相平行的擦痕和岩石粉末。

5）在滑坡体的上、中部有横向拉张裂缝，大体上与滑动方向正交，而在滑坡床部位则有扇形张裂缝。

6）发生在破碎的风化岩层中的切层滑坡，常与崩塌现象相似。

当滑坡停止并经过较长时间后，可以看到：

1）台阶后壁较高，长满了草木，找不到擦痕。

2）滑坡平台宽大且已夷平，土体密实，地表无明显的裂缝。

3）滑坡前缘的斜坡较缓，土体密实，长满树木，无松散坍塌现象，前缘迎河部分多出露含大孤石的密实土层。

4）滑坡两侧的自然沟谷割切很深，已达基岩。

5）滑坡舌部的坡脚有清澈泉水出现。

6）原来的“醉汉林”又重新向上竖向生长，树干变下部弯曲而上部斜向，形成所谓“马刀树”等。

以上特征表明滑坡已基本稳定，滑坡稳定后，如触发滑动的因素已经消失，滑坡将长期稳定；否则，还可能重新滑动或复活。

**4. 滑坡的发育阶段**

滑坡的发展是一个缓慢的过程，通常将滑坡的发展分为以下三个阶段。

（1）蠕动变形阶段　在这个阶段，原本稳定的斜坡由于外界因素的影响，其内部剪切应力不断增加使得斜坡的稳定状态受到破坏。在斜坡内部由于某一部分因抗剪强度小于剪切力而发生变形，当变形发展至坡面就会形成小的裂隙。而随着裂隙的不断加宽，加之地表水下渗作用的不断加强，滑体两侧的剪切裂缝也相继出现，坡角附近的岩土被挤出，滑动面基本形成，斜坡岩土体开始沿着滑动面整体向下滑动。从斜坡发生变形、坡面出现裂缝到斜坡滑动面全部贯通的发展阶段称为滑坡的蠕动变形阶段。这一阶段经历的时间由数天至数年不等。

（2）滑动破坏阶段　滑坡体沿着滑动面向下滑动的阶段称为滑动破坏阶段。此时滑坡壁出露明显，滑坡后缘迅速下陷，滑坡体分裂成数块，并在坡面上形成阶梯状地形。而位于滑体上的建筑物会随之变形直至倒塌，树木东倒西歪形成“醉汉林”。随着滑体向前滑动，滑坡体向前伸出形成滑坡舌，并使位于其前方的建筑物、道路、桥梁被冲毁。这一阶段经历的时间取决于滑坡体下滑的速度，而速度的大小主要与岩土的抗剪强度降低的速率有着密切联系，如果岩土的抗剪强度下降的较慢，则滑坡体不会急剧下滑，经历时间较长，相反地，若岩土的抗剪强度下降的较快，则滑坡体会以每秒几米甚至几十米的速度下滑，而且滑动时往往伴随有巨响并产生巨大的气浪，从而危害更大。

（3）渐趋稳定阶段　滑坡体停止运动，重新达到稳定状态的阶段称为渐趋稳定阶段。由于滑面摩阻力的影响，滑坡体最终会停止下来。而在重力作用下，滑坡体上的松散的岩土体逐渐压密，地表的裂缝被充填，滑动面附近的岩土强度由于压密固结而进一步提高。当滑坡的坡面变缓，地表没有明显裂缝。

滑坡在不同的发育阶段有着不同的形态，判断滑坡的稳定性对防止滑坡可能造成的危害有很大的意义，通常稳定滑坡和不稳定滑坡的形态特征见表 6-2。

**表 6-2　稳定滑坡和不稳定滑坡的形态特征**

| 相对稳定的滑坡地貌特征 | 不稳定的滑坡地貌特征 |
|---|---|
| 滑坡后壁较高，长满了树木，找不到擦痕和裂缝 | 滑坡后壁高、陡，未长草木，常能找到擦痕和裂缝 |
| 滑坡台阶宽大且已夷平，土体密实，无陷落不均现象 | 滑坡台阶尚保存台坎，土体松散，地表有裂缝，且沉降不均 |
| 滑坡前缘的斜坡较缓，土体密实，长满草木，无松散坍塌现象 | 滑坡前缘的斜度较陡，土体松散，未生草木，并不断产生少量坍塌 |
| 滑坡两侧的自然沟谷切割很深，谷底基岩出露 | 滑坡两侧多是新生的沟谷，切割较浅，沟底多为松散堆积物 |
| 滑坡体较干燥，地表一般没有泉水或湿地，滑坡舌泉水清澈 | 滑坡体湿度很大，地面泉水和湿地较多，舌部泉水流量不稳定 |
| 滑坡前缘舌部有河水冲刷的痕迹，舌部的细碎土石已被河水冲走，残留有一些较大的孤石 | 滑坡前缘正处在河水冲刷的条件下 |

**5. 滑坡的防治**

（1）避让　选择场址时，通过搜集资料、调查访问和现场踏勘，查明是否有滑坡存在，并对场址的整体稳定性做出评价，对场址有直接危害的大、中型滑坡应避开为宜。

（2）消除或减轻水对滑坡的危害　水是促使滑坡发生和发展的主要因素，应尽早消除或减轻地表水和地下水对滑坡的危害，其方法有截、排、护、填。

1）截。在滑坡体可能发展的边界5m以外的稳定地段设置环形截水沟（或盲沟），以拦截和旁引滑坡范围外的地表水和地下水，使之不进入滑坡区。具体设置如图6-2所示。

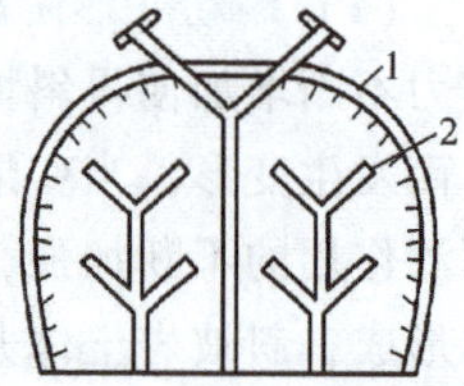


图6-2　盲沟截水布置

1—截水沟　2—盲沟

2）排。在滑坡区内充分利用自然沟谷，布置成树枝状排水系统，或修筑盲洞（泄水隧洞）、支撑盲沟和布置垂直孔群及水平孔群等排除滑坡范围内的地表水和地下水。

3）护。在滑坡体上种植草皮，种植蒸发量大的树木，在滑坡上游严重冲刷地段修筑丁坝，改变水流流向；在滑坡前缘抛石、铺石笼等以防地表水对滑坡体的影响，从而避免和降低水的影响。

4）填。用黏土填塞滑坡体上的裂缝，防止地表水渗入滑坡体内。

（3）改善滑坡体力学条件，增大抗滑力（图6-3）

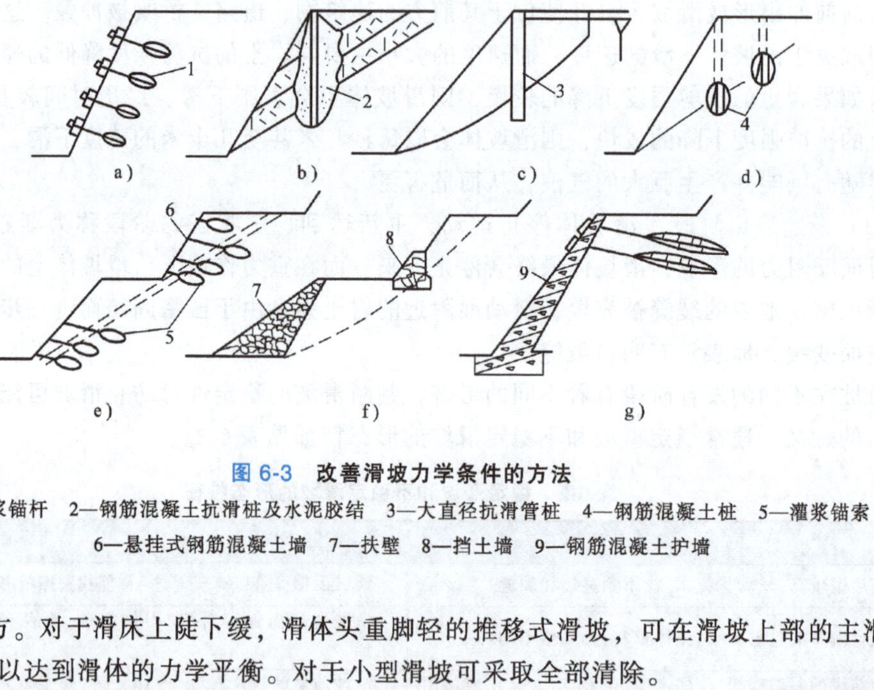


图6-3　改善滑坡力学条件的方法

1—灌浆锚杆　2—钢筋混凝土抗滑桩及水泥胶结　3—大直径抗滑管桩　4—钢筋混凝土桩　5—灌浆锚索　6—悬挂式钢筋混凝土墙　7—扶壁　8—挡土墙　9—钢筋混凝土护墙

1）削方。对于滑床上陡下缓，滑体头重脚轻的推移式滑坡，可在滑坡上部的主滑地段削方减载，以达到滑体的力学平衡。对于小型滑坡可采取全部清除。

2）支挡。设置支挡结构（加抗滑片石垛、抗滑挡墙、抗滑桩等）以支挡滑体或把滑体锚固在稳定地层上。

① 抗滑土垛。在滑坡下部填土，以增加抗滑部分的全体重量。土垛一般只能作为整治滑坡的临时措施。

② 抗滑片石垛。一般用于滑体不大、自然坡度平缓、滑动面位于路基附近或坡脚下部较浅处的滑坡。抗滑片石垛是依靠片石垛的重量，以增加抗滑力的一种简易抗滑措施。

③ 抗滑挡土墙。在滑坡下部修建抗滑挡土墙是整治滑坡经常采用的有效措施之一。对于大型滑坡，常作为排水、减重等综合措施的一部分；对于中、小型滑坡，常与支撑渗沟联

合使用。其优点是山体破坏少，稳定滑坡收效快。

④ 抗滑桩。抗滑桩是一种用桩的支撑作用稳定滑坡的有效抗滑措施，一般适用于浅层和中厚层滑坡前缘。

⑤ 锚杆。锚杆是通过锚杆把斜坡上被软弱结构面切割的板状岩体组成一稳定的结合体，并利用锚杆与岩体密贴所产生的摩阻抗力来阻止岩块向下滑移的一种拦挡措施。

对于浅层滑坡或路基边坡滑坡，可用混凝土桩或混凝土钻孔桩，使滑体稳定。对于岩层整体性强、滑动面明确的浅层或中厚层滑坡，当修建抗滑挡土墙圬工量大，或开挖坡脚易引起滑动时，可在滑坡前缘设置混凝土或钢筋混凝土钻孔桩。对于推力较大的大型滑坡，可采用大截面的挖孔桩，采用分排间隔设桩或与轻型抗滑挡土墙结合的形式，以分散滑坡推力，减小每级抗滑建筑物的圬工体积。

（4）改善滑带土的性质　采用焙烧法、灌浆法、孔底爆破浇筑混凝土、砂井、砂桩、电渗排水及电化学加固等措施改变滑带土的性质，使其强度指标提高，以增强滑坡的稳定性。

## 6.1.2　崩塌

崩塌一般发生在高陡斜坡的坡肩部位。规模巨大的崩塌称为山崩；岩体风化、破碎比较严重时，山坡上经常发生小块岩石的坠落，这种现象称为碎落；一些较大岩块的零星崩落称为落石。经常发生崩塌的山坡坡脚，崩落物的不断堆积，就会形成岩堆。在不稳定的岩堆上修筑路基，容易发生边坡坍塌、路基沉陷及滑移等现象（图 6-4）。

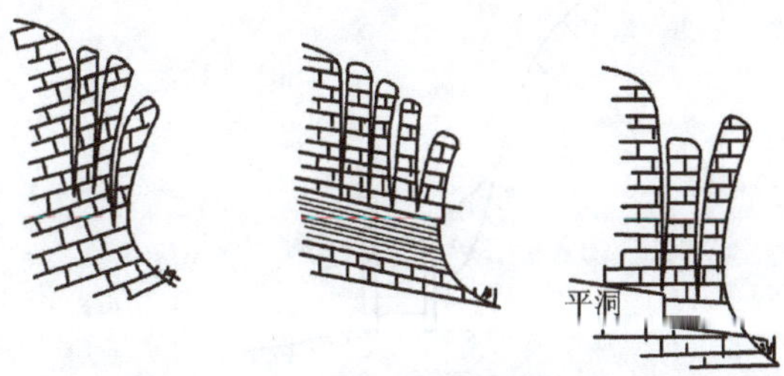

图 6-4　崩塌的形成

### 1. 崩塌的形成条件

崩塌是在特定自然条件下形成的。地形地貌、地层岩性和地质构造是崩塌的物质基础；降雨、地下水作用、地震、风化作用以及人类活动对于崩塌的形成和发展起着重要的作用。

（1）地形地貌　险峻陡峭的山坡是产生崩塌的基本条件。易发生崩塌的山坡坡度一般大于 45°，以 55°~75°者居多。

（2）地层岩性　节理发育的块状或层状岩石，如石灰岩、花岗岩、砂岩、页岩等均可形成崩塌。厚层硬岩覆盖在软弱岩层之上的陡壁最易发生崩塌，如图 6-5 所示。

（3）地质构造　当各种构造面，如岩层层面、断层面、错动面、节理面等，或软弱夹层倾向临空面且倾角较陡时，往往会构成崩塌的依附面。

（4）其他条件

1）气候。昼夜温差大、降水多、冻融作用及干湿变化强烈。

2）渗水。在暴雨或久雨之后，水分沿裂隙渗入岩层，降低了岩石裂隙间的黏聚力和摩擦力，增加了岩体的重量，就更加促进崩塌的产生。

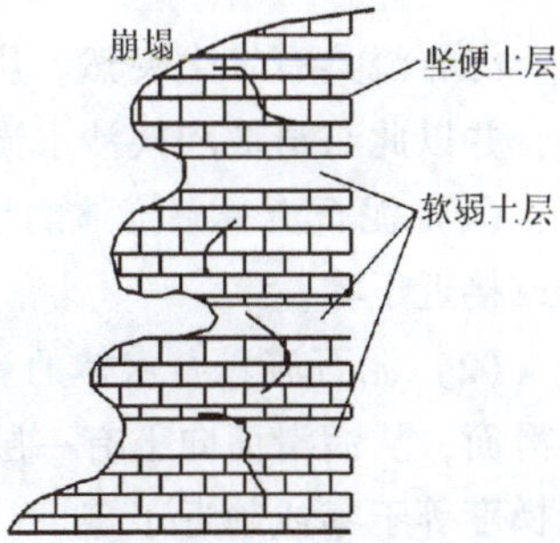

图 6-5　岩性条件的影响

3）冲刷。水流冲刷坡脚，削弱了坡体支撑能力，使上部岩体失去稳定。

4）地震。地震会使土石松动，引起大规模的崩塌。

5）人为因素。公路路堑开挖过深、边坡过陡，或者由于切坡使软弱结构面暴露，都会使边坡上部岩体失去支撑，从而引起崩塌。此外，爆破震动也会诱发崩塌。

**2. 崩塌的防治**

崩塌的治理应以根治为原则，当不能清除或根治时，可采取下列综合措施：

（1）遮挡　可修筑明洞、棚洞等遮挡建筑物使线路通过（图6-6）。

（2）拦截防御　当线路工程或建筑物与坡脚有足够距离时，可在坡脚或半坡设置落石平台、落石网、落石槽、拦石堤或挡石墙、拦石网。

（3）支撑加固　在危石的下部修筑支柱、支墙，也可将易崩塌体用锚索、锚杆与斜坡稳定部分联固（图6-7）。

（4）镶补勾缝　对岩体中的空洞、裂缝用片石填补、混凝土浇筑。

（5）护面　对易风化的软弱岩层，可用沥青、砂浆或浆砌片石护面。

（6）排水　设排水工程以拦截疏导斜坡地表水和地下水。

（7）刷坡　在危石突出的山嘴及岩层表面风化破碎不稳定的山坡地段，可刷缓山坡。

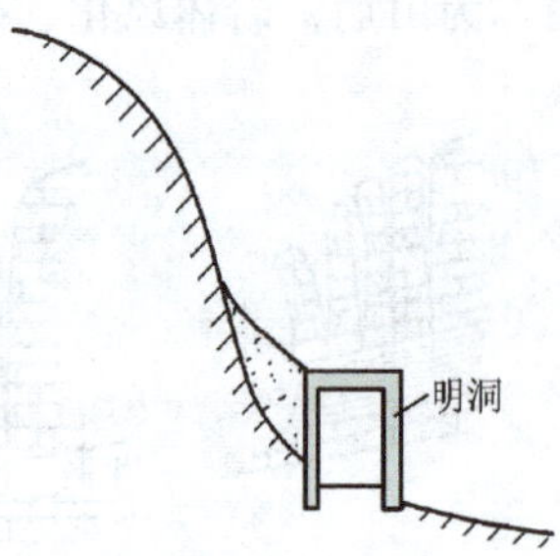


图6-6　明洞防护

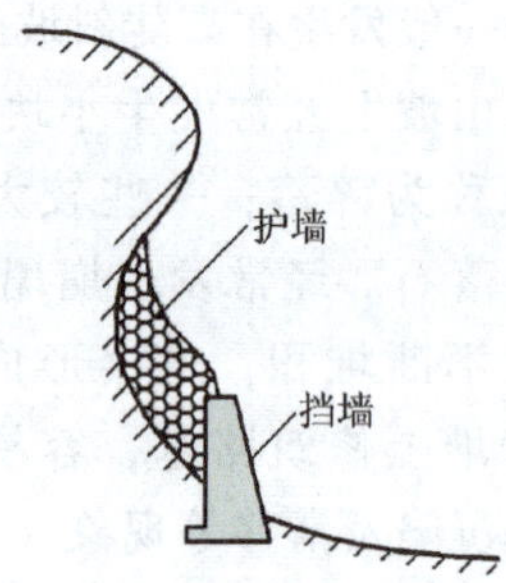


图6-7　支护加固措施

## 6.2　泥石流

泥石流是发生在山区的一种含有大量泥沙和石块的暂时性急水流。它常发生于山区小流域，是一种饱含大量泥沙石块和巨砾的固液两相流体，呈黏性层流或稀性紊流等运动状态。

### 6.2.1　泥石流的基本特征

泥石流具有发生突然、历时短暂、来势凶猛、破坏力强的特点，具有如下三个基本性质，并以此与滑坡和挟沙水流相区分。

（1）泥石流具有土体的结构性，即具有一定的抗剪强度，而挟沙水流的抗剪强度等于零或接近于零。

（2）泥石流具有水体的流动性，即泥石流与沟床面之间没有截然的破裂面，只有泥浆润滑面，从润滑面向上有一层流速逐渐增加的梯度层，而滑坡体与滑床之间有一破裂面，流速梯度等于零或趋近于零。

（3）泥石流一般发生在山地沟谷区，具有较大的流动坡降。

### 6.2.2　泥石流的形成条件

泥石流的形成，必须同时具备三个基本条件，一是有陡峭的便于集水、集物的地形条件；二是有丰富的松散土石碎屑固体物质来源（地质条件）；三是有短时间内能形成足够的突发性流水的水源（气象水文条件）。

**1. 地形条件**

区域地形条件是泥石流能否形成的重要能量条件之一，是上游和山坡坡面松散固体物质能否启动的先决条件。地形条件制约着泥石流形成、运动、规模等特征。泥石流总是发生在山高沟深、地形陡峻、沟床纵坡降大、流域形状便于水流汇集的山区，一般顺着纵坡降较大的狭窄沟谷或山地坡面活动。每一处泥石流自成一个流域。典型的泥石流流域可划分为形成区、流通区和堆积区三部分（图 6-8）。

（1）泥石流形成区　上游为泥石流形成区，多为三面环山、一面出口的瓢状或漏斗状，地势比较开阔，周围山高坡陡，多为 30°～60°的陡坡，坡体光秃破碎，无植被覆盖。这样的地形有利于汇集周围山坡上的水流和固体物质。

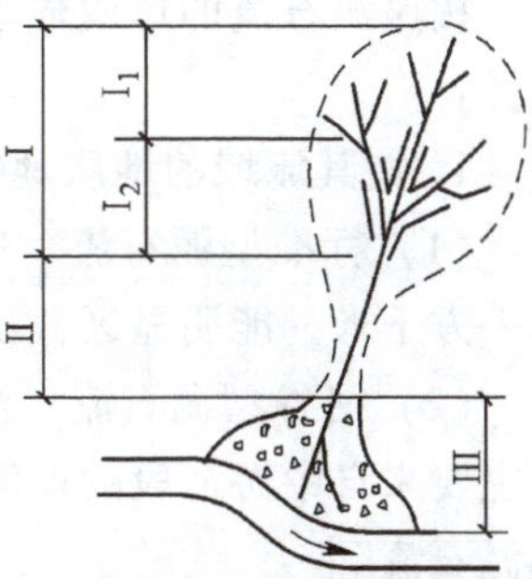


图 6-8　典型泥石流流域示意
Ⅰ—形成区（$Ⅰ_1$—汇水动力区；$Ⅰ_2$—固体物质供给区）
Ⅱ—流通区　Ⅲ—堆积区

（2）泥石流流通区　中游为泥石流流通区，多系狭窄而深切的峡谷或冲沟，谷壁陡峻而纵坡降较大，且多陡坎和跌水，具有极强的冲刷能力，将沟床和沟壁上的土石冲刷下来携走。当纵坡陡而顺直时，泥石流流途通畅，可直泻下游，能量大；反之，则易削弱能量，造成堵塞停积或改道。

（3）泥石流堆积区　下游为泥石流的堆积区，多位于山口外大河谷地两侧或山间盆地边缘，是泥石流物质的停积场所，多呈扇形或锥形。由于地形豁然开阔平坦，泥石流动能急剧降低，最终停积下来，形成扇形、锥形或带形的堆积体。典型地貌形态为洪积扇，地面往往垄岗起伏、坎坷不平，大小石块混杂。

**2. 地质条件**

地质条件决定了松散固体物质的来源。泥石流发育于地质构造复杂、岩石风化破碎、新构造运动活跃、地震频发、崩塌灾害丛生地段，这些地段可为泥石流的形成提供丰富的固体物源，又因地形高耸陡峻、高差大，具有强大的动能优势。

地质构造越复杂的地区，褶皱断层变动越强烈，对岩石的破碎越强烈，常成为泥石流丰富的固体物源。地震力的作用，不仅可使岩体结构疏松，而且可直接触发大量滑坡、崩塌发生，对岩体结构和斜坡稳定性破坏最为明显，可为泥石流提供丰富的固体物质。另外，新构造运动越活跃，地形越陡峻，高差对比越大，可为泥石流形成提供势能储备。

除自然条件外，人类工程经济活动也是影响泥石流形成的一个因素。在山区建设中，开发利用不合理，使地表原有的结构和平衡被破坏，水土流失，产生大面积塌方、滑坡等。如人为地滥伐山林，造成山坡水土流失；开山采矿、采石弃渣堆石等，往往提供大量松散固体。这些为形成泥石流提供了物源补给，使已趋稳定的泥石流沟复活并加速发展。

**3. 气象水文条件**

形成泥石流的水源决定于地区的气象水文条件。我国广大山区形成泥石流的水源主要来自暴雨。降雨量越大，所形成的泥石流规模也就可能越大。气象水文条件在泥石流形成当中的作用主要体现在以下两个方面：

(1) 短时间内突然性的大量流水 强度较大的暴雨；冰川、积雪的强烈消融；冰川湖、高山湖、水库等的突然溃决。

(2) 水的作用 浸润饱和山坡松散物质，使其摩阻力减小，滑动力增大，以及水流对松散物质的侧蚀掏空作用。

根据泥石流的形成条件，泥石流有区域性和时间性的特点。在空间上，主要发育在温带和半干旱山区以及有冰川分布的高山地区。在时间上，泥石流大致发生在较长的干旱年头之后（积累了大量的固体物质），而多集中在强度较大的暴雨年份（提供了充沛的水源动力）或高山区冰川积雪强烈消融时期。

### 6.2.3 泥石流的分类

按照泥石流的形成环境、组成物质和流体性质的不同，常按照如下依据对泥石流予以分类：

**1. 按其流域的地质地貌特征**

(1) 标准型泥石流 这是比较典型的泥石流。流域呈扇状，流域面积一般为十几至几十平方千米，能明显区分出泥石流的形成区、流通区和堆积区。

(2) 河谷型泥石流 流域呈狭长形，流域上游水源补给较充分，形成泥石流的固体物质主要来自中游河段的崩滑堆积物。沿河谷既有堆积，又有冲刷，形成逐次搬运的“再生式泥石流”。

(3) 山坡型泥石流 流域面积小，一般不超过 $1km^2$。流域呈斗状，没有明显的流通区，形成区直接与堆积区相连。

**2. 按其组成物质**

(1) 泥流 所含固体物质以黏土、粉土为主（占80%~90%），仅有少量岩屑碎石，黏度大，呈不同稠度的泥浆状。

(2) 泥石流 固体物质由黏土、粉土、砂砾及石块组成。

(3) 水石流 固体物质主要是一些坚硬的石块、漂砾、岩屑及砂等，粉土和黏土含量很少，一般小于10%，主要分布于石灰岩、石英岩、白云岩、玄武岩及砂岩分布地区。

**3. 按其物理力学性质、运动和堆积特征**

(1) 黏性泥石流（又称结构泥石流） 含有大量的细粒物质（黏土和粉土）。固体物质含量占40%~60%。最高可达80%。水和泥沙、石块凝聚在一起，并以相同的速度整体运动。这种泥石流的运动特点，主要是具有很大的黏性和结构性。黏性泥石流在开阔的堆积扇上运动时，不发生散流现象，而是以狭窄的条带状向下奔泻，停积后仍保持运动时的结构，堆积体多呈长舌状或岛状。

(2) 稀性泥石流 是水和固体物质的混合物。其中水是主要的成分，固体物质中黏土和粉土含量少，占10%~40%，因而不能形成黏稠的整体。在运动过程中，水与泥沙组成的泥浆速度远远大于石块运动的速度。固液两种物质运动速度有显著的差异，其中的石块以滚动或跃移的方式下泄，而水流表现出紊流性质。稀性泥石流在堆积扇地区呈扇状散流，岔道交错，改道频繁，将堆积扇切成一条条深沟。这种泥石流的流动过程是流畅的，不易造成阻塞和阵流现象，停积后水与泥浆慢慢流失，粗粒物质呈扇状散开，表面较平坦。

### 6.2.4　泥石流的防治

泥石流的发生和发展原因很多，因此对泥石流的防治可根据泥石流的特征、破坏强度和工程建设的要求来拟定，以防为主，采取综合防治措施。

**1. 预防措施**

(1) 上游水土保持　植树造林，种植草皮，以巩固土壤不受冲刷，减少流失。

(2) 治理地表水和地下水　修筑排水沟系，如截水沟等，以疏干土壤或不受浸湿。

(3) 修筑防护工程　如沟头防护、岸边防护、边坡防护，在易产生崩塌、滑坡的地段做一些支挡工程，以加固土层，稳定边坡。

**2. 治理措施**

(1) 拦截　在泥石流沟中修筑各种形式的拦渣坝，如石笼坝、格栅坝，以拦截泥石流中的石块。设置停淤场，将泥石流中固体物质导入停淤场，以减轻泥石流的动力作用。

(2) 滞流　在泥石流沟中修筑各种低矮拦挡坝（又称谷坊坝），泥石流可以漫过坝顶。坝的作用包括拦蓄泥砂石块等固体物质；减小泥石流的规模；固定泥石流沟床；防止沟床下切和谷坊坍塌；平缓纵坡；减小泥石流流速等。

(3) 输排和利导　在下游堆积区修筑排洪道、急流槽、导流堤等设施，以固定沟槽，约束水流，改善沟床平面等（图6-9）。

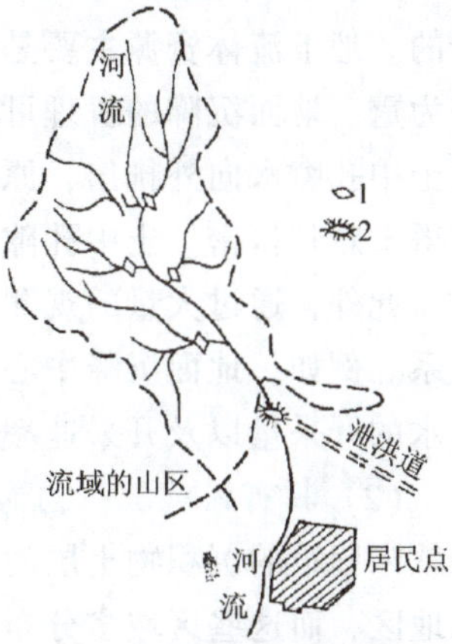


**图 6-9　泥石流排导措施**

1—坝和堤防　2—导流堤

## 6.3　地面沉降与地裂缝

### 6.3.1　地面沉降

地面沉降是指地壳表面在自然因素（如火山、地震）和人为因素（如开采地下水、油气资源）的作用下发生的地表大规模垂直下降的现象。人为因素引发的地面沉降一般范围较小但沉降速率较大，而自然因素引发的地面沉降一般较前者范围大但是沉降速率较小。一般情况下，把自然因素引起的地面沉降归属于地壳形变或构造运动的范畴，作为一种自然动力现象加以研究；而将人为因素引起的地面沉降归属于地质灾害现象进行研究和防治。

**1. 地面沉降的形成条件**

地面沉降已成为全球许多国家大城市和工业区的严重危害。表6-3（表中数据摘自《工程地质手册》《灾害地质学》）对国内外一些城市地面沉降的主要情况予以了说明。

**表 6-3　世界各地部分城市地面沉降主要情况**

| 城市 | 沉降面积/$km^2$ | 最大沉降量/m | 最大沉降速率/(mm/年) | 沉降发生的主要原因 |
|---|---|---|---|---|
| 上海 | 121 | 2.63 | 98 | 抽取地下水 |
| 天津 | 135 | 2.16 | 262 | 抽取地下水 |

（续）

| 城市 | 沉降面积/$km^2$ | 最大沉降量/m | 最大沉降速率/(mm/年) | 沉降发生的主要原因 |
|---|---|---|---|---|
| 台北 | 235 | 1.90 | 20 | 抽取地下水 |
| 拉斯维加斯 | 500 | 1.0 | — | 开采石油 |
| 墨西哥城 | 225 | 9.0 | 420 | 抽取地下水 |
| 东京 | 2420 | 4.6 | 270 | 抽取地下水 |
| 大阪 | 630 | 2.88 | 163 | 抽取地下水 |

地面沉降的发生应该具备两个条件：

（1）长期过量开采地下流体资源　地面沉降主要是开采地下流体资源引发土层压缩造成的。地下流体资源主要是指地下水和石油，而地面沉降尤以过量开采地下水引发的地面沉降为重。地面沉降的机理可以用有效应力原理解释。以抽取地下水为例，水位下降使得含水层土中孔隙水向外排出，原本由水承担的那部分力就改为由土承担，土体有效应力的升高又使得土颗粒挤密。土中孔隙体积的逐渐压缩，引发了土层压缩变形最终导致地面沉降。

此外，通过大量的观测资料可以发现地面沉降与地下水开采的动态变化同样有着密切的关系。例如，地面沉降中心与地下水开采所形成的漏斗形中心区一致；地面沉降的速率与地下水的开采量以及开采速率成正比；地面沉降区与地下水集中开采区域基本一致。

（2）具有松软沉积物为主的土层　过量开采地下流体是引发地面沉降的外因，地表下松软未固结的沉积物土层的存在则是地面沉降的内因。地面沉降一般多发于三角洲、河谷盆地地区，而这些区域多分布着含水量大、孔隙比高、压缩性强的淤泥质土层。一旦过量抽取地下水引发土体中有效应力增长，那么上述淤泥质土层发生压缩变形就是一个必然结果。此外，地质结构为砂层与黏土层交互的松散土层结构也易发生地面沉降。

**2. 地面沉降的危害**

地面沉降的危害主要是由地面标高的缺失引起的，其危害主要表现在以下几个方面：

（1）海水倒灌　全球许多沿海城市都面临着地面沉降引发区域地面标高降低，遭受海水侵袭的问题。例如，我国上海市在黄浦江沿岸就存在地面下沉，并由此引发海水倒灌的问题。此外，日本的东京也是地面沉降严重的城市，其沉降范围超过2000$km^2$，最大沉降量达4.6m，而且部分地面的标高已降至海平面以下。

（2）地基不均匀沉降　地面沉降还经常引发建筑物地基的不均匀沉降，而不均匀的地基沉降会造成建筑物上部墙体的开裂甚至倒塌，建筑物支承体系破坏，还会引发路面变形、桥墩下沉、管道破裂等问题。在地面沉降强烈的地区，往往还伴生有比较大的水平位移，从而造成更大的损失。

（3）港口设施失效　地面沉降如果发生在码头，则会造成码头的下沉，涨潮时海水涌上地面，造成港口装卸能力下降甚至失效。

**3. 地面沉降的监测与防治**

（1）地面沉降的监测　地面沉降虽然会造成比较严重的危害，但其发生和发展的过程比较缓慢，因此对地面沉降进行系统的监测是十分必要的。地面沉降的监测项目主要包括大地水准测量、地下水动态监测、建筑物破坏程度的监测等。监测的基本方法：首先确立各个监测项目的基准点（如设置水准点、水文观测点、基岩标识等），其次定期对各个项目进行监测，并根据得到的数据，预测地面沉降速度、幅度和范围等，从而制定出相应的治理对策。

(2) 地面沉降的防治 地面沉降虽然具有发展缓慢的渐进性特点，但是治理起来比较困难，因而地面沉降的防治原则是“预防为主，治理为辅”。

对还没有发生严重地面沉降的区域，可以采取如下措施：

1）合理开发利用地下水，防止由于过量抽取地下水而造成地面沉降的进一步发展。

2）加强对地面沉降的监测工作，做好地面沉降发展趋势的预测，做到及早防范。

3）重要工程项目的建设应避免在地面沉降严重地区进行建设。

4）在进行一般的工程项目建设时，查明引起地面沉降的因素，并正确估计发生地面沉降后对拟建项目可能造成的破坏，从而制定出相应的防治措施。

对已经发生比较严重地面沉降的区域，可采取如下补救措施：

1）减少地下水开采量，必要时应暂停对地下水的开采，避免地面沉降的加剧。

2）调整地下水的开采层次，从主要开采浅层地下水转向深层地下水。

3）向含水层进行人工回灌，避免地面沉降的加剧。回灌时应严格注意控制回灌水的水质标准，防止对含水层造成污染。

### 6.3.2 地裂缝

地裂缝是指地表岩土体在地质构造作用和人为因素的作用下产生开裂，并在地面上形成具有一定长度和宽度裂缝的现象。地裂缝一般产生在第四系松散沉积物中。与地面沉降不同，地裂缝的分布没有很强的区域性规律，成因也比较多。

**1. 地裂缝的特征**

(1) 地裂缝发育的方向性和延展性 在同一地区发育的地裂缝具有延伸方向相同，平面上呈直线状或雁行状排列的特点。地裂缝所造成的建筑物破坏也与建筑物同地裂缝的交角有关，通常与地裂缝的交角越大，建筑物的破坏程度也就越高。以西安为例，西安市区有十四条显现的地裂缝，总体走向大概为NE70°，呈平行展布。

(2) 地裂缝灾害的不均一性 地裂缝灾害效应在地裂缝两侧的影响宽度内呈非对称的特征。例如，西安地裂缝的两侧具有明显的差异沉降，南盘相对下降而北盘相对上升，各条地裂缝之间、同一条地裂缝各段之间，速率均不一致。

(3) 地裂缝灾害的渐进性和周期性 地裂缝所经之处，无论是何种工程均会遭到不同程度的破坏，而且地裂缝的影响和破坏还会随着地裂缝的不断扩展而日益加重，最后可能导致房屋及建筑物的破坏和倒塌。地裂缝的周期性主要体现在人为因素的影响。例如，当某一个时期在已经存在有地裂缝的地区过度抽取地下水，则会使地裂缝的活动加剧，从而导致破坏作用增强，反之则会减弱。如果某一个时期地质构造运动强烈，也会促使该地区地裂缝活动的加剧。

**2. 地裂缝的形成条件**

目前，中国地裂缝的主要发展趋势是范围不断扩大、危害不断加重。从成因上讲，早期地裂缝多为自然成因，近期人为成因的地裂缝逐渐增多。

(1) 构造地裂缝 这类地裂缝的形成主要是地质构造作用的结果。构造地裂缝大多形成在断裂带，这是由于断裂带往往会导致地面的张拉变形而形成裂缝。同时，断裂构造在构造应力不断作用下的蠕变同样会引发地裂缝的发展。此外，岩体中构造应力场的改变也会诱发此类地裂缝的产生。

(2) 非构造地裂缝　这类地裂缝的形成原因比较复杂，其形成条件可以归于以下三类：

1) 由其他不良地质条件产生的地裂缝。例如，滑坡、崩塌、地面沉降等均会伴随地裂缝的发展。

2) 人为活动因素的干扰。例如，过度抽取地下水、矿山开挖等都会进一步加剧地裂缝的发展。

3) 第四纪沉积物的差异。例如，黄土的湿陷、膨胀土的胀缩等会造成地裂缝的发展。

应当指出，在工程实践中，上述的地裂缝形成条件不是相互孤立的，多数地裂缝的形成是上述两类地裂缝形成条件综合作用的结果。因此，在分析地裂缝的形成条件时应结合具体的地质条件予以分析。

**3. 地裂缝的危害**

从地裂缝的特征我们可以看出，地裂缝的危害主要是由地裂缝两侧相对差异沉降、水平方向相对错动造成的。地裂缝的危害表现在地裂缝发育的地区，地表建筑物会发生开裂、错动甚至倒塌，道路变形、开裂，地下输排水管道断裂。地裂缝成灾机理如图 6-10 所示。

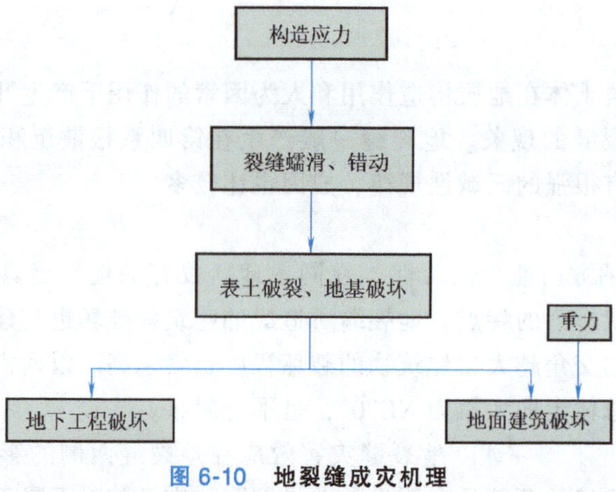


图 6-10　地裂缝成灾机理

**4. 地裂缝的防治**

对地裂缝的观测表明，地裂缝引发的灾害主要集中于由若干主要地裂缝所组成的地裂缝带内，随着与主要地裂缝距离的加大，差异沉降衰减很快，依据陕西省工程建设标准 DBJ 61—6—2006《西安地裂缝场地勘察与工程设计规程》中的相关规定，距离主要地裂缝 20m 以外基本上不会对建筑物造成不良影响。因此，目前对于地裂缝的防治措施的主导思想仍是以避让为主、监测控制为辅。主要采取的具体措施可以分为以下三个方面：

(1) 做好选址规划，对地裂缝发育区域予以先期避让　在地裂缝发育地区进行工程建设时，首先应对拟建场地进行详细勘察，确认地裂缝的规模和分布情况，对该地区以往发生的地质构造运动做出系统的调查，从而合理规划建筑物的布局，使工程项目尽量避开存在地裂缝的危险区域。

(2) 控制人为因素的诱发作用　对于非构造地裂缝，可以按其成因的不同，采取各种措施来防止或减少地裂缝的发生。例如，通过控制过量抽取地下水而避免诱发地裂缝的产生；采取工程措施避免滑坡和崩塌所引发的地裂缝；做好雨水的排放工作，避免雨水过量下渗而加剧地裂缝的发展等。

（3）做好地裂缝监测预报工作 利用工程技术手段，对已经存在地裂缝的区域做好监测工作，通过测量断层位移、地形变形量等方法对地裂缝的发展方向、规模、速率等指标予以预测，为工程建设做好先期储备。

## 6.4 地面塌陷

### 6.4.1 采空塌陷

采空塌陷是指地下固体矿产开采后，形成巨大的采空区围岩失稳，造成上部岩土层在重力作用下冒落而引起的地面塌陷现象。采空塌陷造成大量农田损毁，地表建筑物遭受严重破坏。

**1. 采空区地表变形特征**

地下矿层大面积采空后，矿层上部的岩层失去支撑，平衡条件被破坏，随之产生弯曲、塌落，以致发展到地表下沉变形，开始成凹地。随着采空区的不断扩大，凹地不断发展成凹陷盆地，此盆地称为移动盆地。

移动盆地的面积一般比采空区面积大，其位置和形状与矿层的倾角大小有关：当矿层倾角较小时，盆地位于采空区的正上方，下沉盆地呈对称性；随着倾角的增加，下沉盆地由对称盆地向非对称盆地转变，下山方向的影响范围大于上山方向的影响范围；当倾角达到某一特定值（该值与覆岩岩性有关）时，下沉盆地由非对称逐渐向对称盆地转变；当矿层倾角接近90°时，下沉盆地又转变为对称盆地。

根据地表变形值的大小和变形特征，地表下沉盆地可分为三个区（以水平矿层为例）：

1）中性区。该区位于盆地中心的平底部分，当下沉盆地未达到充分采动时，该区不存在；中性区内地表下沉值最大，其他移动变形值近似为零，地表一般无明显裂缝。

2）压缩区。该区位于开采边界内侧至下沉盆地平底的边缘，压缩区内地表下沉值不等，地表点逐渐向盆地中心移动，地表呈凹形，地表产生压缩变形，地表一般不产生裂缝。

3）拉伸区。该区位于开采边界外侧至下沉盆地的边界（下沉盆地的边界一般用地表下沉值为10mm来确定），拉伸区内地表下沉值不均匀，地表呈凸形，地表产生拉伸变形，对建筑物破坏作用较大，当地表拉伸变形达到某一定值时，地表产生拉伸裂缝。

**2. 采空区地表变形的影响因素**

采空区地表变形分为两种移动和三种变形，两种移动是垂直移动（下沉）和水平移动；三种变形是倾斜、弯曲（曲率）和水平变形（伸张或压缩）。影响地表变形的因素主要包括矿层、岩性、地质构造、地下水和开采条件等方面。

（1）矿层因素 影响地表变形的矿层因素主要是矿层的埋深、厚度和倾角的变化。具体各因素影响如下：

1）矿层埋深越大（即开采深度越大），变形扩展到地表所需的时间越长，地表变形值越小，变形比较平缓均匀，但地表移动盆地的范围增大。

2）矿层厚度大，采空的空间大，会促使地表的变形值增大。

3）矿层倾角大时，水平移动值增大，地表出现裂缝的可能性加大，盆地和采空区的位置更不对应。

（2）岩性因素 影响地表变形的岩性因素主要指上覆岩层强度、分层厚度、软弱岩层性状和地表第四纪堆积物厚度等方面。

1）上覆岩层强度高、分层厚度大时，地表变形所需采空面积大，破坏过程所需时间长，厚度大的坚硬岩层，甚至长期不产生地表变形。强度低、分层薄的岩层，常产生较大的地表变形，且速度快，但变形均匀，地表一般不出现裂缝。脆性岩层地表易产生裂缝。

2）厚的、塑性大的软弱岩层，覆盖于硬脆的岩层上时，后者产生破坏会被前者缓冲或掩盖，使地表变形平缓；反之，上覆软弱岩层较薄，则地表变形会很快，并出现裂缝。岩层软硬相间且倾角较陡时，接触处常出现层离现象。

3）地表第四纪堆积物越厚，则地表变形值越大，但变形平缓均匀。

（3）地质构造因素 影响地表变形的地质构造因素主要包括岩层节理裂隙和断层的构造。

1）岩层节理裂隙发育，会促进变形加快，增大变形范围，扩大地表裂缝区。

2）断层会破坏地表移动的正常规律，改变移动盆地的大小和位置，断层带上的地表变形更加剧烈。

（4）地下水因素 地下水活动（特别是抗水性弱的岩层）会加快变形速度、扩大变形范围、增大地表变形值。

（5）开采条件因素 矿层开采和顶板处置的方法，以及采空区的大小、形状、工作面推进速度等，均影响着地表变形值、变形速度和变形的形式。例如：当开采范围达到充分采动时，地表下沉值达到最大，未达到充分采动时，地表下沉值随着开采范围的增大而增加，但均小于最大下沉值；当采用柱房式开采和全部充填法处置顶板时，地表下沉及移动变形值较小，当采用全部垮落法管理顶板时，地表下沉及移动变形值较大。

**3. 采空区地面建筑适宜性和处理措施**

（1）适宜性评价 采空区地表的建筑适宜性评价，应根据开采情况、移动盆地特征及变形值大小等划分为不适宜建筑的场地、相对稳定的场地和可以建筑的场地。

1）当开采已达“充分采动”地表下沉趋于稳定时（稳定标志是连续6个月累计下沉值小于30mm），盆地平底部分可以建筑；平底外围部分地表由于受拉伸和压缩变形的影响，若选择建筑，考虑到建筑物基础抗压缩变形大于拉伸变形，最好选择在压缩区范围内修建。

2）当开采尚未达“充分采动”时，地表的水平和垂直变形都发展较快，且不均匀，这时整个下沉盆地范围内均不适宜建筑。

3）下列地段通常不应作为建筑物的建筑场地：开采主要影响范围以内及移动盆地边缘变形较大的地段；开采过程中可能出现非连续变形的地段；处于地表移动活跃阶段的地段；地表变形可能引起边坡失稳的地段；地表倾斜大于10mm/m或水平变形大于6mm/m的地段。

4）下列地段如需作为建筑场地时，应进行专门研究或对建筑物采取保护措施：采空区的深度小于50m的地段；地表倾斜为3~10mm/m或水平变形为2~6mm/m的地段或曲率为0.2~0.6mm/m$^2$的地段。

（2）防止地表和建筑物变形的措施 防止地表和建筑物变形的措施主要包括开采方法和建筑物设计与加固方面的措施。

开采方法方面的措施包括：

1）采用充填法处置顶板，及时全部充填或两次充填，以减少地表下沉量。

2）减少开采厚度，或采用条带法开采，使地表变形不超过建筑物的容许极限值。

3）采用协调开采，根据地表移动变形分布规律，通过核实的开采布局、开采顺序、方向、时间等减缓开采地表移动变形值。

建筑物设计方面的措施包括：

1）建筑物长轴应与工作面的推进方向垂直。

2）尽量使建筑物位于移动盆地的平底。

3）避免建筑物与开采工作面或开采边界斜交。

4）建筑物平面形状应力求简单，以矩形为宜。

建筑物加固方面的措施包括：

1）设置变形缓冲沟，有效地吸收地表的压缩变形。

2）设置变形缝，减小地基压力的不均匀性，减小地表移动变形在建筑物上的附加力。

3）设置钢拉杆，减小地表曲率变形对建筑物墙体的影响。

4）设置基础连系梁，当建筑物无横墙或者横墙内间距较大时，为减小纵墙基础圈梁所承受的横向弯矩，应每隔 9m 左右设置一根钢筋混凝土基础连系梁。

5）设置钢筋混凝土锚固板，当建筑物受水平变形、双向变形或变形方向与建筑物轴线斜交或承受较大压缩变形时，应设置钢筋混凝土锚固板。

6）堵砌门窗洞，当建筑物收到地表水平压缩变形或负曲率变形时，可采用堵砌门窗洞的办法来提高墙体的抗变形能力。

### 6.4.2　岩溶塌陷

岩溶地面塌陷指覆盖在溶蚀洞穴之上的松散土体，在外动力或人为因素作用下产生的突发性地面变形破坏，其结果多形成圆锥形塌陷坑。岩溶地面塌陷多发生于碳酸盐岩、钙质碎屑岩和盐岩等可溶性岩石分布地区，以碳酸盐岩塌陷最为常见。

**1. 岩溶地面塌陷的形成条件**

（1）可溶岩及岩溶发育程度　可溶性岩石是岩溶地面塌陷形成的物质基础。中国发生岩溶地面塌陷的可溶岩主要是古生界、中生界的石灰岩、白云岩、白云质灰岩等碳酸盐岩，部分地区的晚中生界、新生界富含膏盐芒硝或钙质砂泥岩、灰质砾岩及盐岩也发生过小规模的塌陷。大量岩溶地面塌陷事件表明，塌陷主要发生在覆盖型岩溶和裸露型岩溶分布区，部分发育在埋藏型岩溶分布区。其成分和结构特征影响岩溶地发育程度。

岩溶的发育程度和岩溶洞穴的开启程度是决定岩溶地面塌陷的直接因素。可溶岩洞穴和裂隙一方面造成岩体结构的不完整，形成局部的不稳定；另一方面为容纳陷落物质和地下水的强烈运动提供了充分条件。因此，一般情况下，可溶岩的岩溶越发育，溶隙的开启性越好，溶洞的规模越大，岩溶地面塌陷越严重。

（2）覆盖层厚度、结构和性质　大量调查统计结果显示，覆盖层厚度小于 10m 发生塌陷的机会最多，10~30m 以上只有零星塌陷发生。覆盖层岩性结构对岩溶地面塌陷的影响表现为颗粒均一的砂性土最容易产生塌陷；层状非均质土、均一的黏性土等不易落入下伏的岩溶洞穴中。此外，当覆盖层中有土洞时，容易发生塌陷；土洞越发育，塌陷越严重。

（3）地下水运动　强烈的地下水运动，不但促进了可溶岩洞隙的发展，而且是形成岩溶地面塌陷的重要动力因素。地下水运动的作用方式包括溶蚀作用、浮托作用、侵蚀及潜蚀作用、搬运作用等。因此，岩溶地面塌陷多发育在地下水运动速度快的地区和地下水动力条件发生剧烈变化的时期。如大量开采地下水而形成的降落漏斗地区极易发生岩溶地面塌陷。

（4）动力条件　主要是水动力条件的急剧变化。水动力条件的改变可使岩土体应力平衡发生改变，从而诱发岩溶地面塌陷。水动力条件发生急剧变化的原因主要有降雨、水库蓄水、井下充水、灌溉渗漏或高强度抽水等。

除水动力条件外，地震、附加荷载、人为排放的酸碱废液对可溶岩的强烈溶蚀等均可诱发岩溶地面塌陷。

**2. 岩溶地面塌陷的危害**

岩溶地面塌陷的产生，一方面使岩溶区的工程设施，如工业与民用建筑、城镇设施、道路路基、矿山及水利水电设施等遭到破坏；另一方面造成岩溶区严重的水土流失、自然环境恶化，同时影响各种资源的开发利用（图6-11）。

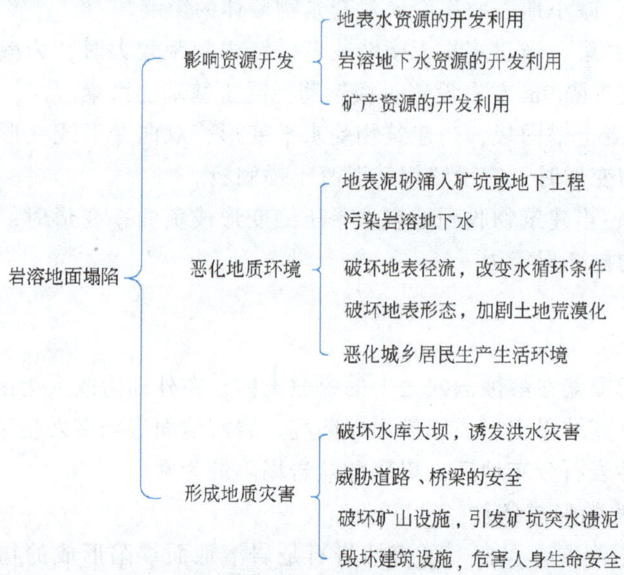


**图6-11　岩溶地面塌陷的危害**

**3. 岩溶地面塌陷的防治**

（1）监测预报　岩溶地面塌陷的产生在时间上具有突发性，在空间上具有隐蔽性，因此，对岩溶发育地区难以采取地面监测手段进行塌陷监测和时空预报。近年来，GIS技术的应用，使得岩溶地面塌陷危险性预测评价上升到一个新的水平。利用GIS的空间数据管理、分析处理和建模技术，对潜在塌陷危险性进行预测评价，已经取得了良好的效果。

（2）防治措施

1）控水措施。要避免或减少地面塌陷的产生，根本的办法是减少岩溶充填物和第四系松散土层被地下水侵蚀、搬运。

① 地表水防水措施。在潜在的塌陷区周围修建排水沟，防止地表水进入塌陷区，减少向地下的渗入量。在地势低洼、洪水严重的地区围堤筑坝，防止洪水灌入岩溶孔洞。

② 地下水控水措施。根据水资源条件规划地下水开采层位、开采强度和开采时间，合理开采地下水。在浅部岩溶发育，并有洞口有裂隙与覆盖层相连通的地区开采地下水时，应主要开采深层地下水，将浅层水封住，这样可以避免地面塌陷的发生。

2）工程加固措施。

① 清除填堵。对于相对较浅的塌坑或埋藏浅的土洞，使用碎石、黏土覆盖并加以夯实。对于重要建筑物，可回填混凝土或设置钢筋混凝土板，也可灌浆处理。

② 跨越。对于比较深大的塌陷坑或土洞，当开挖回填有困难时，可采用梁板跨越、两端支撑在坚固岩土体上的方法。

③ 强夯。在土体厚度较小、地形平坦的情况下，可采用强夯砸实覆盖层的方法消除土洞，提高土层的强度。

④ 灌注填充。在溶洞埋藏较深时，通过钻孔灌注水泥砂浆，填充岩溶孔洞或缝隙，隔断地下水流通道，达到加固建筑物地基的目的。

⑤ 深基础。对于一些深度较大，跨越结构无能为力的土洞、塌陷，常采用桩基工程，将荷载传递到基岩上。

## 6.5 地震

### 6.5.1 地震的基本概念

地震是一种地球内部能量在短时间内向外强烈释放而引起地壳震动的自然现象。据统计数据表明，全世界每年大约要发生超过百万次的地震，这其中的绝大部分是人无法感知到的，需要用高灵敏度的地震仪才能够记录下来，这些地震往往不会造成过大的人员伤亡和经济损失。而能够造成严重破坏的地震，全球每年的发生数量占地震发生总量的比例很小，但造成的破坏往往是非常大的。

**1. 地震发生的特征**

我国是一个地震多发的国家，早在夏朝就有了最早的地震记录。新中国成立后的 1976 年的唐山大地震以及 2008 年的汶川大地震都造成了非常大的人员伤亡和经济损失。从若干地震发生的过程中我们不难总结出地震有着发生的时间短但其震动延续的周期较长的特征。一次地震中往往有前震（最初发生的小震动）、主震（紧接着前震发生的激烈震动）、余震（主震后发生的大量小地震）三个阶段。有时余震可以延续数月甚至数年。此外，地震发生的不规律性也是令地震预测较难准确的因素。

**2. 震源与震中**

震源是指地壳或地幔中发生地震的地方。地震学常常把它当作一个点来处理，但是实际上震源是有一定范围的。震源在地面上的垂直投影称为震中。震源与地面的垂直距离称为震源深度。按照震源深度的不同，可以将地震分为如下三类：将震源深度在 60km 以内的地震称为浅源地震，60~300km 的称为中源地震，超过 300km 的称为深源地震。全球发生的绝大部分地震是浅源地震，震源深度往往集中在 5~20km。同样大小的地震，当震源较浅时，波及范围较小，破坏性较大；当震源深度较大时，波及范围虽较大，但破坏性相对较小，深度超过 100km 的地震在地面上一般不会引起严重灾害。多数破坏性地震都是浅震。

为了表示地震时不同地域的破坏程度，我们在震源和震中的基础上引入如下术语（图6-12）。

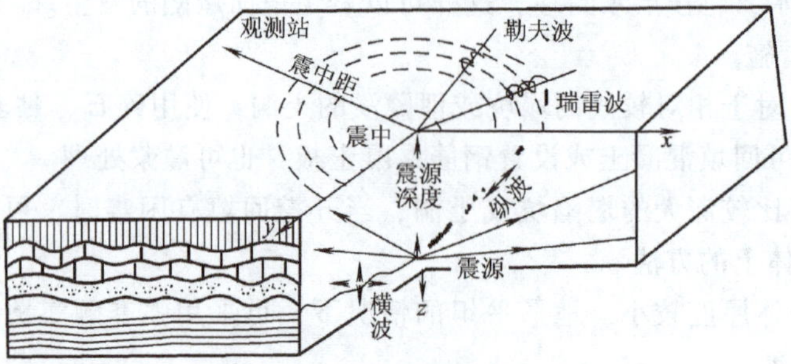


图 6-12 地震术语

地面上某一点到震中的直线距离，称为该点的震中距。震中距在 1000km 以内的地震，通常称为近震，大于 1000km 的称为远震。引起灾害的一般都是近震。围绕震中的一定面积的地区称为震中区，它表示一次地震时震害最严重的地区。其中强烈地震的震中区往往又称为极震区。此外，还可以将在同一次地震影响下，地面上破坏程度相同各点进行连线，这条线称之为等震线。绘有等震线的平面图称为等震线图。

## 6.5.2 地震成因类型及地震波

### 1. 地震的成因类型

形成地震的原因是各种各样的。地震按其成因，可分为天然地震与人工触发地震两大类型。天然地震按其成因可划分为构造地震、火山地震、陷落地震和激发地震。

（1）天然地震

1）构造地震。由地质构造作用产生的地震称为构造地震。构造地震分布最广，危害最大。这种地震与构造运动的强弱直接有关，它分布于新生代以来地质构造运动最为剧烈的地区。构造地震是天然地震的最主要类型，约占其总数的 90%。关于构造地震的成因有多种学说，一般认为这种地震的形成是由于岩层在构造应力的作用下产生应变，积累了大量的弹性应变能，一旦应变超过极限数值，岩层就突然破裂和产生位移，形成大的断裂，岩层中原先积累的能量在变形过程中得以释放，以弹性波的形式引起地壳的振动，从而产生地震，此即构造地震成因的断层说。构造地震中最为普遍的是由地壳断裂活动引起的地震，这种地震绝大部分都是浅源地震，由于它距地表很近，对地面的影响最显著，具有传播范围广、震动时间长的特点，一些巨大的破坏性地震都属于这种类型。

2）火山地震。由火山喷发和火山下面岩浆活动产生的地面震动称为火山地震。在世界一些大火山带都能观测到与火山活动有关的地震。此类地震的影响范围有限，破坏强度较低。而且此类地震最大的特点是有比较明显的征兆，即火山爆发。

3）陷落地震。由于洞穴崩塌、地层陷落、山体崩塌等原因发生的地震，称为陷落地震。这种地震能量小，影响范围也小，发生次数也很少，仅占地震总数的 5%。

4）激发地震。在构造应力原来处于相对平衡的地区，由于外界力量的作用，破坏了相对稳定的状态，发生构造运动并引起地震，称为激发地震。

（2）人工触发地震

人类在自然界进行工程建设，造成岩层变形乃至断裂从而引发的地震称为人工触发地震。属于这种类型的地震有水库地震、深井注水地震和爆破引起的地震，它们为数甚少。而是否发生此类地震的主要原因取决于该地区是否存在大规模的地下断裂构造。

**2. 地震波**

地震时震源释放的应变能以弹性波的形式向四面八方传播，这就是地震波。地震波包括两种在介质内部传播的体波和两种限于界面附近传播的面波。地震波的传播过程就是地震能量不断散失的过程。

(1) 体波　体波有纵波与横波两种类型（图6-13）。纵波（P波）是由震源传出的压缩波，质点的振动方向与波的前进方向一致，一疏一密向前推进，所以又称疏密波，它周期短、振幅小。其传播速度是所有波当中最快的一个，振动的破坏力较小。横波（S波）是由震源传出的剪切波，质点的振动方向与波的前进方向垂直，传播时介质体积不变，但形状改变，它周期较长、振幅较大。其传播速度较小，为纵波速度的0.5~0.6倍，但振动的破坏力较大。纵波和横波在性质上有两个重要的差别：

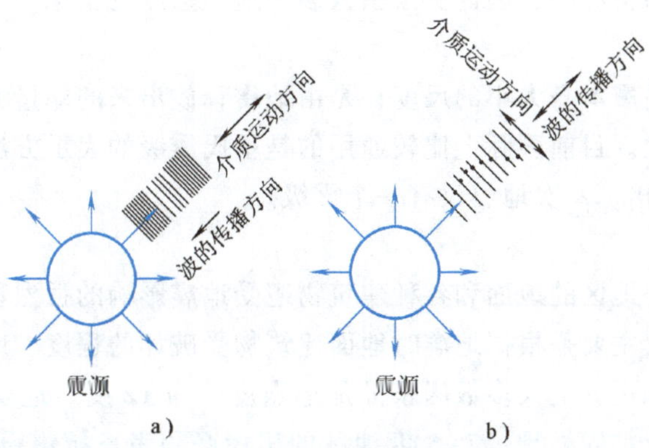


**图6-13　体波质点振动形式**

a）纵波质点振动　b）横波质点振动

1）纵波能通过任何物质传播，不论是固体、液体还是气体都行；而横波是切变波，只能通过固体物质传播，不能通过对切变没有抵抗能力的液体和气体。

2）纵波在任何固体物质中的传播速度都比横波快。

由于纵波和横波的传播速度有差别，到达地震台的时间有差别（走时差），故可用以确定震中的距离和位置。

(2) 面波（如图6-14所示）　面波是体波达到界面后激发的次生波，只是沿着地球表面或地球内的边界传播。面波向地面以下迅速消失。面波随着震源深度的增加而迅速减弱，震源越深面波越不发育。面波有瑞雷波与勒夫波两种。

瑞雷波在地面上滚动，质点在平行于波的传播方向的垂直平面内做椭圆运动，长轴垂直地面。勒夫波在地面上做蛇形运动，质点在水平面内垂直于波的传播方向作水平振动。面波传播速度比体波慢。一般情况下，横波和面波到达时振动最强烈，建筑物破坏通常是由横波和面波造成的。由于面波的能量较大，因而造成建筑物和地表的破坏主要以面波为主。

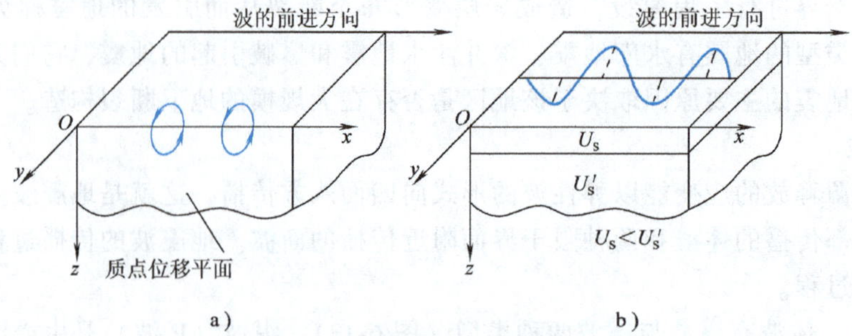


图 6-14 面波质点振动形式

a) 瑞雷波质点振动 b) 勒夫波质点振动

## 6.5.3 地震的震级与烈度

一次地震发生时，如何衡量其能量的释放大小，以及如何进行其对建筑物的破坏程度评价是工程技术人员最为关心的，因此必须引入表示地震强度的指标。

### 1. 地震震级

地震震级是表示地震本身大小的尺度，是由地震释放出来的能量大小决定的。释放出来的能量越大则震级越大。目前国际上比较通用的是里氏震级的表示方法，震级相差一级，地震释放的能量相差 32 倍。一次地震仅有一个震级。

### 2. 地震烈度

地震烈度是指某一地区的地面和各种建筑物遭受地震影响的强烈程度。地震烈度表是划分地震烈度的标准。它主要是根据地震时地面建筑物受破坏的程度、地震现象、人的感觉等来划分制订的。我国和世界上大多数国家都是把烈度分为 12 度。地震烈度在 6 度以下的区域一般不对建筑物进行加固处理，7~8 度地区的房屋必须考虑抗震设计，而地震烈度在 10 度及以上的区域不应选择作为建筑物的建造场地。一次地震按其区域距离震中的远近不同，会有多个烈度。

震级和烈度既有联系，又有区别。震级是反映地震本身大小的等级，只与地震释放的能量有关，烈度则表示地面受到的影响和破坏的程度。震级与烈度虽然都是地震的强烈程度指标，但烈度对工程抗震来说具有更为密切的关系。两者有如表 6-4 所示的相应关系。

表 6-4 震级与烈度关系表

| 震级 | <3 | 3 | 4 | 5 | 6 | 7 | 8 | >8 |
|---|---|---|---|---|---|---|---|---|
| 震中烈度 | 1~2 | 3 | 4~5 | 6~7 | 7~8 | 9~10 | 11 | 12 |

注：表中数据摘自丰定国编《抗震结构设计》。

地震烈度又分为基本烈度、建筑场地烈度和设计烈度。

（1）基本烈度 是指在今后一定时期内，某一地区在一般场地条件下可能遭遇的最大地震烈度。基本烈度所指的地区，并不是某一具体工程场地，而是指一较大范围，因此基本烈度又常常称为区域烈度。

（2）场地烈度 根据场地条件调整后的烈度，在工程上称为场地烈度。提供的是地区内普遍遭遇的烈度，也称为小区域烈度。具体场地的地震烈度与地区内的平均烈度常常是有差别的。它主要是反映由于地区内场地的地形条件不同、地质构造不同而对基本烈度的一个影响。通常其与基本烈度相差（高或低）1 度左右。

在场地条件中，首先应当注意的是局部地质构造。断裂特征对场地烈度有很大的控制作用，宽大的断裂破碎带易于释放地震应力。其次应当注意的是地基条件，包括地层结构、土质类型以及地下水埋藏深度、地表排水条件等。再次，地形条件也是不可忽视的。开阔平坦的地形对抗震有利；峡谷陡坡、孤立的山包、突出的山梁等地形对抗震不利。

（3）设计烈度　在场地烈度的基础上，考虑工程的重要性、抗震性和修复的难易程度，根据规范进一步对基本烈度进行相应调整，得到设计烈度，也称为设防烈度。设计烈度是设计中实际采用的烈度。

GB 50011—2010《建筑抗震设计规范》中明确提出了建筑物的“三水准”的抗震设防要求，即我们通常所说的“小震不坏，中震可修，大震不倒”。

### 6.5.4　建筑工程的震害及防震原则

地震时，由于土质因素使震害加重的现象主要有：地基的震动液化、软土的震陷、滑坡及地裂。

**1. 地基的液化**

地基土的液化主要发生在饱和的粉、细砂和粉土中，其表现形式是地表开裂、喷砂、冒水，从而引起滑坡和地基失效，引起上部建筑物下陷、浮起、倾斜、开裂等震害现象。产生液化的原因是在地震的短暂时间内，孔隙水压力骤然上升并来不及消散，有效应力降低至零，土体呈现出近乎液体的状态，抗剪强度完全丧失。由场地地基土液化引起的地基不均匀沉降、地裂、喷水冒砂均会对建筑物造成破坏。

（1）地震液化的判别　根据 GB 50011—2010《建筑抗震设计规范》，地基土的液化判别可分两步进行。

1）初步判别。饱和的砂土或粉土，当符合下列条件之一时，可初步判别为不液化或不考虑液化影响：

① 地质年代为第四纪晚更新世（$Q_3$）及其以前时，7、8 度时可判为不液化。

② 粉土的黏粒（粒径小于 0.005mm 的颗粒）含量百分率，7、8 度和 9 度分别不小于 10、13 和 16 时，可判为不液化土。

③ 浅埋天然地基的建筑，当上覆非液化土层厚度和地下水位深度符合下列条件之一时，可不考虑液化影响：

$$d_u > d_0 + d_b - 2 \tag{6-1}$$

$$d_w > d_0 + d_b - 3 \tag{6-2}$$

$$d_u + d_w > 1.5d_0 + 2d_b - 4.5 \tag{6-3}$$

式中　$d_w$——地下水位深度（m），宜按建筑使用期内年平均最高水位采用，也可按近期内年最高水位采用；

$d_u$——上覆非液化土层厚度（m），计算时宜将淤泥和淤泥质土层扣除；

$d_b$——基础埋置深度（m），不超过 2m 时应采用 2m；

$d_0$——液化土特征深度（m），按表 6-5 选用。

**表 6-5 液化土特征深度（m）**

| 饱和土类别 | 烈度 | | |
|---|---|---|---|
| | 7度 | 8度 | 9度 |
| 粉土 | 6 | 7 | 8 |
| 砂土 | 7 | 8 | 9 |

2）由标准贯入试验判别。凡经初步判别认为需进一步进行液化判别时，应采用标准贯入试验判别地面下20m范围内的土是否液化。当饱和砂土或饱和粉土标准贯入锤击数$N_{63.5}$实测值（未经杆长修正）小于下式计算的临界值$N_{cr}$时，则应判为可液化土。

$$N_{cr}=N_0\beta[\ln(0.6d_s+1.5)-0.1d_w]\left(\frac{3}{\rho_c}\right)^{\frac{1}{2}} \tag{6-4}$$

式中 $N_{cr}$——液化判别标准贯入锤击数临界值；

$N_0$——液化判别标准贯入锤击数基准值，按表6-6采用；

$d_s$——饱和土标准贯入点深度（m）；

$d_w$——地下水位深度（m）；

$\rho_c$——黏粒含量百分率，当小于3或为砂土时，均应采用3；

$\beta$——调整系数，设计地震第一组取0.80，第二组取0.95，第三组取1.05。

**表 6-6 液化判别标准贯入度锤击数基准值 $N_0$**

| 设计基本地震加速度/$g$ | 0.10 | 0.15 | 0.20 | 0.30 | 0.40 |
|---|---|---|---|---|---|
| 液化判别标准贯入度锤击数基准值 | 7 | 10 | 12 | 16 | 19 |

（2）等级的定量评定　液化等级用液化指数$I_{lE}$度量。$I_{lE}$值根据地面下15m深度范围内各可液化土层代表性钻孔的地质剖面和标准贯入试验资料，按下式计算

$$I_{lE}=\sum_{i=1}^{n}\left(1-\frac{N_i}{N_{cri}}\right)d_iW_i \tag{6-5}$$

式中 $N_i$、$N_{cri}$——$i$点的标准贯入锤击数的实测值和临界值，当$N_i$大于$N_{cri}$时，取$N_i=N_{cri}$；

$n$——判别深度范围内每一个钻孔标准贯入试验点的总数；

$d_i$——第$i$个标准贯入点代表的土层厚度（m）；

$W_i$——$i$土层考虑单位土层厚度的层位影响的权函数值（$m^{-1}$），当该土层中点深度不大于5m时应采用10，等于20m时应采用零值，5~20m时应按线性内插法取值。

按上式计算出建筑物地基范围内各个钻孔的$I_{lE}$值后，即可参照表6-7确定地基液化等级，为选择抗液化措施提供依据。通常来讲，液化指数越大，场地地基土液化震害也就越严重。

**表 6-7 地基土液化等级**

| 液化指数 | $0<I_{lE}\leqslant 6$ | $6<I_{lE}\leqslant 18$ | $I_{lE}>18$ |
|---|---|---|---|
| 液化等级 | 轻微 | 中等 | 严重 |

2. 软土的震陷

地震时，地面产生巨大的附加下沉称为震陷，此种现象往往发生在松砂或软黏土和淤泥质土中。产生震陷的原因有：

1）松砂的震密。

2）排水不良的饱和粉、细砂和粉土，由于震动液化而产生喷砂冒水，从而引起地面下陷。

3）淤泥质软黏土在振动荷载作用下，土中应力增加，同时土的结构受到扰动，强度下降，使已有的塑性区进一步开展，土体向两侧挤出而引起震陷；

4）岩溶、土洞和地下采空区的影响。

3. 地震滑坡和地裂

地震导致滑坡的原因，可以这样简单地认识：一方面是地震时边坡受到了附加惯性力作用，加大了下滑力；另一方面是土体受震趋密使孔隙水压力升高，有效应力降低，减小了阻滑力。地质调查表明，凡发生过滑坡的地区，地层中几乎都夹有砂层。

地震时往往出现地裂。地裂有两种，一种是构造性地裂，这种地裂虽与发震构造有密切关系，但它并不是深部基岩构造断裂直接延伸至地表形成的，而是较厚覆盖土层内部的错动；另一种是重力式地裂，它是由斜坡滑坡或上覆土层沿倾斜下卧层层面滑动引起的地面张裂。

4. 防震原则

(1) 建筑场地的选择　在地震区建筑，确定场地与地基的地震效应，必须进行岩土工程勘察，从地震作用的角度将建筑场地划分为对抗震有利、不利和危险地段。进行岩土工程勘察工作时，查明场地地基的工程地质和水文地质条件对建筑物抗震的影响，当设计烈度为 7 度或 7 度以上，且场地内有饱和砂土或粒径大于 0.05mm 的颗粒占总重 40% 以上的饱和粉土时，应判定地震作用下有无液化的可能性；当设计烈度为 8 度或 8 度以上且建筑物的岩石地基中或其邻近有构造断裂时，应配合地震部门判定是否属于发震断裂（发震断层）。总之，勘察工作的重点在于查明对建筑物抗震有影响的土层性质、分布范围和地下水的埋藏深度。勘探孔的深度可根据场地设计烈度及建筑物的重要性确定，一般为 15~20m。利用岩土工程勘察成果，综合考虑地形地貌、岩土性质、断裂及地下水埋藏条件等因素，即可划分对建筑物抗震有利、不利和危险等地段。

1）对建筑物抗震有利的地段是：地形平坦或地貌单一的平缓地；场地土属Ⅰ类及坚实均匀的Ⅱ类；地下水埋藏较深等地段。这些地段，地震时影响较小，应尽量选择作为建筑场地和地基。

2）对建筑物抗震不利的地段是：一般为非岩质陡坡、带状突出的山脊、高耸孤立的山丘、多种地貌交接部位、断层河谷交叉处、河岸和边坡边缘及小河曲轴心附近；平面分布上成因、岩性、状态明显有软硬不均的土层；场地土属Ⅲ类；可液化的土层；发震断裂与非发震断裂交汇地段；小倾角发震断裂带上盘；地下水埋藏较浅或具有承压水地段。这些地段，地震时影响大，建筑物易遭破坏，选择建筑场地和地基应尽量避开。

3）对建筑物危险的地段：一般为发震断裂带上可能发生地表错位及地震时可能引起山崩、地陷、滑坡、泥石流等地段。这些地段，地震时可能造成灾害，不应进行建筑。

在一般情况下，建筑物地基应尽量避免直接用液化的砂土做持力层，不能做到时，可考虑采取以下措施：

① 浅基：如果可液化砂土层有一定厚度的稳定表土层，这种情况下可根据建筑物的具体情况采用浅基，用上部稳定表土层做持力层。

② 换土：如果基底附近有较薄的可液化砂土层，采用换土的办法处理。

③ 增密：如果砂土层很浅或露出地表且有相当厚度，可用机械方法（如振冲、振动挤密、强夯等）或爆炸方法提高密度。振实后的砂土层的标准贯入锤击数应大于公式算出的临界值。

④ 采用筏形基础、箱形基础、桩基础：根据调查资料，整体较好的筏形基础、箱形基础，对于在液化地基及软土地基上提高基础的抗震性能有显著作用。桩基也是液化地基上抗震良好的基础形式。桩长应穿过可液化的砂土层，并有足够的长度伸入稳定的土层。

（2）软土及不均匀地基 软土地基地震时的主要问题是产生过大的附加沉降，而且这种沉降常是不均匀的。地震时，地基的应力增加，土的强度下降，地基土被剪切破坏，土体向两侧挤出，致使房屋大量沉降、倾斜、破坏。其次，厚的软土地基的卓越周期较长，振幅较大，振动持续的时间也较长，这些对自振周期较长的建筑物不利。

软土地基的常见处理措施有如下方法：①采用桩基础。桩基础的桩长应大于软土的厚度，同时桩尖应置于有良好承载性能的持力层上；②进行地基加固处理。如注浆法、换土法等，目的就是为了增强其承载能力，从而减小其在地震作用下的附加沉降。

## 本章小结

（1）不良地质作用是指由地球内力或外力产生的对工程可能造成危害的地质作用。常见的不良地质作用包括滑坡、崩塌、泥石流、地面沉降、地面塌陷、地裂缝、地震效应、河流侵蚀、库岸浸没、冻胀、融陷等。

（2）滑坡是指斜坡岩土体在重力作用下失去原有的稳定性，沿斜坡内部贯通的剪切破坏面（或滑动带）整体向下滑移的现象。滑坡的防治主要有避让、消除或减轻水的影响，改善滑坡体力学条件，增大抗滑力和改善滑带土的性质等方法。

（3）崩塌是指在陡峻的斜坡上，岩土体在自重作用下脱离母体，突然而猛烈地由高处崩落的现象。崩塌的治理应以根治为原则，当不能清除或根治时，可采取遮挡、拦截防御、支撑加固、镶补勾缝、护面、排水、刷坡等综合措施治理。

（4）泥石流是发生在山区的一种含有大量泥沙和石块的暂时性急水流。它常发生于山区小流域，是一种饱含大量泥沙石块和巨砾的固液两相流体，呈黏性层流或稀性紊流等运动状态。对泥石流的防治需要以防为主，综合采取拦截、滞流、输排和利导等防治措施。

（5）地面沉降是指地壳表面在自然因素（如火山、地震）和人为因素（如开采地下水、油气资源）的作用下发生的地表大规模垂直下降的现象。地面沉降的防治原则是“预防为主，治理为辅”。对已经发生比较严重地面沉降的区域，可采取减少地下水开采量、向含水层进行人工回灌等措施。

（6）地裂缝是指地表岩土体在地质构造作用和人为因素的作用下产生开裂，并在地面上形成具有一定长度和宽度裂缝的现象。对于地裂缝的防治措施的主导思想仍是以“避让为主、监测控制为辅”。具体措施可以从选址规划先期避让、控制人为因素的诱发作用、做好地裂缝监测预报工作等三个方面开展工作。

（7）地面塌陷包括采空塌陷和岩溶塌陷。采空塌陷是指地下固体矿产开采后形成巨大空间，造成上部岩土层在自重作用下失稳而引起的地面塌陷的现象，防止地表变形和建筑物破坏的措施包括开采工艺和建筑物设计等方面。岩溶地面塌陷指覆盖在溶蚀洞穴之上的松散土体，在外动力或人为因素作用下产生的突发性地面变形破坏。岩溶地面塌陷防治措施可以从控水和工程加固两个方面进行处理。

(8) 地震是一种地球内部能量在短时间内向外强烈释放而引起地壳震动的自然现象。震级是反映地震本身大小的等级，与地震释放的能量有关，烈度则表示地面受到的影响和破坏的程度。防震思路主要是采用避开不利场地、选择有利场地并采取相应的抗震措施加以解决。

## 习 题

1. 某坡地树木生长出现明显的倾斜现象，而且坡角有清泉流出，试分析该地区前期可能发生了何种不良地质作用？影响该地质作用发生的因素有哪些？工程建设中如何防治此类地质作用？

2. 崩塌与滑坡的区别是什么？防治崩塌的原则是什么？防治崩塌的措施有哪些？

3. 泥石流的定义是什么？如何防治泥石流灾害？

4. 据统计，我国泥石流分布区的面积占到国土总面积的18.6%，且在西南地区如四川、云南等省区发生的较为频繁。试根据形成泥石流的条件分析为何我国泥石流的发生区域多集中于西南？

5. 地面沉降的危害有哪些？试从有效应力的角度说明为何过量开采地下水会引发地面沉降？

6. 在地裂缝发育地区进行工程建设应注意什么问题？

7. 采空区有哪些地表变形特征？影响地表变形的因素有哪些？采空区地面建筑适宜性如何评价？有哪些建筑处理措施？

8. 案例分析：某运煤专线铁路位于黄土梁茆区冲沟内，且有部分白垩纪大片花岗岩侵入，同时存在巨厚的风化壳，地质情况较为复杂，同时该地区降水量较为充沛。请据此简单分析可能存在的不良地质作用类型，并提出解决方案。

9. 何谓地震震级？震级和烈度有何区别、联系？

10. 建筑物的“三水准”的抗震设防要求是什么？

11. 地震引发的工程地质问题有哪些？防震的原则是什么？

## 参考文献

[1] 李智毅，杨裕云. 工程地质学概论 [M]. 武汉：中国地质大学出版社，1994.
[2] 孔宪立，石振明. 工程地质学 [M]. 北京：中国建筑工业出版社，2001.
[3] 邵艳，汪明武. 工程地质 [M]. 武汉：武汉大学出版社，2013.
[4] 张忠苗. 工程地质 [M]. 重庆：重庆大学出版社，2011.
[5] 张荫. 工程地质学 [M]. 北京：冶金工业出版社，2001.
[6] 王贵荣. 工程地质学 [M]. 北京：机械工业出版社，2009.
[7] 张咸恭，王思敬，李智毅. 工程地质学概论 [M]. 北京：地震出版社，2005.
[8] 李伍平，郑明新，赵小平. 工程地质学 [M]. 长沙：中南大学出版社，2016.
[9] 时伟. 工程地质学 [M]. 北京：科学出版社，2016.
[10] 潘懋，李铁锋. 灾害地质学 [M]. 北京：北京大学出版社，2012.

# 第7章 不同工程类型常见工程地质问题

■学习要点

- 掌握工业与民用建筑工程地质问题的主要内容，熟悉研究方法和解决对策
- 掌握地下洞室变形破坏类型，了解地下洞室的分类、其他影响因素和稳定措施；熟悉洞口选择的工程地质条件和洞室轴线选择的工程地质条件
- 掌握道路工程地质问题的主要内容，了解影响因素和解决对策；掌握桥梁工程地质问题的主要内容
- 掌握边坡的变形破坏特征、影响因素和稳定性分析方法
- 掌握水利水电工程地质问题的主要内容，了解水坝类型及其对工程地质条件的要求

■重点概要

- 工业与民用建筑工程地质问题
- 地下洞室工程地质问题
- 边坡工程地质问题

■相关知识链接

- GB 50007—2011《建筑地基基础设计规范》
- JGJ 120—2012《建筑基坑支护技术规程》
- GB 50011—2010《建筑抗震设计规范》
- GB 50086—2015《岩土锚杆与喷射混凝土支护工程技术规范》
- JTG B01—2014《公路工程技术标准》
- CJJ 77—2012《城市道路设计规范》
- GB 50330—2013《建筑边坡工程技术规范》
- SL 487—2010《水利水电工程施工总布置设计规范》
- SL 303—2004《水利水电工程施工组织设计规范》

## 7.1 工业与民用建筑工程地质问题

随着中国经济建设的快速发展，各类工业与民用建筑物表现出多样化和复杂化的特点。因地质环境条件的差异，在工程建设和运营的同时会遇到不同的工程地质问题，对建筑物的施工和使用造成不利影响，甚至威胁安全。

工业建筑是指人民从事各种工业生产活动的建筑物和构筑物，如厂房、水塔、烟囱、栈桥、囤仓等。民用建筑是指直接用于满足人民物质和文化生活需要的非生产性建筑，如商住楼、办公楼、教学楼、宾馆、宿舍等。

### 7.1.1 区域稳定性问题

区域稳定性是指在内外动力地质作用下，工程建设区域地壳现今的相对稳定程度及其对工程建筑安全的影响程度。影响区域稳定性的主要因素是地震和新构造运动。区域稳定性是工业与民用建筑中必须首先注意的工程地质问题，在国家重大工程规划选址和前期建设时更应慎重考虑。

评价区域稳定性，需要在全面分析工程建设区地壳结构和地质灾害分布规律的基础上，结合内外动力地质作用、岩土体介质条件、人类工程活动与地质环境相互作用关系等，综合评价工程建设区地壳现今的稳定程度与潜在危险。区域稳定性评价的主要对象是区域地质背景特征和重点地质灾害。

区域稳定性是一个复杂的工程地质问题，近年来对于这一问题形成了以下共识：

(1) 避开发震断裂　活动的构造体系是控震构造，是不均一的，有的相对稳定，有的较活跃。在范围很大的活动构造带中，有最新活动的活动断裂带是可能发生强震的位置。就工程地质而言，就是找出活动性断裂（新断层、活断层）构造部位，并尽可能避开。

(2) 避开重大地质灾害　由地震引发的如滑坡、崩塌、泥石流（震后降雨）等次生地质灾害，具有规模大、发生突然、致灾后果严重等特点。堆积体对运动途中的建筑物造成冲击、碾压，并最终覆盖，往往造成大规模的人员伤亡，救援难度大，危险性高。对汶川地震伤亡人数统计发现，地震引发次生地质灾害已成为地震造成人员伤亡的主要原因之一，例如北川县城发生的王家崖滑坡（致死1600余人）和北川中学滑坡（致死700余人）都是地震引发的灾难性滑坡灾害。因此在区域稳定性的评价阶段，对场址区内有直接危害的大、中型滑坡应避让为宜。

(3) 避开不利的场地条件　在稳定的构造单元上有不稳定的地段，在不稳定的构造单元上有相对稳定的地段，合理地选择稳定地段，避开不稳定地段将对工业与民用建筑工程稳定起到积极作用。大量工程实践表明，地形起伏大、岩体结构面发育、土体力学强度低、地下水埋深浅等均对工程场地有不利影响。在同一烈度区，不利的场地条件与好的场地条件相比，实际震害可差2度以上。当场地条件不利时，可在地基处理、边坡加固、结构构造、体型设计、建筑材料、施工质量等方面做好工作，以提高建筑物的稳定性。

### 7.1.2 地基稳定性问题

地基岩土体在建筑荷载作用下会发生沉降变形、深层滑动等对工程建设安全造成威胁。地基稳定性则是对这一程度的评判，为保证建筑物的安全稳定、经济合理和正常使用，必须研究与评价地基稳定性，提出合理的地基承载力及变形量，使地基稳定性同时满足强度和变形两方面的要求。

**1. 地基承载力**

各类地基承受上部荷载的能力都有一定限度，如果超过这一限度，则可能因地基变形过大使建筑物开裂，或地基发生破坏而滑动。地基承载力是指地基同时满足变形和强度两个条件时，单位面积所能承受的最大荷载。地基强度是指地基在建筑物荷载作用下抵抗破坏的能力。它一方面与岩性等地质条件有关，另一方面和上部荷载的类型有关。当建筑物荷载超过基础下持力层本身所能承受的能力时，地基土就要产生剪切滑动破坏。因此，在设计建筑物基础时，不仅要使地基土变形在允许范围内，而且要满足强度要求，即建筑物作用在地基上的荷载要小于地基所能承受的外荷载的最大能力。

地基承载力有地基承载力特征值$f_{ak}$、修正后的地基承载力特征值$f_a$两种指标。地基承载力特征值是由荷载试验测定的地基土压力变形曲线线性变形段内规定的变形所对应的压力值，其最大值为比例界限值。修正后的地基承载力特征值是指经基础深度和宽度修正后，用于建筑物设计的承载力值。

常用的地基承载力的确定方法有：

(1) 原位试验法 是一种通过现场直接试验确定承载力的方法，包括（静）载荷试验、静力触探试验、标准贯入试验、旁压试验等，其中以载荷试验法为最可靠的基本的原位测试法。

(2) 理论公式法 是根据土的抗剪强度指标计算的理论公式确定承载力的方法。

(3) 规范表格法 是根据室内试验指标、现场测试指标或野外鉴别指标，通过查规范所列表格得到承载力的方法。

(4) 当地经验法 是一种基于地区的使用经验，进行类比判断确定承载力的方法，它是一种宏观辅助方法。

**2. 地基沉降**

地基沉降是指地基土层在附加应力作用下压密而引起的地基表面下沉。由于建筑荷载差异和地基土各向异性等原因，地基沉降总是不均匀的，使得上部结构相应地产生额外的应力和变形。地基不均匀沉降超过了一定的限度，将导致建筑物的开裂、歪斜甚至破坏。

建筑地基在长期荷载作用下产生的沉降，其最终沉降量可划分为初始沉降（瞬时沉降）、主固结沉降（固结沉降）及次固结沉降3个阶段。

初始沉降是指外荷载加上的瞬间，饱和软土中孔隙水尚来不及排出时所发生的沉降，此时土体只发生形变而没有体变，一般情况下把这种变形称为剪切变形，按弹性变形计算。在饱和软地基上施加荷载，尤其如临时或活荷载占很大比重的仓库、油罐和受风荷载的高耸建筑物等，由此而引起的初始沉降量将占总沉降量的相当部分，应给以估算。

主固结沉降是指荷载作用在地基上后，随着时间的延续，外荷不变而地基土中的孔隙水不断排出过程中所发生的沉降，它起于荷载施加之时，止于荷载引起的孔隙水压力完全消散之后，是地基沉降的主要部分。

次固结沉降是指土中孔隙水已经消散，有效应力增长至基本不变后变形随时间缓慢增长所引起的沉降。这种变形既包括剪应变，又包括体积变化，并与孔隙水排出无关，而是取决于土骨架本身的蠕变性质。

地基沉降的计算方法包括分层总和法、有限元法和规范法，计算时需要根据相关规范要求进行合理选择。地基计算的沉降量一般指最终沉降量，是地基在荷载作用下沉降完全稳定后的沉降量，要达到这一沉降量的时间取决于地基排水条件。对于砂土，施工结束后就可以完成；对于黏性土，少则几年，多则十几年、几十年乃至更长时间。在具体建筑物的地基沉降计算时，还需注意土体的应力和变形的关系、土的压缩性指标的选定和精确度等问题。

对建筑物进行沉降监测时，可采用精密水准测量的方法，测定布设于建筑物上监测点的高程，通过监测点的高程变化来监测建筑物的沉降情况。在周期性的监测过程中，一旦发现下沉量较大或不均匀沉降比较明显时，随时报告施工单位。一般应在建筑物围墙每个转折点连接处布设监测点，并在远离基坑的地方布设控制点。每次监测时均应检查控制点本身是否受到沉降的影响或人为的破坏，确保监测结果的可靠性。

**3. 持力层的选择**

所选持力层首先要满足承载力和变形要求，并且下卧层也能满足要求。建筑物的用途、有无地下室、设备基础、地下设施等条件都会对基础持力层的选择产生影响。对不均匀沉降较敏感的建筑物，如层数不多而平面形状又较复杂的框架结构，应选择坚实、均匀的土层做持力层。对主楼和裙房层数相差较大的建筑物，应根据承载力的不同选择两个不同的持力层，以保证沉降的相互协调。对有上拔力或承受较大水平荷载的建筑结构，桩基应尽量深埋，选择的桩基持力层要能满足抗拔要求。对动荷载作用的建筑物不能选择饱和疏松的砂土做持力层，以免发生砂土液化。

选择持力层也应注意地下水的类型、埋藏条件和动态。如果选择地下水位以下的土层做持力层，则应考虑可能出现的施工与设计问题。例如，施工中的排水措施，出现涌土、流砂现象的可能性；地下水对基础材料的化学腐蚀作用等。对于地下水的升降问题尤其要注意，避免出现负摩阻力，降低桩基的承载能力。另外，要考虑场地所在区域的地震地质条件的影响。根据区域地质构造、历史地震情况等资料，判断地层断裂活动的强烈程度，并对场地内的细砂、粉土等土层的稳定性进行评价。在此基础上，持力层的选择才更加合理，更加周全。

### 7.1.3　深基坑稳定性问题

深基坑是指开挖深度超过5m（含5m）或地下室三层以上（含三层），或深度虽未超过5m，但地质条件和周围环境及地下管线特别复杂的工程。随着城市化的不断发展，城市土地不断减少，土地的供需矛盾日益尖锐。客观上迫使城市建筑向高、深处伸展，使得地下空间利用逐渐成为21世纪城市建设的主体。无论高层建筑或其他地下工程，深基坑已在工程活动中占据了重要地位。在我国，尤其是沿海、沿江、沿湖一带的经济较发达地区，像雨后春笋般不断出现的高层建筑普遍要求施工深基坑工程。

基础牢固与否是关系建筑物安全稳定的首要问题，而基础施工大多从基坑开挖开始。基坑开挖过程中，常遇到基坑坑底卸荷回弹（或隆起）、坑底渗流、基坑流砂和坑壁过量位移或滑移倒塌等稳定性问题。为防止或抑制这些问题，使基坑开挖与基础施工顺利进行，需要采取相应的防护措施。

**1. 基坑底卸荷回弹（或隆起）**

基坑开挖是一种卸荷过程，开挖越深，初始应力状态的改变就越大。基坑开挖完成后，坑地面的变形量由两部分组成，一部分是由开挖后卸荷引起的回弹量，另一部分是基坑周围土体在自重作用下使坑底土向上隆起。基坑挖土以后发生的回弹是一种弹性变形，是不可避免的；基坑隆起是在压力差作用下形成的塑性变形，是可以避免的。引起基坑隆起的因素有以下三个方面：卸荷产生的回弹变形；基坑底部土体吸水膨胀；挡墙根部产生塑流变形。

基坑回弹（隆起）不仅限于基坑的自身范围，对邻近建筑物或设施均会产生影响。深基坑开挖时，应进行坑内外地面的变形监测，以便及时分析发展趋势，并采取适当的措施。控制基坑回弹或隆起的措施有降低地下水位、冻结法，或在基坑开挖后立即浇筑相等重量的混凝土，使基坑的回弹量尽可能减小。

**2. 基坑底渗流问题**

在地下水位较高的地区开挖基坑时，坑内外土体中通常存在着水头差，地下水将在坑内外水头差的作用下发生渗流。地下水的渗流引起坑内外的孔隙水压力和有效应力发生改变，不仅影响作用在围护结构上的水压力、土压力及侧压力的计算，还影响基坑周围地表沉降和坑底的回弹变形计算，甚至引起管涌和流砂。大量实践表明，渗流引发的基坑失事，已经成为深基坑开挖中最为常见的工程地质问题之一。因此，在基坑稳定和变形分析、计算中必须高度重视地下水渗流作用。

**3. 基坑流砂问题**

基坑挖土至地下水位以下，若土质为细砂土或粉砂土，当采用集水坑降低地下水位时，坑下的土有时会形成流动状态，随着地下水流入基坑，这种现象称为流砂。通常容易发生在细颗粒、颗粒均匀、松散、饱和的非黏性土层中。流砂的变形破坏形式是多种多样的，场地条件及地下水作用方式不同，会形成流砂、潜蚀、侧滑、流塌等多种形式。

流砂是砂土在水压力变化条件下形成的。流砂形成需要同时具备3个条件：一是地层为砂性土；二是位于地下水位以下，受水压作用；三是破坏原地层的稳定或水压头发生（反复）变化，如基坑开挖、抽水及河水上涨等。

发生流砂时，土体失去承载力，不但使施工条件恶化，还会影响基坑工程的稳定，严重时会引起基坑边坡塌方，危及工程的安全和施工的顺利进行。尤其是在深基坑工程施工时，对流砂进行有效控制和及时处理至关重要。如2012年11月29日，南京太平南路地铁3号线大行宫站基坑附近发生地面塌陷，事故原因主要为基坑位于秦淮河古道上，地层以饱和中密粉细砂为主，在基坑水位变化作用下，形成流砂，最终导致塌陷。

**4. 基坑边坡失稳问题**

基坑失稳类型主要有边坡产生滑移、坡顶变形和倾覆3种形式。导致基坑边坡失稳的原因主要表现在以下两个方面：

（1）地质条件　造成基坑失稳的地质原因主要有：

1）地下水位过高，导致基坑边坡不稳；基坑边坡土质为砂性土，透水性强，基坑因地下水渗漏而出现软化，进而发生边坡滑动。

2）基坑土体承载能力不足，一旦开挖很容易因坡度过大而出现滑坡问题。

3）在施工过程中，场地附近发生地震等地质变化，进而导致边坡失稳。

（2）工程设计　众所周知，工程勘测设计是关乎工程施工质量及进度的重要环节之一，但因工程勘测设计失误造成的基坑边坡失稳现象也屡见不鲜。具体如下：

1）忽略现场实地勘察。现场实地勘察是工程勘测设计的必要环节，然而部分工作人员工作责任心不强，工作态度不认真，未到施工现场实际了解基坑及周围地质环境，进而致使设计的支护方案极不合理，存在较多边坡失稳风险。

2）数据参数不准确。开挖基坑时需要用到土层物理参数，而实际情况中部分设计方案提供的数据参数极不准确，导致基坑开挖边线偏离实际观测点，增加基坑失稳风险。

3）排水方案不合理。排水工程是基坑施工主要内容，若设计人员或单位提供的排水方案不合理，就很容易导致施工出现地下水渗漏问题，引起边坡失稳。

4）计算方法错误。设计人员或者设计单位在设计挡土断面时，需要用到一系列计算方法。如果计算方法选择错误，那么其设计的挡土结构将不合理，进而影响边坡稳定性。

5）基坑整体安全性不足。设计基坑整体的稳定性、抗倾覆性较小，并且支护方案的实际支护刚度、强度不足，因而很容易引起边坡失稳。

6）止水帷幕设计不合理导致施工过程中出现管涌、流沙等现象，进而引发边坡失稳。

### 7.1.4　建筑物配置问题

大型的工业与民用建筑往往是由多种类型的建筑物构成的建筑群。由于建筑物的用途和工艺要求不同，它们的结构、规模和对地基的要求不一样，因此，对各种建筑物进行合理的配置，才能保证整个工程建筑物的安全稳定、经济合理和正常使用。

在满足各建筑物对气候和工艺方面要求的条件下，工程地质条件是建筑物配置的主要决定因素，只有通过对场地工程地质条件的调查，才能为建筑物合理选择较优的持力层、确定合适的基础类型，提出合理的基础砌置深度，为各类建筑物的配置提供可靠的依据。

最后，按工程地质条件把建筑场地划分为若干个区，然后根据各建筑物的特点和要求以及各区建筑物的适宜性，在全场区进行建筑物的合理配置。

### 7.1.5　地下水的腐蚀性问题

混凝土是工业与民用建筑常用的建筑材料，当混凝土基础埋置于地下水位以下时，地下水的腐蚀会造成混凝土强度降低进而影响建筑的使用安全；另一方面使用水泥管或钢管作为生活或工业用水的输排管道时，如果不做防护，也会因地下水腐蚀作用减少使用年限，因此在工程建设前期必须考虑地下水对混凝土的腐蚀问题。

事实上，大多地下水不具有腐蚀性，只有当地下水中某些化学成分含量过高时，才会对混凝土产生腐蚀作用。常见的腐蚀类型前文已有介绍，这里不再赘述。

混凝土结构的保护方法主要为提高抗蚀性和耐久性，一方面要遴选优质材料，确定适当配比，提高施工水平，以改善混凝土结构本身的密实性；另一方面，要将混凝土构筑物与周围腐蚀介质隔离开来，以保护混凝土不受其侵蚀。主要保护措施：

1）改善混凝土本身结构。针对环境选用水泥，如在酸性环境中选用耐酸水泥，在海水中选用耐硫酸盐水泥和普通硅酸盐水泥等。

2）对混凝土进行表面改性。采用化学的、物理的方法改变表面的化学成分或组织结构以提高混凝土性能，如集料表面改性、胶粉表面改性等。

3）表面涂覆。在混凝土表面涂覆一层耐寒、抗渗、无毒、持久的涂料，混凝土表面的新型防腐蚀涂料仍是当今建筑界的热点。

### 7.1.6　地基的施工条件问题

修建工业及民用建筑物基础时，一般都需要进行基坑开挖工作，尤其是高层建筑设置地下室时，基坑开挖的深度更大。在坑基开挖过程中，地基的施工条件不仅会影响施工期限和建筑物的造价，而且对基础类型的选择起着决定性作用。开挖基坑时，会遇到采取何种坡率才能使基坑边坡稳定，能否放坡，是否需要支护，若采取支护措施，采用何种支护方式较为合理等问题；坑底以下有无承压水存在，是否会造成基坑底板隆起或被冲溃；若基坑开挖到地下水位以下时，会遇到基坑涌水，出现流砂、流土等现象，这时需要采取相应的防治措施，如人工降低地下水位与帷幕灌浆等。影响地基施工条件的主要因素有土体结构特征、土的种类及其特性、水文地质条件、基坑开挖深度、施工速度及坑边荷载情况。

随着经济发展的需求和工程技术的进步，我国超高层建筑建设项目越来越多，截至2015年底，我国排名世界前10的超高层建筑就已达到6座。由于超高层建筑的工程特点，在施工过程中受工程条件的制约也十分显著。如上海中心大厦的基坑为31.2m超深基坑，基坑总面积3.5万$m^2$，地基土为冲洪积相软弱地层为主，地下水埋藏浅，在基坑边坡百米范围内有上海环球金融中心和金茂大厦2栋超高层建筑，这些施工条件都是十分不利的，因此，对施工工艺、工程安全及工程造价都提出了极大挑战。

## 7.2 地下洞室工程地质问题

人工挖掘或天然存在于岩土体内，具有一定断面形状和尺寸，并有较大的延伸长度，可作为各种用途的构筑物统称为地下洞室，也称为地下建筑或地下工程。

地下洞室按使用功能可分为交通隧道、水工隧洞、矿山巷道、地下厂房和仓库、地下民用与公用建筑、地下市政工程、人防工程及国防地下工程等类型；按其内壁是否有内水压力作用可分为无压洞室和有压洞室两类；按其断面形状可分为圆形、椭圆形、拱形、矩形及梯形等类型（图7-1）；按埋置深度可分为深埋洞室和浅埋洞室两类；按洞室轴线与水平面的关系可分为水平洞室、竖井和倾斜洞室三类；按围岩介质类型可分为土洞和岩洞两类；另外还有人工洞室与天然洞室之分。

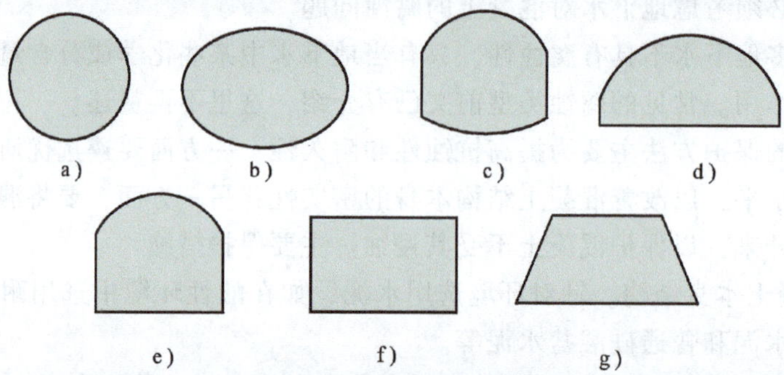


**图7-1 常见洞室断面形态**

a）圆形 b）椭圆形 c）封闭拱形 d）抛物线拱形
e）直墙拱形 f）矩形 g）梯形

### 7.2.1 围岩的变形与破坏

洞室开挖后，如果没有及时设置支护结构，当围岩应力超过了围岩强度时，便会失稳破坏；即使设置了支护结构，但支护结构抵抗围岩压力和变形的能力不足，也会造成支护结构和围岩的破坏失稳。洞室围岩的破坏一般发生在洞室的顶板、两帮和底板。

**1. 局部破坏**

整体状结构及块状结构的岩体，虽然不发生大规模的失稳和破坏，但仍可能会出现洞室周边围岩小块体的局部掉块。在地下洞室开挖过程中，施工导洞扩挖时预留的岩柱易产生劈裂破坏，也具有脆性破裂的特征。有时在整体及块状坚硬岩体中，由于结构面的存在，沿其端部延展易产生岩体开裂应变。在这种情况下，岩体的抗开裂强度可能比岩石的单轴抗压强度低一个数量级。因此，在有大量节理平行洞壁的岩体中，应注意避免在主体洞室开挖之前就对邻近的支导洞施作永久衬砌。

2. 块体滑动与冒落

块状、厚层状及一些均质坚硬的层状岩体受软弱结构面的切割形成分离块体，在重力和围岩应力作用下，有可能向开挖产生的临空面方向移动，形成块体的滑动，有时还会产生块体的转动、倾倒等现象。

洞室开挖后，原岩应力的重分布在顶板可能产生不利于稳定的拉应力，顶板围岩会在自重及上覆岩层压力作用下发生竖直向下的变形。如果洞室跨度较大，或者顶板岩层软弱或被多组节理裂隙切割而破碎，围岩中原有节理裂隙就会扩展，在拉应力作用下产生新的破裂面，这些新生的节理裂隙也会不断扩展。顶板岩石中这些原有和新生的节理裂隙相互汇合交截，使顶板岩石更加破碎。这些岩石块体在重力作用下可能与围岩母体脱离，突然塌落而发生冒顶。如果不是在松散土层、岩石破碎带中，顶板岩石冒落后可能形成塌落拱，如图 7-2a、b 所示。洞室发生冒顶破坏，与顶板围岩的结构面和风化程度等因素密切有关。如结构面发育强烈的所有坚硬岩石和砂质页岩、泥质砂岩、钙质页岩、钙质砂岩、云母片岩、千枚岩、板岩地段经常发生顶板塌落（图 7-2c）。

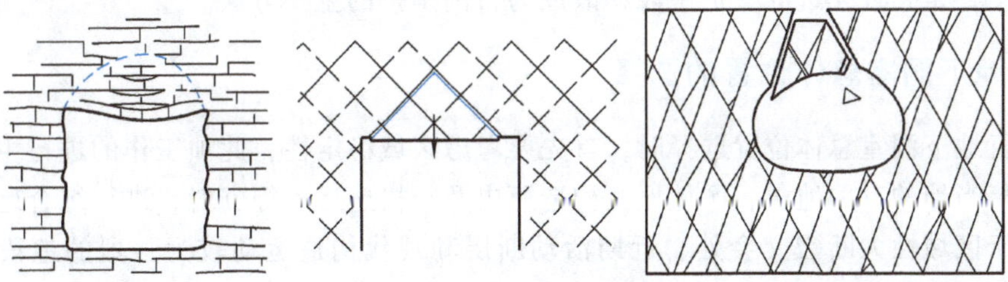

a)　　b)　　c)

图 7-2　围岩冒顶破坏

3. 层状岩体的弯曲折断

层状岩体的弯曲折断多发生在层状岩体中，尤其是在夹有软岩的互层状岩体中最为常见。然而在一些大型的地下工程中，受一组极发育的结构面控制的似层状岩体，也可以产生类似的弯折破坏。

层状岩体围岩的变形破坏主要受岩层产状及岩层组合等因素控制。其破坏形式主要有沿层面张裂、折断塌落、弯曲内鼓等。不同产状围岩的变形破坏形式如图 7-3 所示。

在水平层状围岩中，洞顶岩层可视为两端固定的板梁，在顶板压力下，将产生下沉弯曲、开裂。当岩层较薄时，如不支撑，任其发展，则将逐层折断而塌落，最终形成图 7-3a 所示的三角形塌落体。

在倾斜层状围岩中，常表现为沿倾斜方向一侧岩层弯曲塌落，另一侧边墙岩块滑移等破坏形式，形成不对称的塌落拱。这时将出现偏压现象（图 7-3b）。

在直立层状围岩中，当天然应力比值系数小于 1/3 时，洞顶由于受拉应力作用，发生沿层面纵向拉裂，在自重作用下岩柱易被拉断塌落。侧墙则因压力平行于层面，常发生纵向弯折内鼓，进而危及洞顶安全（图7-3c）。但当洞轴与岩层走向有一定交角时，围岩稳定性就会大大改善。经验表明，当这一交角大于20°时，边墙不易失稳。

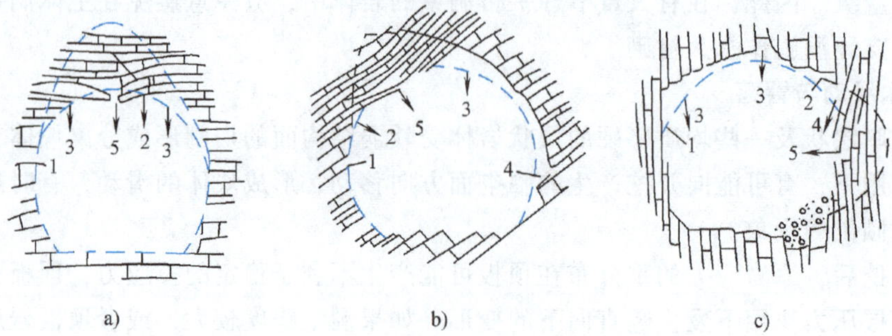


**图7-3 层状围岩变形破坏特征**

a）水平层状岩体 b）倾斜层状岩体 c）直立层状岩体

1—设计断面轮廓线 2—破坏区 3—崩塌 4—滑动 5—弯曲、张裂及折断

围岩支护结构常有锚杆支护、喷射混凝土支护、钢筋混凝土衬砌、可缩性金属支架等。这几种支护结构或单一的采用，或采用其中两种甚至两种以上的联合支护，要根据洞室围岩的好坏和洞室的情况（宽度、高度和使用要求）来确定。锚喷支护作为保护洞室围岩稳定的措施之一，是一种先进的支护手段，故成为目前围护的主要方法。

### 7.2.2 地下洞室总体位置的选择

在进行地下洞室总体位置选择时，首先要考虑区域稳定性，此项工作的进行主要是向有关部门收集当地的有关地震、区域地质构造历史及新构造运动等资料，进行综合地质分析和评价。对于区域性大断裂交会处、近期活动断层和现代构造运动较为强烈的地段，尤其要重视。

一般认为具有下列条件是适合建洞的：地震基本烈度小于Ⅷ度，历史上地震烈度及震级不高，无毁灭性地震；区域地质构造稳定，工程区无区域性断裂通过，附近没有发震构造；第四纪以来没有明显的构造活动。

区域稳定性问题解决以后，即地下工程总体位置选定后，下一步就要选择建洞山体。一般认为理想的建洞山体应具备以下条件：

1）在区域稳定性评价基础上，将洞室选择在安全可靠的地段。

2）建洞区构造简单，岩层厚且产状平缓，构造裂隙间距大、组数少，无影响整个山体稳定的断裂带。

3）岩体完整，层位稳定，且具有较厚的单一的坚硬或中等坚硬的地层，岩体结构强度不仅能抵抗静力荷载，还能抵抗冲击荷载。

4）地形完整，山体受地表水切割破坏少，没有滑坡、崩塌、泥石流等早期埋藏和近期破坏的地形。无岩溶或岩溶很不发育，山体在满足进洞生产面积的同时，又有50~100m覆盖厚度的防护地层。

5）地下水影响小，水质满足建设要求。

6）无有害气体及异常地热。

7）其他有关因素，如与运输、供给、动力源、水源等因素有关的地理位置等。

上述条件实际上往往不能同时满足，应根据具体情况综合考虑。

### 7.2.3　地下洞室洞口位置选择

洞口的工程地质条件，主要包括洞口处的地形及岩性、洞口底部的标高、洞口的方向等。至于洞口数量和位置（平面位置和高程位置）的确定必须根据工程的具体要求结合所处山体的地形、工程地质及水文地质条件等慎重考虑。因为确定了出入口的位置，一般来说，基本上就确定了地下洞室的轴线位置和洞室的平面形状。

**1. 洞口的地形和地质条件**

洞口要选择在松散、覆盖层薄，山体坡度较陡（大于30°）的一面，且有完整岩层作顶板的地段。最好设置在岩层裸露的地段，以免切口刷坡时刷方太大，破坏原来的地形地貌而暴露目标。洞口一般不宜设在悬崖绝壁之下，特别是在岩层破碎地带，容易发生山崩和土石塌方，堵塞洞口和交通要道。要避开冲沟或溪流源头，避开滑坡、崩塌、泥石流等不良地质作用发育或洪水淹没的地段。洞外还应有相应规模的弃渣场地。

**2. 洞口底标高的选择**

洞底的标高一般应高于谷底最高洪水位以上 0.5~1.0m 的位置（千年或百年一遇的洪水位），以免在山洪暴发时，洪水泛滥倒灌流入地下洞室；如若离谷底较近，易聚集毒气，各个洞口的高程不宜相差太大，要注意洞室内部工艺和施工时所要求的坡度，便于各洞口之间的道路联系。

**3. 洞口方向**

洞口最好选在隐蔽且易于伪装地带，洞口位置应选在面对高山和沟谷不宽的山体的北坡背阴处。一般来说，山体北坡较陡，岩石风化程度较轻，岩石较坚固。洞口设置分散，最好不要在同一方向上设置。如受到地形限制，一定要在同一方向上设立若干个洞口，则各个洞口之间要保持一定距离。特别要注意洞口不要面对常年主导风向，以免毒气侵入洞室。

**4. 洞门边坡的不良地质作用**

洞门边坡的不良地质作用同一般自然山坡和人工边坡的问题。但在选择洞口时，必须将进出口地段的物理地质作用调查清楚。洞口应尽量避开易产生崩塌、剥落和滑坡等地段，或易产生泥石流和雪崩的地区，以免给工程带来不必要的损失。

### 7.2.4　地下洞室轴线位置选择

洞室轴线的选择主要是综合考虑地层岩性、岩层产状、地质构造、地应力、水文地质条件等方面因素后确定的。

**1. 布置洞室的岩性要求**

洞室要求尽可能在地层岩性均一、层位稳定、整体性强、风化轻微、抗压与抗剪强度都较大的岩层中通过。一般来说，没有经受剧烈风化及构造影响的大多数岩层都适宜修建地下工程。岩浆岩和变质岩大部分属于坚硬岩石，如花岗岩、闪长岩、辉长岩、辉绿岩、安山岩、流纹岩、片麻岩、大理岩、石英岩等。在这些岩石组成的岩体内建洞，只要岩石未受风化，且较完整，一般的洞室（地面下不超过 200~300m，跨度不超过 10m）是不成问题的。也就是说，在这些岩石组成的岩体内建洞，其围岩的稳定性取决于岩体的构造和风化程度等方面。在变质岩中有部分岩石是属于软质的，如黏土质片岩、绿泥石片岩、千枚岩和泥质板岩等，在这些岩石组成的岩体内建洞，是没有保证的。

**2. 地质构造与洞室轴线的关系**

（1）断裂构造　洞室轴线要选择与区域构造线、岩层及主要节理走向垂直或大角度相交的方向。区域性断层破碎带及节理密集带往往不利于围岩稳定，应尽量避开，若不能避开，则应垂直其走向以最短距离通过或与构造线以45°~65°的交角通过。在新构造运动活跃地区，应避免通过主断层或断层交叉处。同一岩性内的压性断层，往往上盘较破碎，应选择从其影响较轻的下盘通过。

在断裂破碎带地区，洞室位置的布置应特别慎重。一般情况下应避免洞室轴线沿断层带的轴线布置，特别在较宽的破碎带地段，当破碎带中的泥砂及碎石等尚未胶结成岩时，绝对不允许建筑洞室工程，因为断层带的两侧岩层容易发生变位，导致洞室的毁坏；断层带中的岩石又多为破碎的岩块及泥土充填，且未被胶结成岩，最易崩落，同时也是地表水渗漏的良好通道，故对地下工程危害极大，如图7-4中的1号洞室。

当洞室轴线与断层垂直时（图7-5中的2号洞室），虽然断裂破碎带在洞室内属于局部地段，但在断裂破碎带处岩层压力增加，有时还可能遇到高压的地下水，影响施工。若断层两侧为坚硬致密的岩层，容易发生相对移动。特别遇到有几组断裂纵横交错的地段，洞室轴线应尽量避开。因为这些地段除本身压力增高外，还应考虑压力沿洞室轴线及其他相应方向重新分布，这时由几组断裂切割形成的上大下小的楔形山体可能将其自重传给相邻的山体，而使这些部位的地层压力增加（图7-6）。

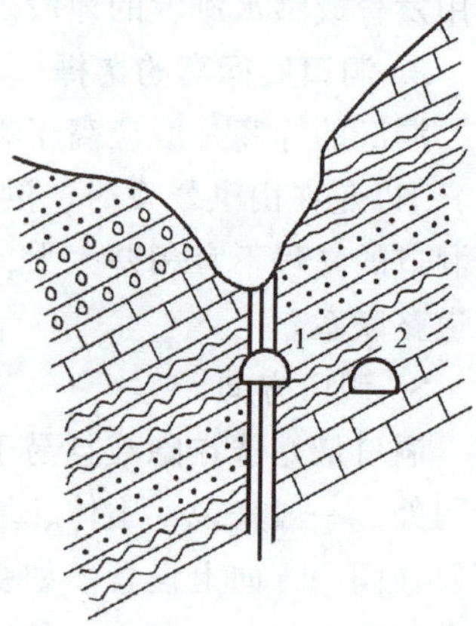

图 7-4　断层与隧道位置选择

在新生断裂或地震区域的断裂，因还处于活动时期，断裂变位还在复杂的持续过程中，这些地段是不稳定的，不宜选作地下工程场地。若在这些地段修建地下工程，将会遇到巨大的岩层压力，且易发生岩体坍塌，压裂衬砌，造成结构物的破坏。

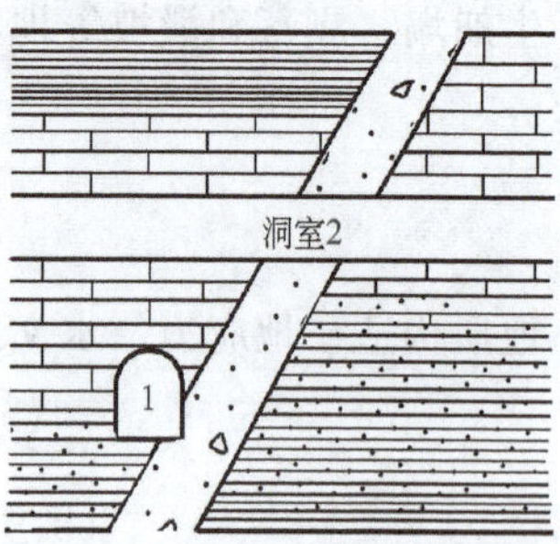

图 7-5　洞室轴线与断层轴线

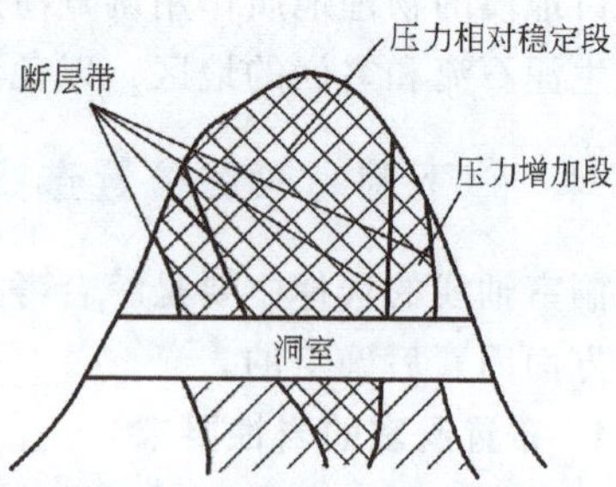

图 7-6　洞室被几组断裂切割

总之，在断裂破碎带地区，洞室轴线与断裂破碎带轴线所成的交角大小，与洞室稳定及施工的难易程度关系很大。如洞室轴线与断裂带垂直或接近垂直，则所需穿越的不稳定地段较短，仅是断裂带及其影响范围岩体的宽度；若断裂带与洞室轴线平行或交角甚小，则洞室不稳定地段增长，并将发生不对称的侧向岩层压力。

（2）褶曲构造　当洞室轴线平行于岩层走向时，根据岩层产状要素和厚度不同有如下三种情况：

1）在水平岩层中（岩层倾角<5°～10°），若岩层薄，彼此之间联结性差，又属于不同性质的岩层，在开挖洞室（特别是大跨度的洞室）时，常常发生塌顶，因为此时洞顶岩层的作用如同过梁，它很容易由于层间的拉应力达到抗拉强度而导致破坏。如果水平岩层具有各个方向的裂隙，则常常造成洞室大面积的坍塌。因此，在选择洞室位置时，最好选在层间联结紧密、厚度大（即大于洞室高度两倍以上者）、不透水、裂隙不发育，又无断裂破碎带的水平岩体部位（图 7-7）。

2）在倾斜岩层中，一般说来是不利的，因为此时岩层完全被洞室切割，若岩层间缺乏紧密联结，又有几组裂隙切割，则在洞室两侧边墙所受的侧压力不一致，容易造成洞室边墙的变形（图 7-8）。

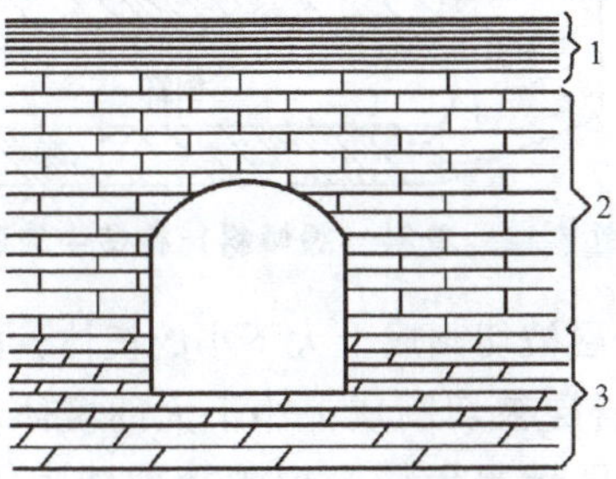


图 7-7　水平岩层中的洞室

1—页岩　2—石灰岩　3—泥灰岩

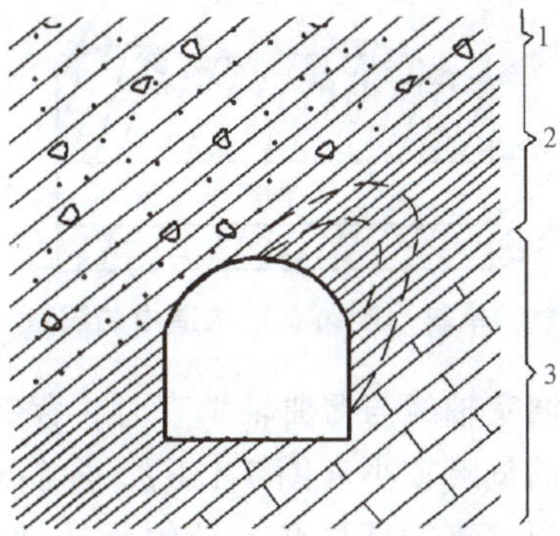


图 7-8　倾斜岩层中的洞室

1—砾岩　2—页岩　3—石灰岩

3）在近似直立的岩层中，出现与上述倾斜岩层类似的动力地质作用。在这种情况下，最好限制洞室开挖的长度，而应采取分段开挖。若整个洞室处在厚层、坚硬、致密、裂隙又不发育的完整岩体内，其岩层厚度大于洞室跨度一倍或更大时则例外。但一定要注意不能把洞室选在软硬岩层的分界线上（图 7-9）。特别要注意不能将洞室置于直立岩层厚度与洞室跨度相等或小于跨度的地层内（图 7-10）。因为地层岩性不一样，在地下水作用下更易促使洞顶岩层向下滑动，破坏洞室，并给施工造成困难。

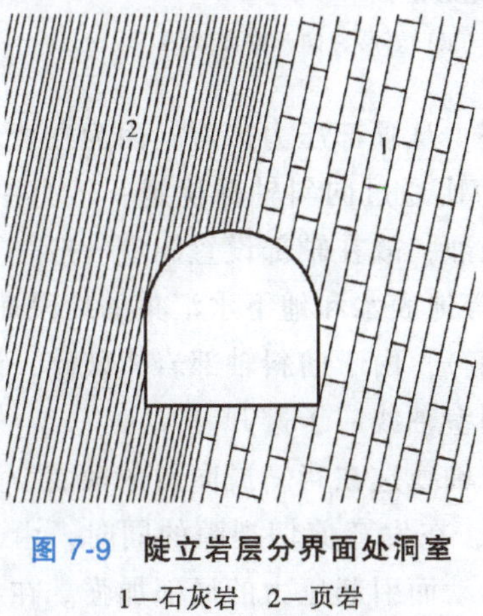


图 7-9　陡立岩层分界面处洞室

1—石灰岩　2—页岩

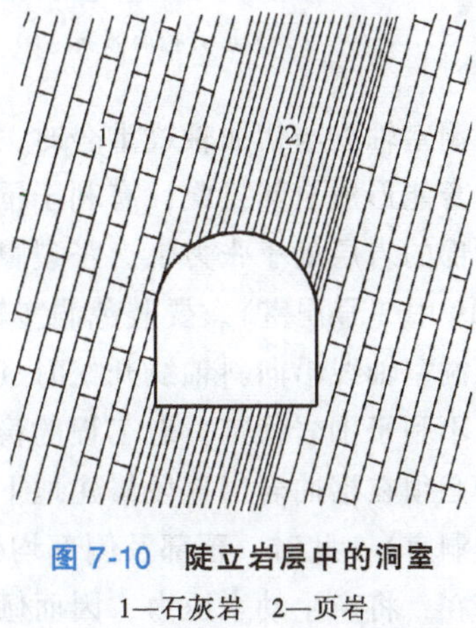


图 7-10　陡立岩层中的洞室

1—石灰岩　2—页岩

当洞室轴线与岩层走向垂直正交时，为较好的洞室布置方案。因为在这种情况下，当开挖导洞时，由于导洞顶部岩石应力再分布的结果，断面形成一抛物线形的自然拱，因而岩层开挖对岩体稳定性的削弱要小得多。其影响程度取决于岩层倾角大小和岩性的均一性。

① 当岩层倾角较陡时，各岩层可不需依靠相互的联结而能完全稳定。因此，若岩性均一，结构致密，各岩层间联结紧密，节理裂隙不发育，在这些岩层中开挖地下工程最好（图7-11）。

② 当岩层倾角较平缓时，洞室轴线与岩层倾斜的夹角较小，若岩性属于非均质的、垂直或斜交层面、节理裂隙又发育时，在洞顶就容易发生局部石块塌落现象，洞室顶部常出现阶梯形特征（图7-12）。

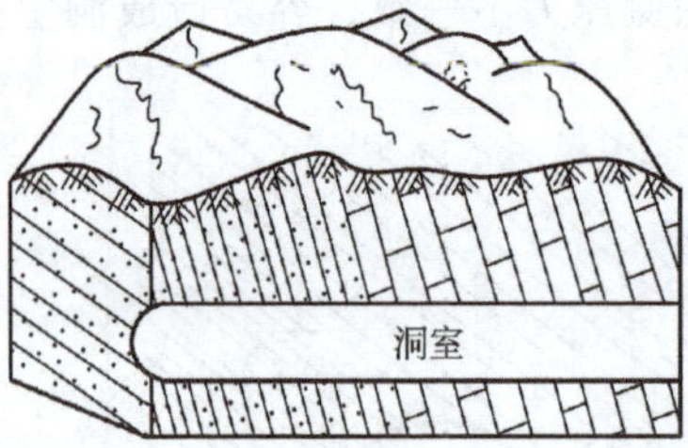


图7-11　单斜（陡倾立）构造中的洞室

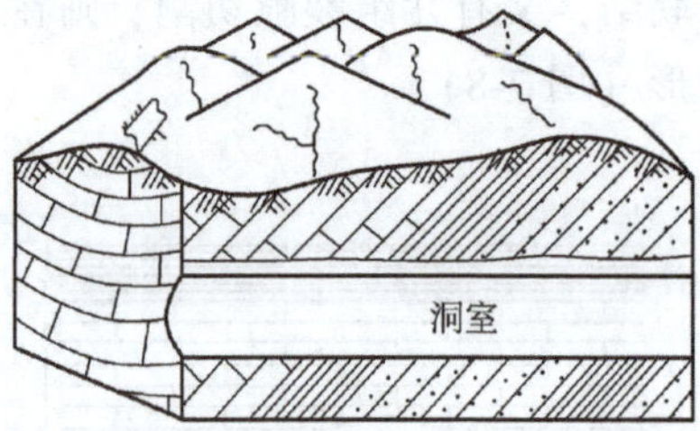


图7-12　单斜（缓倾斜）构造中的洞室

当洞室轴线与褶曲轴垂直时，背斜地层呈拱状，岩层被切割成上大下小的楔体，故洞室内塌落的危险较小（图7-13b）。向斜地层呈倒拱状，岩层被切割成上小下大的楔体，最易形成洞顶塌落，且常有大量的承压地下水。因此，应尽量避免横穿向斜褶曲隧道（图7-13c）。此外，岩层倾斜面向着开挖面倾斜（图7-13a）比岩层背向开挖面好（图7-13d）。

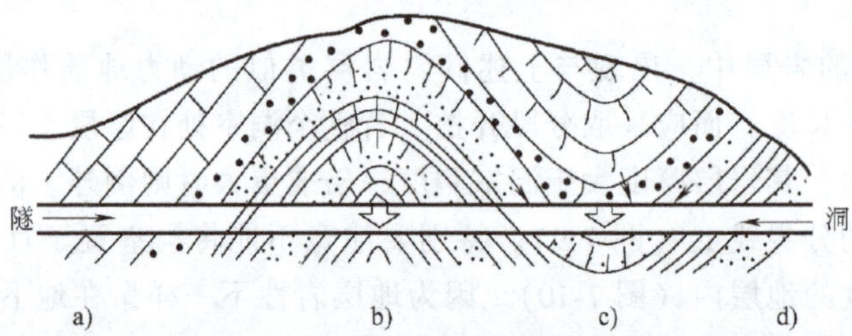


图7-13　隧洞垂直穿过褶皱地层走向

a）岩层开挖面倾斜　b）背斜轴部　c）向斜轴部　d）岩层背向开挖面倾斜

当洞室轴线与褶曲轴线重合时，洞室置于背斜核部，从顶部压力来看，因为在背斜轴部岩层本身能形成自然拱圈，有利于围岩稳定，可以认为比通过向斜轴部优越；但另一方面，背斜轴部的岩层处于张力带，张裂隙发育，岩层破坏强烈，故在轴部设置洞室一般是不利的（图7-19中3号洞室）。要避免洞室轴线从冲沟、山洼等地表水和地下水汇集的地段通过。

当洞室轴线沿向斜轴线开挖时（图7-14中1号洞室），由于向斜轴部岩体破碎，地下水富集，不利于围岩稳定，对工程的稳定性极为不利，洞室轴线应予避开。

若必须在褶曲岩层地段修建地下工程，可以将洞室轴线选在背斜或向斜的两翼（图7-14中2号洞室），此时，顶部及侧部均处于受剪切力状态，在发育剪切裂隙的同时，由于地下水的存在，将产生动水压力，因而倾斜岩层可能产生滑动而引起压力的局部加强。在结构设计时应该慎重分析，并采取加固措施。

3. 地应力方向选择

图 7-14　褶曲与隧道位置选择

在高地应力地区，洞室轴线选择时不要垂直最大主应力，如果可能，最好平行于最大主应力，避免洞壁受最大主应力作用。地下洞室最忌应力差大，如果避开最大主应力，就使洞室受的应力差小一些，对洞体稳定性有利，在高边墙大型地下洞室建筑中更应该注意这一点。另外，洞室长轴应与最大主应力方向平行，洞的截面形状，即洞的长轴与短轴之比应该与最大主应力与最小主应力匹配，这在地下工程设计中非常重要。当最大主应力不太大时，最好与之垂直，以改善周边应力状态。

以前，很少接触过水平应力大于垂直应力的情况，长期以来把垂直应力看作是最大主应力，导致地下洞室设计上出现了许多不合理的情况。另外，在具体工程实际中，最大主应力和最小主应力的分布并不是垂直或水平的，而是与水平面成一个角度，在这种情况下，就要在洞室结构设计上想办法。

4. 水文地质条件选择

应尽可能绕避松散饱水岩层、含高压水的断层破碎带及岩溶化岩石。在岩溶化岩石中通过时，应避免在地下水水平循环带布置洞室。

## 7.2.5 地下洞室特殊工程地质问题

1. 涌水

当地下洞室施工穿越含水层时，不可避免地会使地下水涌进洞内，给施工带来困难。地下水也常是造成塌方和使围岩丧失稳定性的重要原因。地下水对不同围岩的影响程度是不相同的。其主要表现可归纳为如下几个方面：

1）以静水压力的形式作用于洞室衬砌。

2）使岩质软化，并使其强度降低。

3）促使围岩中的软弱夹层泥化，减少层间阻力，易造成岩体滑动。

4）含水层由于有大量的地下水流出，在动水压力作用下，将出现流沙及渗透变形。

5）当地下水的化学成分中含有害化合物（硫酸、二氧化碳、硫化氯、亚硫酸）时，对衬砌将产生侵蚀作用。

6）最为不利的影响是发生突然的大量涌水，这种突然涌水常造成停工和人身伤亡事故，工程上称其为“灾难性涌水”。

造成地下洞室突然大量涌水的条件是：

1）洞室穿过溶洞发育的石灰岩地区，尤其是遇到地下暗河系统时，可能有大量的突然涌水。其涌水量可达每小时数百至几千立方米。

2）洞室通过厚层的含水砂砾石层，其涌水量可达每小时几立方米。

3）遇到断层破碎带，特别是它又与地表水连通时，也会发生大量的涌水，涌水量一般也在每小时几十至几百立方米。

**2. 有害气体**

天然存在的气体能够充满岩石中的孔隙和空隙。很多气体是危险的，例如甲烷（$CH_4$），即沼气，可在上石炭统煤系中遇到。甲烷比空气轻，易于从它原来的地点逸出。它不仅有毒而且易燃，且与空气混合时剧烈爆炸。如2005年12月22日下午2时，四川都江堰至汶川高速公路董家山隧道发生瓦斯爆炸，造成43人遇难。

**3. 岩爆**

在坚硬而无明显裂隙的完整岩体中开挖洞室，若地应力比较高或洞室埋深较大，洞体围岩存储着大量的弹性应变能，应变能的突然释放，产生一种冲击地压，使围岩产生急剧的脆性破坏，随即向洞外弹出或抛出大小不等的岩片或岩块，有时伴有气浪和巨响，这就是岩爆。大型岩爆常伴有强烈的震动，对地下开挖和地下采掘事业造成很大的危害。

岩爆的产生需要具备两方面的条件：高储能体的存在，且其应力接近于岩体强度是岩爆产生的内因；附加荷载的触发则是其产生的外因。就内因来看，具有储能能力的高强度、块体状或厚层状的脆性岩体，就是围岩内的高储能体，岩爆往往也就发生在这些部位。从岩爆产生的外因方面看，主要有两个方面：一是机械开挖，爆破以及围岩局部破裂所造成的弹性振荡；二是开挖的迅速推进或累进性破坏引起的应力突然向某些部位的集中。

## 7.3 道路桥梁工程地质问题

道路通常是指为陆地交通运输服务，通行各种机动车、人畜力车、驮骑牲畜及行人的各种路的统称。道路是陆地交通运输的干线，由公路和铁路共同组成运输网络，是国民经济的动脉，在我国的政治、经济、国防中发挥着巨大作用。近年来我国高速公路飞速发展，高等级公路网络已初具规模。

桥梁是指架设在江河湖海上，使车辆行人等能顺利通行的构筑物。为适应现代高速发展的交通行业，桥梁也引申为跨越山涧、不良地质或满足其他交通需要而架设的使通行更加便捷的建筑物。桥梁是线路的重要组成部分，随着线路工程地质条件越发复杂，桥梁的数量与规模在线路中的比重越来越大，它是道路选线时考虑的重要因素之一。

道路与桥梁虽有密切联系，但因工程地质条件需求和建筑结构差异，面临的工程地质问题也不尽相同，因此本章将分别论述。

### 7.3.1 道路工程地质问题

道路工程是线形工程，往往要穿过许多地质条件复杂的地区，尤其是地形起伏和不良地质作用发育的区段，为保证道路坡度符合设计要求和道路施工、运营安全，必须从一定程度上提高道路结构的复杂性。根据道路工程的特点，道路工程地质问题主要分为道路路基工程地质问题和路线选择工程地质问题两大类。

**1. 道路路基工程地质问题**

道路路基包括路堤、路堑和半路堤、半路堑式等形式（图7-15）。在平原地区修建道路路基比较简单，工程地质问题较少，但在丘陵区，尤其是在地形起伏较大的山区修建道路时，路基工程量较大，往往需要通过高填或深挖才能满足线路最大纵向坡度的要求。因此，路基的主要工程地质问题是路基边坡稳定性问题、路基基底稳定性问题、道路冻害问题及天

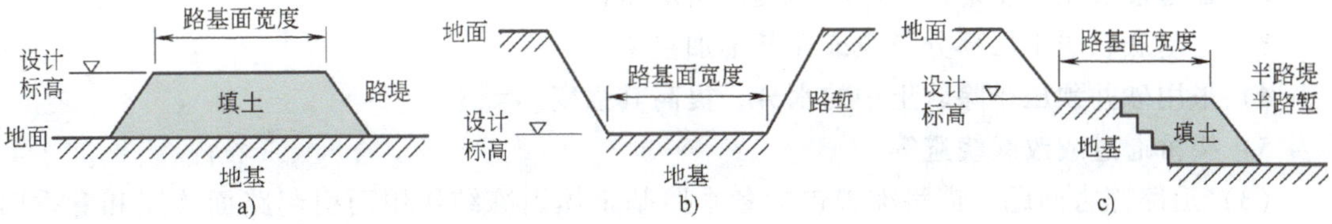


**图 7-15 道路边坡的形式**

a）路堤 b）路堑 c）半路堤、半路堑

然建筑材料问题等。

(1) 路基边坡稳定性问题 在路基施工的过程中会因开挖或堆填形成各式各样的人工边坡，使边坡的边界条件发生变化，并改变斜坡原有的应力状态。随着边坡的坡度或高度增加，边坡坡脚处剪应力趋于集中且坡肩处张应力范围扩大。当边坡中的岩土体不足以抵抗各种应力增加时，边坡会通过变形或破坏的形式实现应力重分布，从而达到新的应力平衡。边坡的变形和破坏是两个不同的概念，边坡变形的主要形式包括卸荷回弹和蠕变，边坡破坏的基本形式包括崩塌（落）、滑坡（落）和（侧向）扩离，边坡的变形与破坏是一个连续的发展过程。影响边坡变形破坏的因素很多，主要有以下几方面因素：

1）剖面形态。边坡的高度、坡度、坡面形状直接关系到边坡的稳定。高陡、坡面凸出的边坡，坡脚剪应力高，边坡稳定条件差，易发生变形破坏。

2）岩土性质。边坡的稳定性取决于岩土体性质。土质不同则抗剪强度不同。对路堑边坡来说，除与土或岩石的性质有关外，还与岩石的风化破碎程度和产状有关。

3）水的作用。水是影响边坡稳定性的重要诱因。土体含水量增加，会降低土体的抗剪强度。边坡中有地下水时会存在静水压力，改变有效应力状态；当水位变化时，产生的动水压力又会造成土体结构的破坏。另一方面，大气降水会入渗坡体增加边坡含水率，同时也会对边坡造成冲刷破坏表面结构。

4）振动。路基边坡在道路施工和运营过程中会受到车辆和机器振动的影响，振动会使边坡土质变得疏松。特别是当边坡中夹有高含水量的细砂、粉砂等时，受振动易发生液化，有可能发生边坡失稳。

(2) 路基基底稳定性问题 路基基底变形破坏多发生于填方路堤地段，其主要表现为滑移、挤出和塌陷等形式。一般路堤和高填路堤对路基基底的要求是要有足够的承载力，它不仅承受车辆在运营中产生的动荷载，而且还承受很大的填土压力，因此，基底土的变形性质和变形量的大小主要取决于基底土的力学性质、基底面的倾斜程度、软层或软弱结构面的性质与产状等。此外，水文地质条件也是促进基底不稳定的因素，它往往使基底发生巨大的塑性变形而造成路基的破坏。如路基底下有软弱的泥质夹层，当其倾向与坡向一致时，若在其下方开挖取土或在上方填土加重，都会引起路堤整体滑移；当高填路堤通过河漫滩或阶地时，若基底下分布有饱水厚层淤泥，在高填路堤的压力下，往往使基底产生挤出变形；也有的由于基底下岩溶洞穴的塌陷而引起路堤严重变形。

路基基底若由软黏土、淤泥、泥炭、粉砂、风化泥岩或软弱夹层组成，应结合岩土体的地质特征和水文地质条件进行稳定性分析，若不稳定时，可选用下列措施进行处理：

1）放缓路堤边坡，扩大基底面积，使基底压力小于岩土体的允许承载力。

2）在通过淤泥软土地区时路堤两侧修筑反压护道。

3）把基底软弱土层部分换填或在其上加垫层。

4）采用砂井预压排除软土中的水分，提高其强度。

5）架桥通过或改线绕避等。

（3）道路冻害问题　道路冻害包括冬季路基土体因冻结作用而引起路面冻胀和春季因融化作用而使路基翻浆。结果都会使路基产生变形破坏，甚至形成显著的不均匀冻胀和路基土强度发生极大改变，危害道路的安全和正常使用。

道路冻害具有季节性。冬季，在负气温长期作用下，路基土中水的冻结和水的迁移作用，使土体中水分重新分布，并平行于冻结界面而形成数层冻土层，局部地段尚有冰透镜体或冰块，因而使土体体积增大（约9%）而产生路基隆起现象；春季，地表冰层融化较早，而下层尚未解冻，融化层的水分难以下渗，致使上层土的含水量增大而软化，强度显著降低，在外荷作用下，路基出现翻浆现象。翻浆是道路严重冻害的一种特殊现象，它不仅与冻胀有密切关系，而且与运输量的发展有关。在冻胀量相同的条件下，交通频繁的地区，其翻浆现象更为严重。翻浆对铁路影响较小，但对公路的危害比较明显。

影响道路冻胀的主要因素：负气温的高低；冻结期的长短；路基土层性质和含水情况；土体的成因类型及其层状结构；水文地质条件；地形特征和植被情况等。

防止道路冻害的措施有：

1）铺设毛细水割断层，以断绝补给水源。

2）把粉、黏粒含量较高的冻胀性土换为粗分散的砂砾石抗冻胀性土。

3）采用纵横盲沟和竖井，排除地表水，降低地下水位，减少路基土的含水情况。

4）提高路基标高。

5）修筑隔热层，防止冻结向路基深处发展等。

（4）天然建筑材料问题　修建路基需要大量的天然建筑材料，其来源问题不可小视，它直接影响路基工程的进度、质量和造价。道路工程上所需的建材种类较多，包括道砟、土料、块（片）石等，不仅需求量大，而且要求各种材料沿线两侧均有分布。在山区修筑高路堤时常遇上建筑材料缺乏的情况，在平原区和软岩区，常常找不到强度符合要求的材料等，因此，寻找品质好、运输成本低的天然建筑材料，有时也会成为选线的关键性问题。

**2. 道路选线工程地质问题**

道路选线指根据道路的使用任务、性质、等级、起讫点和控制点，沿线地形、地貌、地质、气候、水文、土壤等情况，通过政治、技术、经济等方面的分析研究，比较论证而选定合理的路线。它是道路勘测设计中的关键性工作。路线方案可分为全局性方案和局部性方案，全局性方案是指影响全局的路线方案，属于选择路线基本走向的问题；局部性方案属于线位方案，包括多套比选方案。工程地质条件主要影响局部性方案的选择，有时也会影响全局性方案的选择。

（1）沿河线　沿河线一般顺河谷方向布设，这里坡度缓，路线顺直，工程简易，挖方少，天然建材丰富，施工方便。沿河线路线布局需考虑河岸选择、高度选择和桥位选择等主要问题。

1）河岸选择。为求成本可控、施工方便与路基稳定，路线宜选择在有山麓缓坡、低阶地可利用的一岸，尽量避开大段的悬崖峭壁。在积雪和严寒地区，路线宜尽可能选择在阳坡一岸，以减少积雪、翻浆、涎流冰等病害。在单斜谷中，如为软弱岩层或有软弱夹层时，应选择在岩层反倾于坡内的一岸（图 7-16）；在断裂谷中，应根据两岸出露岩层的岩性、产状和裂隙情况，选择相对有利的一岸；在山地河谷中，如遇到崩塌、滑坡、泥石流等不良地质作用时，应综合考虑成本、必要性和可操作性等避让条件，若跨河到对岸避让时，还应判断对岸是否在不良地质作用直接冲击或造成涌浪的威胁范围内（图 7-17）。

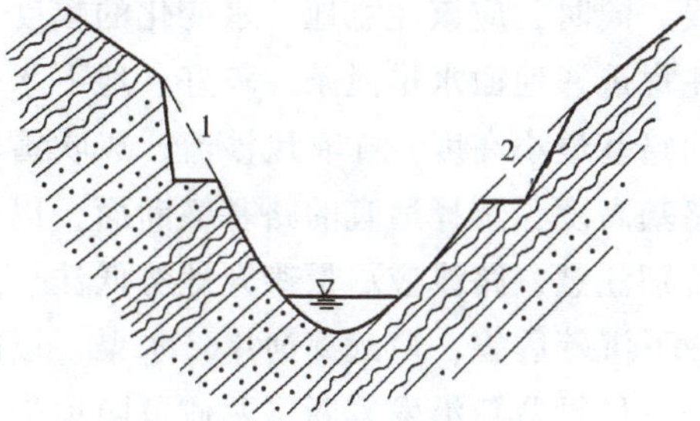


图 7-16　单斜谷

1—有利　2—不利

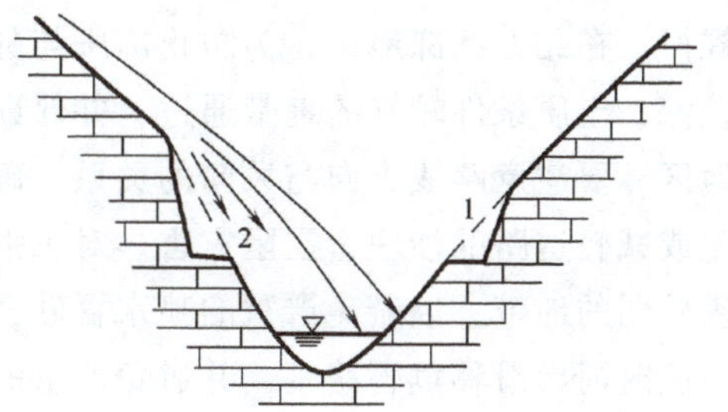


图 7-17　山地河谷

1—有利　2—不利

2）高度选择。沿河线按路线高度与设计洪水位的关系，分为高线和低线。高线一般位于山坡上，基本不受洪水威胁，但路线较曲折，回旋余地小；低线一侧临水，边坡常受洪水威胁，但路线标准较高，回旋余地大。因此，在布局时常选择一级阶地进行路基建设，这样既保证路线高出洪水位，又因切割破坏轻，工程成本较低。在无河流阶地可利用时，为保证沿河低线高于洪水位，勘察时应该仔细调查沿线洪水位，作为控制设计的依据。在通过强震区时，河流有遭受不良地质作用被堰塞的可能，因此还应考虑堰塞湖溃决时的淹没范围，综合确定线位和标高。

3）桥位选择。按路线与河流的关系，有跨支流和跨干流两类桥位。跨支流的桥位选择属于局部性方案问题，而跨干流的桥位选择多属于全局性方案问题。跨干流的桥位往往是确定路线走向的控制点，它与河岸选择相互依存，相互影响。为保证沿河线路的安全性及经济性，桥位选择除要考虑桥位本身水文、工程地质条件外，还要注意桥头路线的舒顺，处理好桥位与路线的关系。原则上应服从路线走向，尽量适应地形及线形需要，尽量避免线路与河流的交角过大、干支流交汇口处跨越和弯道处跨越等问题。

(2) 越岭线　越岭线最大优点是能够通过巨大山脉，降低坡度和缩短距离，但地形崎岖，展线繁多、复杂，不良地质作用发育。越岭线布局需考虑垭口选择、过岭标高选择和展线山坡选择等问题。这三者是相互联系、相互影响的，应综合考虑。越岭方案可分隧道和路堑两种，选择哪种方案过岭，应结合山岭的地质环境条件和经费综合考虑，如有缩短路线要求、高寒山区越岭、展线滑坡、崩塌地质灾害发育等问题时，可优先选择隧道越岭。

垭口是山脊上呈马鞍状的明显下凹地形。垭口是实现越岭方案的主要控制点，应在基本符合路线走向的较大范围内选择，全面考虑垭口的位置、高程、工程地质条件和展线条件等。一般应选择基本符合路线走向、高程较低、地质条件较好、两侧山坡利于展线的垭口。

山坡线是越岭线的主要组成部分。山坡坡面的曲折程度、横坡陡缓、地质条件好坏等条件，与线形指标和工程量大小有直接关系。因此，选择垭口必须结合山坡展线条件一起考虑。如有地质条件好、地形平缓、利于展线降坡的山坡，即使垭口位置略高或较高，也应比较。

(3) 平原线　为避免水淹、水浸，应尽可能选择地势较高处布线，并注意保证必要的路基高度。在凹陷平原、沿海平原、河网湖区等地区，地势低平，地下水位高，为保证路基稳定，应尽可能选择地势较高、地下水位较深处布线。同时，应该注意地下水变化的幅度和规律。在北方冰冻地区，为防止冻胀与翻浆，更应注意选择地面水排泄条件较好、地下水位较深、土质条件较好的地带通过，并保证规范规定的路基最小高度。在有风沙流、风吹雪的地区，要注意路线走向与风向的关系，确定适宜的路基高度，选择适宜的路基横断面，以避免或减轻道路的沙埋、雪阻灾害。对于强震区还应特别注意，路线应尽量避开地势低洼、地基软弱的地带，以避免严重的喷水冒砂，路基开裂、下沉等震害；应远离河岸、水渠，以防强震时河岸滑移危害路基，并避免严重的喷水冒砂；应尽量避免沿发震断层两侧危险地带布线，无法绕避时则应垂直于发震断裂通过。

(4) 地质条件不良地段的选线原则及防护措施　道路作为线形建筑物，在数百甚至数千千米的路线上常遇到各式各样的不良地质问题，对线路工程造成威胁。因此，在道路选线中，需对不同类型不良地质作用充分研究并合理处置，只有这样，才能优选出技术可行且经济合理的路线。

1）泥石流区。整体来说，在严重地段应尽量避让，当无法避开而必须通过时，可采取大跨高桥、明洞或隧道等形式通过。

2）滑坡区。通过规模巨大的滑坡体或滑坡群，采取工程治理措施常耗资巨大，尚难保证路线安全，因此以避让为上策。对规模较小，或已处于稳定的滑坡，线路一般不必绕越。当线路高时，以不挖不填方式从滑坡顶通过；当线路低时，从滑坡前缘修挡土墙、路堤或用高架桥通过。

3）岩溶区。岩溶地区的道路，最好选在非可溶性岩层分布地区通过，或者在地表覆盖较薄、岩溶洞穴充填好的地段通过。如必须经过岩溶地区，应对岩溶发育的程度、岩溶的空间分布规律及岩溶后期发展的方向进行调查、分析，以最短线路从岩溶化较弱的地段通过，并尽量避开构造带。

4）软土区。选线时应首先考虑绕避。如不能绕避，应根据软土的成因类型和沉积特征选择最窄或稳定地段通过。要避免开挖路堑，尽量以低路堤通过，同时要勘察软土基底的有关情况，采用压密、挤淤、反压护道等方法提高路基稳定性，并考虑排水疏干的可能性和途径。

5）风沙区。首先要掌握沙丘的稳定性和移动规律。应尽量避开流动沙丘，或者以最短途径通过，线路尽可能与盛行风平行，并尽量减少弯道以免积沙。线路应以填方低路堤为主。

6）冻土区。了解区域气温变化，查明最大冻土深度，确定冻土类型。应尽量避开季节性冻土区，以最短途径从热融滑塌体下方通过，或者从地下冰厚度较小的地带通过，应以低路堤形式通过。

### 7.3.2 桥梁工程地质问题

桥梁的组成按照传递荷载功能主要划分为桥跨结构（上部结构），桥墩、桥台、支座（下部结构）和基础3部分（图7-18）。由于桥梁的结构和传力方式，上部荷载一般很大，且受偏心动荷载，还要防止水流对基础岩土的冲刷，加之桥梁所处地质环境复杂，常遇到一些工程地质问题。调查、研究和处理这些问题对保证桥梁的施工和运营安全是十分重要的。归纳起来主要有以下四个方面工程地质问题。

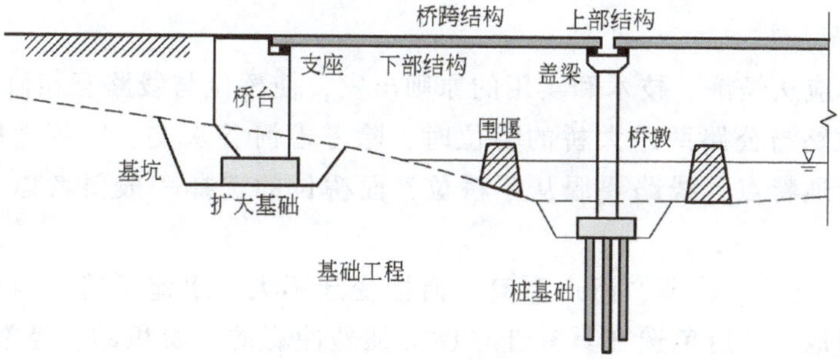


图7-18 桥梁的组成

**1. 桥墩台地基稳定性**

桥墩台地基稳定性主要取决于桥墩台地基中岩土体的允许承载力，它是桥梁设计中最重要的力学数据之一，它对选择桥梁的基础和确定桥梁的结构形式起决定性作用，对造价影响极大。

桥墩台地基为土基时，其允许承载力的计算方法和基本原理与大型工业民用建筑物地基是相同的，但是超静定结构的大跨度桥梁，对不均匀沉降特别敏感，故其地基允许承载力必须取保守值；岩质地基允许承载力主要取决于岩体的力学性质、结构特征以及水文地质条件，一般按道路工程技术规范规定，根据岩石强度、节理间距、节理发育程度等来确定地基的允许承载力。但对断层、软弱夹层及易溶岩等，则应通过室内试验及现场原位测试等慎重确定，对风化残积层按碎石类土确定地基的允许承载力。

**2. 桥墩台的偏心受压**

桥台除了承受垂直压力外，还承受岸坡的侧向主动土压力。在有滑坡的情况下，还受到滑坡的水平推力，使桥台基底总是处在偏心荷载状态下；桥墩的偏心荷载，主要是由于机动车在桥梁上行驶突然中断而产生的，对桥墩的稳定性影响很大，必须慎重考虑。

**3. 桥墩台地基的冲刷**

桥梁墩台的存在，使原来的河床过水断面减小，增大了局部河水流速，改变了流态，对桥梁墩基础产生强烈冲刷，有时可把河床中的松散沉积物局部或全部冲走，使桥墩台基础直接受到流水冲刷，威胁桥墩台的安全。因此，桥墩台基础的埋深，除取决于持力层的埋深与性质外，还应满足下列要求：

1）在无冲刷处，除坚硬岩石地基外，应埋置在地面以下不小于1m处。

2）在有冲刷处，应埋置在墩台附近最大冲刷线以下不小于表7-1规定的数值。

3）基础建于抗冲刷较差的岩石上（如页岩、泥岩、千枚岩和泥砾岩等），应适当加深。

表 7-1 墩台基础在最大冲刷线以下的最小埋深

| 净冲刷深度/m | | | <3 | ≥3 | ≥8 | ≥15 | ≥20 |
|---|---|---|---|---|---|---|---|
| 在最大冲刷线以下的最小埋深/m | 一般桥梁 | | 2.0 | 2.5 | 3.0 | 3.5 | 4.0 |
| | 特大桥及其他重要桥梁 | 设计流量 | 3.0 | 3.5 | 4.0 | 4.5 | 5.0 |
| | | 检算流量 | 按设计流量所列值再增 1/2 | | | | |

注：1. 净冲刷深度是自计算冲刷的河床面算起的冲刷总深度，即一般冲刷与局部冲刷（据铁路工程地质手册略有修改）；

2. 最大冲刷深度可按 300 年一遇最高洪水位深度的 40%计算。

### 4. 桥位选择

桥位的选择应从经济、技术和实用的原则出发，使桥位与线路互相协调配合，尤其是在城市中选择铁路与公路两用大桥的桥位时，除考虑河谷水文、工程地质条件外，尚要考虑市区内的交通特点，线路要服从于桥位，而桥位的选择一般要考虑下列几个方面的问题：

1）桥位应选在河床较窄、河道顺直、河槽变迁不大、水流平稳、两岸地势较高而稳定、施工方便的地方。避免选在具有迁移性（强烈冲刷的、淤积的、经常改道的）河床、活动性大河湾、大沙洲或大支流汇合处。

2）选择覆盖层薄、河床基底坚硬完整的岩体。若覆盖层太厚，应选在无漫滩相和牛轭湖相淤泥或泥炭的地段，避免选在尖灭层发育和非均质土层的地区。

3）选择在区域稳定性条件较好、地质构造简单、断裂不发育的地段，桥线方向应与主要构造线垂直或大交角通过。桥墩和桥台尽量不设置在断层破碎带和褶皱轴线上，特别在高地震基本烈度区，必须远离活动断裂和主断裂带。

4）尽可能避开滑坡、岩溶、可液化土层等发育的地段。

5）在山区峡谷河流选择桥位时，力争采用单孔跨越。在较宽的深切河谷，应选择两岸较低的地方通过，要求两岸岩质坚硬完整，地形稍宽一些，适当降低桥台的高度，降低造价，减少施工的困难。

6）在具有繁忙交通运输的大城市，建筑物安排多按平面规划进行，桥位应根据城市规划及便利交通的要求来确定。因此，在大城市桥梁跨越广阔的河流，多按照干道网规划的路线走向确定，而桥中线以与河流垂直为宜；如桥梁跨越河流非斜交不可，则桥位只好依照斜交考虑。多跨斜交桥的中间桥墩要布置与河流流向一致，当斜度不大时，可设置正向桥墩（图 7-19a）；桥梁在大中城市跨越小河流时，多服从路网规划及交通运输上的需要，往往不要考虑河流流向，可按斜桥或弯桥考虑（图 7-19b、c）。

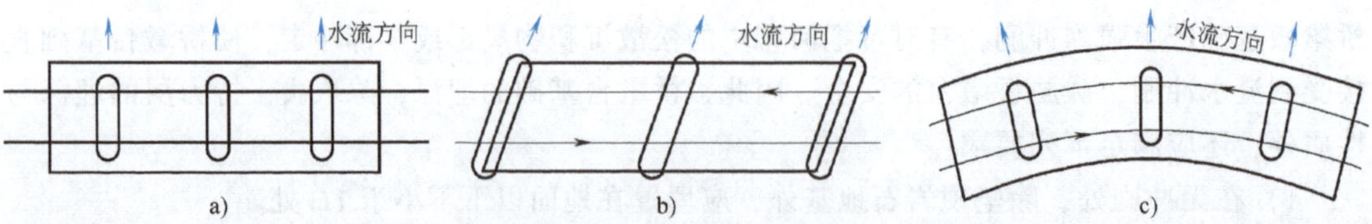


图 7-19 正桥、斜桥与弯桥

a）正桥 b）斜桥 c）弯桥

## 7.4　边坡工程地质问题

边坡是岩体、土体在自然重力作用或人为作用下形成的具一定倾斜度的临空面，是工程建设中最常见的工程形式。边坡的组成要素包括坡顶、坡肩、坡面、坡趾和坡底，常用坡高和坡面角等描述边坡的形态特征（图 7-20）。

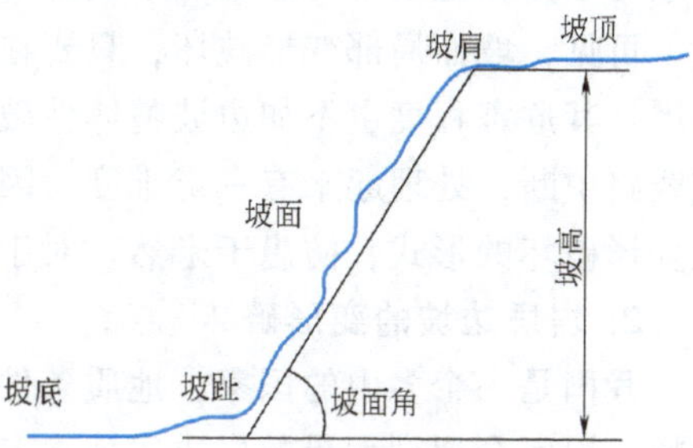

图 7-20　边坡组成要素

边坡可以是自然界中的山坡、谷壁、河岸等在地质营力作用下形成的，也可以是人类根据工程需要开挖道路路堑、建筑基坑、运河渠道、露天矿坑和水库坝址等时形成的。因此，边坡按照成因可以分为自然边坡和人工边坡。此外，边坡还可按照岩性划分为土质边坡和岩质边坡；按照岩层倾向与坡向关系划分为顺向边坡、反向边坡和直立边坡；按照使用年限划分为临时边坡和永久边坡；按照坡高划分为低边坡、高边坡和特高边坡。

### 7.4.1　边坡的变形破坏

边坡的形成，使岩土体内部原有的应力状态发生变化，出现应力重分布，其应力状态在各种自然营力和人类工程活动影响下，随着边坡演变而又不断变化，使边坡岩土体发生不同形式的变形与破坏。

边坡变形指坡体只产生局部位移和微破裂，岩土体只出现微量的变化，没有显著的剪切位移或滚动，不致引起边坡发生整体失稳。边坡破坏是指坡体以一定的速度出现较大的位移，边坡岩土体产生整体滑动、滚动或转动。边坡变形与破坏的发展过程，可以是漫长的，也可以是短暂的。边坡变形与破坏的形式和过程是边坡岩土体内部结构、应力作用方式、外部条件综合影响的结果，因此边坡变形与破坏的类型是多种多样的。对边坡变形和破坏基本类型的划分，是边坡研究的基础。

**1. 土质边坡的变形破坏**

土质边坡一般高度不大，多为数米到二三十米，但也有个别的高达数十米。边坡在动静荷载、地下水、雨水、重力和各种风化营力的作用下，可能发生不同形式的破坏，按照变形和破坏的规模特征可分为坡面局部破坏和边坡整体性破坏。

（1）坡面局部变形破坏　坡面局部变形破坏包括松动、剥落、冲刷和表层滑塌等类型。表层土的松动和剥落是这类变形破坏的常见现象，它是由水的浸润与蒸发、冻结与融化、日光照射等风化营力对表层土产生复杂的物理化学作用导致。边坡冲刷是雨水在边坡面上形成径流，因动力作用携带走边坡上较松散的颗粒，形成条带状的冲沟。表层滑塌是由于边坡上有地下水出露，形成点状或带状湿地，产生的坡面表层滑塌现象，雨水浸湿、冲刷也能产生这类破坏。上述这些变形破坏往往是边坡更大规模的变形破坏的前奏。因此，应及时对轻微的变形破坏进行整治，避免进一步发展。

（2）边坡整体性破坏　边坡整体坍滑和滑坡均属这类边坡破坏。土质边坡在坡肩附近出现连续的拉张裂缝和下沉，或在边坡中、下部出现鼓胀等现象，都是边坡整体性破坏的先兆。一般地区这类破坏多发生在强降雨或连阴雨后。对于有软弱基底的情况，边坡破坏常与基底破坏一起发生。对于这类破坏，在先兆期应加强预报，以防发生事故。

在边坡治理前必须查明破坏的发生原因，切忌随意清挖，避免进一步坍塌，使破坏范围扩大。当边坡上层为土，下层为基岩，且层间接触面的倾向与边坡倾向一致时，有时由于水的下渗使接触面润滑，造成上部土质边坡沿接触面滑动的破坏。因此，在勘测、设计过程中必须对水体在边坡中可能起的不良影响予以重视。

可见，坡面局部变形破坏，只要在养护维修过程中采用一定措施就可以制止或减缓它的发展，其危害程度也不如边坡整体性破坏严重。边坡整体性破坏，会危及行车安全，有时造成线路中断，处理起来有一定难度。因此，在勘测设计阶段和施工阶段，应预测边坡可能发生变形破坏的形式，防患于未然。对于高边坡更应给予重视。

**2. 岩质边坡的变形破坏**

我国是一个多山的国家，地质条件十分复杂。在山区，道路、房屋多傍河而建或穿越分水岭，因而会遇到大量的岩质边坡稳定问题。边坡的变形和破坏，会影响工程建筑物的稳定和安全。

岩质边坡的变形是指边坡岩体只发生局部位移或破裂，没有发生显著的滑移或滚动，不致引起边坡整体失稳的现象。而岩质边坡的破坏是指边坡岩体以一定速度发生了较大位移的现象，例如，边坡岩体的整体滑动、滚动和倾倒。变形和破坏在边坡岩体变化过程中是密切联系的，变形可能是破坏的先兆，而破坏则是变形进一步发展的结果。边坡岩体变形破坏的基本形式可概括为松动、松弛张裂、蠕动、剥落、崩塌、滑坡等。

(1) 松动　松动是在边坡形成初始阶段，坡体表部出现的一系列与坡向近于平行的陡倾角张开裂隙切割下，岩体向临空方向松开、移动的现象。可看作是一种边坡卸荷回弹的过程。

存在于坡体的这种松动裂隙，可以是应力重分布中新生的，但大多是沿原有的陡倾角裂隙发育而成。它仅有张开而无明显的相对滑动，张开程度及分布密度由坡面向深处而逐渐减小。当坡体应力不再增加或结构强度不再降低，边坡变形不会剧烈发展。

边坡常有各种松动裂隙，实践中把发育有松动裂隙的坡体部位，称为边坡卸荷带。在此，可称为边坡松动带。其深度通常用坡面线与松动带内侧界线之间的水平间距来度量。边坡松动带的深度，除与坡体本身的结构特征有关外，主要受坡形和坡体原始应力状态控制。显然，坡度越高、越陡，地应力越强，边坡松动裂隙便越发育，松动带深度也越大。

边坡松动使坡体强度降低，又使各种营力因素更易深入坡体。加大坡体内各种营力因素的活跃程度，是岩质边坡变形与破坏的初始表现。所以，划分松动带（卸荷带），确定松动带范围，研究松动带内岩体特征，对论证边坡稳定性，具有重要意义。

(2) 松弛张裂　松弛张裂是指边坡岩体由卸荷回弹而出现的张开裂隙现象，是在边坡应力调整过程中的变形。例如，由于河谷的不断下切，在陡峻的河谷谷肩上形成的卸荷裂隙（图7-21）；路堑边坡的开挖可使岩体中原有的卸荷裂隙得到进一步的发展，或者开挖也可形成新的卸荷裂隙。这种裂隙通常与河谷坡面、路堑边坡面平行。而在坡顶或堑顶，则由于卸荷引起的拉应力作用形成张裂带。边坡越高越陡，张裂带越宽。一般来说，路堑边坡的松弛张裂多表现为顺层边坡层间结合的松弛、边坡岩体中原有节理裂隙的进一步扩展，以及岩块的松动等现象。

（3）蠕动　蠕动变形是指边坡岩体在重力作用下向临空方向发生长期缓慢的塑性变形的现象。这类变形多发生于软弱岩体（如页岩、千枚岩、片岩等）或软硬互层岩体（如砂页岩互层、页岩灰岩互层等），常形成挠曲型变形。如反坡向的塑性薄层岩层，向临空面一侧发生弯曲，形成“点头弯腰”，很少折断（图 7-22a）。边坡岩体为顺坡向的塑性岩层时，在边坡下部常产生揉皱型弯曲，甚至发生岩层倒转（图 7-22b）。由于这种变形是在地质历史期中长期缓慢形成的，因此，边坡的这类变形都是在原来自然斜坡演化阶段形成。当人工边坡切割山体时，边坡上的变形岩体在风化和水的作用下，某些岩块可能沿节理转动，出现倾倒式的蠕动变形现象。变形再进一步发展，可使边坡发生破坏。

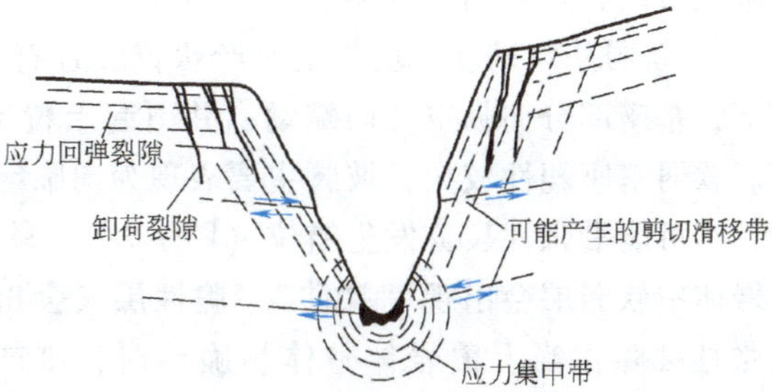


图 7-21　卸荷裂隙在陡峻的河谷中的发育

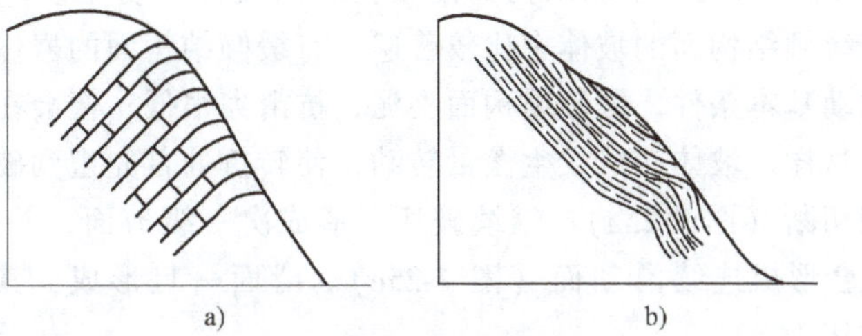


图 7-22　弯曲型蠕动变形

a）“点头弯腰”变形　b）揉皱变形

边坡蠕动大致可分为表层蠕动和深层蠕动两种基本类型。

1）表层蠕动。表层蠕动，主要表现为边坡表部岩体发生弯曲变形，多是从下部未经变动的部分向上逐渐连续向临空方向弯曲，甚至倒转、破裂、倾倒。破碎的岩质边坡及疏松的土质边坡，表层蠕动甚为典型。当坡体剪应力还不能形成连续滑动面时，会形成一剪变带，出现缓慢的塑性变形。岩质边坡的表层蠕动，常称岩层末端“挠曲现象”，是岩层或层状结构面较发育的岩体在重力长期作用下，沿结构面滑动和局部破裂而成的屈曲现象（图7-23）。

表层蠕动的岩层末端挠曲，广泛分布于页岩、薄层砂岩或石灰岩、片岩、石英岩，以及破碎的花岗岩体所构成的边坡上。软弱结构面越密集，倾角越陡，走向越近于坡面走向时，其发育尤甚。它使松动裂隙进一步张开，并向纵深发展，影响深度有时可达数十米。

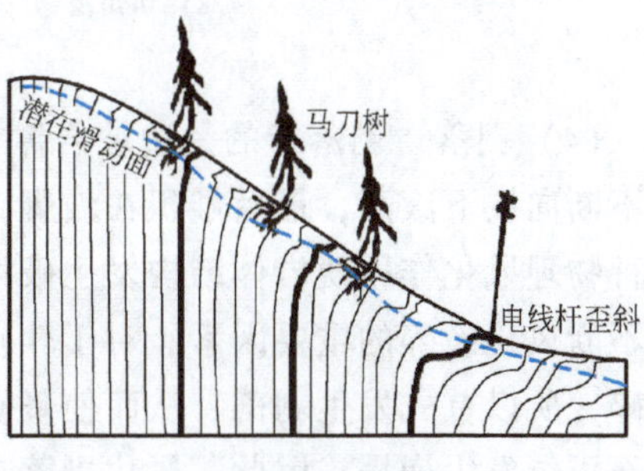


图 7-23　表层蠕动

2）深层蠕动。深层蠕动主要发育在边坡下部或坡体内部，按其形成机制特点，深层蠕动有软弱基座蠕动和坡体蠕动两类。

① 软弱基座蠕动。坡体基座产状较缓且有一定厚度的相对软弱岩层，在上覆层重力作用下，基座部分向临空方向蠕动，并引起上覆层的变形与解体，是“软弱基座蠕动”的特征。软弱基座塑性较大，坡脚主要表现为向临空方向蠕动、挤出；而软弱基座中存在脆性夹层，它可能沿张性裂隙发生错位（图7-24）。软弱基座蠕动只引起上覆岩体变形与解体。上覆岩体中软弱层会出现“揉曲”，脆性层又会出现张性裂隙；当上覆岩体整体呈脆性时，则产生不均匀断陷，使上覆岩体破裂解体。上覆岩体中裂隙由下向上发展，且其下端因软弱岩层向坡外牵动而显著张开。此外，当软弱基座略向坡外倾斜时，蠕动更进一步发展，使被解体的上覆岩体缓慢地向下滑移，且被解体成的岩块之间可完全丧失联结，如同漂浮在下伏软弱基座上。

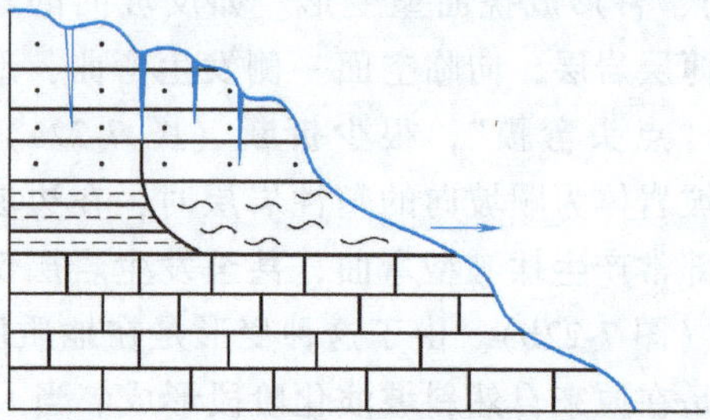

图7-24　深层蠕动—软弱垫层塑性流动

② 坡体蠕动。坡体沿缓倾软弱结构面向临空方向缓慢移动变形，称为坡体蠕动。在卸荷裂隙较发育并有缓倾结构面的坡体中比较普遍，有缓倾结构面的岩体又发育有其他陡倾裂隙时，构成坡体蠕动基本条件。缓倾结构面夹泥，抗滑力很低，便会在坡体重力作用下产生缓慢的移动变形。这样，坡体必然发生微量转动，使转折处首先遭到破坏。这里首先出现张性羽裂，将转折端切断（图7-25a）；继续破坏，形成次一级剪面，并伴随有架空现象（图7-25b）；进一步便会形成连续滑动面（图7-25c）。滑面一旦形成，其推滑力超过抗滑力，便导致边坡整体破坏。

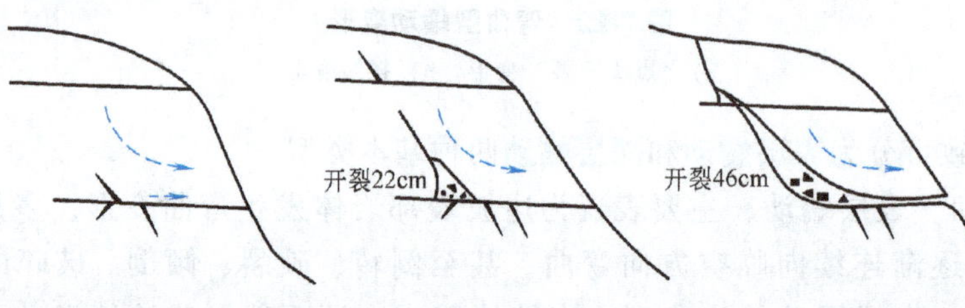


图7-25　坡体蠕滑

a）切角滑移　b）次级剪面开始形成　c）滑面形成

（4）剥落　剥落指的是边坡岩体在长期风化作用下，表层岩体破坏成岩屑和小块岩石，并不断向坡下滚落，最后堆积在坡脚，而边坡岩体基本上是稳定的。产生剥落的原因主要是各种物理风化作用使岩体结构发生破坏，如阳光、温度、湿度的变化和冻胀等，都是表层岩体不断风化破碎的重要因素。对于软硬相间的岩石边坡，由于软弱易风化的岩石常常先风化破碎，所以首先发生剥落，从而使坚硬岩石在边坡上逐渐突出出来；在这种情况下，突出的岩石可能发生崩塌。因此，风化剥落在软硬互层边坡上可能引起崩塌。

崩塌和滑坡内容已在第6章不良地质作用中介绍，本章不再赘述。

### 7.4.2 边坡稳定性问题

不稳定的边坡，在岩土体重力、水、震动力及其他因素作用下，常常发生危害性的变形与破坏，导致交通中断、房屋掩埋、江河堵塞、塘库淤填，甚至酿成巨大灾害。在工程建设和运营过程中，必须保证工程地段的边坡有足够的稳定性。边坡的工程地质问题主要体现为边坡的稳定性问题。

**1. 影响边坡稳定性的因素**

自然条件和人类活动对边坡的稳定性会产生较大影响。其中主要影响因素有岩土类型、地质构造、坡体结构、水文条件、风化作用、人类活动等。

(1) 岩土类型　岩土体是在长期的自然历史中形成的，其形成时代和成因类型不同，岩土的物质成分、结构构造、物理力学性质也不相同，因而边坡的稳定性也就不同。一些区域性土和特殊土，其物质组成和结构的各向异性，强烈影响到边坡的稳定。如黄土地区边坡有的高达数十米，近于直立却仍可稳定，而膨胀土边坡有的仅高数米或十数米，坡度小于10°仍不能稳定。

岩石类型也从一定程度上决定着岩质边坡的稳定性。一般情况下，岩浆岩强度最高，构成的边坡也相对稳定，接下来是正变质岩、副变质岩和沉积岩。此外，组成边坡的岩性单一的比复杂的稳定，颗粒细的岩石较颗粒粗的稳定，块状的较片状的稳定。总之，只从岩性分析，密度大，强度高，抗风化能力强的岩石，可形成高陡的边坡且稳定性较好。

(2) 地质构造　地质构造对边坡岩土体稳定性影响是十分显著的。区域地质构造复杂，褶皱强烈，大断裂发育，新构造运动活跃的地区，对边坡稳定是不利的。在断层附近和褶皱核部，岩层破碎，节理发育，边坡稳定性也较差。

(3) 坡体结构　坡体结构对边坡稳定性的影响有时是决定性的。沉积岩、副变质岩构成的边坡中存在层理面，当岩层的倾向与边坡一致时，常成为边坡破坏的滑动面。岩体中存在的各种不连续面的切割组合，常构成边坡上不稳定块体，影响边坡稳定。

(4) 水的作用　水对边坡稳定的影响可分为两个方面，一是水对岩土的软化、侵蚀，降低岩土力学性质；二是水对边坡的冲刷、冲蚀，直接破坏边坡。

1) 水对岩土的冲蚀、溶滤作用，弱化甚至破坏岩土的结构，降低岩土的抗剪强度，还可以引起岩土内含水量的增加，重度增大，这都对边坡有不利影响。

2) 水在渗流过程中产生的动、静水压力，增大了边坡不稳定岩体的下滑力和对岩石的软化作用。尤其是变质岩类遇水易于膨胀和崩解，软弱结构面在水的作用下，其抗剪强度大为降低。所以，很多边坡的变形破坏多发生在降雨的过程中或降雨后不久。

3) 水对坡面的冲刷、冲蚀，会造成坡面破坏，水流对坡脚的冲刷，是很多边坡破坏最直接的因素。

(5) 风化作用　风化作用使岩土体强度减小，边坡稳定性降低，促进边坡的变形破坏。在同一地区，不同岩性，其风化程度也不一样，如泥质岩石比硬砂岩易风化，因而风化层厚度较大，坡角较小；节理裂隙发育的岩石比裂隙少的岩石风化层深，常形成带状深风化带；具有周期性干湿变化地区的岩石易于风化，风化速度快，边坡稳定性差。因此，在研究风化作用对边坡稳定性的影响时，必须研究组成边坡岩体的各种岩石的抗风化能力和风化条件的差异，从而预测边坡的发展趋势，以便采取正确的防护措施。

(6) 人类活动　人类对边坡的不适当开挖、植被的破坏、地表或地下水动力条件的人为改变，都可能造成边坡失稳破坏。

**2. 边坡稳定性分析前应准备的资料**

在对边坡进行稳定性分析前，需要对各类稳定性影响因素进行剖析，提取边坡稳定性分析所需的资料，主要包括：

1）地形和地貌特征。

2）地层岩性和岩土体结构特征。

3）断层、裂隙和软弱层的分布、产状、充填物质以及结构面的组合与连通率。

4）边坡岩体风化、卸荷深度。

5）各类岩土和潜在滑动面的物理力学参数以及岩体应力。

6）岩土体变形监测和地下水观测资料。

7）坡脚淹没、地表水位变幅和坡体透水与排水资料。

8）降雨历时、降雨强度和冻融资料。

9）地震基本烈度和动参数。

10）边坡施工开挖方式、开挖程序、爆破方法、边坡外荷载、坡脚采空和开挖坡的高度和坡度等。

**3. 边坡稳定性分析方法**

边坡工程地质研究的目的是查明边坡基本工程地质条件，评价和预测其稳定性，提出相应有效的防治措施。在边坡工程地质研究中，应对边坡稳定性做专门评价。

评价边坡稳定性的常用方法有下列4类：

(1) 工程地质类比法　把已有边坡的研究或设计经验应用到条件相似的新边坡的研究或设计中去。类比法适用于有历史经验记录的类似场地，而对历史经验较少的场地，它得到的结论是不可靠的，甚至是错误的。

(2) 极限平衡分析法　把可能滑动的岩土体假定为刚体，通过分析可能滑动面，并把滑动面上的应力简化为均匀分布，进而计算出边坡的稳定性系数。

(3) 数值分析法　利用有限单元分析法，先计算出边坡位移场和应力场，然后利用岩土体强度准则，计算出各单元与可能滑动面的稳定性系数。

(4) 可靠度分析法　基本思想是非确定论、非线性论，即把影响滑坡稳定性发展变化的一系列因素作为随机变量，建立各自的概率统计模型。

自然界中的边坡始终在不断地演化，其稳定性也随之变化。因此，应从发展变化的观点出发，把边坡与地质环境联系起来，特别应与工程施工后可能变化的地质环境联系起来，阐明边坡演化过程，既要论证边坡当前的稳定状况，又要预测边坡稳定性的发展趋势，还要查明促使边坡演化的主导因素。只有这样，才能准确评价边坡稳定性，制定出合理的防治方案。

## 7.5 水利水电工程地质问题

随着我国经济发展和人口增长，水利水电事业在国民经济中的命脉和基础产业地位更加突出。水利水电事业的地位决定了水利水电建设的重要性。由于水利水电工程建设具有建设周期长、工程量巨大、工程实体庞大和地质条件不可复制性等特点，水利水电已成为所有行业中涉及面最广、问题最复杂、任务最艰巨、声望最高、最具权威性的龙头行业。

水利水电建设的主要任务是兴修水利水电工程。水利水电工程又是依靠不同性质、不同类型的水工建（构）筑物来实现的。依其作用将水工建（构）筑物分为：

1）挡（蓄）水建（构）筑物（水坝、水闸、堤防等）。

2）取水建（构）筑物（进水闸、扬水站等）。

3）输水建（构）筑物（输水渠道和隧洞等）。

4）泄水建（构）筑物（溢洪道、泄洪洞等）。

5）整治建筑物（导流堤、顺堤、丁坝等）。

6）专门建筑物（电力厂房、船闸、筏道等）。

水工建筑物具有调洪排洪、农田灌溉、水力发电、水力交通、水生养殖、城市及工业给排水等作用。水工建（构）筑物设计时总是要考虑综合利用，使其尽可能地发挥最大效益。水工建（构）筑物的主要部分往往是由挡水、溢洪、输水、发电和航运等建（构）筑物组成的复杂建（构）筑群，统称为水利枢纽。挡水坝、泄洪闸是这些建（构）筑物中的主体工程，其上游形成的人工湖泊称为水库。

水利水电工程不同于其他任何建筑工程，表现为：一方面，多由不同类型建（构）筑物构成，因而对地质也提出各种要求；另一方面，水体成为对地质环境作用的主体，对建（构）筑物影响范围广，表现出一些特别的工程地质问题。

概括起来，水工建（构）筑物对地质体的作用首先表现为，各种建（构）筑物以及水体对岩土体产生荷载作用，这就要求岩土体有足够的强度和刚度，满足稳定性的要求；其次，水向周围地质体渗入或漏失，引起地质环境变化，从而导致岸坡失稳、库周浸没、水库地震，水文条件改变也可能导致库区淤积和坝下游冲刷等一系列工程地质问题；最后，施工开挖采空，引起岩土体变形破坏。可见，水利水电建设中有大量的工程地质问题存在，必须高度重视，否则后果极其严重。

### 7.5.1　水坝类型及其对工程地质条件的要求

水坝因其用材和结构形式不同，可以划分为很多类型，如按筑坝材料可分为土坝、堆石坝、干砌石坝、混凝土坝等；按坝体结构可分为重力坝、拱坝和支墩坝；按坝高（$H$）可分为低坝（$H<30$m）、中坝（$H=30\sim70$m）、高坝（$H>70$m）。不同类型的坝，其工作特点及对工程地质条件的要求是不同的，下面讨论几类常见水坝的特点及其对工程地质条件的要求。

**1. 土坝**

由土、砂或石块构成主体部分和不透水材料（如黏土或混凝土）构成坝心的坝。土坝主要是用坝址附近的土料，经碾压、抛填等方法筑成的挡水建筑物。它是一种古老而至今还不断发展并得到广泛使用的挡水建筑物，有时也称为土石坝。土坝具有造价低、取材便捷、结构简单、施工难度小、地质条件要求低、工程寿命长和可改造等优点。但该类坝型一般需在坝外另行修建泄水建筑物，如溢洪道、隧洞等，若遇库水漫顶，有垮坝失事的风险。常见的土坝类型有均质坝、黏土心墙坝、黏土斜墙坝、多种土质坝和土石混合坝等（图 7-26）。目前，在各国坝工建设中土坝所占比例最大。我国 15m 以上的水坝中，土坝占 95%；美国土坝比例占

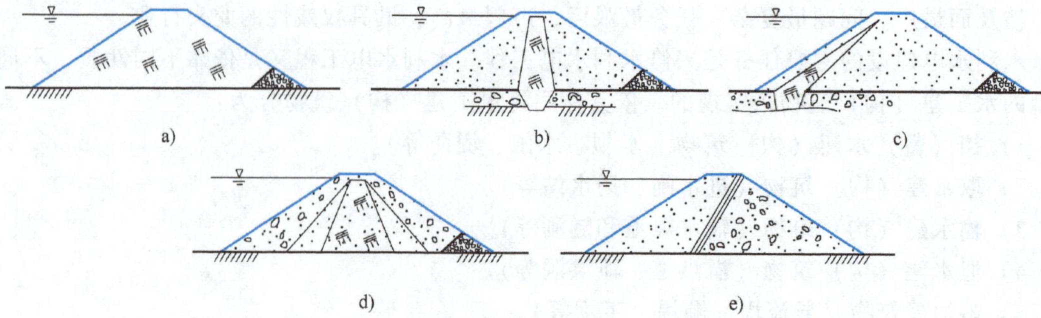

图 7-26 土坝类型

a）均质坝 b）黏土心墙坝 c）黏土斜墙坝 d）多种土质坝 e）土石混合坝

45%，日本占86%。有些国家采用这种坝型堆筑高坝，如加拿大和美国等。

**2. 混凝土重力坝**

混凝土重力坝是指用混凝土浇筑的，主要依靠坝体自重来抵抗上游水压力及其他外荷载并保持稳定的坝型。按其结构形式分为实体重力坝、宽缝重力坝、空腹重力坝、预应力重力坝等类型（图7-27）。世界各国修建于宽阔河谷处的高坝，多采用混凝土重力坝。该坝型之所以得到广泛应用，是因为它具有相对安全可靠，耐久性好，抵抗渗漏、洪水漫溢能力强，设计、施工技术简单，易于机械化施工，地质条件适应性强，地基条件要求低，可发电、泄洪和施工导流等优点。但混凝土重力坝也具有坝体应力较低、材料强度不能充分发挥、坝体体积大、水泥消耗量大、施工期混凝土温度应力和收缩应力大、对温度控制要求高等缺点。

混凝土重力坝要求坝基岩体有足够的强度和一定的刚度，因此坝基一般都建在坚硬、半坚硬的基岩上。坝基岩体刚度应尽量接近坝体刚度，否则容易在坝踵处产生过大拉应力或坝址处产生过大压应力。要求岩体完整性较好、透水性弱。坝址处不宜存在缓倾角软弱结构面，否则可能导致坝体沿结构面滑移破坏，产生渗漏并引起扬压力。此外，要求坝址区两岸山体稳定，地形适中，有足够建坝的天然建筑材料。

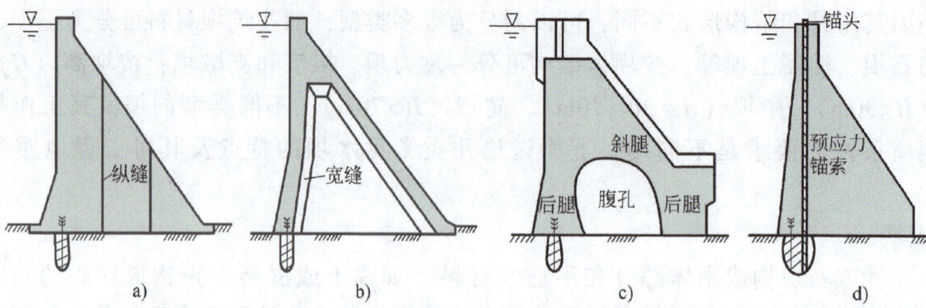


图 7-27 常见混凝土重力坝类型

a）实体重力坝 b）宽缝重力坝 c）空腹重力坝 d）预应力重力坝

**3. 拱坝**

拱坝是一种建筑在峡谷中的拦水坝，做成水平拱形，凸边面向上游，两端紧贴着峡谷壁，能把一部分水平荷载传给基岩的空间壳体挡水结构。拱坝的水平剖面由曲线形拱构成，两端支承在两岸基岩上。竖直剖面呈悬臂梁形式，底部坐落在河床或两岸基岩上（图7-28）。拱坝一般依靠拱的作用，即利用两端拱座的反力，同时依靠自重维持坝体的稳定。拱坝的结构作用可视为两个系统，即水平拱和竖直梁系统。水荷载及温度荷载等由此二系统共同承担。当河谷宽高比较小时，荷载大部分由水平拱系统承担；当河谷宽高比较大时，荷载大部分由梁承担。

拱坝的坝体较薄，坝底厚度一般只有坝高的10%~40%。其体积小，重量轻，典型的薄拱坝比重力坝节省混凝土用量达80%左右。同时，拱坝具有较强的超载和抗震能力，比重力坝可较充分地利用坝体的强度，其超载能力也比其他坝型高。拱坝主要的缺点是对坝址河谷形状及地基要求较高。

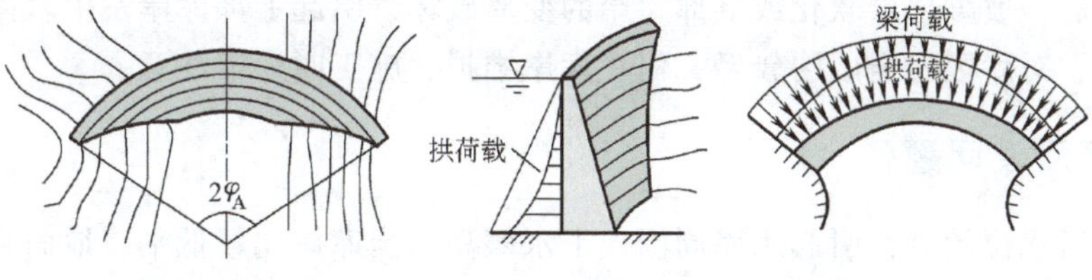


**图7-28　拱坝平面及剖面图**

a）拱坝平面图　b）垂直剖面（悬臂梁）图　c）水平截面（拱）

## 7.5.2　库岸稳定问题

水库建成蓄水后，库岸地质环境条件发生急剧变化，使之处于新的环境和动力地质作用下，表现在以下三方面：首先，原来处于干燥状态下的岩土体，在库水位变化范围内的部分因浸湿而经常处于饱和状态，其工程地质性质明显劣化，抗剪强度降低；其次，岸边遭受人工湖泊波浪的冲蚀、淘刷作用，较原来河流的侵蚀冲刷作用更为强烈；最后，库水位经常变化，当水位快速下降时，岸坡中原被壅高的地下水来不及泄出，因而增加了岸坡岩土体的动水压力和自重。

库岸地质环境条件的变化，使得原来处于平衡状态下的岸坡逐渐发生变形，有些地甚至形成大规模失稳破坏，形成“库岸再造”。岸坡的变形破坏，危及滨库地带居民点和建筑物的安全，使滨库地带的农田遭到破坏，岸坡破坏的堆积物又成为水库的淤积物，减小库容。大规模的岸坡失稳激起的涌浪，还会危及大坝安全，甚至会给坝下游带来灾难性后果。常见的岸坡失稳破坏形式有塌岸、滑坡和岩崩3种。

**1. 塌岸**

岸坡在库水波浪及其他外动力作用下，失去平衡而产生逐步坍塌，库岸线不断后移，以达到新的平衡的现象和结果，称为水库塌岸。可见，水库塌岸是不同于崩塌和滑坡的一种特殊的破坏形式。这种现象主要发生于土质岸坡地段。

水库蓄水最初几年内塌岸表现最为强烈，随后渐渐减弱，可以延续几年甚至十几年以上。因而，塌岸是一个长期缓慢的演变过程。最终塌岸破坏带的宽度可达几百米，如我国黄河三门峡水库最大塌岸带宽度284m。

**2. 滑坡**

库岸滑坡在大部分水库蓄水后都会发生，只是规模不同而已，它往往是岸坡岩土体在近饱水状态下蠕变发展的结果。按库岸滑坡发生的位置，可分为水上滑坡和水下滑坡，以及近坝滑坡和远坝滑坡。滑坡作为库岸破坏的主要形式之一，危害较大，尤其对山区水库来说，必须重视近坝的库岸滑坡。如我国湖南柘溪水库，在1959年的蓄水初期，大坝上游1.5km的塘岩光发生大滑坡，165万 $m^3$ 土石以25m/s的速度滑入库中，激起高达21m的涌浪，致使库水漫过尚未完工的坝顶泄向下游，损失巨大。

**3. 岩崩**

岩崩是峡谷型水库岩质库岸常见的破坏形式，它常发生在由坚硬岩体组成的高陡库岸地段。水库蓄水后，坡脚岩层软化或下部库岸的变形破坏，引起上部库岸发生岩体崩塌。岩崩一般规模较小，对库区安全威胁较轻，但在库岸维护、施工时还需注意。

### 7.5.3 库区浸没问题

水库蓄水后水位抬升，引起水库周围地下水壅高。当库岸比较低平，地面高程与水库正常高水位相差不大时，地下水位可能接近甚至高出地面，产生种种不良后果，称为水库浸没（图7-29）。

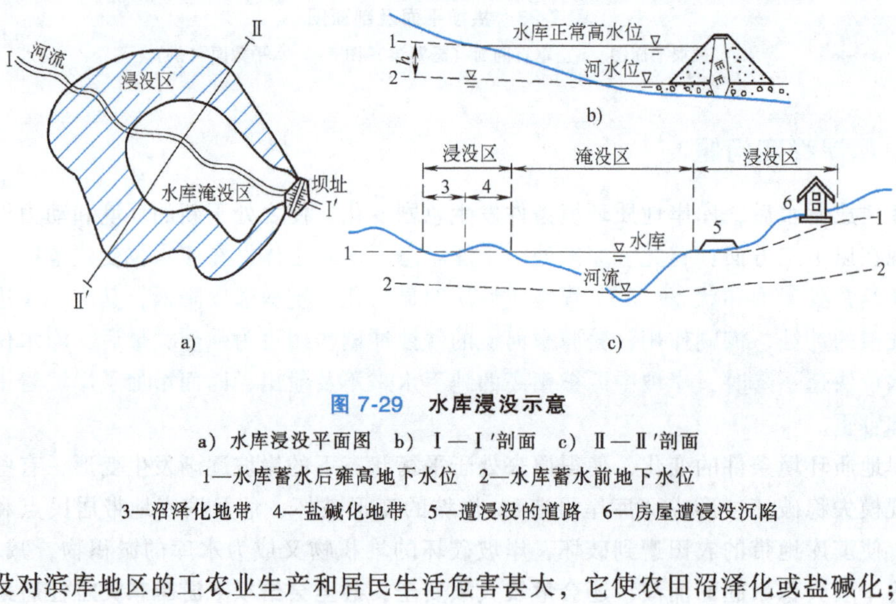


**图7-29 水库浸没示意**

a）水库浸没平面图 b）Ⅰ—Ⅰ′剖面 c）Ⅱ—Ⅱ′剖面

1—水库蓄水后壅高地下水位 2—水库蓄水前地下水位

3—沼泽化地带 4—盐碱化地带 5—遭浸没的道路 6—房屋遭浸没沉陷

浸没对滨库地区的工农业生产和居民生活危害甚大，它使农田沼泽化或盐碱化；建筑物的地基强度降低甚至破坏，影响其稳定和正常使用；附近城镇居民无法居住，不得不采取排水措施或迁移他处。浸没还能造成附近矿坑渗水，使采矿条件恶化。因此，浸没问题常常影响到水库正常高水位的选择，甚至影响到坝址的选择。

浸没现象是各种因素综合作用的结果，包括地形、地质、气象水文、水库运营和人类活动等。就地形和地质因素而言，可能产生浸没的条件是：

1）受库水渗漏影响的邻谷和洼地，平原水库的坝下游和围堤外侧，特别是地形标高接近或低于原来河床的库岸地段，容易产生浸没。

2）基岩地区不易发生浸没；第四纪松散堆积物中的黏性土和粉砂质土，由于毛细性较强，易发生浸没，特别是膨胀土和黄土，浸没现象更为严重。

### 7.5.4 库区淤积问题

水库为人工形成的静水域，河水流入水库后流速减慢，搬运能力降低，挟带的泥沙逐渐在此堆积下来，形成水库淤积。由于搬运分选作用，淤积的粗粒部分堆于上游，细粒部分堆于下游，随着时间的发展，淤积物逐渐向坝前推移。通往水库的河流若都含有大量泥沙，则淤积问题将成为该水库必须考虑的工程地质问题。

水库淤积虽然可起到天然铺盖以防止库水渗漏的良好作用，但是大量淤积物堆于库底，将减小有效库容，降低水库效益；水深变浅，妨碍航运和渔业，影响水电站运转。严重的淤积，将使水库在短时间内失去有效库容，缩短使用寿命。例如，美国科罗拉多河上一座大型水库，建成 13 年后便有 95% 的库容被泥沙充填。日本有 256 座水库平均使用寿命仅 53 年，其中 56 座已淤库容的 50%，26 座已淤库容的 80%。我国黄河干流上的三门峡水库，若不采取措施，几十年后将全部淤满。黄土高原地区有一些小水库，建成一年后库容竟全部被泥沙淤满。

淤积不仅缩短水库使用寿命，而且会给上下游防洪、灌溉、航运、排涝治碱、工程安全和生态平衡带来影响。

### 7.5.5 库坝区渗漏问题

库坝区渗漏是指库水沿着库盆岩土体中的孔隙、裂隙、断层、溶洞等向库区以外或通过坝基（肩）向下游渗漏水量的现象。水库的作用是蓄水兴利，在一定的地质条件下，水库蓄水期间及蓄水后会产生渗漏。对任何一座水库来说，在未采取有效的工程处理措施的情况下，如果存在严重的渗漏现象，将会直接影响到该水库的效益。在工程设计中，一般要求水库的渗漏量小于该河流段平水期流量的 1% ~3%。

**1. 库区渗漏**

库区渗漏包括库水的渗透损失和渗漏损失。通过饱和库岸和库底岩土体缓慢渗透而引起的库水损失，称为渗透损失，这种渗漏现象也称为暂时性渗漏。库水沿透水层、溶洞、断裂破碎带、裂隙节理带等连贯性通道外渗而引起的损失，称为渗漏损失，这种渗漏现象称经常性渗漏，或永久性渗漏。通常，库区渗漏指永久性渗漏。

库区渗漏量的大小由构成库岸和分水岭岩层的渗透性质、地质结构以及地貌条件决定：

1）未胶结的砂砾石层是透水性极强的渗漏通道。此类岩层多存在于河湾或平原河谷的河间地段，山前倾斜平原区的库岸也可能遇到冲积、洪积的砂砾石层。当库水位超出此类堆积层时，即产生严重的渗漏。

2）坚硬岩层的巨厚风化壳也可能形成与之类似的渗漏。

3）喀斯特洞穴、暗河通道是形成库区集中渗漏的主要危险。

4）背斜构造的河谷是形成库区渗漏的有利条件。

5）库水极易沿透水岩层向邻谷渗漏，只有当岩层的倾斜较陡，库水位以下的透水岩层插入邻谷谷底以下时，此种渗漏才可避免。库区与邻谷间的地下分水岭高于库水位时，即使具备其他渗漏条件也不会发生渗漏。邻谷切割深，并且水位低于库水位时，在上述诸条件配合下会形成大渗漏量的渗漏。

库区渗漏不仅会对水库效益造成严重影响，还可能在邻谷引起新的滑坡，或使古滑坡复活，造成农田浸没、盐渍化、沼泽化，危及农业生产及村舍安全。库区渗漏是水利水电建设中最为严重的工程地质问题之一，因此在库区选址前必须进行系统、严密的工程勘察工作。

**2. 坝区渗漏**

坝区渗漏是指大坝建成后，库水在坝上、下游水位差作用下，经坝基和坝肩岩土体中的裂隙、孔隙、破碎带或喀斯特通道向坝下游渗漏的现象。经坝基的渗漏称为坝基渗漏，经坝肩的渗漏称为绕坝渗漏。

由于坝基和坝肩一带岩土体中地下水渗透路径较其他地区短、坡降大，所以单位长度内的渗透量要比库区的大很多。同时，库水沿坝基和坝肩岩体中的裂隙或破碎带渗漏时，会产生渗透压力。其中法向渗透压力将使边坡中潜在滑动面上的法向有效荷载减小，同时降低了边坡中的抗滑力；而侧向渗透压力和潜在滑动面上的法向渗透压力，又会使坝肩岩体的侧向推力增加。这些都不利于坝基、坝肩和下游边坡的稳定。此外，坝区渗漏可软化坝区岩体中的软弱夹层、断层破碎带，或产生潜蚀（管涌）等现象，从而降低坝基或坝肩岩体的承载力和抗滑力。

为减小坝区岩土体中的渗漏，需采取不同的防渗处理措施：

1）对坚硬的裂隙岩体采用灌浆帷幕的效果最好。

2）对喀斯特化岩体除采用灌浆帷幕外，还可采用铺盖、封堵和建截水墙防渗。

3）对松散岩体宜采用不同防渗材料的垂直防渗或水平防渗铺盖。

4）当坝基表层为弱透水层，下部为强透水层时，宜在坝下游埋设排水减压井、排水槽等以减小渗透压力。

## 本章小结

(1) 区域稳定性问题是工业与民用建筑中必须首先注意的工程地质问题，在国家重大工程规划选址和前期建设时更应慎重考虑，应避开发震断裂、避开重大地质灾害、避开不利的场地条件。

(2) 地基是直接承受建筑物荷载影响的地层。基础是将建筑物承受的各种荷载传递到地基上的下部结构。地基承载力是指地基土单位面积上所承受的荷载。建筑物的地基变形计算值，不应大于地基变形允许值。地基变形特征可分为沉降量、沉降差、倾斜、局部倾斜。地基变形量计算最常用的是分层总和法。

(3) 基坑开挖过程中，常遇到基坑壁过量位移或滑移倒塌、坑底卸荷回弹（或隆起）、坑底渗流（或突涌）、基坑流砂等基坑稳定性问题。

(4) 洞室围岩的破坏可发生在洞室的顶板、两帮和底板。其形式包括：局部破坏、块体滑动与冒落、层状岩体的弯曲折断、碎裂岩体的松动解脱、塑性变形和膨胀等。涌水、有害气体、岩爆等对围岩稳定性亦有影响。

(5) 洞口的工程地质条件，主要考虑洞口处的地形及岩性、洞口底部的标高、洞口的方向、洞门边坡的不良地质作用等问题。洞室轴线的选择主要由地层岩性、岩层产状、地质构造、地应力、水文地质条件等方面综合分析确定。

(6) 洞室轴线要选择与区域构造线、岩层及主要节理走向垂直或大角度相交的方向。区域性断层破碎带及节理密集带往往不利于围岩稳定，应尽量避开，若不能避开时，则应垂直其走向以最短距离通过或与构造线以45°~65°的交角通过。

(7) 路基工程主要工程地质问题是路基基底稳定性问题，路基边坡稳定性问题，道路冻害问题以及天然建筑材料问题等。路线选择是由多种因素决定的，地质条件是其中的一个重要的因素，也是控制性的因素。

(8) 桥梁工程主要工程地质问题包括桥墩台地基稳定性、桥台的偏心受压、桥墩台地基的冲刷问题、桥位的选择问题。

(9) 边坡工程主要工程地质问题是边坡的稳定性问题。主要影响因素有岩土类型、地质构造、坡体结构、水文条件、风化作用、人类活动等。土坡变形和破坏受很多因素的影响，其表现形式复杂多变，按其运动形式可分为崩塌、倾覆、滑动、侧向扩展、流动和复合形式。岩质边坡岩体变形破坏的基本形式可概括为松动、松弛张裂、蠕动、剥落、崩塌、滑坡等。

(10) 水利水电工程不同于其他任何建筑工程，一方面，多由不同类型建（构）筑物构成，因而对地质上也提出各种要求；另一方面，水体成为对地质环境作用的主体，对建（构）筑物影响范围广，表现出一些特别的工程地质问题，如库岸稳定问题、库区浸没问题，库区淤积问题、库坝区渗漏问题。

## 习　题

1. 什么是工业与民用建筑？其主要工程地质问题有哪些？
2. 区域稳定性问题的避让原则有哪些？
3. 什么是地基承载力？地基承载力的确定方法有哪些？
4. 深基坑工程地质问题有哪些？简要介绍地下水控制方法。
5. 地下洞室常见的工程地质问题有哪些？
6. 常见的围岩变形与破坏形式有哪些？
7. 地下洞室洞口选择的工程地质条件有哪些？
8. 道路路基形式和主要工程地质问题有哪些？
9. 简述地质条件不良地段的道路选线原则及防护措施。
10. 简述桥梁工程主要工程地质问题。
11. 讨论边坡的变形破坏形式及其影响因素。
12. 简述边坡稳定性的分析方法。
13. 水坝的类型有哪些？对工程地质条件有何要求？
14. 简述水利水电工程地质问题的主要内容。

## 参 考 文 献

[1] 邵艳，宛新林，殷和平. 工程地质 [M]. 合肥：合肥工业大学出版社，2006.
[2] 赵法锁，李相然. 工程地质学 [M]. 北京：地质出版社，2009.
[3] 李智毅，杨裕云. 工程地质学概论 [M]. 武汉：中国地质大学出版社，1994.
[4] 孔思丽. 工程地质学 [M]. 重庆：重庆大学出版社，2001.
[5] 刘春原，朱济祥，郭抗美. 工程地质学 [M]. 北京：中国建材工业出版社，2000.
[6] 王贵荣. 岩土工程勘察 [M]. 西安：西北工业大学出版社，2007.

# 岩土工程勘察 第8章

■学习要点

- 了解岩土工程勘察的基本任务及基本特点
- 掌握岩土工程勘察等级及勘察阶段的划分
- 掌握岩土工程勘察常用的方法或技术手段
- 掌握现场原位测试技术
- 熟悉现场检测的目的及检测的内容
- 掌握岩土工程勘察成果报告的编制要点

■重点概要

- 岩土工程勘察等级及勘察阶段划分
- 岩土工程勘察方法
- 工程地质测绘与调查
- 工程地质勘探
- 现场原位测试
- 现场监测
- 岩土工程勘察纲要
- 岩土工程勘察成果报告

■相关知识链接

- GB 50021—2001（2009年版）《岩土工程勘察规范》
- JTG C20—2011《公路工程地质勘察规范》
- GB 50007—2011《建筑地基基础设计规范》
- GB/T 50123—1999《土工试验方法标准》
- CJJ 56—2012《市政工程勘察规范》

岩土工程勘察工作就是综合运用各种勘察手段和技术方法，有效查明建筑场地的工程地质条件，分析评价建筑场地可能出现的岩土工程问题，对场地地基的稳定性和适宜性做出评价，为工程建设规划、设计、施工和正常使用提供可靠地质依据。其目的是充分利用有利的自然地质条件，避开或改造不利的地质因素，保证工程建筑物的安全稳定、经济合理和使用正常。

岩土工程勘察的基本任务是按照建筑物或构筑物不同勘察阶段的要求，为工程的设计、施工以及岩土体治理加固、开挖支护和降水等工程提供地质资料和必要的技术参数，对有关的岩土工程问题做出论证和评价。其具体任务是：

1）查明建筑场地的工程地质条件，指出场地内不良地质作用的发育情况及其对工程建设的影响，对场地稳定性和适宜性做出评价。

2）查明工程范围内岩土体的分布、性状和地下水活动条件，提供设计、施工和整治所需的地质资料和岩土技术参数。

3）分析研究与工程建筑有关的岩土工程问题，并做出评价结论。

4）对场地内建筑总平面布置、各类岩土工程设计、岩土体加固处理、不良地质作用整治等具体方案做出论证和建议。

5）预测工程施工和运行过程中对地质环境和周围建筑物的影响，并提出保护措施的建议。

岩土工程勘察的基本特点是研究岩土工程问题与工程建设的关系及相互影响，预测工程建设活动与地质环境间可能产生的工程地质作用的性质、规模及发展趋势。在具体勘察过程中，必须用地质分析的方法详细研究建筑场地或周围一定范围的地形地貌、地层岩性、地质构造、水文地质条件、不良地质作用等。除用地质分析方法对地质条件做定性评价外，还要用室内和现场原位测试方法进行定量评价，提供结论性意见和可靠的设计参数，供设计和施工直接应用。另外，要在分析评价基础上，提出岩土工程处理的措施和意见，提出如何充分利用有利的工程地质条件，提出切合工程实际的改造不利工程地质条件的具体方案和施工方法，使工程建设更符合经济合理、运行安全的原则。

## 8.1 岩土工程勘察等级及勘察阶段划分

### 8.1.1 岩土工程勘察等级

不同建筑场地的工程地质条件不同，不同规模和特点的建筑物对工程地质条件的要求也不尽相同，所要解决的岩土工程问题也有差异。因此，工程建设采取的地基基础、上部结构设计方案，以及岩土工程勘察采用的方法、投入的勘察工作量也可能不同。岩土工程勘察等级划分对确定勘察工作内容、选择勘察方法及确定勘察工作量具有重要意义。工程规模较大或较重要、场地地质条件及岩土体分布和性状较复杂者，投入的勘察工作量就较大，反之则较小。岩土工程勘察分级的目的是突出重点、区别对待、利于管理。

GB 50021—2001（2009 年版）《岩土工程勘察规范》规定，岩土工程勘察等级根据工程重要性等级、场地复杂程度等级和地基复杂程度等级三项因素综合确定。

**1. 工程重要性等级**

工程重要性等级是根据工程的规模、特征以及由于岩土问题造成破坏或影响正常使用的后果的严重性进行划分的，可划分为三个等级（表 8-1）。

**表 8-1 工程重要性等级划分**

| 重要性等级 | 工程类型 | 破坏后果 |
|---|---|---|
| 一级工程 | 重要工程 | 很严重 |
| 二级工程 | 一般工程 | 严重 |
| 三级工程 | 次要工程 | 不严重 |

**2. 场地复杂程度等级**

场地复杂程度等级是由建筑抗震稳定性、不良地质作用发育情况、地质环境破坏程度、地形地貌和地下水五个方面综合考虑。

(1) 建筑抗震稳定性　按 GB 50011—2010 (2016 年版)《建筑抗震设计规范》规定，选择建筑场地时，应根据地质、地形、地貌条件划分对建筑抗震有利、一般、不利和危险的地段。不属于有利、不利和危险地段的为一般地段。

1) 危险地段：地震时可能发生滑坡、崩塌、地陷、地裂、泥石流及发震断裂带上可能发生地表错位的部位。

2) 不利地段：软弱土和液化土，条状突出的山嘴，高耸孤立的山丘，陡坡，陡坎，河岸和斜坡边缘，平面分布上成因、岩性和性状明显不均匀的土层（如故河道、疏松的断层破碎带、暗埋的塘浜沟谷及半填半挖地基），高含水量的可塑黄土，地表存在结构性裂缝等。

3) 有利地段：稳定基岩，坚硬土，开阔平坦、密实、均匀的中硬土等。

上述规定中，场地土的类型可按表 8-2 划分。

表 8-2　场地土的类型划分

| 场地土类型 | 土层剪切波速/(m/s) | 岩土名称和性状 |
|---|---|---|
| 岩石 | $v_s>800$ | 坚硬、较硬且完整的岩石 |
| 坚硬土或软质岩石 | $800\geqslant v_s>500$ | 破碎和较破碎的岩石或软和较软的岩石，密实的碎石土 |
| 中硬土 | $500\geqslant v_s>250$ | 中密、稍密的碎石土，密实、中密的砾、粗、中砂，$f_{ak}>150$kPa 的黏性土和粉土，坚硬黄土 |
| 中软土 | $250\geqslant v_s>140$ | 稍密的砾、粗、中砂，除松散外的细、粉砂，$f_{ak}\leqslant 150$kPa 的黏性土和粉土，$f_{ak}>130$ kPa 的填土，可塑新黄土 |
| 软弱土 | $v_s\leqslant 140$ | 淤泥和淤泥质土，松散的砂，新近沉积的黏性土和粉土，$f_{ak}\leqslant 130$ kPa 的填土，流塑黄土 |

注：$f_{ak}$为按 GB 50007—2011《建筑地基基础设计规范》有关规定确定的地基承载力特征值。

(2) 不良地质作用发育情况　不良地质作用分布于场地内及其附近地段时，主要影响场地稳定性，同时对地基基础、边坡和地下洞室等具体的工程有不利影响。不良地质作用“强烈发育”是指泥石流沟谷、崩塌、滑坡、土洞、塌陷、岸边冲刷、地下水强烈潜蚀等极不稳定的场地，这些不良地质作用直接威胁工程的安全。例如，山区泥石流的发生，会酿成地质灾害，破坏甚至摧毁整个工程建筑物；岩溶地区溶洞和土洞的存在，造成的地面变形甚至塌陷，对工程设施的安全也会构成直接威胁。“一般发育”是指虽有不良地质作用，但并不十分强烈，对工程安全的影响不严重，或者说对工程安全可能有潜在的威胁。

(3) 地质环境破坏程度　人类工程、经济活动导致的地质环境破坏是多种多样的，它对工程的负面影响是不容忽视的，往往对场地稳定性构成威胁。地质环境的“强烈破坏”，是指由于地质环境的破坏，已对工程的安全构成直接威胁。“一般破坏”是指已有或将有地质环境的干扰破坏，但并不强烈，对工程安全的影响不严重。

(4) 地形地貌条件　主要指的是地形起伏和地貌单元（尤其是微地貌单元）的变化情况。山区和丘陵区场地地形起伏大，工程布局较困难，挖填土石方量较大，土层分布较薄且下伏基岩面高低不平，地貌单元分布较复杂，一个建筑场地可能跨越多个地貌单元，因此地形地貌条件复杂或较复杂；平原场地地形平坦，地貌单元均一，土层厚度大且结构简单，因此地形地貌条件简单。

(5) 地下水条件　地下水是影响场地稳定性的重要因素。地下水的埋藏条件、类型和地下水水位等直接影响工程及其建设。

综合考虑上述影响因素，场地复杂程度可划分为三个等级（表 8-3）。

表 8-3 场地复杂程度等级

| 场地条件＼场地等级 | 一级（复杂） | 二级（中等复杂） | 三级（简单） |
| --- | --- | --- | --- |
| 建筑抗震稳定性 | 危险 | 不利 | 有利（或地震设防烈度≤6 度） |
| 不良地质作用发育情况 | 强烈发育 | 一般发育 | 不发育 |
| 地质环境破坏程度 | 已经或可能强烈破坏 | 已经或可能受到一般破坏 | 基本未受破坏 |
| 地形地貌条件 | 复杂 | 较复杂 | 简单 |
| 地下水条件 | 有影响工程的多层地下水、岩溶裂隙水或其他水文地质条件复杂、需专门研究的场地 | 基础位于地下水位之下 | 对工程无影响 |

注：一级、二级符合条件之一即可；三级的需符合全部条件。

**3. 地基复杂程度等级**

根据地基复杂程度，可划分为三个地基等级。

（1）一级地基　符合下列条件之一者即为一级地基（复杂地基）：

1）岩土种类多，很不均匀，性质变化大，需特殊处理。

2）严重湿陷、膨胀、盐渍、污染的特殊性岩土，以及其他情况复杂，需做专门处理的岩土。

（2）二级地基　符合下列条件之一者即为二级地基（中等复杂地基）：

1）岩土种类较多，不均匀，性质变化较大。

2）除上述规定之外的特殊性岩土。

（3）三级地基　符合下列条件者为三级地基（简单地基）：

1）岩土种类单一，均匀，性质变化不大。

2）无特殊性岩土。

场地等级、地基等级具体划分时，应从一级开始，向二级、三级推定，以最先满足为准。

**4. 岩土工程勘察等级**

综合考虑工程重要性、场地复杂程度和地基复杂程度三项因素，将岩土工程勘察等级划分为甲、乙、丙三个级别。

1）甲级岩土工程勘察。在工程重要性、场地复杂程度和地基复杂程度等级中，有一项或多项为一级。

2）乙级岩土工程勘察。除勘察等级为甲级和丙级以外的勘察项目。

3）丙级岩土工程勘察。工程重要性、场地复杂程度和地基复杂程度等级均为三级。

一般情况下，勘察等级可在勘察工作展开前，通过收集已有资料确定。但随着勘察工作的展开、对自然认识的深入，勘察等级也可能发生改变。

对于岩质地基，场地地质条件复杂程度是控制因素。建造在岩质地基上的一级工程，如果场地和地基条件比较简单，勘察工作难度不大，场地复杂程度等级和地基复杂程度等级均为三级时，岩土工程勘察等级也可定为乙级。

## 8.1.2 岩土工程勘察阶段的划分

为体现岩土工程勘察为设计服务的宗旨，勘察阶段划分应与设计阶段相适应。由于岩土工程设计划分为由低级到高级的不同阶段，因此，岩土工程勘察也应划分为由低级到高级的不同阶段，以适应相应设计阶段对工程地质条件研究深度的不同要求。

按 GB 50021—2001（2009年版）《岩土工程勘察规范》，房屋建筑物和构筑物岩土工程勘察可划分为可行性研究勘察、初步勘察、详细勘察三个阶段，施工勘察不作为一个固定阶段。

**1. 可行性研究勘察阶段**

可行性研究勘察也称为选址勘察，对中小型建设项目、一般民用建筑进行得并不多，但对于重大建设项目，如对大型水利水电工程、特大型桥梁工程、地下铁道工程、军事国防工程等进行选址勘察还是十分必要的。选择一个适宜的场址是工程建设工作遇到的第一重大问题。场址选择工作一般可分为两个阶段，第一个阶段是选择工程项目的建设地区；第二个阶段是在此基础上选择具体的建设地点和位置。

选址勘察阶段的主要任务是通过搜集、分析已有资料，进行现场踏勘、工程地质测绘和必要的勘探工作，对拟选场址的稳定性和适宜性做出岩土工程评价，进行技术经济论证和方案比较，满足确定场地方案的要求。这一阶段一般有若干个可供选择的场址方案，对各方案场地都要进行勘察，并对主要的岩土工程问题做初步分析和评价，以此比较各方案的优劣，选取最优的建筑场址。

**2. 初步勘察阶段**

初步勘察是在可行性研究勘察的基础上，在建设场址确定后进行的。要对场地内建筑地段的稳定性做出岩土工程评价，并为确定建筑总平面布置、主要建筑物地基基础方案及对不良地质作用的防治工程方案进行论证，满足初步设计或扩大初步设计的要求。

初步勘察阶段是设计的重要阶段，既要对场地稳定性做出确切的评价结论，又要确定建筑物的具体位置、结构形式、规模和各相关建筑物的布置方式，并提出主要建筑物的地基基础、边坡工程等方案。如果场地内存在不良地质作用，影响场地和建筑物稳定性，还要提出防治工程方案。因而岩土工程勘察工作是繁重的。但是，由于建筑场地已经选定，勘察工作范围一般限定于建筑地段内，相对比较集中。

初步勘察阶段，要在分析已有资料基础上，根据需要进行工程地质测绘，并以勘探、物探和原位测试为主。应根据具体的地形地貌、地层岩性和地质构造条件，布置勘探点、线、网，其密度和孔（坑）深度按不同的工程类型和岩土工程勘察等级确定。原则上每一岩土层应取样或进行原位测试，取样和原位测试坑的数量应占相当大的比重。

进行初步勘察工作前，要掌握选址报告书内容，还要了解建设项目的类型、规模、建筑面积、建筑物名称、建筑物最大高度和最大荷重，基础的一般与最大埋深，主要仪器设备情况，要取得比例尺1∶1000~1∶5000并带有坐标的地形图，图上应标明建筑物预计分布范围和初步勘察边界线。

**3. 详细勘察阶段**

详细勘察的目的是对岩土工程设计、岩土体处理与加固、不良地质作用的防治工程进行计算与评价，以满足施工图设计的要求。此阶段应按不同建筑物或建筑群提出详细的岩土工程资料和设计所需的岩土技术参数。显然，该阶段勘察范围仅局限于建筑物所在的地段内，要求成果资料精细可靠，而且许多是计算参数。例如，工业与民用建筑需评价和计算地基稳定性和承载力；提供地基变形计算参数，预测建筑物的沉降、差异沉降或整体倾斜；判定高烈度地震区场地饱和砂土（或粉土）的地震液化，计算液化指数；深基坑开挖的稳定计算和支护设计所需参数，基坑降水设计所需参数，以及基坑开挖、降水对邻近工程的影响；桩基设计所需参数，单桩承载力等。

详细勘察阶段以勘探和原位测试为主。勘探点一般应按建筑物轮廓线布置，其间距根据岩土工程勘察等级确定，比初步勘察阶段密度更大。勘探坑孔深度一般应以工程基础底面为准算起。采取岩土试样和进行原位测试的坑孔数量，也比初勘阶段要多。为了与后续的施工监理衔接，此阶段应适当布置监测工作。

**4. 施工勘察阶段**

施工勘察不作为一个固定阶段，视工程的实际需要而定。工程地质条件复杂或有特殊施工要求的重大工程地基，就需要进行施工勘察。施工勘察包括施工阶段和竣工运营过程中一些必要的勘察工作（如检验地基加固效果等），主要是检验与监测工作、施工地质编录和施工超前地质预报。它可以起到核对已取得的地质资料和评价结论准确性的作用，以此可修改、补充原来的勘察成果。

此外，对一些规模不大且工程地质条件简单的场地，或有建筑经验的地区，可以简化勘察阶段。目前国内许多城市一般房屋建筑进行的一次性勘察，完全可以满足工程设计、施工的要求。

## 8.2 岩土工程勘察方法

岩土工程勘察的方法或技术手段有：工程地质测绘与调查、勘探与取样、原位测试与室内试验、现场检验与监测、勘察资料的室内整理等。

**1. 工程地质测绘与调查**

工程地质测绘与调查是岩土工程勘察的基础工作，一般在勘察的初期阶段进行。在可行性研究勘察阶段和初步勘察阶段，工程地质测绘和调查能发挥其重要的作用。在详细勘察阶段，可通过工程地质测绘与调查对某些专门地质问题（如滑坡、断裂等）做补充调查。

**2. 勘探与取样**

勘探工作包括物探、钻探和坑探等各种方法，主要用来查明地下岩土的性质、分布及地下水等条件，并可利用勘探工程取样和进行原位测试及监测。

物探是一种间接的勘探手段，它的优点是较钻探和坑探轻便、经济而迅速，能够及时解决工程地质测绘中难推断而又急待了解的地下地质情况；在工程地质测绘过程中常要求物探的适当配合，以查明覆盖层厚度、基岩风化层厚度及基岩起伏变化等；物探可为钻探和坑探布置提供有效指导，作为其先行或辅助手段。但是，物探使用又受地形条件等的限制，且其成果判释往往具有多解性。因此，物探应以测绘为指导，并用勘探工程加以验证。

钻探和坑探也称为勘探工程，是查明地下地质情况最直接、最可靠的勘察手段，在岩土工程勘察中必不可少。其中钻探工作使用最为广泛，可根据地层类别和勘察要求选用不同的钻探方法。当钻探方法难以查明地下地质情况时，可采用坑探方法。坑探工程的类型较多，应根据勘察要求选用。勘探工作用于验证测绘和物探工作所做的推断，并为试验工作创造条件。勘探工程布置要以工程地质测绘和物探成果为指导，避免盲目性和随意性。

工程地质测绘、物探、勘探三者关系密切，配合必须得当。工程地质测绘是物探和勘探的基础，必须领先进行。那种轻测绘、重勘探的观念是错误的，抛开测绘而去布置物探、勘探的做法更是盲目的，往往会造成浪费。

### 3. 原位测试与室内试验

原位测试与室内试验的主要目的是为岩土工程问题分析评价提供所需的技术参数，包括岩土的物性指标、强度参数、固结变形特性参数、渗透性参数和应力、应变时间关系的参数等。各项试验工作在岩土工程勘察中占有重要的地位。原位测试与室内试验相比，各有优缺点。

原位测试的优点是：

1）试样不脱离原来的环境，基本上在原位应力条件下进行试验。

2）所测定的岩土体尺寸大，能反映宏观结构对岩土性质的影响，代表性好。

3）试验周期较短，效率高。

4）尤其对难以采样的岩土层仍能通过试验评定其工程性质。

其缺点是：

1）试验时的应力路径难以控制。

2）边界条件也较复杂。

3）有些试验耗费人力、物力较多，不可能大量进行。

室内试验的优点是：试验条件比较容易控制（边界条件明确，应力-应变条件可以控制等）；可以大量取样。主要的缺点是：试样尺寸小，不能反映宏观结构和非均质性对岩土性质的影响，代表性差；试样不可能真正保持原状，而且有些岩土也很难取得原状试样。

因此，原位测试和室内试验的优缺点是互补的，应相辅相成，配合使用，以便经济有效地取得所需的技术参数。

原位测试一般都借助于勘探工程进行，是详细勘察阶段主要的一种勘察方法。

### 4. 现场检验与监测

现场检验与监测是构成岩土工程系统的一个重要环节，大量工作在施工和运营期间进行。但是这项工作一般需在高级勘察阶段开始实施，所以又被列为一种勘察方法。它的主要目的在于保证工程质量和安全，提高工程效益。现场检验包括施工阶段对先前岩土工程勘察成果的验证核查，以及岩土工程施工监理和质量控制。现场监测则主要包含施工作用和各类荷载对岩土反应性状的监测、施工和运营中的结构物监测和对环境影响的监测等方面。检验与监测获取的资料，可以反求出某些工程技术参数，并以此为依据及时修正设计使之在技术和经济方面优化。此项工作主要是在施工期间进行，但对有特殊要求的工程以及一些对工程有重要影响的不良地质作用，应在建筑物竣工运营期间继续进行。

### 5. 勘察资料室内整理

勘察资料室内整理内容包括岩土物理力学性质指标的整理、图件的编制、反演分析、岩土工程分析评价及编写报告书等。各种勘察方法取得的资料仅是原始数据、单项成果，还缺乏相互印证和综合分析，只有通过图件的编制和报告的编写，对存在的岩土工程问题做出定性和定量评价，才能为工程的设计和施工提供资料和地质依据。

图件的编制是利用已收集的和现场勘察的资料，经整理分析后，绘制成工程地质图。常用的工程地质图有综合工程地质图、工程地质分区图、工程地质剖面图、钻孔柱状图及探槽或探井展视图等。

岩土物理力学性质指标的整理，就是对大量岩土物理力学性质指标数据加以整理和统计，取得有代表性的数据，用于岩土工程的设计计算。

岩土工程勘察报告书是岩土工程勘察成果的文字说明。报告书的内容应根据任务要求、勘察阶段、工程地质条件、工程规模和性质等具体情况确定。岩土工程勘察的最终成果是提出勘察报告书和必要的附件。

各种勘察方法的选择和应用、工作的布置和工作量大小，需根据建筑物的类型、岩土工程勘察等级及勘察阶段来确定。

## 8.3　工程地质测绘与调查

### 8.3.1　工程地质测绘与调查的范围、比例尺和精度

在工程地质测绘与调查之前，必须先确定测绘范围，选择合理的比例尺，这是保证测绘精度的基础。

**1. 工程地质测绘与调查的范围**

测绘范围应包括场地及其邻近的地段。适宜的测绘范围，既能较好地查明场地的工程地质条件，又不至于浪费勘察工作量。对于大、中比例尺的工程地质测绘，多以建筑物为中心，其区域往往为一方形或矩形。如果是线形建筑（如公路、铁路路基和坝基等），则其范围应为一带状，其宽度应包含建筑物的所有影响范围。根据实践经验，由以下三方面确定测绘范围，即拟建建筑物的类型和规模、设计阶段以及工程地质条件的复杂程度和研究程度。

建筑物的类型、规模不同，与自然地质环境相互作用的程度和强度也就不同，确定测绘范围时首先应考虑这一点。

工程地质测绘范围是随着设计阶段（即岩土工程勘察阶段）的提高而缩小的。在工程处于初期设计阶段时，为了选择建筑场地一般都有若干个比较方案，它们相互之间有一定的距离。为了进行技术经济论证和方案比较，应把这些方案涉及的场地包括在同一测绘范围内，测绘范围显然是比较大的。但当建筑场地选定之后，尤其是在设计的后期阶段，各建筑物的具体位置和尺寸均已确定，就只需在建筑地段的较小范围内进行大比例尺的工程地质测绘。

工程地质条件越复杂，研究程度越差，工程地质测绘范围就越大。

布置测区的测绘范围时，必须充分考虑测区主要构造线的影响，如对于隧道工程，其测绘和调查范围应当随地质构造线（如断层、破碎带、软弱岩层界面等）的不同而采取不同的布置，在包括隧道建筑区的前提下，测区应保证沿构造线有一定范围的延伸，如果不这样做，就可能对测区内许多重要地质问题了解不清，从而给工程安全带来隐患。

此外，在拟建场地或其邻近地段内如果已有其他地质研究成果，应充分运用它们，在经过分析、验证后做一些必要的专门问题研究，此时工程地质测绘的范围和相应的工作量应酌情减小。

**2. 工程地质测绘和调查的比例尺**

工程地质测绘和调查的比例尺选择主要取决于建筑物类型、设计阶段和工程建筑所在地区工程地质条件的复杂程度以及研究程度。建筑物设计的初期阶段属于选址性质的，一般往往有若干个比较场地，测绘范围较大，对工程地质条件研究的详细程度并不高，所以采用的比例尺较小。但是，随着设计阶段的提高，建筑场地的位置越来越具体，范围越来越小，而

对地质条件的详细程度的要求越来越高。所以，采用的测绘比例尺就需要逐步加大。当进入到设计后期阶段时，为了解决与施工、运行有关的专门地质问题，选用的测绘比例尺可以很大。在同一设计阶段内，比例尺的选择则取决于场地工程地质条件的复杂程度以及建筑物的类型、规模及其重要性。工程地质条件复杂、建筑物规模巨大而又重要者，就需采用较大的测绘比例尺。总之，各设计阶段采用的测绘比例尺都限定于一定的范围之内。

**3. 工程地质测绘与调查的精度**

工程地质测绘与调查的精度包括野外观察、调查、描述各种工程地质条件的详细程度和各种地质条件在地形底图上表示的详细程度与精确程度。这些精度必须与图的比例尺相适应。野外观察、调查、描述各种地质条件的详细程度在传统意义用单位测试面积上观测点数目和观测路线长度来控制。不论其比例尺多大，都以图上每 $1cm^2$ 内一个点来控制平均观测点数目。当然其布置不是均布的，而应是复杂地段多些，简单地段少些，且都应布置在关键点上。

地质观测点布置是否合理，是否具有代表性对于成图的质量及岩土工程评价具有至关重要的影响。GB 50021—2001（2009 年版）《岩土工程勘察规范》中对地质观测点的布置、密度和定位要求如下：

1）在地质构造线、地层接触线、岩性分界线、标准层位和每个地质单元体应有地质观测点。

2）地质观测点的密度应根据场地的地貌、地质条件、成图比例尺和工程要求等确定，并应具代表性。

3）地质观测点应充分利用天然和已有的人工露头，当露头少时，应根据具体情况布置一定数量的探坑或探槽。

4）地质观测点的定位应根据精度要求选用适当方法。

5）地质构造线、地层接触线、岩性分界线、软弱夹层、地下水露头和不良地质作用等特殊地质观测点，宜用仪器定位。

为了保证各种地质现象在图上表示的准确程度，GB 50021—2001（2009 年版）《岩土工程勘察规范》要求：地质界线和地质观测点的测绘精度，在图上不应低于 3mm。水利、水电、铁路等系统要求不低于 2mm。

## 8.3.2 工程地质测绘的内容

工程地质测绘研究的主要内容是工程地质条件的诸要素。此外，还应搜集调查自然地理和既有建筑物的有关资料。下面将分别论述各项研究内容的研究意义、要求和方法。

**1. 地形地貌**

查明地形、地貌特征及其与地层、构造、不良地质作用的关系，并划分地貌单元。工程地质测绘中地貌研究的内容有：

1）地貌形态特征、分布和成因。

2）划分地貌单元，分析地貌单元形成与岩性、地质构造及不良地质作用等的关系。

3）各种地貌形态和地貌单元的发展演化历史。

上述各项研究内容大多是在小、中比例尺测绘中进行。在大比例尺工程地质测绘中，则应侧重于微地貌与工程建筑物布置以及岩土工程设计、施工关系等方面的研究。

**2. 地层岩性**

工程地质测绘对地层岩性研究的内容包括：确定地层的时代和填图单位；各类岩土层的分布、岩性、岩相及成因类型；岩土层的正常层序、接触关系、厚度及其变化规律；岩土的工程性质等。

工程地质测绘中对各类岩土层还应着重以下内容的研究：

（1）沉积岩类　软弱岩层和次生夹泥层的分布、厚度、接触关系和性状等；泥质岩类的泥化和崩解特性；碳酸盐岩及其他可溶盐岩类的岩溶现象。

（2）岩浆岩类　侵入岩的边缘接触面，风化壳的分布、厚度及分带情况，软弱矿物富集带等；喷出岩的喷发间断面，凝灰岩分布及其泥化情况，玄武岩中的柱状节理、气孔等。

（3）变质岩类　片麻岩类的风化，软弱变质岩带或夹层以及岩脉的特性；软弱矿物及泥质片岩类、千枚岩、板岩的风化、软化和泥化情况等。

（4）第四纪土层　成因类型和沉积相，所处的地貌单元，土层间接触关系以及与下伏基岩的关系；建筑地段特殊土的分布、厚度、延续变化情况、工程特性以及与某些不良地质作用形成的关系，既有建筑物受影响情况及当地建筑经验等。建筑地段不同成因类型和沉积相土层之间的接触关系，可以利用微地貌研究以及配合简便勘探工程来确定。

**3. 地质构造与地应力**

（1）地质构造　工程地质测绘对地质构造研究的内容包括：

1）岩层的产状及各种构造形式的分布、形态和规模。

2）软弱结构面（带）的产状及其性质，包括断层的位置、类型、产状、断距、破碎带宽度及充填胶结情况。

3）岩土层各种接触面及各类构造岩的工程特性。

4）晚近期构造活动的形迹、特点及与地震活动的关系等。

在工程地质研究中，节理、裂隙泛指普遍、大量地发育于岩土体内各种成因的、延展性较差的结构面。对节理、裂隙应重点研究以下三个方面：一是节理、裂隙的产状、延展性、穿切性和张开性；二是节理、裂隙面的形态、起伏差、粗糙度、充填胶结物的成分和性质等；三是节理、裂隙的密度或频度。

由于节理、裂隙研究对岩体工程尤为重要，所以在工程地质测绘中必须进行专门的测量统计。

（2）地应力　地应力对地壳稳定性评价和地下工程设计和施工具有重要意义。地应力在地下的分布可分为三个带，即卸荷带、应力集中带、地应力稳定带。一个地区的地应力高低在地质上是有征兆的，即存在有高地应力地区和低地应力地区的地质标志（表 8-4）。

表 8-4　高地应力地区和低地应力地区的地质标志

| 高地应力地区地质标志 | 低地应力地区地质标志 |
|---|---|
| 1. 围岩产生岩爆、剥离<br>2. 收敛变形大<br>3. 软弱夹层挤出<br>4. 饼状岩芯<br>5. 水下开挖无渗水<br>6. 开挖过程有瓦斯突出 | 1. 围岩松动、塌方、掉块<br>2. 围岩渗水<br>3. 节理面内有夹泥<br>4. 岩脉内岩块松动，强风化<br>5. 断层或节理面内有次生矿物呈晶簇、孔洞等 |

**4. 水文地质条件**

在工程地质测绘过程中对水文地质条件的研究，应从地层岩性、地质构造、地貌特征和地下水露头的分布、类型、水量、水质等入手，并结合必要的勘探、测试工作，查明测区内地下水的类型、分布情况和埋藏条件；含水层、透水层和隔水层（相对隔水层）的分布，各含水层的富水性和它们之间的水力联系；地下水的补给、径流、排泄条件及动态变化；地下水与地表水之间的补、排关系；地下水的物理性质和化学成分等。在此基础上分析水文地质条件对岩土工程实践的影响。

**5. 不良地质作用**

研究不良地质作用要以地层岩性、地质构造、地貌和水文地质条件的研究为基础，并搜集气象、水文等自然地理因素资料。研究内容包括：各种不良地质作用（岩溶、滑坡、崩塌、泥石流、冲沟、河流冲刷、岩石风化等）的分布、形态、规模、类型和发育程度，分析它们的形成机制和发展演化趋势，并预测其对工程建设的影响。

**6. 人类工程活动**

测区内或测区附近人类的某些工程、经济活动，往往影响建筑场地的稳定性。此外，场地内如有古文化遗迹和古文物，应妥为保护发掘，并向有关部门报告。

**7. 既有建筑物**

测区内或测区附近既有建筑物与地质环境关系的调查研究，应选择不同的地质环境（良好的、不良的）中不同类型、结构的建筑物，调查其有无变形、破坏的标志，并详细分析其原因，以判明建筑物对地质环境的适应性。通过详细的调查分析后，就可以具体地评价建筑场地的工程地质条件，对拟建建筑物可能变形、破坏情况做出正确预测，并采取相应的防治对策和措施。特别需要强调的是，有不良地质作用或特殊性岩土的建筑场地，应充分调查、了解当地的建筑经验，包括建筑结构、基础方案、地基处理和场地整治等方面的经验。

### 8.3.3 工程地质测绘的方法

工程地质实地测绘和调查的基本方法有路线穿越法、布点法、追索法。

**1. 路线穿越法**

沿着一定的路线（应尽量使路线与岩层走向、构造线方向及地貌单元相垂直；应尽量使路线的起点具有较明显的地形、地物标志；应尽量使路线穿越露头较多、覆盖层较薄的地段），穿越测绘场地，把走过的路线正确地填绘在地形图上，并沿途详细观察和记录各种地质现象和标志，如地层界线、构造线、岩层产状、地下水露头、各种不良地质作用，将它们绘制在地形图上。路线法一般适合于中、小比例尺测绘。

**2. 布点法**

布点法是工程地质测绘的基本方法，也就是根据不同比例尺预先在地形图上布置一定数量的观测路线和观测点。观测点一般布置在观测路线上，但观测点的布置必须有具体的目的，如为了研究地质构造线、不良地质作用、地下水露头等。观测线的长度必须能满足具体观测目的的需要。布点法适合于大、中比例尺的测绘工作。

**3. 追索法**

它是沿着地层走向、地质构造线的延伸方向或不良地质作用的边界线进行布点追索，其主要目的是查明某一局部的岩土工程问题。追索法是在路线穿越法和布点法的基础上进行的，它属于一种辅助测绘方法。

## 8.4 工程地质勘探

### 8.4.1 工程地质勘探的任务

工程地质勘探一般在工程地质测绘的基础上进行。它可以直接深入地下岩土层取得所需的工程地质资料，是探明深部地质情况的一种可靠的方法。工程地质勘探的主要方式有工程地质钻探、坑探和物探，其主要任务是：

1）探明建筑场地的岩性及地质构造，即研究各地层的厚度、性质及其变化；划分地层并确定其接触关系；研究基岩的风化程度、划分风化带；研究岩层的产状、裂隙发育程度及其随深度的变化；研究褶皱、断裂、破碎带及其他地质构造的空间分布和变化。

2）探明水文地质条件，即含水层、隔水层的分布、埋藏、厚度、性质及地下水位。

3）探明地貌及不良地质作用，包括河谷阶地、冲洪积扇、坡积层的位置和土层结构，岩溶的规模及发育程度，滑坡及泥石流的分布、范围、特性等。

4）采取岩土样及水样，提供野外试验条件。从钻孔或勘探点取岩土样或水样，供室内试验、分析、鉴定之用。勘探形成的坑孔可为现场原位试验，如岩土力学性质试验、地应力测量、水文地质试验等提供场所和条件。

下面分别论述工程地质物探、工程地质钻探和工程地质坑探的应用条件、所能解决的问题以及勘探工作布置和设计。

### 8.4.2 工程地质物探

物探是以专用仪器探测地壳表层各种地质体的物理场来进行地层划分，判明地质构造、水文地质及各种不良地质作用的地球物理勘探方法。因为地质体的不同结构和特性，如成层性、裂隙性和岩土体的含水性、空隙性、物质成分、固结胶结程度等常以地质体的导电性、磁性、弹性、密度、放射性等地球物理性质或地球物理场的差异表现出来。采用不同的探测方法，如电法、地震法、磁法、重力法及放射性勘探等方法可以测定不同的物理场，用以了解地质体的特征，分析解决地质问题。目前应用最广的是电法和地震法勘探。

**1. 电法勘探**

电法勘探是研究地下地质体电阻率差异的地球物理勘探方法，也称为电阻率法。该法通常是通过电测仪测定人工或天然电场中岩土地质体的导电性大小及其变化，再经过专门量板解释从而区分地层、构造，覆盖层和风化层厚度，含水层分布和深度，古河道、主导充水裂隙方向等。

（1）岩土的电阻率　不同的岩土有不同的电阻率，也就是说不同的岩土体有不同的导电性。岩土的电阻率变化范围很大，火成岩的电阻率最高，变质岩次之，沉积岩最低。各种岩土的电阻率变化范围见表 8-5。

影响岩土电阻率大小的因素很多，主要是岩石成分、结构、构造、孔隙裂隙、含水性等。如第四纪的松散土层中，干的砂砾石电阻率高达几百至几千欧姆·米，饱水的砂砾石电阻率只有几十欧姆·米，电阻率显著降低。在同样的饱水条件下，粗颗粒的砂砾石电阻率比细颗粒的细砂、粉砂高。潜水位以下的高阻层位反映粗颗粒含水层的存在，作为隔水层的黏土电阻率远比含水层低。正是因为存在电阻率的差异，才能采用电阻率法来勘探岩土层的分布。

表 8-5 各类岩土电阻率的变化范围

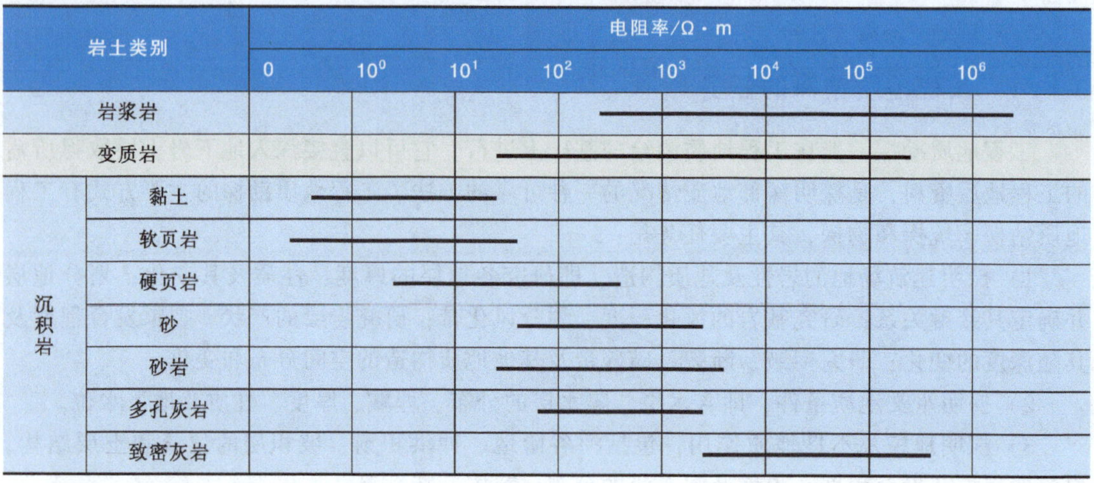


（2）电阻率法的基本原理和方法 设地层为均质各向同性的，当向地表下通过电流时，地层电阻率的大小都一样，电流线的分布如图 8-1 所示。$A$、$B$ 为供电电极，$M$、$N$ 为测量电极，当 $A$ 和 $B$ 供电时，用仪器测出 $M$ 点和 $N$ 点之间的电位差 $\Delta U_{MN}$ 和电流值 $I$，则地层的视电阻率可按下式计算

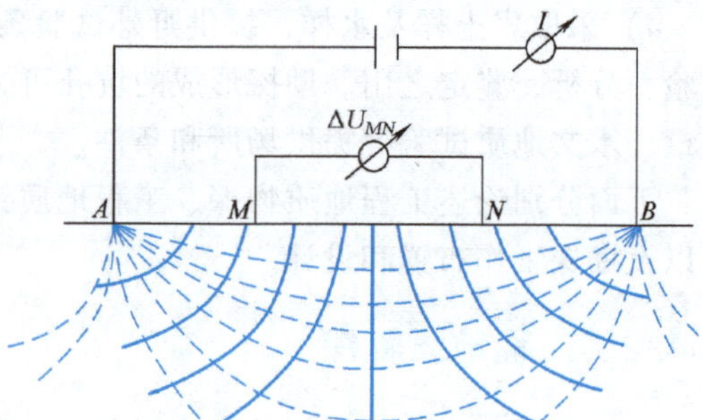


图 8-1 电法勘探原理示意

$$\rho=K\cdot\frac{\Delta U_{MN}}{I} \tag{8-1}$$

式中 $\rho$——地层的视电阻率（Ω · m）；

$\Delta U_{MN}$——$M$、$N$ 两极的电位差，$\Delta U_{MN}=U_MU_N$，其中 $U_M$、$U_N$ 分别为在观测点 $M$、$N$ 处产生的电位；

$I$——测得的电流值；

$K$——装置系数，与供电和测量电极间距有关，按表 8-6 所列公式计算。

表 8-6 *K* 值计算公式

| 电探方法 | *K* 值计算公式 |
|---|---|
| 对称探测、对称剖面 | $K=\pi\frac{AM\cdot AN}{MN}$ |
| 三极测探、三极剖面、联合剖面 | $K=2\pi\frac{AM\cdot AN}{MN}$ |
| 抽象偶极测探、偶极剖面 | $K=2\pi\frac{AM\cdot AN\cdot BM\cdot BN}{MN(AM\cdot AN-BM\cdot BN)}$ |
| 赤道偶极测探 | $K=\frac{AM\cdot AN}{AN-AM}$ |
| 双电极剖面 | $K=2\pi\cdot AM$ |

注：π——圆周率；$AM$、$AN$、$MN$、$BM$、$BN$——对应两电极的间距（m）。

在各向同性的均质岩层中测量时，从理论上讲，无论电极装置如何，所得的电阻率应当相等，即地层的真电阻率。但实际工作中遇到的地层既不同性，又不均质，所得电阻率并非真实电阻率，而是非均质体的综合反映，所以称这个所得的电阻率为视电阻率。

有两种不同性质的岩层，其电阻率为 $\rho_1$ 和 $\rho_2$，当供电电极 A、B 的间距与上部岩层厚度相比不太大时，电流线大部分只通过上部岩层（图 8-2），这时测得的视电阻率相当于 $\rho_1$ 值；当A、B 间距与 $h$ 相差较大时，则大部分电流通过下部岩层，这时测得的视电阻率相当于 $\rho_2$ 值。因此，A、B 间的距离越长，反映的深度越深。这样就可以用它来了解地下不同岩性的分布。如在同一点测量，逐渐加大A、B 间距，就可以了解不同深度的岩性；反之间距不变，而移动测量位置，就可以了解某一深度岩性的水平变化及规律。

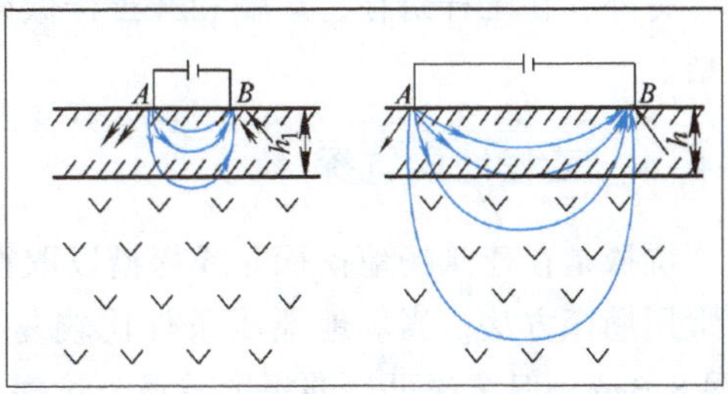

图 8-2 A、B 间距不等时电流线的分布

由于电极极距的装置不同，所反映的地质情况也不同，因此根据极距的装置可将电阻率法分为电测深法、电剖面法及中间梯度法等。

**2. 地震勘探方法简介**

地震勘探也是广泛用于工程地质勘探的方法之一。它是利用地质介质的波动性来探测地质现象的一种物探方法。基本原理是利用爆炸或敲击方法向岩体内激发地震波，地震波以弹性波动方式在岩体内传播。根据不同介质弹性波传播速度的差异来判断地质现象。按弹性波的传播方式，地震勘探又分为直达波法、反射波法和折射波法。地震勘探可以用于了解地下地质构造，如基岩面、覆盖层厚度、风化层、断层等。根据要了解的地质现象的深度和范围的不同，可以采用不同频率的地震勘探方法。

### 8.4.3 工程地质钻探

工程地质钻探是获取地表下准确地质资料的重要方法，通过钻探孔采取原状岩土样和做现场力学试验是钻探的任务之一。

钻探是指在地表下用钻头钻进地层的勘探方法。在地层内钻成直径较小，并且具有相当深度的圆筒形孔眼称为钻孔。通常将直径≥800mm 的钻孔称为大直径钻孔。

根据自然条件的复杂性及工程的要求选择钻探设备和钻探方法。钻机一般分为回转式和冲击式两种。回转式钻机是利用钻机的回转器带动钻具旋转钻进，通常使用管状钻具，能取上柱状岩芯样品。冲击式钻机则利用卷扬机借助钢丝绳带动有一定重量的钻具上下反复冲击，使钻头击碎孔底地层而形成钻孔后用抽筒提取岩石碎块或扰动土样。

布置于建筑场地中的钻孔，一般分为技术性孔和鉴别孔两类。在技术孔中按不同的地层和深度采取原状试样。

在取原状土样时，为了保证土样少受扰动，选择合理的钻进方法是十分重要的，主要应考虑以下几点原则：

1）在结构性敏感土层和较疏松砂层中需要采用回转钻进，而不得采用冲击钻进。

2）以泥浆护孔，可以减少扰动。

3）取土钻孔的孔径要适当，取土器与孔壁之间要有一定的空隙，避免取土器切削孔壁，挤进过多的废土。

4）取土前的一次钻进不宜过深，以免下部拟取土样的土层受扰动。

另外，在土样封存、运输和开土样做试验时，都应避免扰动，严防振动、日晒、雨淋和冻结。

### 8.4.4　工程地质坑探

坑探是在建筑场地挖探井或探槽以取得直观资料和原状土样，这是一种不使用专用机具的常用勘探方法。当场地地质条件比较复杂时，利用坑探可以直接观察地层的结构和变化（图8-3a），但坑探可达的深度较浅。坑探的种类有探槽、探坑和探井。

探槽是在地表挖掘成长条形且两壁常为倾斜上宽下窄的槽子，其断面有梯形或阶梯形两种。较深的探槽两壁要进行必要的支护以策安全。探槽一般在覆盖土层小于3m时使用。它适用于了解地质构造线、断裂破碎带宽度、地层分界线、岩脉宽度及其延伸方向和采取原状土试样等。

凡挖掘深度不大且形状不一的坑，或者成矩形的较短的探槽状的坑，称为探坑。探坑的深度一般为1~2m，与探槽的目的相同。

探井一般深度都大于3m，其断面形状为方形、矩形和圆形。圆形探井在水平方向上能承受较大的侧压力，比其他形状的探井安全。

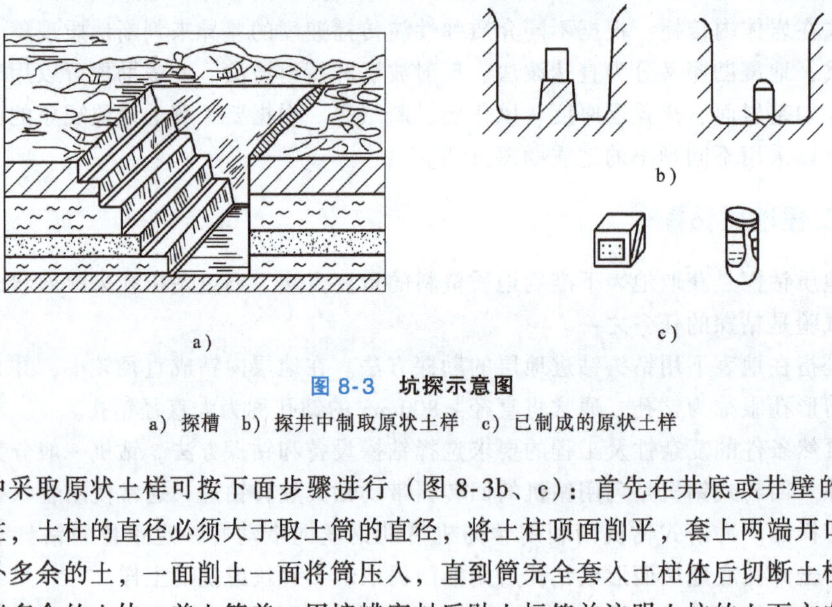

图8-3　坑探示意图

a）探槽　b）探井中制取原状土样　c）已制成的原状土样

坑探中采取原状土样可按下面步骤进行（图8-3b、c）：首先在井底或井壁的指定深度处挖一土柱，土柱的直径必须大于取土筒的直径，将土柱顶面削平，套上两端开口的金属筒并削去筒外多余的土，一面削土一面将筒压入，直到筒完全套入土柱体后切断土柱体；然后削去筒两端多余的土体，盖上筒盖，用熔蜡密封后贴上标签并注明土柱的上下方向、编号等即完成取样工作。

## 8.5　现场原位测试

现场原位测试是在岩土层原来所处的位置基本保持天然结构、天然含水量及天然应力状态下，测定岩土的工程力学性质指标。现场原位测试的主要方法有静力载荷试验、触探试验、剪切试验和地基土动力特性试验等。

本章以静力载荷试验、静力触探、圆锥动力触探和标准贯入试验为例，简要介绍现场原位测试的方法。

## 8.5.1 静力载荷试验

静力载荷试验包括平板载荷试验（PLT）和螺旋板载荷试验（SPLT）。平板载荷试验适用于浅部各类地层，螺旋板载荷试验适用于深部或地下水位以下的地层。静力载荷试验可用于确定地基土的承载力、变形模量、不排水抗剪强度、基床反力系数及固结系数等。下面以平板载荷试验为例介绍静力载荷试验的基本原理和方法。

**1. 试验装置和基本技术要求**

静力载荷试验的主要设备有三个部分，即加荷与传压装置、变形观测系统及承压板（图8-4）。试验时将试坑挖到基础的预计埋置深度，整平坑底，放置承压板，在承压板上施加荷载来进行试验。基坑宽度不应小于承压板的宽度或直径的3倍。注意保持试验土层的原状结构和天然湿度。承压板应为刚性圆形板或方形板，其面积为0.25~0.50m。加荷等级不应少于8级，最大加载量不小于荷载设计值的两倍。每级加载后按时间间隔10min、10min、10min、15min、15min测读沉降量，以后每隔30min测读一次沉降量。当连续2h内，每小时的沉降量小于0.1mm时，则认为已趋稳定，可加下一级荷载。当出现下列情况时，可终止加载：

1）承压板周围的土明显侧向挤出。

2）沉降量（$S$）急剧增大，荷载-沉降曲线出现陡降段。

3）在某一级荷载下，24h内沉降速率不能达到稳定标准。

4）相对沉降量 $S/b \geqslant 0.06$（$b$ 为承压板的宽度或直径）时。

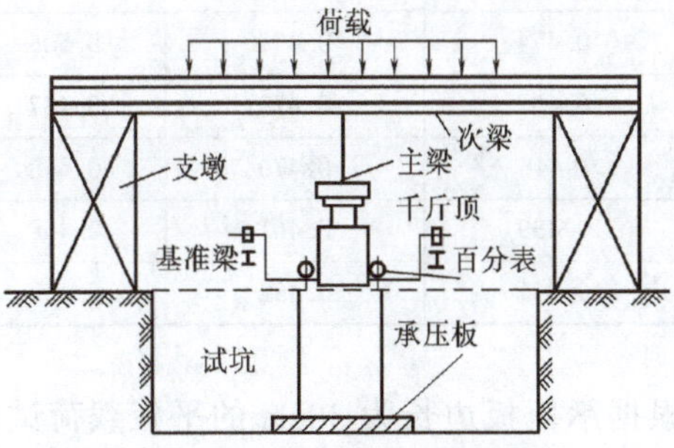


图8-4 地基载荷试验装置

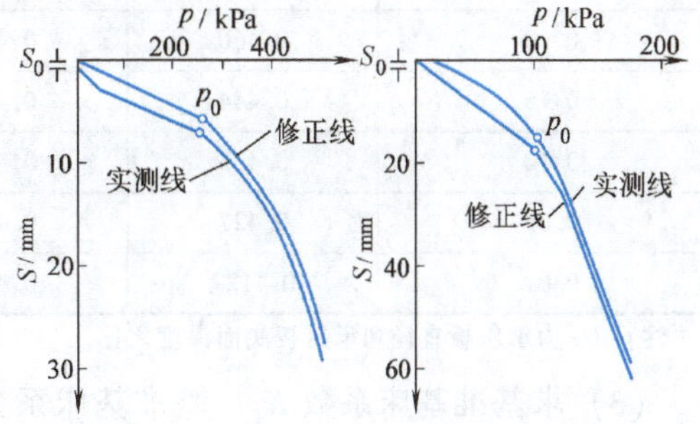


图8-5 p-S曲线

**2. 试验资料整理及成果应用**

根据试验结果，绘出压力（$p$）与沉降量（$S$）关系曲线（图8-5），必要时需绘制沉降量（$S$）与时间（$t$）或时间对数（$\log t$）曲线。

静力载荷试验可用于以下情况：

（1）确定地基土承载力特征值

1）当 $p$-$s$ 曲线上有明确的比例界限点时，取该点对应的临塑荷载，即 $f_{ak}=p_0$。

2）当极限荷载能够确定，且数值小于对应比例界限的荷载值的1.5倍时，取极限荷载值的一半，即$f_{ak}=\frac{1}{2}p_L$。

3）不能按上述两点确定时，如承压板面积为0.25~0.5m²，对于低压缩性土和砂土，可取$S/b=0.01\sim0.015$对应的荷载值，对中、高压缩性土可取$S/b=0.02$对应的荷载值。

（2）计算地基土变形模量

1）浅层平板载荷试验的变形模量$E_0$（MPa），可按下式计算

$$E_0=I_0(1-\mu^2)\frac{pd}{S} \tag{8-2}$$

2）深层平板载荷试验的变形模量$E_0$（MPa），可按下式计算

$$E_0=\omega\frac{pd}{S} \tag{8-3}$$

式中　$p$——$p$-$S$曲线直线段的压力值（kPa）；

$S$——$p$-$S$曲线直线段上与压力值相应的沉降量（mm）；

$d$——承压板直径或宽度（m）；

$\mu$——土的泊松比（碎石土取0.27，砂土取0.30，粉土取0.35，粉质黏土取0.38，黏土取0.42）；

$I_0$——刚性承压板的形状系数，圆形承压板取0.785，方形承压板取0.886；

$\omega$——与试验深度和土类有关的系数，可按表8-7选用。

表8-7　深层载荷试验计算系数ω

| $d/z$ ＼ 土类 | 碎石土 | 砂土 | 粉土 | 粉质黏土 | 黏土 |
|---|---|---|---|---|---|
| 0.30 | 0.477 | 0.489 | 0.491 | 0.515 | 0.524 |
| 0.25 | 0.469 | 0.480 | 0.482 | 0.506 | 0.514 |
| 0.20 | 0.460 | 0.471 | 0.474 | 0.497 | 0.505 |
| 0.15 | 0.444 | 0.454 | 0.457 | 0.479 | 0.487 |
| 0.10 | 0.435 | 0.446 | 0.448 | 0.470 | 0.478 |
| 0.05 | 0.427 | 0.437 | 0.439 | 0.461 | 0.468 |
| 0.01 | 0.4187 | 0.429 | 0.431 | 0.452 | 0.459 |

注：$d/z$为承压板直径和承压板底面深度之比。

（3）求基准基床系数$K_v$　基准基床系数$K_v$可根据承压板边长为30cm的平板载荷试验结果，按下式计算

$$K_v=p/S \tag{8-4}$$

此外，平板载荷试验成果还可用于计算基础的沉降量，反算地基土不排水抗剪强度等。

影响平板载荷试验成果精度的主要因素是承压板尺寸、承压板埋深、沉降稳定标准和地基土的均匀性。

## 8.5.2　静力触探试验

静力触探是用准静力将一个内部有传感器的触探头匀速压入土中，由于地层中各种土的

软硬不同，探头所受的阻力自然也不一样，传感器将这种大小不同的贯入阻力通过电信号输入到记录仪表记录下来，并绘制出随深度的变化曲线。根据贯入阻力与土的工程地质性质之间的定性关系和统计相关关系，通过触探曲线分析，即可达到对复杂土体进行地层划分、获得地基承载力和弹性模量、变形模量等指标，选择桩尖持力层和预估单桩承载力等岩土工程勘察的目的。

静力触探具有勘探和原位测试的双重功能。根据工程需要采用单桥探头、双桥探头或带孔隙水压力量测的单、双桥探头，可测比贯入阻力（$p_s$）、锥尖阻力（$q_c$）、侧壁摩阻力（$f_s$）和贯入时的孔隙水压力（$u$）。孔压静力触探试验除具有静力触探原有功能外，在探头上附加的孔隙水压力量测装置，主要用于量测孔隙水压力增长与消散。

静力触探试验适用于软土、一般黏性土、粉土、砂土和含少量碎石的土。

**1. 试验装置**

静力触探设备主要由贯入系统、探头和量测系统组成。

贯入系统包括触探主机和触探杆及反力装置。

探头是静力触探试验设备中直接影响试验成果准确性的关键部件，有严格的规格与质量要求。目前在工程实践中主要使用的探头有只能测比贯入阻力的综合型单桥探头（图 8-6）、可测锥尖阻力与侧壁摩阻力的双桥探头（图 8-7）及可测比贯入阻力或锥尖阻力与侧壁摩阻力、孔隙水压力的孔压探头（图 8-8）三种。

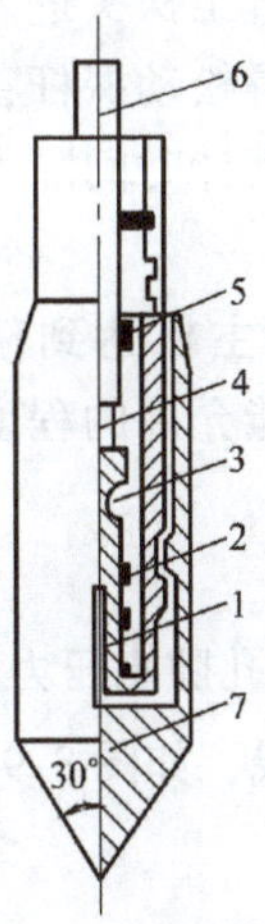


图 8-6　单桥探头

1—顶柱　2—电阻片　3—变形柱　4—探头筒　5—密封圈　6—电缆　7—锥头

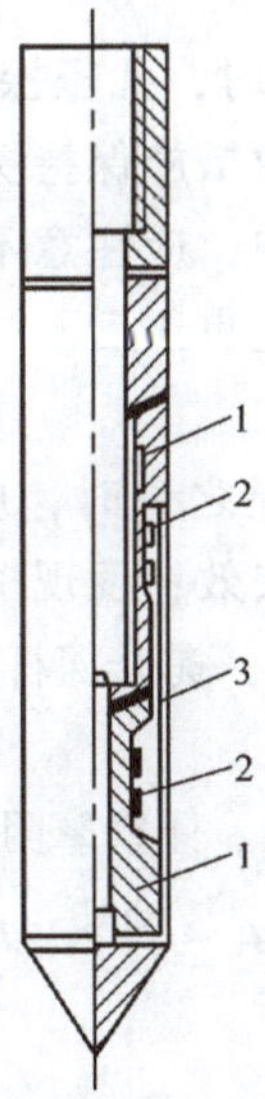


图 8-7　双桥探头

1—变形柱　2—电阻片　3—摩擦筒

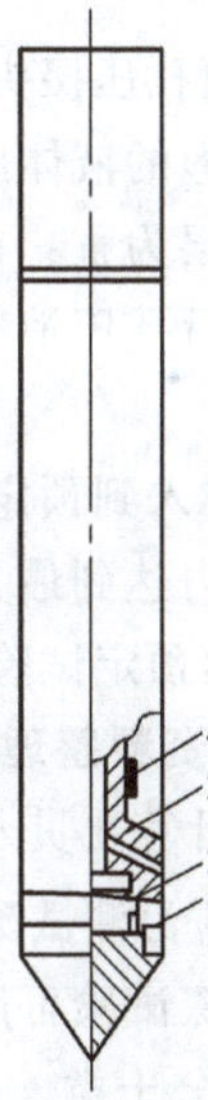


图 8-8　孔压静力探头

1—过滤片　2—孔压传感器　3—变形柱　4—电阻片

量测系统包括各种量测记录仪表与电缆线等。

**2. 试验要点**

（1）仪器设备的标定和校准　主要包括探头的标定和量测仪器和主机速率的校准。其中，探头的标定，按供桥电压对仪表、探头的输入和输出关系，有固定桥压法和固定系数法两种标定方法。

(2) 现场操作要点

1) 平整试验场地，设置反力装置。

2) 把根据测试要求和地层软硬情况选用的探头与电缆线、量测仪器连接，并调试到正常工作状态。

3) 贯入前应试压探头，检查顶柱、锥头、摩擦筒等部件工作是否正常。当测孔隙水压力时，应使孔压传感器透水面饱和。正常后将连接探头的探杆插入导向器内，调整垂直并紧固导向装置，并保证探头垂直贯入土中。起动动力设备并调整到正常工作状态。

4) 采用自动记录仪时，应安装深度转换装置，并检查卷纸机构运转是否正常；采用电阻应变仪或数字测力仪时，应设置深度标尺。

5) 将探头按（1.2±0.3）m/min（国际标准为1.2m/min）匀速贯入土中0.5~1.0m（冬季应超过冻深线），然后稍许提升，使探头传感器处于不受力状态。待探头温度与地温平衡后（仪器零位基本稳定），将仪器调零或记录初读数，即可进行正常贯入。在深度6m内，一般每贯入1~2m，应提升探头检查温漂并调零；6m以下每贯入5~10m应提升探头检查回零情况，当出现异常时，应检查原因，及时处理。

6) 贯入过程中，当采用自动记录时，应根据贯入阻力大小合理选用供桥电压，并随时核对，校正深度记录误差；使用静态电阻应变仪或数字测力计时，一般每隔0.1~0.2m记录读数1次。

7) 当用孔压探头测定孔隙水压力消散时，孔压探头在贯入前应在室内保证探头应变腔为已排除气泡的液体所饱和，并在现场采取措施保持探头的饱和状态，直至探头进入地下水位以下的土层为止；在孔压静探试验过程中，应注意不得上提探头，不得松动探杆；当在预定的深度进行孔压消散试验时，应量测停止贯入后不同时间的孔压值，其计时间隔由密而疏合理控制。

8) 当贯入到预定深度或出现下列情况之一时，应停止贯入：触探主机达到额定贯入力；探头阻力达到最大允许力；反力装置失效；发现探杆弯曲已达到不能允许的程度。

9) 到达预定试验深度后，测记零读数，提升探杆和探头，拆除设备。

**3. 试验资料整理及成果应用**

整理并计算比贯入阻力 $p_s$、锥头阻力 $q_c$、侧壁摩阻力 $f_s$、摩阻比 $R_f$ 及孔隙水压力 $u$，单桥和双桥探头应沿测试深度 $z$ 绘制 $p_s$-$z$ 曲线、$q_c$-$z$ 曲线、$f_s$-$z$ 曲线、$R_f$-$z$ 曲线，如图8-9所示。

静力触探试验可用于以下情况：

(1) 划分土类

1) 单桥综合型静力触探方法。主要根据比贯入阻力 $p_s$ 值的大小进行划分。由于单桥探头功能有限，故其划分土类的精度不高。

2) 双桥探头静力触探方法。双桥探头可测得土层的锥尖阻力 $q_c$ 和侧壁摩阻力 $f_s$，还可计算出摩阻比 $R_f$，故用此方法划分土类（图8-10、图8-11）精度较高。

3) 孔压探头静力触探方法。由于孔隙水压力值随土类、深度等的不同而变化很大，所以为便于比较和应用，一般采用静探孔压系数（$B_q$）进行土类划分。使用该方法划分土类比用双桥静力触探方法精度要高，尤其是在区分砂层和黏土层方面精度较高。

$B_q$ 的计算

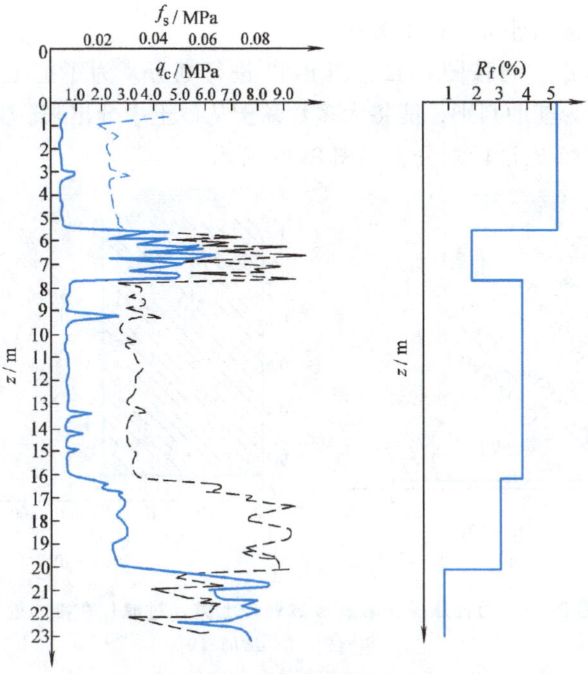


图 8-9 静力触探曲线

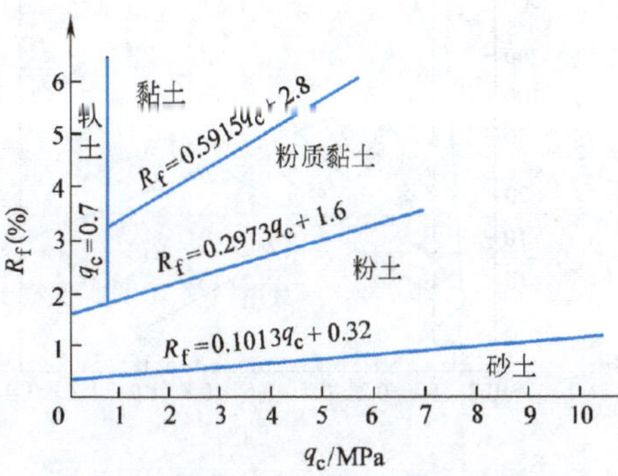


图 8-10 土的分类（用双桥静力触探参数判别土类）

（引自《铁路工程地质原位测试规程》，2003）

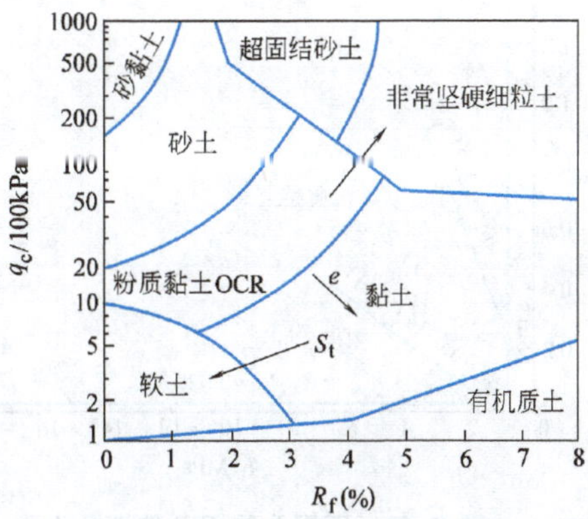


图 8-11 土的分类（双桥静力触探法）

$$B_q = \frac{(u_i - u_0)}{(q_t - \sigma_{v0})} \tag{8-5}$$

式中 $B_q$——试验系数（或称孔隙水压力参数比）；

$u_0$——试验深度的静水压力（kPa）；

$q_t$——真锥头阻力（kPa）；

$\sigma_{v0}$——试验深度处总上覆压力，$\sigma_{v0} = \sum_{i=1}^{n} \gamma_i h_i$，其中，$\gamma_i$ 为第 $i$ 层土的平均天然重度

（$kN/m^3$），$h_i$为第 $i$ 层土的厚度或测试点与上层面的深度差（m）。

用 $B_q$划分土类，国内外常用以下方法：

① 国内：先计算 $B_q$，再按图 8-12、图 8-13 进行划分。为了把土类划分得更准确，可用孔压消散历时 $t_{50}$作为辅助判别，能将大多数黏土从砂土中分出来。

② 国外：根据 $q_t$和 $B_q$进行划分，如图 8-14 所示。

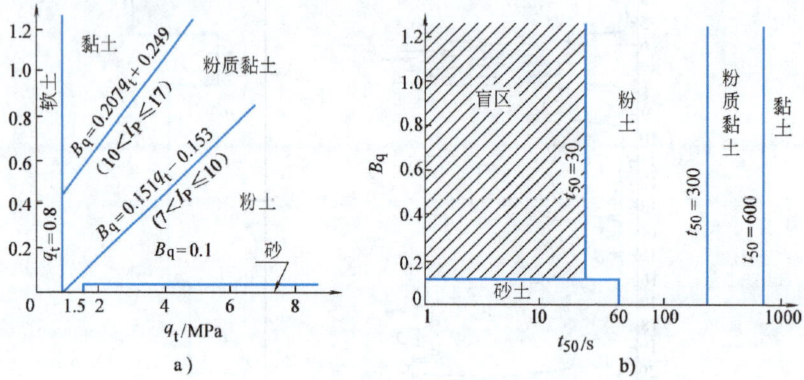


**图 8-12　用孔压探头触探参数划分土类**（过滤片在锥面处）

a）主判别　b）辅助判别

（引自《铁路工程地质原位测试规程》，2003）

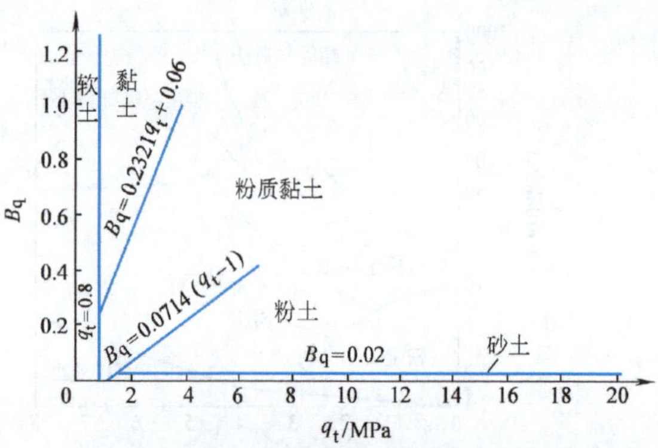


**图 8-13　压探头触探参数划分土类**

（过滤片在锥底圆柱面处）

（引自《铁路工程地质原位测试规程》，2003）

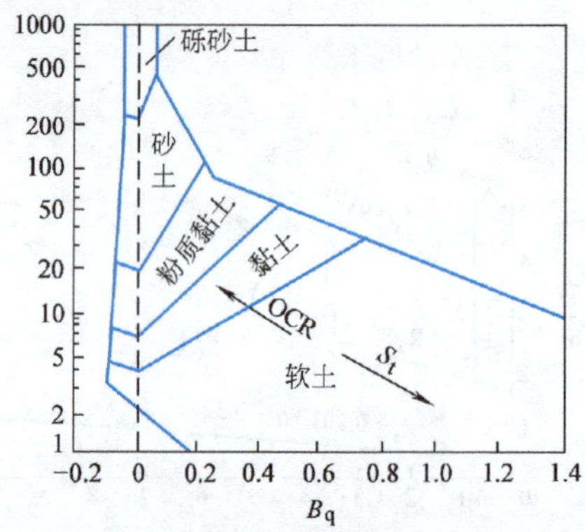


**图 8-14　土的分类**

（据 Roberston 和 Campanella）

（2）划分土层剖面　划分土层剖面与划分土类密切相连，应根据静力触探曲线特征，并参照邻近钻孔分层资料进行土层剖面划分。

（3）确定地基土承载力特征值　国内外均采用在实践基础上提出的经验公式。这些经验公式是建立在静力触探测得的 $q_c$、$p_s$与载荷试验的比例荷载值相关分析基础上的，故不同地区或部门对不同土层选用不同的经验公式，应以地方规范为准。

在我国针对不同的土类，下列经验公式使用较广泛：

对于砂土

粉细砂，当 $50\leqslant p_s\leqslant160$ 时　　$f_{ak}=0.019p_s+0.6559$　　(8-6)

中粗砂，当 $p_s\leqslant120$ 时　　$f_{ak}=0.038p_s+0.7555$　　(8-7)

或 $$f_{ak}=0.22q_c+0.728 \tag{8-8}$$

对于一般黏性土

当 $3\leqslant p_s\leqslant 60$ 时 $$f_{ak}=0.104p_s+0.269 \tag{8-9}$$

或 $$f_{ak}=0.128q_c+0.205 \tag{8-10}$$

对于老黏土

$$f_{ak}=0.1p_s \tag{8-11}$$

此外，如下综合性经验公式也较常用，可以作为参考。

$$f_{ak}=0.1\beta p_s+0.32\alpha \tag{8-12}$$

式（8-6）~式（8-12）中 $f_{ak}$、$p_s$、$q_c$ 的单位均为100kPa，$\beta$、$\alpha$ 为土类修正系数。

**4. 确定土的压缩模量 $E_s$ 和变形模量 $E_0$**

静力触探成果及应用除在以上几方面发挥作用外，还可利用地区经验估算土的压缩模量 $E_s$ 和变形模量 $E_0$、土的强度参数、砂土的密实度、黏性土的稠度状态，判定饱和砂土和粉土的地震液化势，根据孔压消散曲线估算土的渗透系数，评定土的应力历史。在桩基勘察中，还可根据桩型（如摩擦端承桩、端承桩等）估算单桩承载力和沉桩阻力。

### 8.5.3 圆锥动力触探

圆锥动力触探适用于强风化、全风化的硬质岩石、各种软质岩石及各类土。按锤击能量，可将圆锥动力触探分为轻型、重型、超重型三种（表8-8），其中，轻型适用于一般黏性土及素填土，特别适用于软土；重型适用于砂土及碎石土；超重型适用于卵石、砾石类土。

**1. 试验设备**

圆锥动力触探的主要部件，根据其功能不同，一般可由以下几部分组成。

**表8-8 圆锥动力触探类型**

| 类型 | | 轻型 | 重型 | 超重型 |
|---|---|---|---|---|
| 落锤 | 锤的质量/kg | 10±0.2 | 63.5±0.5 | 120±1 |
| | 落距/cm | 50±2 | 76±2 | 100±2 |
| 探头 | 直径/mm | 40 | 74 | 74 |
| | 截面积/cm$^2$ | 12.6 | 43 | 43 |
| | 锥角/° | 60 | 60 | 60 |
| 触探杆 | 直径/mm | 25 | 42 | 50~60 |
| | 每米质量/kg | | <8 | <12 |
| 触探指标 | 深度/cm | 30 | 10 | 10 |
| | 锤击数 | $N_{10}$ | $N_{63.5}$ | $N_{120}$ |
| 试验深度/m | | <4 | 12~15 | 20 |

1）导向杆（包括上下导杆）。

2）自动落锤装置，就其基本原理分为内挂式和外挂式两种。内挂式是指提引器挂住重锤顶帽的内缘而提升；外挂式是指提引器挂住重锤顶帽的外缘而提升。

3）落锤，钢质圆柱形，其高径比一般为 1∶1~1∶2，中心圆孔直径比导杆外径大 3~4mm。

4）锤座，国内常用规格为：轻型（$N_{10}$），锤座直径为 45mm；重型与超重型，锤座直径一般认为应小于锤径的 1/2，并大于 100mm。

5）触探杆，长 1~1.5m，直径 42mm。

6）探头，结构形状如图 8-15、图 8-16 所示。

此外，圆锥动力触探的试验设备还包括动力机、承重架、提升设备、起拔设备等。在设备安装时，锤座、导向杆与触探杆的轴中心必须成一直线，并且锤座和导杆的总质量不应超过 30kg。

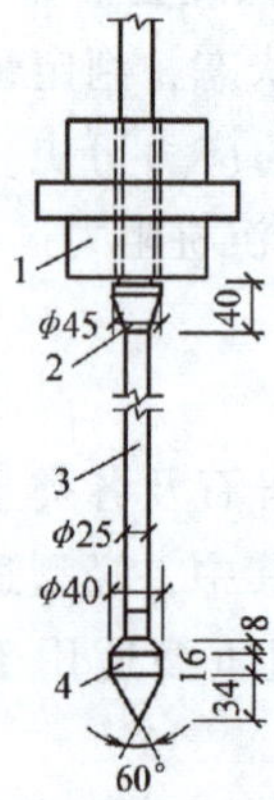


**图 8-15　轻型动力触探试验**

1—穿心锤　2—锤垫　3—触探杆　4—圆锥头

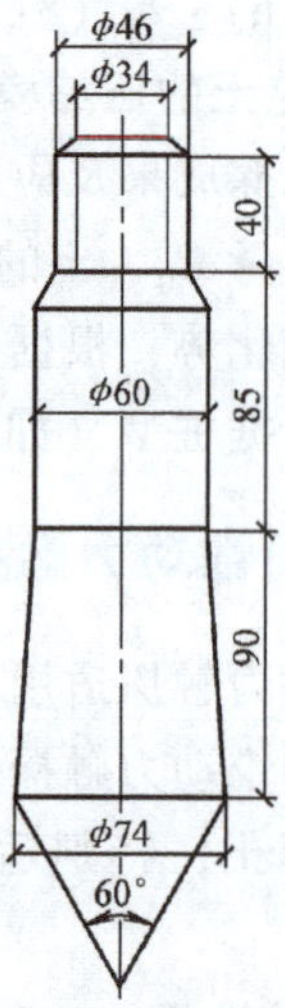


**图 8-16　重型、超重型动力触探探头**

**2. 试验要点**

下面以重型和超重型圆锥动力触探为例，介绍动力触探的试验要点。

1）试验前将触探架安装平稳，使触探保持垂直。

2）贯入时，重型穿心锤（63.5kg）提升到 76cm 高度；超重型穿心锤（120kg）提升到 100cm 高度，然后使其自由落下，将探头打入土中。

3）锤击速率宜为 15~30 击/min。打入过程应尽可能连续，所有超过 5min 的间断都应在记录中予以注明。

4）记录每贯入 10cm 锤击数（重型锤击数记为 $N_{63.5}$，超重型为 $N_{120}$）。

5）重型和超重型可以互换使用。当重型实测击数 $N_{63.5}$ 大于 50 击/10cm 时，宜改用超重型；当重型实测击数 $N_{63.5}$ 小于 5 击/10cm 时，不得采用超重型。

**3. 试验成果应用**

检查核对现场记录，整理 $N_{10}$、$N_{63.5}$、$N_{120}$ 触探指标，绘制 $N_{10}$-$H$、$N_{63.5}$-$H$、$N_{120}$-$H$ 曲线。如图 8-17 为重型圆锥动力触探的 $N_{63.5}$-$H$ 曲线。

圆锥动力触探试验可用于以下情况：

(1) 划分土类或土层剖面　由圆锥动力触探击数（$N_{10}$、$N_{63.5}$、$N_{120}$）可粗略划分土类或土层剖面。首先应绘制单孔触探锤击数 $N$ 与深度 $H$ 的关系曲线，再结合地质资料对土层进行分层。一般来说，锤击数越小，土的颗粒越细；锤击数越大，土层颗粒就越粗。在某一地区进行多次实践后，就可以建立起当地土类型与锤击数之间的关系。这种关系在锤击数与地层深度关系曲线上表现出一定的规律性。按曲线形状，考虑“超前”和“滞后”反映，将触探锤击数相近段划分为一层，并求出每一层的锤击数平均值，定出土层名称。

(2) 在地区性的经验基础上，根据触探成果指标确定砂土的孔隙比、相对密度，粉土、黏性土的稠度状态，估算土的强度、变形参数，地基土承载力（表 8-9、表 8-10、表 8-11）及单桩承载力，评价场地土均匀性，查明土洞、滑动面、软硬土层界面，检验地基加固与改良效果。

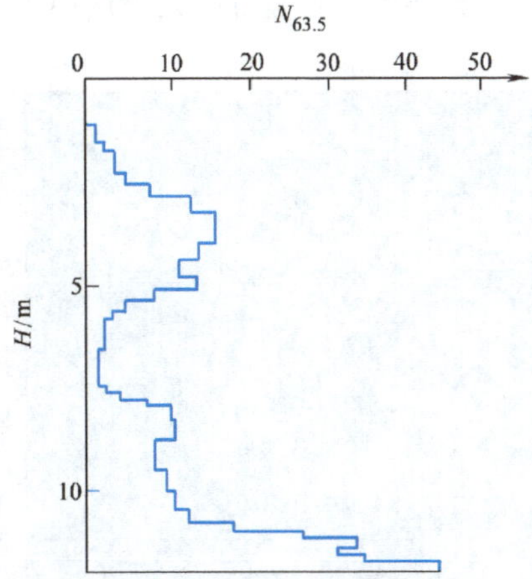


图 8-17 $N_{63.5}$-$H$ 触探曲线

表 8-9 轻型动力触探确定黏性土承载力标准值

| $N_{10}$ | 15 | 20 | 25 | 30 |
|---|---|---|---|---|
| $f_k$/kPa | 105 | 145 | 190 | 230 |

表 8-10 轻型动力触探确定素填土承载力标准值

| $N_{10}$ | 10 | 20 | 30 | 40 |
|---|---|---|---|---|
| $f_k$/kPa | 85 | 115 | 135 | 160 |

表 8-11 重型动力触探确定土的承载力标准值

| $N_{63.5}$ | 3 | 4 | 5 | 6 | 8 | 10 | 12 |
|---|---|---|---|---|---|---|---|
| 中、粗、砾砂 $f_k$/kPa | 120 | 150 | 200 | 240 | 320 | 400 | |
| 碎石土 $f_k$/kPa | 140 | 170 | 200 | 240 | 320 | 400 | 480 |

## 8.5.4 标准贯入试验

标准贯入试验是用（63.5±0.5）kg 的穿心锤，以（76±2.0）cm 的自由落距，将标准规格的标准贯入器在孔底预打入土中 15cm，然后记录打入 30cm 的锤击数，并把此锤击数作为标准贯入试验的锤击数 $N$。

该试验主要适用于一般黏性土、粉土和砂土，不适用于碎石土和软塑~流塑的软土。

**1. 试验设备**

标准贯入试验除所用探头为对开管式贯入器外，其他试验设备与重型圆锥动力触探类似。触探杆一般用直径 42mm 的钻杆，且抗拉强度应大于 600MPa。标准贯入试验设备规格见表 8-12，试验装置如图 8-18 所示。

**2. 试验要点**

1）先用钻具钻至试验土层标高以上 15cm 处，清除孔底残土后再进行试验。

2）采用自动脱钩的自由落锤法进行锤击，注意保持贯入器、梯杆、导向杆连接后的垂直度；锤击速率应小于 30 击/min。

3）将贯入器竖直打入土层中15cm后，开始记录每打入10cm的锤击数，累计打入30cm的锤击数为标准贯入试验的实测锤击数$N$。当锤击数已达50击，而贯入深度未达30cm时，可记录实际贯入深度并终止试验，用实际贯入深度和相应的锤击数换算出$N$值。

表8-12 标准贯入试验设备规格

| | | |
|---|---|---|
| 落锤 | 锤的质量/kg | 63.5±0.5 |
| | 落距/cm | 76±2 |
| 贯入器的对开管 | 长度/mm | >457 |
| | 外径/mm | 51±1 |
| | 内径/mm | 35±1 |
| 管靴 | 长度/mm | 76±1 |
| | 刃口角度/° | 18~20 |
| | 刃口单刃厚/mm | 2.5 |
| 钻杆 | 直径/mm | 42 |

4）拔出贯入器，取出贯入器中的土样进行鉴别描述。

**3. 试验资料整理及成果应用**

（1）试验资料的整理

1）检查校对现场记录的锤击数$N$。

2）现场锤击数的修正。对现场锤击数$N$的修正，国外常有对饱和粉细砂的修正、地下水位的修正、土的上覆压力的修正；国内长期以来并不考虑这些修正，主要视$N$的用途不同，着重对杆长进行修正。实际应用$N$值时，应按具体岩土工程问题，参照有关规范考虑是否做杆长修正或其他修正；勘察报告应提供不做杆长修正的$N$值，应用时再根据情况考虑修正或不修正。

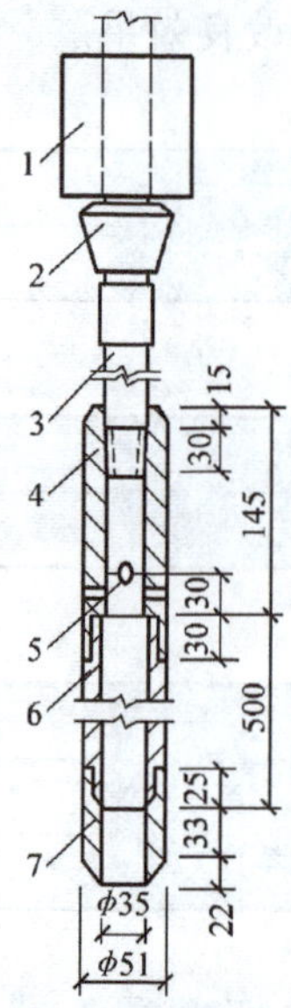

图8-18 标准贯入试验设备
1—穿心锤 2—锤垫 3—触探杆 4—贯入器头 5—出水孔 6—贯入器身 7—贯入器靴

对实测锤击数进行杆长修正，可按下式进行

$$N'=N\alpha \tag{8-13}$$

式中 $N'$——杆长修正后的锤击数；

$N$——现场实测锤击数；

$\alpha$——杆长修正系数，可查表8-13。

表8-13 标准贯入试验杆长修正系数

| 触探杆长度/m | ≤3 | 6 | 9 | 12 | 15 | 18 | 21 |
|---|---|---|---|---|---|---|---|
| α | 1.00 | 0.92 | 0.86 | 0.81 | 0.77 | 0.73 | 0.70 |

3）绘制标贯锤击数$N$（或$N'$）与贯入深度$H$的关系曲线。

（2）标准贯入试验的成果应用

1）划分土类或土层剖面。同圆锥动力触探一样，分层时应注意“超前”与“滞后”反应。

2）确定地基土承载力。可参照表8-14、表8-15确定。

表 8-14 黏性土承载力特征值

| $N'$ | 3 | 5 | 7 | 9 | 11 | 13 | 15 | 17 | 19 | 21 | 23 |
|---|---|---|---|---|---|---|---|---|---|---|---|
| $f_k$/kPa | 105 | 145 | 190 | 235 | 280 | 325 | 370 | 430 | 515 | 600 | 680 |

表 8-15 砂土承载力特征值

| 土类 \ $N'$ | 10 | 15 | 30 | 50 |
|---|---|---|---|---|
| 中、粗砂 $f_k$/kPa | 180 | 250 | 340 | 500 |
| 粉、细砂 $f_k$/kPa | 140 | 180 | 250 | 340 |

3）进行饱和砂土和粉土的地震液化势判别。饱和粉土、砂土当经过初步判别可能液化或需考虑液化影响时，应进一步进行液化判别。用标准贯入试验的锤击数进行判别是常用方法之一。

标准贯入试验成果除以上主要应用外，还可通过建立的地区性经验用 $N$ 值确定黏性土的稠度状态和抗剪强度参数，确定砂土的密度，估算单桩承载力及确定桩基持力层等。

## 8.6 现场检验与监测

**1. 现场检验与监测的目的与任务**

现场检验包括施工阶段对先前岩土工程勘察成果的验证核查，以及岩土工程施工监理和质量控制。其主要目的是保证工程质量和安全，提高工程效益。现场检验主要以地基基础的检验为主。

现场监测就是对在施工过程中及完工后由于工程施工和使用引起岩土性状、周围环境条件（包括工程地质、水文地质条件）及相邻结构、设施等因素发生的变化进行各种观测工作，监视其变化规律和发展趋势，从而了解施工对各因素的影响程度，以便及时在设计、施工和维护上采取相应的防治措施。监测资料力求规范化、标准化和量化。

现场监测常见的有地基沉降与位移观测、地基中应力观测和地下水监测。

**2. 地基基础的检验**

地基基础的检验包括天然地基的基坑（基槽）、桩基工程和地基处理效果的检验。检验时如发现异常情况，应提出处理措施或修改设计的建议。当岩土条件与勘察报告出入较大时，应进行施工勘察。

天然地基的基坑（基槽）开挖后，应检验开挖揭露的地基条件是否与勘察报告一致。检验的内容包括：岩土分布及其性质；地下水情况；对土质地基，可用轻型圆锥动力触探或其他机具进行检验。当遇到下列情况之一时，应重点进行验槽：

1）天然地基持力层的岩性、厚度变化较大时；桩基持力层顶面标高起伏较大时。

2）基础平面范围内存在两种或两种以上不同地层时。

3）基础平面范围内存在异常土质，或有坑穴、古墓、古井、古迹遗址或旧基础时。

4）场地存在破碎带、岩脉以及废（古）河、湖、沟、浜等不良地质、地貌条件时。

5）在雨季或冬季等不良气候条件下施工，土质可能受到影响时。

桩基工程应通过试钻或试打，检验岩土条件是否与勘察报告一致。单桩承载力的检验，应通过载荷试验与动测相结合的方法。对大直径挖孔桩，应逐桩检验孔底尺寸和岩土情况。

地基处理效果的检验，除载荷试验外，尚可采用静力触探、圆锥动力触探、标准贯入试验、旁压试验、波速测试等方法进行检验。

**3. 建筑物的沉降观测**

建筑物的沉降观测能反映地基的实际变形对建筑物的影响程度，是分析地基事故及判别施工质量的重要依据，也是检验勘察资料的可靠性、验证理论计算正确性的重要资料。GB 50021—2001（2009年版）《岩土工程勘察规范》规定，下列建筑物宜进行沉降观测：

1）地基基础设计等级为甲级的建筑物。

2）不均匀或软弱地基上的乙级建筑物。

3）加层、接建或因地基变形、局部失稳而使结构产生裂缝的建筑物。

4）受邻近深基坑开挖施工影响或受场地地下水等环境因素变化影响的建筑物。

5）需要积累建筑经验或要求通过反分析求参数的工程。

建筑物沉降观测时应注意以下几个要点：

1）基准基点的设置以保证其稳定可靠为原则，故宜布置在基岩上，或设置在压缩性较低的土层上。水准基点的位置宜靠近观测对象，但必须在建筑物产生的压力影响范围以外。在一个观测区内，水准基点不应少于3个。

2）观测点的布置应全面反映建筑物及地基的变形并结合地质情况和建筑物结构确定，数量不宜少于6个。

3）水准测量宜采用精密水平仪和铟钢尺。一个观测对象宜固定测量工作、固定人员，观测前仪器必须严格校验。测量精度宜采用Ⅱ级水准测量，视线长度宜为20~30m，视线高度不宜低于0.3m。水准测量应采用闭合法。

4）观测时应随时记录气象资料。

5）观测次数和时间，应根据具体情况确定。一般情况下，民用建筑每施工完一层应观测一次；工业建筑按不同荷载阶段分次观测，但施工阶段的观测次数不应少于4次。建筑物竣工后的观测，第一年不少于3~5次，第二年不少于2次，以后每年一次直到沉降稳定为止。对于突然发生严重裂缝或大量沉降等特殊情况时，应增加观测次数。

**4. 地下水的监测**

地下水动态观测包括水位、水温、孔隙水压力、水化学成分等内容。其中尤其是地下水位及孔隙水压力的动态观测，对于评价地基土承载力、评价水库渗漏和浸没、预测道路翻浆、论证建筑物地基稳定性以及研究水库地震等都有重要的实际意义。GB 50021—2001（2009年版）《岩土工程勘察规范》规定下列情况应进行地下水监测：

1）当地下水的升降影响岩土的稳定时。

2）当地下水上升对构筑物产生浮托力，并影响对地下室或地下构筑物的防潮、防水或稳定性时。

3）当施工排水对工程有较大影响时。

4）当施工或环境条件改变造成的孔隙水压力、地下水压的变化对工程设计或施工有较大影响时。

5）地下水位的下降造成区域性地面沉降时。

6）地下水位升降可能使岩土产生软化、湿陷、胀缩时。

7）需要进行污染物运移对环境影响评价时。

地下水的动态监测可采用水井、地下水天然露头或钻孔、探井。孔隙水压力、地下水压的监测可采用孔隙水压力计或钻孔测压仪。

监测时应满足下列技术要求：

1）动态监测不应少于一个水文年。

2）当孔隙水压力在施工期间发生变化并影响工程安全时，应在孔隙水压力降到安全值后方可停止监测。

3）对受地下水浮托力影响的工程，孔隙水压力的监测应进行至浮托力清除时为止。

监测成果应及时整理，并根据需要提出地下水位和降水量的动态变化曲线图、地下水压动态变化曲线图、不同时期的水位深度图、等水位线图、不同时期的有害化学成分的等值线图等资料，并分析地下水的危害因素，提出防治措施。

## 8.7　岩土工程勘察纲要

勘察工作的基本程序包括编制勘察纲要、编制经费预算、签订勘察合同、实施工程地质测绘与调查、勘探工作、现场检验与监测、编写岩土工程勘察报告等几个方面。

岩土工程勘察纲要是勘察单位工作的设计书，是开展勘察工作的计划和指导性文件。在勘察开始之前，由建设单位会同设计人员填写“岩土工程勘察任务委托书”。委托书中应说明工程的意图和设计阶段，还应提供勘察工作必需的各种图件、资料和文件，即带有建筑物平面布置的地形图、建筑物结构类型与荷载情况表、工程建设的有关批准文件。勘察单位以此为根据，搜集场地附近的已有地质、地震、水文、气象及当地建筑经验等资料，由该项目勘察工作的负责人编写勘察纲要，并经必要的审核批准程序之后进行正式勘察工作。

**1. 岩土工程勘察任务委托书**

在接受勘察任务时，必须获得填写好的“岩土工程勘察任务委托书”，其内容随设计阶段不同而有差别。委托书中技术要求表的格式见表8-16。

**表8-16　岩土工程勘察技术要求**

<table>
<tr><td colspan="19">建设项目名称及地点：</td><td colspan="3">设计阶段：</td></tr>
<tr><td rowspan="3">建筑物名称</td><td rowspan="3">建筑物面积/m²</td><td rowspan="3">室内地坪设计标高/m</td><td rowspan="3">高度/m</td><td rowspan="3">层数</td><td rowspan="3">结构类型</td><td rowspan="3">吊车起重量/kN</td><td rowspan="3">地面荷载/(kN/m²)</td><td rowspan="3">地基类型</td><td rowspan="3">柱距/m</td><td rowspan="3">基础埋深/m</td><td colspan="4">建筑物基础</td><td colspan="5">主要设备基础</td><td>地下室</td><td rowspan="3">备注</td></tr>
<tr><td colspan="2">条形基础</td><td colspan="2">单独柱基</td><td rowspan="2">名称</td><td rowspan="2">尺寸/m²</td><td rowspan="2">埋深/m</td><td rowspan="2">荷重/(kN/m²)</td><td rowspan="2">对差异沉降的要求</td><td rowspan="2">埋深</td></tr>
<tr><td>宽度/m</td><td>荷重/(kN/m²)</td><td>长×宽/m²</td><td>总荷重/kN</td></tr>
<tr><td></td><td></td><td></td><td></td><td></td><td></td><td></td><td></td><td></td><td></td><td></td><td></td><td></td><td></td><td></td><td></td><td></td><td></td><td></td><td></td><td></td><td></td></tr>
<tr><td></td><td></td><td></td><td></td><td></td><td></td><td></td><td></td><td></td><td></td><td></td><td></td><td></td><td></td><td></td><td></td><td></td><td></td><td></td><td></td><td></td><td></td></tr>
<tr><td></td><td></td><td></td><td></td><td></td><td></td><td></td><td></td><td></td><td></td><td></td><td></td><td></td><td></td><td></td><td></td><td></td><td></td><td></td><td></td><td></td><td></td></tr>
<tr><td colspan="22">特殊要求：</td></tr>
<tr><td colspan="22">设计单位________项目负责人________建设单位________联系人________</td></tr>
</table>

**2. 岩土工程勘察纲要的基本内容**

勘察纲要的基本内容取决于勘察阶段、工程的重要性和场地及其土质条件，其基本内容有以下几个方面，实际编写时可以增减。

1）工程名称及建设地点。

2）勘察阶段及技术要求。

3）制订勘察纲要的依据。

4）建筑场地的自然条件及研究程度。

5）勘察工作的内容、方法及要求。

① 尚需继续搜集的各种资料文献。

② 工程地质测绘。

③ 钻探。

④ 原位测试。

⑤ 土、水的试验分析。

⑥ 现场检验与监测。

⑦ 资料整理及报告书中的内容及要求。

6）勘察工作进行中可能遇到的问题及处理措施。

7）附件。包括岩土工程勘察任务委托书、勘探点平面布置图、勘察工作进展计划表。

## 8.8 岩土工程勘察成果报告

岩土工程勘察报告是岩土工程勘察的正式成果。它将现场勘察得到的工程地质资料进行统计、归纳和分析，编制成图件、表格并对场地工程地质条件和问题做出系统的分析和评价，以正确全面地反映场地的工程地质条件和提供地基土物理力学指标，供建设单位、设计单位和施工单位使用，并作为存档文件长期保存。

### 8.8.1 工程地质图的编绘

**1. 工程地质图的类型**

工程地质图的编绘首先要明确工程的要求。工程建设的类型多种多样，规模大小不同，而同一工程在不同设计阶段对勘察工作的要求也不一致，所以工程地质图的内容、表达形式、编图原则及工程地质图的分类等很难求得统一。工程地质图按工程要求和内容，一般可分为如下类型：

1）工程地质勘察实际材料图。图中反映该工程场地勘察的实际工作，包括地质点、钻孔点、勘探坑洞、试验点及长期观测点等。

2）工程地质编录图。这是由一套图件构成，包括有钻孔柱状图、基坑编录图、平洞展示图及地质勘探和测绘点的编录。

3）工程地质分析图。图中突出反映一种或两种工程地质因素或岩土某一性质的指标的变化情况。如基岩埋深等深线、岩性变化图等。

4）专门工程地质图。这是为勘察某一专门工程地质问题而编制的图件。图中突出反映与该工程地质问题有关的地质特征、空间分布和其相互组合关系，评价地质问题有关的地质和力学数据等。

5）综合性工程地质图和分区图。综合性工程地质图也称为工程地质图。这类图是针对建筑类型把与之有关的地质条件和勘探试验成果综合地反映在图上，并对建筑场区的工程地质条件进行总的评价，如图 8-19 所示。

综合性工程地质分区图是在综合性工程地质图的基础上按建筑的适宜性和具体工程地质条件的相似性进行分区和分段。对各分区和分段还要系统地反映有关工程地质条件和分析工程地质问题最需要的资料，并附分区工程地质特征说明表。

**2. 工程地质图的内容及编制原则**

工程地质图的内容主要反映该地区的工程地质条件，按工程的特点和要求对该地区工程地质条件的综合表现进行分区和工程地质评价。一般工程地质图中反映的内容有以下几个方面：

1）地形地貌，包括地势和主要地貌单元。

2）岩土类型及其工程性质，包括地层年代，地基土成因类型、变化、分布规律及物理力学指标的变化范围和代表值。

3）地质构造，在工程地质图上尤其对基岩地区或有地震背景的松软土层分布地区要注意反映地下地质构造特征。对于某些工程，如边坡、洞室工程等，岩石的裂隙性具有很大的意义。还有些岩石的构造特征如变质岩的劈理、片理，岩浆岩的流动构造发育程度与分布方向等在有关专门工程地质图上应表现出来。

4）水文地质条件，工程地质图上反映的水文地质条件一般有地下水位，包括潜水水位及对工程有影响的承压水测压水位及其变化幅度，地下水的化学成分及侵蚀性。

5）不良地质作用，包括各类不良地质作用的形态、发育强度的等级及其活动强度。各种不良地质作用的形态类型一般用符号在其主要发育地段笼统表示，如岩溶、滑坡等。在较大比例尺的图上对规模较大的主要不良地质作用的形态，可按实际情况绘在图上，并对其活动特征做专门说明。

**3. 工程地质图的编制方法**

编制工程地质图需要一套相应比例尺的有关图件，这些基本图件包括地质图或第四纪地质图，地貌及不良地质作用图，水文地质图，各种工程地质剖面图、钻孔柱状图，各种原位测试及室内试验成果图表等。

在使用这些基本底图上的资料时，必须从分析研究入手，根据编图目的，对这些资料加以选择，选取那些对反映工程地质条件、分析工程地质问题最有用的资料，突出主要特征。

图上应画出相关界线，主要有不同年代、不同成因类型和土性的土层界线，地貌分区界线，不良地质作用分布界线及各级工程地质分区界线等（图 8-19）。当然这些界线有许多是彼此重合的，因为工程地质条件各个方面间往往是密切联系的。如地貌界线常常与地质构造线、岩层界线是重合的，尤其是与土层的成因类型有一致性。而工程地质分区界线无论分区标志如何，都必须与其主要的工程地质条件密切相关，因此往往与这些界线也重合。所以，工程地质分区图上的界线，首先应保证分区界线能完整地表示出来。

各种界线的绘制方法，一般是肯定者用实线，不肯定者用虚线。工程地质分区的区级之

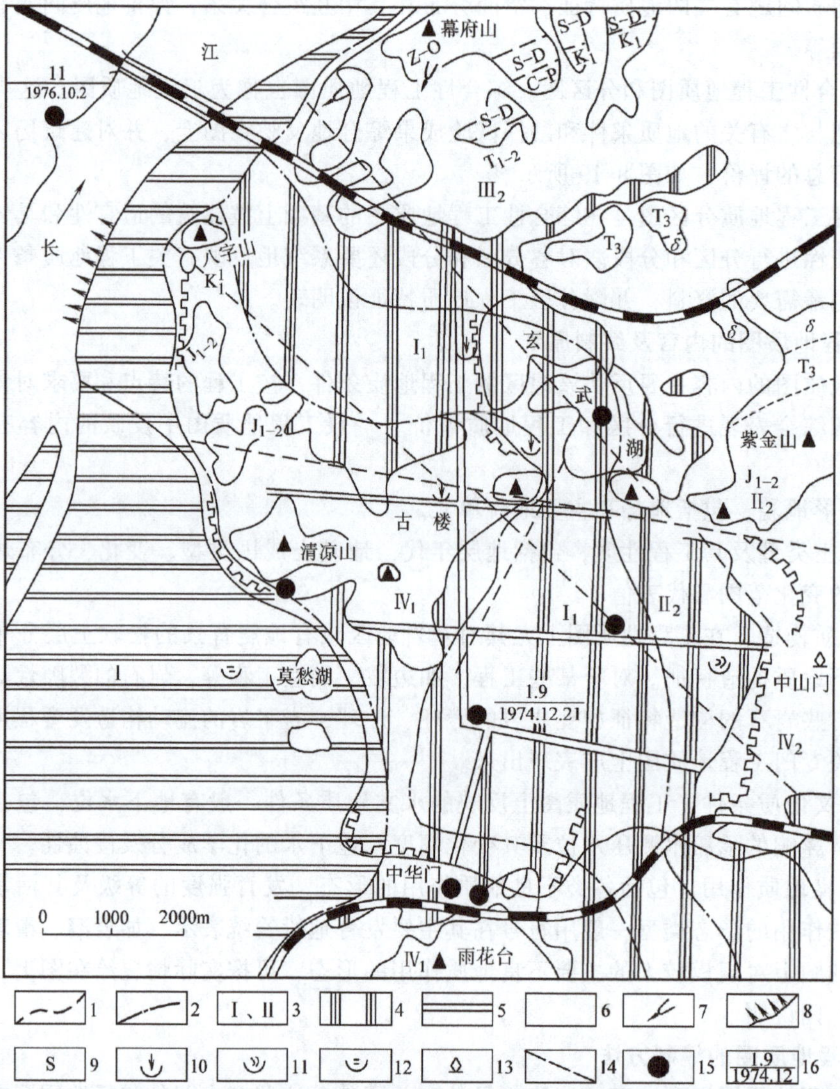


**图 8-19　南京市工程地质综合分区**（据罗国煜、王培清等，1990）

1—地层界线　2—分区界线　3—分区代号　4—多层结构　5—双层结构　6—单一结构　7—滑坡　8—塌岸　9—地层代号　10—地面沉降　11—地热异常点　12—高灵敏黏土　13—膨胀土　14—断层　15—微震中心　16—震级/发震时间　Ⅰ—长江漫滩　Ⅱ—古河道　$Ⅱ_1$—古河道　$Ⅱ_2$—古湖泊　Ⅲ—北盆地　$Ⅲ_1$—低岗阶地　$Ⅲ_2$—低山丘陵高阶地　Ⅳ—南盆地　$Ⅳ_1$—低岗坳沟低阶地　$Ⅳ_2$—丘陵高阶地

间可用线的粗细区别，由高级区向低级区的线条由粗变细。

工程地质图上还可用各种花纹、线条、符号、代号来区分各种岩性、断层线、不良地质作用、土的成因类型等。有时还可以用小柱状图表示一定深度范围内土层的变化。

工程地质图上还可以用颜色表示工程地质分区或岩性。不同单元区可用不同颜色表示，同一单元区内不同区可用同一颜色的不同色调表示。假如再进一步划分，则可用同一色调的深浅表示。

复杂条件下的工程地质图所反映的内容是比较多的，虽经系统分析、选择，图面上的线条、符号仍会相当拥挤。所以必须注意恰当地利用色彩、花纹、线条、粗细界线、符号及代号等，妥善地加以安排，区分疏密浓淡，使工程地质图既能充分说明工程地质条件，又能清晰易读，整洁美观。

### 8.8.2 岩土工程勘察报告的编写

**1. 岩土工程勘察报告的内容**

岩土工程勘察成果报告的内容，应根据任务要求、勘察阶段、地质条件、工程特点等具体情况综合确定，一般包括下列内容：

1）任务要求及勘察工作概况。

2）拟建工程概况。

3）勘察方法和勘察工作布置。

4）场地地形、地貌、地层岩性、地质构造、岩土性质、地下水、不良地质现象的描述与评价。

5）场地稳定性与适宜性的评价。

6）岩土参数的分析与选用。

7）提出地基基础方案的建议，工程施工和使用期间可能发生的岩土工程问题的预测及监控、预防措施的建议。

8）勘察成果表及所附图件。

报告中所附图表的种类，应根据工程的具体情况而定，常用的图表有勘探点平面布置图、钻孔柱状图、工程地质剖面图、原位测试成果表及室内试验成果表等。

**2. 常用图表的编制方法和要求**

（1）勘探点平面布置图　勘探点平面布置图是在建筑场地地形图上，把建筑物的位置、各类勘探及测试点的位置、编号用不同的图例表示出来，并注明各勘探、测试点的标高、深度、剖面线及其编号等（图8-20）。

（2）钻孔柱状图　钻孔柱状图是根据钻孔的现场记录整理出来的。记录中除注明钻进的工具、方法和具体事项外，其主要内容是关于地基土层的分布（层面深度、分层厚度）和地层的名称及特征的描述。绘制柱状图时，应从上而下对地层进行编号和描述，并用一定的比例尺、图例和符号表示。在柱状图中还应标出取土深度、地下水位埋深等资料（图8-21）。

（3）工程地质剖面图　柱状图只反映场地一勘探点处地层的竖向分布情况，工程地质剖面图则反映某一勘探线上地层沿竖向和水平向的分布情况。由于勘探线的布置常与主要地貌单元或地质构造轴线垂直，或与建筑物的轴线相一致，故工程地质剖面图能有效地标示场地工程地质条件。

工程地质剖面图绘制时，首先将勘探线的地形剖面线画出，标出勘探线上各钻孔中的地层层面，然后在钻孔的两侧分别标出层面的高程和深度，再将相邻钻孔中相同土层分界点以直线相连。当某地层在邻近钻孔中缺失时，该层可假定于相邻两孔中间尖灭。剖面图中的垂直距离和水平距离可采用不同的比例尺。

在柱状图和剖面图上也可同时附上土的主要物理力学性质指标及某些试验曲线，如静力

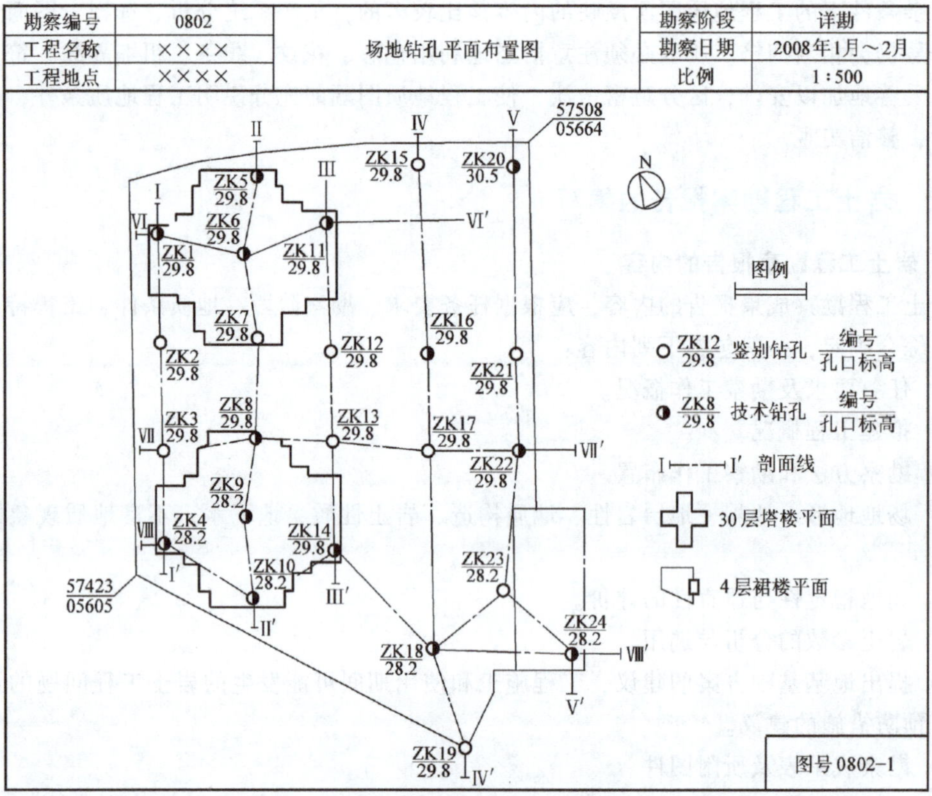


图 8-20 场地钻孔平面布置图

触探、动力触探或标准贯入试验曲线等（图 8-22）。

（4）综合地层柱状图 为了简明扼要地表示所勘察的地层的层序及其主要特征和性质，可将该区地层按新老次序自上而下以 1∶50~1∶200 的比例绘成柱状图。图上注明层厚、地质年代，并对岩石或土的特征和性质进行概括性的描述。这种图件称为综合地层柱状图。

（5）土工试验成果汇总表 土的物理学性质指标是地基基础设计的重要依据。将土样室内试验成果及相关岩样测试成果归纳汇总列表表达即为土工实验成果汇总表（表 8-17）。

表 8-17 某建筑场地土（岩）物理力学指标的标准值

| 主要指标 | | 天然含水率 $w$/% | 土的天然重度 $\gamma$ /(kN/m³) | 孔隙比 $e$ | 液限 $w_L$ /% | 塑限 $w_P$ /% | 塑性指数 $I_P$ | 液性指数 $I_L$ | 压缩系数 $a_{1-2}$/MPa⁻¹ | 压缩模量 $E_{a1-2}$ /MPa | 岩石的饱和单轴抗压强度 $f_{rk}$ /MPa | 抗剪强度 | | 地基承载力特征值 $f_{ak}$ /kPa |
|---|---|---|---|---|---|---|---|---|---|---|---|---|---|---|
| | | | | | | | | | | | | 黏聚力 $C_{cu}$ /kPa | 内摩擦角 $\varphi_{cu}$ (°) | |
| ② | 黏土 | 25.3 | 19.1 | 0.710 | 39.2 | 21.2 | 18.0 | 0.23 | 0.29 | 5.90 | | 25.7 | 14.8 | 289 |
| ③ | 淤泥 | 77.4 | 15.3 | 2.107 | 47.3 | 26.0 | 21.3 | 2.55 | 1.16 | 2.18 | | 6 | 6 | 35 |
| ⑤ | 粉质黏性土 | 18.1 | 19.5 | 0.647 | 36.5 | 20.3 | 16.2 | <0 | 0.22 | 7.49 | | 30.8 | 17.2 | 338 |
| ⑥ | 花岗岩 | | | | | | | | | | 26.5 | | | |

注：1. 黏土层、淤泥层、砂质黏性土层、花岗岩承载力参考《建筑地基基础设计规范》确定；

2. 黏土层、淤泥层、砂质黏性土层各取土样 6~7 件，除 $C$、$\varphi$、地基承载力、岩石抗压强度为标准值外，其余指标均为平均值。

| 勘察编号 | | | 0802 | | 钻孔柱状图 | | | 孔口标高 | 29.8m | | |
|---|---|---|---|---|---|---|---|---|---|---|---|
| 工程名称 | | | ×××× | | | | | 地下水位 | 27.6m | | |
| 钻孔编号 | | | ZK1 | | | | | 钻探日期 | 2008年2月7日 | | |
| 地质代号 | 层底标高/m | 层底深度/m | 分层厚度/m | 层序号 | 地质柱状 1:200 | 岩心采取率(%) | 工程地质简述 | 标贯$N_{63.5}$ 深度/m | 实际击数/校正击数 | 岩土样 编号/深度/m | 备注 |
| $Q^{ml}$ | | 3.0 | 3.0 | ① | | 75 | 填土：杂色、松散、内有碎砖、瓦片、混凝土块、粗砂及黏性土，钻进时常遇混凝土板 | | | | |
| $Q^{el}$ | | 10.7 | 7.7 | ② | | 90 | 黏土：黄褐色，冲积、可塑、具黏滑感，顶部为灰黑色耕作层，底部土中含较多粗颗粒 | 10.85~11.15 | 31/25.7 | ZK1-1/10.5~10.7 | |
| | | 14.3 | 3.6 | ④ | | 70 | 砾石：土黄色，冲积、松散-稍密，上部以砾、砂为主，含泥量较大，下部颗粒变粗，含砾石、卵石、粒径一般 2 ~ 5 cm，个别达 7 ~ 9 cm，磨圆度好。 | | | | |
| $Q^{el}$ | | 27.3 | 13.0 | ⑤ | | 85 | 砂质黏性土：黄褐色带白色斑点，残积，为花岗岩风化产物，硬塑 - 坚硬，土中含较多粗石英粒，局部为砾质黏土 | 20.55~20.85 | 42/29.8 | ZK1-2/20.2~20.4 | |
| $\gamma_5^3$ | | 32.4 | 5.1 | ⑥ | | 80 | 花岗岩：灰白色- 肉红色，粗粒结晶，中 - 微风化，岩质坚硬，性脆，可见矿物成分有长石、 石英、 角闪石、云母等。岩芯呈柱状 | | | ZK1-3/31.2~31.3 | |
| | | | | | | | | | | 图号 0802-7 | |

▲标贯位置　　■岩样位置　　●土样位置

拟编：　　　　审核：

图 8-21　钻孔柱状图

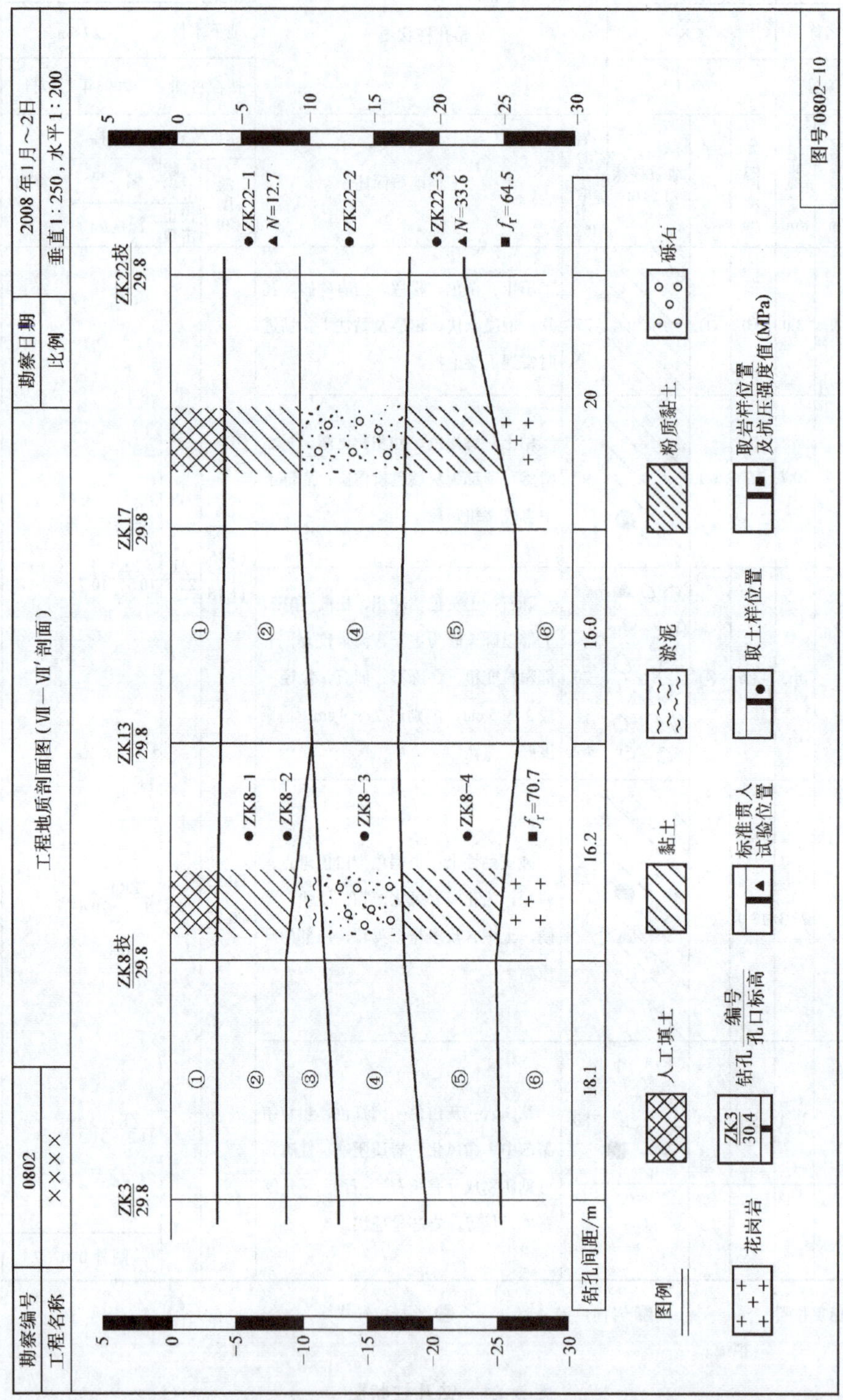


图 8-22　工程地质剖面图

## 本章小结

(1) 岩土工程勘察工作就是综合运用各种勘察手段和技术方法，有效查明建筑场地的工程地质条件，分析评价建筑场地可能出现的岩土工程问题，对场地地基的稳定性和适宜性做出评价，为工程建设规划、设计、施工和正常使用提供可靠地质依据。其目的是充分利用有利的自然地质条件，避开或改造不利的地质因素，保证工程建筑物的安全稳定、经济合理和使用正常。

(2) 岩土工程勘察的基本任务是按照建筑物或构筑物不同勘察阶段的要求，为工程的设计、施工以及岩土体治理加固、开挖支护和降水等工程提供地质资料和必要的技术参数，对有关的岩土工程问题做出论证和评价。

(3) 综合考虑工程重要性、场地复杂程度和地基复杂程度三项因素，将岩土工程勘察等级划分为甲、乙、丙三个级别。甲级岩土工程勘察：在工程重要性、场地复杂程度和地基复杂程度等级中，有一项或多项为一级。乙级岩土工程勘察：除勘察等级为甲级和丙级以外的勘察项目。丙级岩土工程勘察：工程重要性、场地复杂程度和地基复杂程度等级均为三级。对于岩质地基，场地地质条件复杂程度是控制因素。建造在岩质地基上的一级工程，如果场地和地基条件比较简单，勘察工作难度不大，场地复杂程度等级和地基复杂程度等级均为三级时，岩土工程勘察等级也可定为乙级。

(4) 不同行业勘察阶段的划分并不完全一致，在具体的勘察工程中，应根据工程建设的类型，参考相应行业规范划分勘察阶段。房屋建筑物和构筑物岩土工程勘察可划分为可行性研究勘察、初步勘察、详细勘察三个阶段，施工勘察不作为一个固定阶段。

(5) 勘察工作的基本程序包括编制勘察纲要、编制经费预算、签订勘察合同、实施工程地质测绘与调查、勘探工作、现场检验与监测、编写岩土工程勘察报告等几个方面。

(6) 工程地质测绘是运用地质、工程地质理论，对与工程建设有关的各种地质现象和作用进行详细的观察和描述，初步查明拟建场地或各建筑地段的工程地质条件，将工程地质条件诸要素采用不同的颜色、符号，按照精度要求标绘在一定比例尺的地形图上，并结合勘探、测试和其他勘察工作的资料，编制成工程地质图，作为岩土工程勘察的重要成果提供给建筑物规划、设计和施工部门使用。这一重要的勘察成果可对场地或各建筑地段的稳定性和适宜性做出评价。

(7) 工程地质勘探一般在工程地质测绘的基础上进行。它可以直接深入地下岩土层取得所需的工程地质资料，是探明深部地质情况的一种可靠的方法。工程地质勘探的主要方式有工程地质钻探、坑探和物探。

(8) 现场原位测试是在岩土层原来所处的位置基本保持天然结构、天然含水量以及天然应力状态下，测定岩土的物理力学性质指标。

(9) 现场检验包括施工阶段对先前岩土工程勘察成果的验证检查，以及岩土工程施工监理和质量控制。现场检验主要以地基基础的检验为主，包括天然地基的基坑（基槽）验槽、桩基工程的检验和地基处理效果检验。

(10) 现场监测是对在施工过程中及完工后由工程施工和使用引起岩土性状、周围环境条件（包括工程地质、水文地质条件）及相邻结构、设施等因素发生的变化进行各种观测工作，监视其变化规律和发展趋势，从而了解施工对各因素的影响程度，以便及时在设计、施工和维护上采取相应的防治措施。监测资料力求规范化、标准化和量化。现场监测常见的有地基沉降与位移观测、地基中应力观测和地下水监测。

(11) 工程地质图按工程要求和内容，一般可分为工程地质勘察实际材料图、工程地质编录图、工程地质分析图、专门工程地质图、综合性工程地质图和分区图等。

(12) 岩土工程勘察成果报告的内容，应根据任务要求、勘察阶段、地质条件、工程特点等具体情况综合确定，一般包括下列内容：任务要求及勘察工作概况，拟建工程概况，勘察方法和勘察工作布置，场地地形、地貌、地层岩性、地质构造、岩土性质、地下水、不良地质作用的描述与评价，场地稳定性与适宜性的评价，岩土参数的分析与选用，提出地基基础方案的建议，工程施工和使用期间可能发生的岩土工程问题的预测及监控、预防措施的建议及勘察成果表及所附图件等。

## 习　题

1. 简述岩土工程勘察的目的和各勘察阶段的一般要求。
2. 如何确定岩土工程勘察的级别？
3. 房屋建筑物和构筑物岩土工程勘察可分为哪几个阶段？试述各阶段的内容。
4. 工程地质测绘的方法主要有哪几类？
5. 简述电法勘探的基本原理和方法。
6. 现场原位测试方法主要有哪些？载荷试验、静力触探、圆锥动力触探、标准贯入试验的用途分别是什么？
7. 确定地基承载力的方法有哪几种？
8. 工程地质勘察报告主要包括哪些内容？

## 参 考 文 献

[1]　王贵荣. 岩土工程勘察［M］. 西安：西北工业大学出版社，2007.
[2]　王奎华. 岩土工程勘察［M］. 北京：中国建筑出版社，2016.
[3]　李志毅，唐辉明. 岩土工程勘察［M］. 武汉：中国地质大学出版社，2000.
[4]　姜宝良. 岩土工程勘察［M］. 郑州：黄河水利出版社，2011.
[5]　高大钊. 岩土工程勘察与设计——岩土工程疑难问题答疑笔记整理之二［M］. 北京：人民交通出版社，2010.

# 附　录

## 实验1　主要造岩矿物的鉴别

### 1.1　目的与要求

(1) 目的　通过让学生直接观察矿物标本，建立对主要造岩矿物的感性认识和鉴别能力。

(2) 要求　学会观察矿物的形态、物理性质和某些特殊的化学性质；学会使用简便工具，认识、鉴别、描述矿物的性质；初步掌握肉眼鉴定的基本方法。

### 1.2　方法与步骤

先从观察矿物的形态入手，然后观察矿物的光学性质，观察矿物的力学性质，再看看待鉴定的矿物应有的其他的一些性质。例如，方解石遇稀盐酸剧烈起泡，磁铁矿、磁黄铁矿能被普通磁铁所吸引，蒙脱石遇水剧烈膨胀等。最后综合观察结果，查阅相关矿物特征鉴定表，即可给矿物定名。

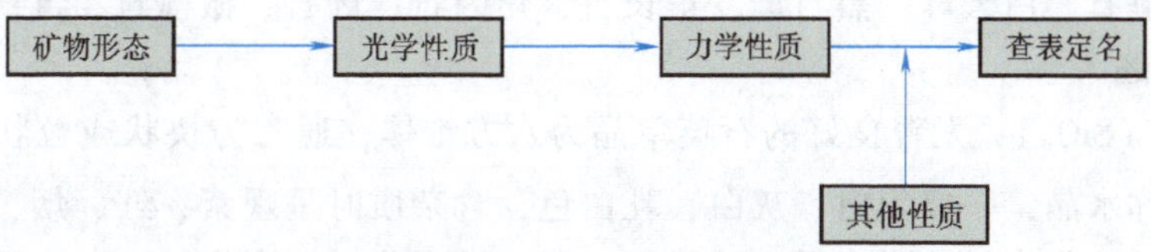


附图 1-1　**实验方法与步骤**

### 1.3　矿物的肉眼鉴定要点

肉眼鉴定过程中，前面所述矿物的各项物理特征，在同一个矿物上不一定全部显示出来，必须善于抓住矿物的主要特征，尤其是那些具有鉴定意义的特征。

**1. 矿物形态的观察**

矿物单体形态观察：六方双锥（或六方锥）—石英（水晶）；菱面体—方解石；菱形多面体—石榴子石；长柱体—红柱石；长柱状或纤维状—普通角闪石；短柱状—普通辉石；板状—板状石膏、长石；片状—云母。

矿物集合体形态观察：晶簇状—石英晶簇；粒状—橄榄石；致密状—黄铜矿；鳞片状—绿泥石；纤维状—石棉、（纤维）石膏；放射状—阳起石、红柱石；结核状—(鲕状、豆状、肾状）赤铁矿；土状—高岭土、蒙脱石。

晶面条纹的观察：有些晶体的晶面具有条纹状，如黄铁矿三个方向的晶面条纹彼此垂直，斜长石的晶纹相互平行。

**2. 光学性质的观察**

矿物的颜色：方解石、石英—白色；橄榄石—深绿色；赤铁矿—铁红色；磁铁矿—黑色；铅锌矿—灰色；黄铜矿—铜黄色。

矿物的条痕：观察方解石、角闪石、斜长石、橄榄石的条痕，对比黄铁矿、黄铜矿、赤铁矿等矿物的条痕与颜色之间的关系。

矿物的光泽：对着光线，看其反射光线的性质来确定属于何种光泽。黄铜矿、黄铁矿—金属光泽；赤铁矿—半金属光泽；石英（晶面）—玻璃光泽；叶蜡石、蛇纹石—蜡状光泽；滑石、石英（断面）—油脂光泽；高岭土—土状光泽；石棉、（纤维）石膏—丝绢光泽；白云母、冰洲石—珍珠光泽。

矿物的透明度：手拿标本，注意观察矿物碎片边缘的透明程度。白云母、石英（水晶）—透明；蛋白石—半透明；黄铁矿、磁铁矿—不透明。

**3. 力学性质的观察**

矿物的硬度：用简便工具对矿物的硬度进行测试。如指甲的硬度为2~2.5，铜钥匙的硬度约为3，小钢刀的硬度为5~5.5，玻璃的硬度约为6。

矿物的解理和断口：观察矿物的解理时，要注意在同一方向上对应侧面解理的一致性，又要观察解理面光滑平整的程度。如：云母—一组极完全解理；方解石—三组完全解理；长石—一组完全解理；石英—无解理（贝壳状断口）；黄铁矿—参差状断口。

## 1.4 实验内容——常见造岩矿物鉴定

**1. 实验标本**

石英、方解石、白云母、黑石母、正长石、角闪石、辉石、橄榄石、黄铁矿、高岭石。

**2. 实验描述**

(1) 石英（$SiO_2$） 发育良好的石英单晶为六方锥体，通常为块状或粒状集合体；纯净透明石英晶体称水晶，一般为白、灰白、乳白色，含杂质时呈现紫、红、烟、茶等色；晶面玻璃光泽，断口或集合体油脂光泽；无解理，断口贝壳状；硬度为7；相对密度为2.65。

主要鉴定特征：形状、光泽、颜色、条痕、断口。

(2) 方解石（$CaCO_3$） 单晶为菱形六面体，集合体为粒状或块状；无色透明者称冰洲石，一般为白色、灰色，含杂质的呈浅黄、黄褐、浅蓝色；玻璃光泽；三组完全解理面；硬度为3；相对密度为2.6~2.8；滴冷稀盐酸剧烈起泡。

主要鉴定特征：形状、解理、硬度、遇稀盐酸起泡。

(3) 云母 含钾、铁、镁、铝等多种金属阳离子的铝硅酸盐矿物。按所含阳离子不同，主要有白云母和黑云母。

1) 白云母［$KAl_2(AlSi_3O_{10})(OH)_2$］。单晶呈板状、片状，薄片无色透明，有弹性，集合体片状、鳞片状，微细鳞片状集合体称为绢云母；集合体浅黄、浅绿、浅灰色；一个方向劈开极完全；玻璃光泽，解理面珍珠光泽；硬度为2.5~3；相对密度为2.76~3.12。

2) 黑云母［$K(Mg, Fe)_3(AlSi_3O_{10})(Fe, OH)_2$］。形态同白云母；富含铁的为黑云母，

黑色；富含镁（Mg：Fe>2：1）的为金云母，金黄色；一个方向解理极完全；珍珠光泽；硬度为2.5~3；相对密度为3.02~3.12。

主要鉴定特征：形状、光泽、颜色、解理。

（4）正长石（$KAlSi_3O_8$） 单晶为短柱或厚板状，集合体为粒状或块状；在岩石中常呈肉红、浅黄、浅玫瑰色；有两组完全正交的解理面，粗糙状断口；解理面上玻璃光泽；硬度为6；相对密度为2.54~2.57。

主要鉴定特征：颜色、解理、光泽。

（5）角闪石［$Ca_2Na(Mg, Fe)_4(Al, Fe)[(Si, Al)_4O_{11}]_2(OH)_2$］ 单晶呈长柱或针状，集合体呈粒状或块状；颜色暗绿至黑色；玻璃光泽；有两组完全解理面（交角为56°和124°）；硬度为5~6；相对密度为3.1~3.3。

主要鉴定特征：形状、光泽、颜色。

（6）辉石［$Ca(Mg, Fe, Al)(Si, Al)_2O_6$］ 单晶呈短柱或粒状，集合体块状；黑褐或黑色；玻璃光泽；有两组完全解理面（交角87°和93°）；硬度为5.5~6；相对密度为3.23~3.56。

主要鉴定特征：形状、光泽、颜色、解理。

（7）橄榄石［$(Mg, Fe)_2, (SiO_4)$］ 常呈粒状集合体；浅黄绿至橄榄绿色；晶面玻璃光泽，断口油脂光泽；无解理，断口贝壳状；硬度为6.5~7；相对密度为3.3~3.5；性脆。

主要鉴定特征：形状、颜色、光泽、断口。

（8）黄铁矿（$FeS_2$） 单晶为立方体，集合体为粒状或块状；铜黄色；条痕黑色；强金属光泽；无解理；断口参差状；硬度为6~6.5；相对密度为4.9~5.2。黄铁矿是地壳中分布广泛的硫化物，是制取硫酸的主要原料，岩石中的黄铁矿易氧化分解成铁的氧化物和硫酸，从而对混凝土和钢筋混凝土结构物产生腐蚀作用。

主要鉴定特征：形状、光泽、颜色、条痕。

（9）高岭石［$Al_2Si_2O_5(OH)_4$］ 单晶极小，肉眼不可见，集合体多为土状或块状；纯者白色，含杂质可为浅红、浅黄、浅灰、浅绿色；土状光泽；硬度为1~2；相对密度为2.58~2.61；干燥块体有粗糙感，易捏成碎末，吸水性强，潮湿时具有可塑性。

主要鉴定特征：形状、颜色、光泽、吸水性。

## 思考题

1. 在实验中你是如何运用肉眼鉴定矿物的？
2. 在造岩矿物中“有害矿物”指的是什么？对建筑物有哪些影响？

# 实验2 常见岩石的鉴别

## 2.1 岩浆岩的认识和鉴定

**1. 目的与要求**

(1) 目的 通过对常见岩浆岩的矿物成分和结构构造等观察，建立岩浆岩类基本概念和感性认识。

(2) 要求 初步掌握肉眼鉴定岩浆岩的基本方法；学会常见岩浆岩的简单鉴定。

**2. 方法与步骤**

见2.3.4节“岩浆岩的鉴别方法”相应内容。

**3. 内容与安排**

(1) 标本 闪长岩、花岗岩、玄武岩、玢岩、花岗斑岩、辉长岩、流纹岩、安山岩。

(2) 岩石标本描述

1) 闪长岩：也是全晶质等粒结构的深成侵入岩。其主要成分为斜长石，少量的铁镁矿物主要是角闪石、黑云母和一些辉石。

2) 花岗岩：粒状结构，长石和石英为主要组成成分，因此一般是浅色的。花岗岩中含有的铁镁矿物是黑云母和角闪石。

3) 花岗斑岩：也称斑状花岗岩，一般为灰红、浅红色；似斑状结构，斑晶多为石英或正长石粗大晶粒，基质多为细小石英和长石晶粒；块状构造；矿物成分与花岗岩相同。

4) 玄武岩：黑色至深灰色隐晶质岩石。斑晶常为基性斜长石，常见气孔、杏仁构造。

5) 辉长岩：全晶质粒状结构的岩石，主要矿物成分为斜长石和辉石，还可有橄榄石等其他深色矿物。肉眼观察时，深色矿物含量超过斜长石的，即可确定为辉长岩。

6) 流纹岩：基质隐晶质，通常有石英、钾长石斑晶散布其间（钾长石常呈轮廓矩形，无色透明；解理面明显并现珍珠光泽的结晶颗粒）；颜色各不相同，多浅黄、肉红、浅棕色，并有流动纹。

7) 安山岩：通常是具斑状结构的隐晶质岩石，不含石英。最常见的斑晶是斜长石，但也有黑云母、角闪石或辉石出现。安山岩也多呈熔岩状产出。安山岩的颜色从白的到黑的都有，但以紫、灰、绿色较常见。

## 2.2 常见沉积岩的认识和鉴定

**1. 目的与要求**

(1) 目的 通过对常见沉积岩的矿物成分和结构构造等观察，建立沉积岩类基本概念和感性认识。

(2) 要求 初步掌握肉眼鉴定沉积岩的基本方法；学会常见沉积岩的简单鉴定；观察、熟悉主要的沉积构造（原生构造）；掌握碎屑岩、碳酸盐岩的鉴定特征。

**2. 方法与步骤**

见2.3.4节“沉积岩的鉴别方法”相应内容。

**3. 内容与安排**

(1) 标本　火山角砾岩、凝灰岩、砾岩、砂岩、白灰岩、白云岩、泥灰岩、泥岩、页岩。

(2) 标本描述

1) 砾岩(角砾岩)：粒径大于2mm的碎屑占50%以上。其中由滚圆度较好的砾石、卵石胶结而成的称为砾岩；由带棱角的角砾、碎石胶结而成的称为角砾岩。砾岩多经过较长距离搬运后沉积胶结而成；而角砾岩大多是搬运距离不远即沉积胶结。砾岩(角砾岩)成分可由矿物或岩石碎块组成。胶结物常为泥质、钙质、硅质和铁质。硅质和铁质砾岩强度高，但铁质砾岩易风化。泥质砾岩胶结不牢固。

2) 砂岩：粒径为2~0.05mm的砂粒在岩石中占50%以上。根据颗粒大小不同可分为粗粒、中粒、细粒砂岩。按矿物成分可分为石英砂岩、长石砂岩等。石英砂岩石英含量大于95%，一般呈灰白色，硅质胶结，质地坚硬。长石砂岩长石含量大于25%，其余部分主要是石英，岩石呈浅红色或浅灰色，分选性较差。粉砂岩粒径为0.05~0.005mm的含量大于50%，主要由石英、云母、长石等组成，一般泥质含量高。胶结物成分和胶结类型影响砂岩的强度，一般硅质砂岩坚硬且强度高，泥质砂岩强度低。

3) 页岩和泥岩：分布最广的一类沉积岩，均具泥质结构，常发育有平行层理，主要由黏土矿物组成。页岩为固结很好的泥质岩石，成页片状，可分为硅质页岩、钙质页岩、碳质页岩等。只有硅质页岩强度稍高，其余种类的页岩性质软弱。泥岩为固结较紧密的泥质岩石，成块状，成分较复杂，多粉砂。页岩和泥岩易风化成碎片，浸水后强度显著降低。黏土属于未固结或弱固结的泥质岩石，具吸水性和可塑性，在水中易泡软或遇水膨胀。

4) 石灰岩：主要矿物为方解石，有时含少量白云石或粉砂粒、黏土矿物等。纯石灰岩浅灰白色，含杂质后可为灰黑至黑色，硬度为3~4，性脆，遇稀盐酸剧烈起泡。普通化学结构的称普通石灰岩；同生砾状结构的有豆状石灰岩、鲕状石灰岩和竹叶状石灰岩；生物化学结构的有介壳状石灰岩、珊瑚石灰岩等。

5) 白云岩：主要矿物为白云石，有时含少量方解石和其他杂质。白云岩一般比石灰岩颜色稍浅，多灰白色；硬度为4~4.5；遇冷盐酸不易起泡，滴镁试剂由紫变蓝。

## 2.3　常见变质岩的认识和鉴定

**1. 目的与要求**

(1) 目的　通过对常见变质岩的矿物成分和结构构造等观察，建立变质岩类基本概念和感性认识。

(2) 要求　初步掌握肉眼鉴定变质岩的基本方法；初步掌握变质岩的一般特征；学会常见变质岩的简单鉴定。

**2. 方法与步骤**

见2.3.4节“变质岩的鉴别方法”相应内容。

**3. 内容与安排**

(1) 标本　板岩、千枚岩、黑云母片岩、蛇纹岩、构造角砾岩、大理岩、石英岩。

(2) 标本描述

1) 板岩：常见颜色为深灰、黑色；变余结构。常见变余泥状结构或致密隐晶结构；板状构造；黏土及其他肉眼难辨矿物。

2）千枚岩：通常灰色、绿色、棕红色及黑色；变余结构，或显微鳞片状变晶结构；千枚状构造；肉眼可辨的主要矿物为绢云母、黏土矿物及新生细小的石英、绿泥石、角闪石矿物颗粒。

3）片岩类：变晶结构；片状构造，故取名片岩；岩石的颜色及定名均取决于主要矿物成分，例如云母片岩、角闪石片岩、绿泥石片岩、石墨片岩等。

4）片麻岩类：变晶结构；片麻状构造；浅色矿物多粒状，主要是石英、长石；深色矿物多针状或片状，主要是角闪石、黑云母等，有时含少量变质矿物如石榴子石等。片麻岩进一步定名也取决于主要矿物成分，例如花岗片麻岩、闪长片麻岩、黑云母斜长片麻岩等。

5）混合岩类：在区域变质作用下，地下深处重熔带高温区，大量岩浆携带外来物质进入围岩，使围岩中的原岩经高温重熔、交代混合等复杂的混合岩化深度变质作用形成的一种特殊类型变质岩。混合岩晶粒粗大，变晶结构；条带状、眼球状构造；矿物成分与花岗片麻岩接近。

6）大理岩：由石灰岩、白云岩经接触变质或区域变质的重结晶作用而成。纯质大理岩为白色，我国建材界称之“汉白玉”。含杂质时，大理岩可为灰白、浅红、淡绿甚至黑色；等粒变晶结构；块状构造。以方解石为主称方解石大理岩，以白云石为主称白云石大理岩。

7）石英岩：由石英砂岩或其他硅质岩经重结晶作用而成。纯质石英岩暗白色，硬度高，有油脂光泽；含杂质后可为灰白、蔷薇或褐色等；等粒变晶结构；块状构造；石英含量超过85%。

8）云英岩：由花岗岩经交代变质而成。常为灰白、浅灰色；等粒变晶结构；致密块状构造；主要矿物为石英和白云母。

9）蛇纹岩：由富含镁的超基性岩经交代变质而成。常为暗绿或黑绿色，风化后则呈现黄绿或灰白色；隐晶质结构；块状构造；主要矿物蛇纹石，常含少量石棉、滑石、磁铁矿等矿物；断面不平坦；硬度较低。

10）构造角砾岩：是断层错动带中的产物，又称断层角砾岩。原岩受极大动压力而破碎后，经胶结作用而成构造角砾岩。角砾压碎状结构；块状构造；碎屑、形状不均，粒径可由数毫米到数米；胶结物多为细粉粒岩屑或后期由溶液中沉淀的物质。

11）糜棱岩：高动压力把原岩碾磨成粉末状细屑，又在高压力下重新结合成致密坚硬的岩石，称糜棱岩。具典型的糜棱结构；块状构造；矿物成分基本与围岩相同，有时含新生变质矿物绢云母、绿泥石、滑石等。糜棱岩也是断层错动带中的产物。

## 思 考 题

1. 岩浆岩的主要特点是什么？如何区分斑状与似斑状结构？
2. 沉积岩的主要特点是什么？如何区分石灰岩与白云岩？
3. 变质岩的主要特点是什么？如何区分石英岩和大理岩？

# 实验3 地质构造鉴别与地质图阅读

## 3.1 地质构造鉴别

**1. 目的**

认识各种产状的岩层、褶皱、断层和角度不整合的立体图形。

**2. 要求**

在教师带领下观察各有关立体图形。

**3. 鉴别地质构造**

观察描绘各种地质构造的立体图形，如附图 3-1～附图 3-14 所示。

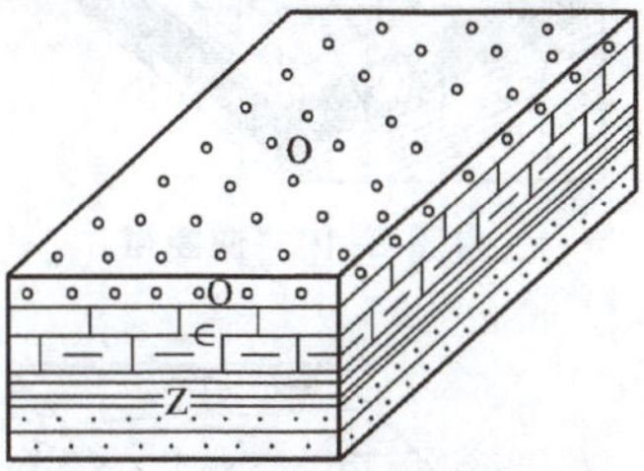


附图 3-1 水平岩层

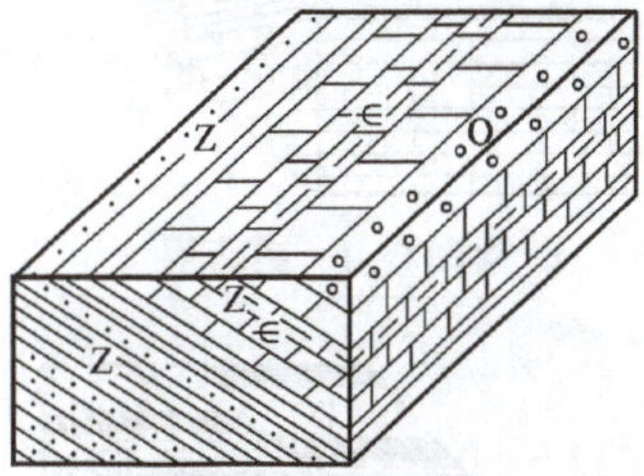


附图 3-2 倾斜岩层

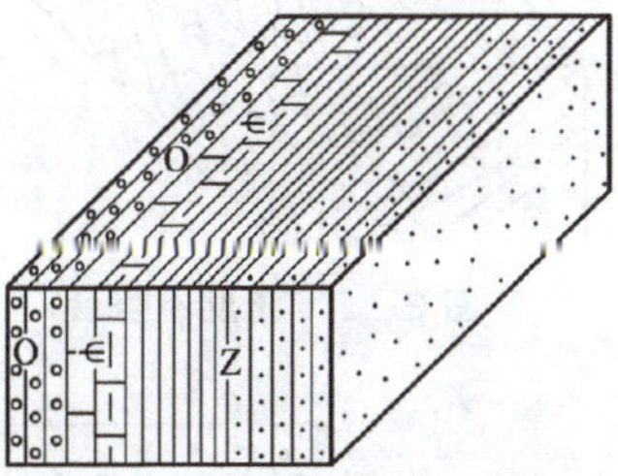


附图 3-3 直立岩层

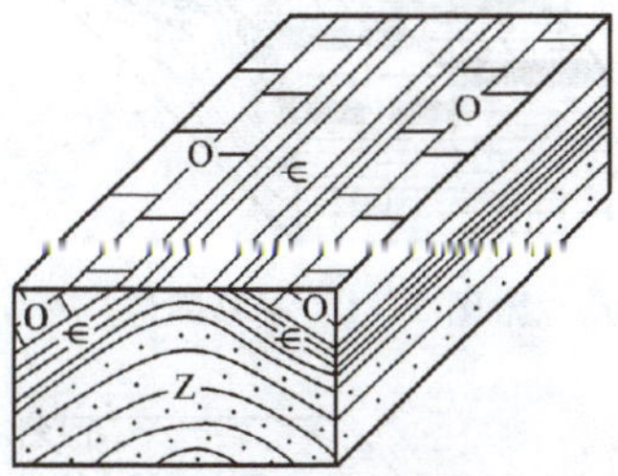


附图 3-4 背斜

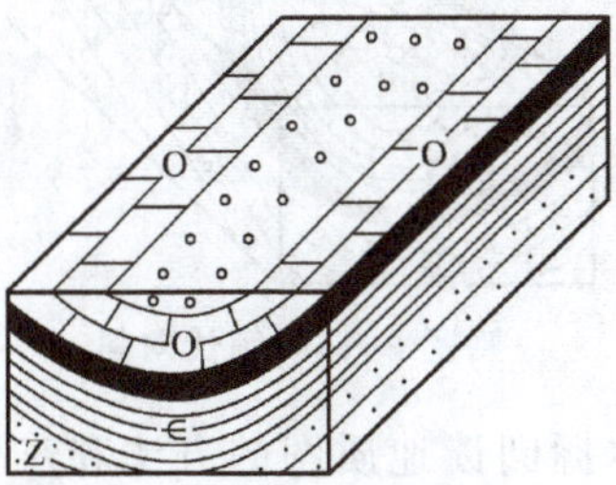


附图 3-5 向斜

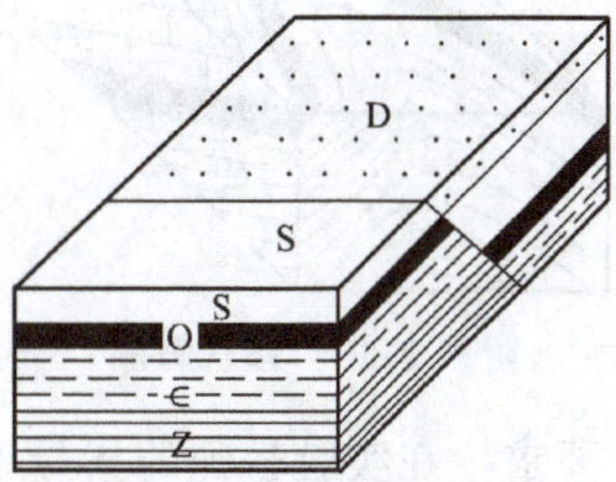


附图 3-6 正断层

## 3.2 地质图阅读

### 3.2.1 目的与要求

（1）目的 了解地质图的基本概念，进一步认识地质构造在地质图上的表现。

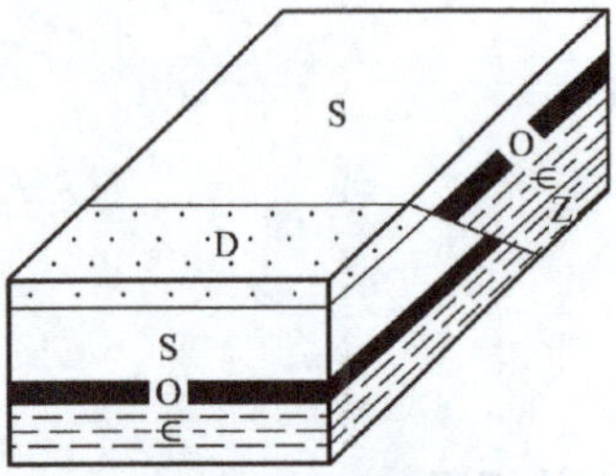


附图3-7　逆断层

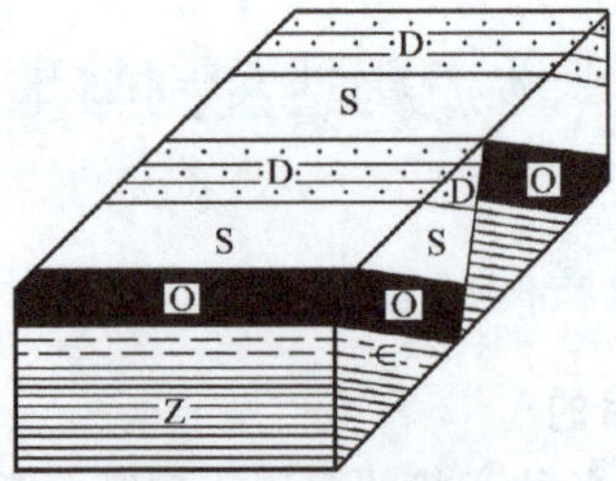


附图3-8　正断层

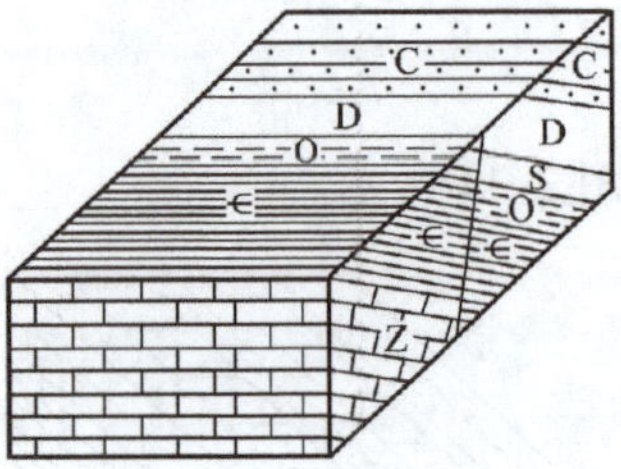


附图3-9　逆断层

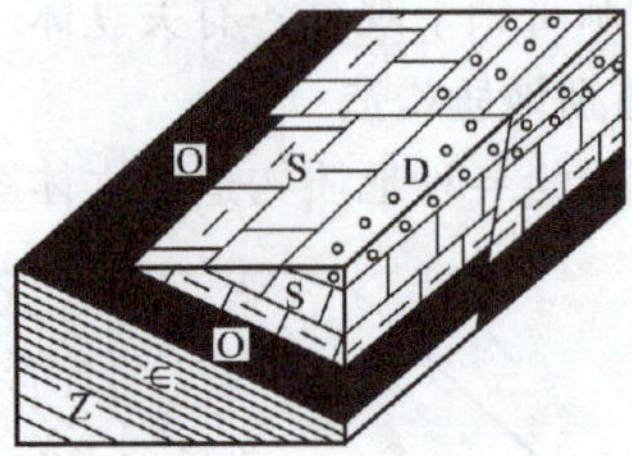


附图3-10　逆断层

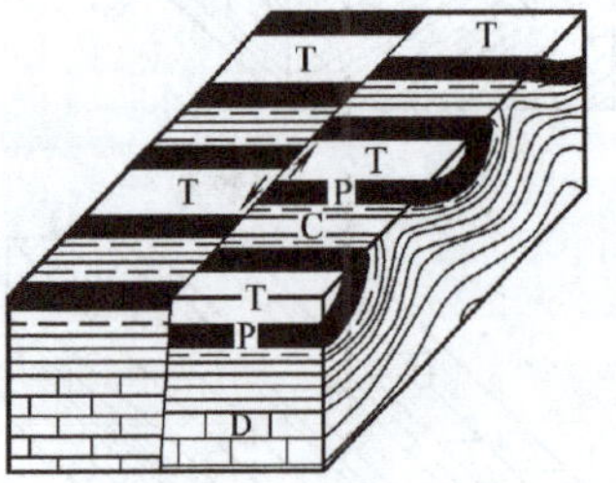


附图3-11　平移断层

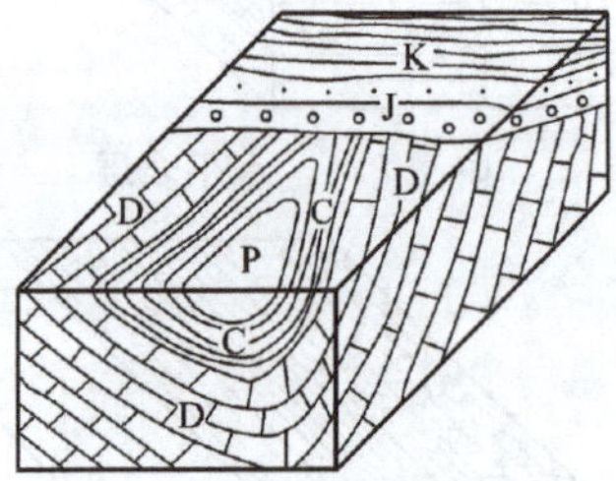


附图3-12　角度不整合

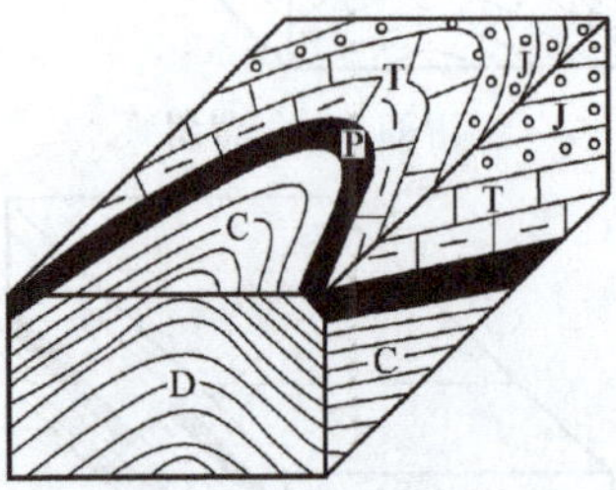


附图3-13　倾伏背斜

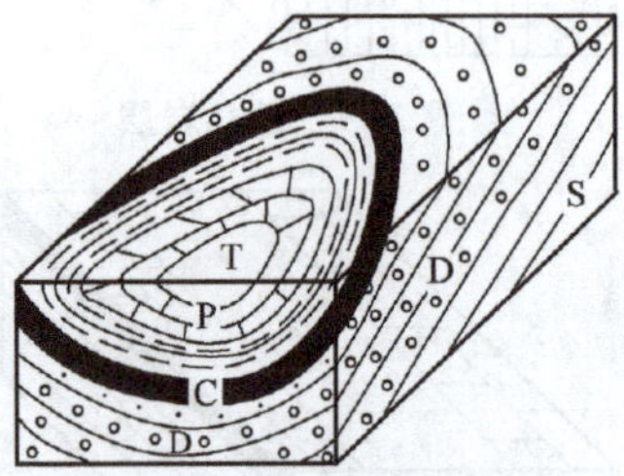


附图3-14　倾伏向斜

（2）要求　在实验教师的指导下，认识地质图并掌握阅读地质图的方法和步骤；能根据地质平面作出地质剖面图。

### 3.2.2　方法与步骤

**1. 读图步骤**

地质图是反映一定范围内地质构造的平面图件。因此，图中应包括下列内容：图名、图例、比例尺、岩层的性质、地质年代及其分布规律；地质构造形态特征（向斜、背斜、断层等）；岩层的接触关系及地形特征等。

1）读地质图时，首先看图名和比例尺及方位。图名表示图幅所在的地理位置，比例尺表示图的精度，图上方位一般用箭头指北表示，或用经纬线表示。若图上无方位标志，则以图上正上方为正北方。

2）阅读图例。图例是地质图中采用的各种符号、代号、花纹、线条及颜色等的说明。通过图例，可以概括了解图中出现的地质情况。在附有地层柱状图时，可与图例配合阅读，通过综合地质柱状图能较完整、清楚地了解地层的新老次序、岩层特征及岩层接触关系。

3）正式读图时先分析地形，通过地形等高线或河流水系的分布特点，了解地区地形起伏情况，建立地貌轮廓。地形起伏常常与岩性、构造有关。

4）阅读地层的分布、产状及其与地形的关系，分析不同地质时代地层的分布规律、岩性特征及接触关系，了解区域地层的特点。

5）阅读地质内容，包括以下几个方面：

① 了解各年代地层岩性的分布位置和接触关系。

② 分析有无褶皱，褶皱类型及轴部、翼部的位置；有无断层，断层性质、分布及断层两侧地层的特征。分析本地区地质构造形态的基本特征。

③ 阅读图上岩浆岩的分布情况，岩浆岩与褶皱、断裂的关系。

④ 根据地层、岩性、地质构造的特征，综合分析了解全区地质发展历史。

6）在上述阅读分析的基础上，对图示区域的地层岩性条件及地质构造特征，结合工程建设的要求，进行初步分析评价。

**2. 实例**

下面对明山寨地质图进行较全面的分析，分析步骤如下：

（1）地质图的比例尺　明山寨地质图是 1∶50000，即 1cm＝500m（本书上的图因版面所限已相应缩小）；据此，明山寨地质图的范围为：$7km \times 5km = 35km^2$面积。

（2）地质年代与岩层　仔细阅读图右边的图例，这是为了了解该区共出现哪些地质年代的岩层，而其岩性特征又是如何。从明山寨地质资料可知：出现的地层由早到晚为早泥盆纪（$D_1$）的粗砂岩，中泥盆纪（$D_2$）的细砂岩，晚泥盆纪（$D_3$）的石灰质页岩，早石炭纪（$C_1$）的细砂岩，中石炭纪（$C_2$）的石灰岩，晚二叠纪（$P_2$）的泥质灰岩，早三叠纪（$T_1$）页岩，中三叠纪（$T_2$）的硅质灰岩，晚三叠纪（$T_3$）的泥灰岩。这些资料不但清楚地告诉我们出露在该区的岩层全是沉积岩层，而且说明该区在其地史发展过程中，在晚石炭纪及早二叠纪地史时期为一上升隆起时期，遭受风化剥蚀，故缺失了这两个地史时期的沉积岩系。这一客观的历史事实说明：石炭纪与早二叠纪之间的接触关系为一角度不整合的接触关系。

（3）对明山寨地区地质图的阅读与具体分析

1）地形特征。本区地形最高点为 1000m，位于西北部，最低处为 200m，位于本区的东南角，除东部有一个 600m 高度的小山岗外，地势由西北向东南逐渐低缓，呈一单面坡的地形特征。

2）地层分布情况。从地质图中可知，地质年代较晚的中生代地层均分布在本区的西北部，值得注意的是，晚二叠纪的地层界线除与 EE、FF 两断层线接触外，还与 $D_2$、$D_3$、$C_1$ 等地层界线相交，这一有意义的地质现象就进一步说明了中石炭纪地层与上覆的晚二叠纪地层呈角度不整合的接触关系。其他地层的接触关系是整合的。

3）地质构造形成的分析。

① 褶曲分析：从所出露的岩层来看，中部较大面积出露 $C_2$ 的石灰岩，而其两侧又对称地出露 $C_1$、$D_3$、$D_2$ 等地层，尽管地质图中没标明岩层的产状，但从核部地层的地质年代比两翼部岩层的地质年代为晚，就说明是向斜构造，这一构造特征又可从 EE、FF 两断层的两侧岩层的特点得到证实。若进一步联系起来，就可得出向斜的轴向是近 NE-SW 向的。用同样的分析方法又可发现在向斜的南面是一个背斜构造。

② 断层分析：本区共出露两条断层（EE、FF）并都横切向斜和背斜的轴部，从断层两侧核部岩层出露的宽度来看，EE 断层右边的 $C_2$ 及 $C_1$，岩层宽度较左边窄，说明了 EE 断层的右盘为上升盘，与之相应其左边为下降盘。至于断层发生在哪一地史时期，只要看一看断层线穿过哪些地层而又终止于哪一地史时期，就能得到正确的答案，根据明山寨地质图的资料可知，断层是发生在中石炭纪之后、晚二叠纪之前的。

为了更好地反映其深部构造情况，通过 *AA'* 方向作一剖面，它的内容同样反映了平面图中的主要内容。

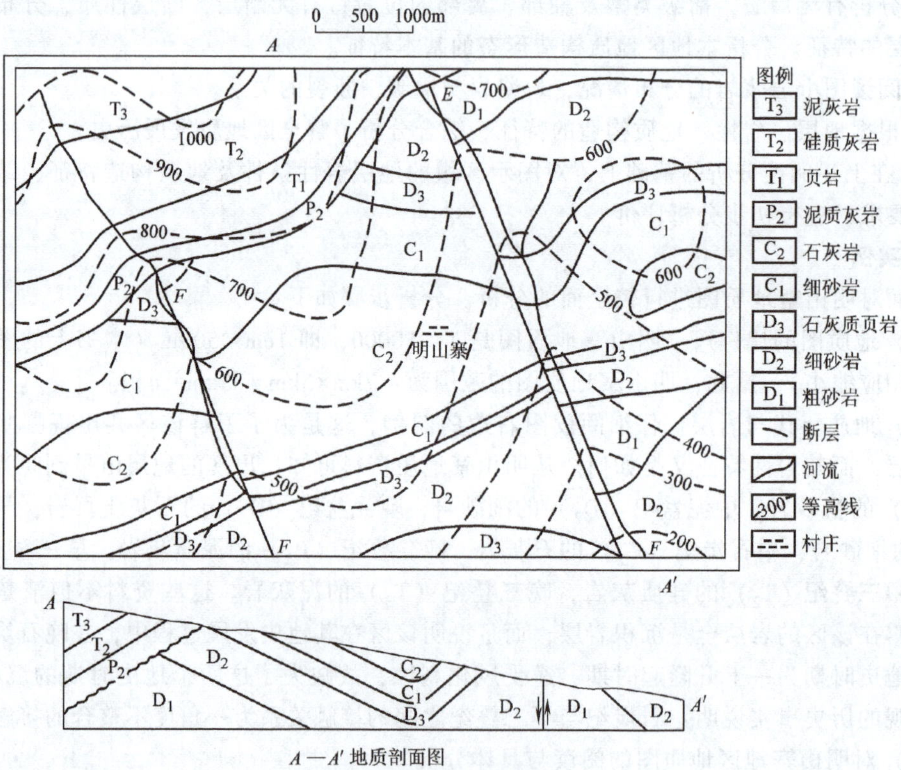


*A*—*A'* 地质剖面图

**附图 3-15　明山寨地质图**

## 思　考　题

1. 如何识别地质构造？
2. 在所提供的地质图中，表现出哪几种地层接触关系？
3. 指出本区山岭、河谷与岩石性质、地质构造的关系。